Streifzüge durch Wald und Flur

Eine Anleitung zur Beobachtung der heimischen Natur in Monatsbildern

von

weil. Bernhard Landsberg und weil. Dr. W. B. Schmidt

Sechste Auflage, vollständig neu bearbeitet von

Dr. A. Günthart

Mit zahlreichen Originalzeichnungen und Abbildungen

Springer Fachmedien Wiesbaden GmbH 1921

ISBN 978-3-663-15244-6 ISBN 978-3-663-15808-0 (eBook)
DOI 10.1007/978-3-663-15808-0

Ursprünglich erschienen bei B.G. Teubner in Leipzig 1921
Softcover reprint of the hardcover 6th edition 1921

Zur Einführung.

Wem Gott will rechte Gunst erweisen,
Den schickt er in die weite Welt,
Dem will er seine Wunder weisen
In Berg und Tal, in Strom und Feld.
Eichendorff.

Schön ist, Mutter Natur, deiner Erfindung Pracht,
Auf die Fluren verstreut, schöner ein froh Gesicht,
Das den großen Gedanken
Deiner Schöpfung noch einmal denkt.
Klopstock.

Dieses Buch ist nicht in der Studierstube entstanden, sondern auf Wanderungen in der freien Natur, im Verein mit Naturfreunden und reiferen Schülern. Es möchte, gleich einem kundigen Wandergenossen, alle Naturfreunde, junge wie alte, auf ihren Fahrten begleiten, ihnen die hehren Wunder, die unsere heimische Natur birgt, erschließen und sie zu jenem wahren Naturgenusse befähigen, der ohne Wissen nicht möglich ist.

Diese Schilderungen wollen also miterlebt werden! Die dargestellten Landschaften und die beschriebenen Tiere und Pflanzen sind jedem, auch dem Großstädter, leicht erreichbar. Und einer kostspieligen oder unbequemen Ausrüstung bedarf es zu diesen Forschungsreisen nicht. Ein kleiner Handspaten, ein Taschenmesser mit kleiner scharfer Klinge, eine einfache Lupe, dazu eine Stecknadel zum Zerteilen kleiner Blüten, ein weißes durchsichtiges Sammelglas zum Betrachten einzelner Funde, vielleicht auch noch ein Stocknetz zum Fang einzelner Insekten und ein zweites derberes zum Fischen, das genügt vollauf. Und ein Skizzenbuch! Wer einmal versucht, einfache Naturformen, wie Zweige mit Knospen oder Blätter, Blütenteile, Körperteile von Insekten oder Wuchsformen von Bäumen zu skizzieren, wird mit Staunen gewahr werden, wie sehr sich dadurch der Blick schärft und weitet, und wie rasch durch ein mit wissenschaftlichem Verständnis verbundenes Zeichnen auch die zeichnerische Fertigkeit selbst gesteigert wird, selbst dann, wenn sie zunächst recht bescheiden sein sollte. Neben dem Zeichnen nach der Natur ist auch das schematische Zeichnen, insbesondere das Entwerfen von Blütendiagrammen zu pflegen (S. 49 und 224).

Selbst Fragen an die Natur zu richten und zu ihrer Lösung eigene Beobachtungen anzustellen: dazu wollen also diese Schilderungen ihre Leser vor allen Dingen anregen. Sogar zur Ausführung eigentlicher biologischer Experimente, soweit solche mit ganz einfachen Hilfsmitteln ausführbar sind, möchten sie ermuntern. Der Leser findet die Anleitungen hierzu auf den beim Stichwort „Experimente“ des Registers angegebenen Seiten. Wer hier noch weitergehen möchte, benutze das treffliche „Biologische Experimentierbuch“ von Schäffer.

Aber auch der häuslichen Lektüre möchten diese Blätter dienen. Ohne irgendwelche Vorkenntnisse vorauszusetzen, führen sie den Leser, vom Einfachsten zum Schwierigeren fortschreitend, unversehens in die Grundlehren der Biologie ein. Dabei sind jene wunderbaren Ähnlichkeiten, die wir in unserem System ausdrücken, ebenso berücksichtigt, wie die „Anpassungserscheinungen“ der Tiere und Pflanzen aneinander und an ihre Umgebung. Im Schlußkapitel wird unter Benutzung der betrachteten Einzelformen eine einfache Systemübersicht vorgeführt, die dem Leser ermöglichen wird, Ordnung in die Mannigfaltigkeit des auf diesen Streifzügen Erlebten zu bringen. Von dem weiteren Inhalt des Schlußkapitels ist zu hoffen, daß er namentlich bei den Lesern, die Freude an philosophischer Betrachtung haben, Anklang finden wird.

Dieses Buch ist in gewissem Sinne auch ein pädagogisches. Seine Verfasser sind und waren Jugendlehrer, und so mag die Bitte nicht unbescheiden erscheinen, daß alle Lehrer, gleichviel, auf welcher Stufe sie unterrichten, die Schrift prüfen und untersuchen möchten, welche Anregungen sie ihnen zu bieten vermag. Einer der wichtigsten Teile eines modernen biologischen Unterrichts ist die naturwissenschaftliche Schülerwanderung. Aber ihre Vorbereitung und rechtzeitige Einfügung in den Gang des Unterrichts, ihre Durchführung und nachherige Auswertung gehört wohl zu den allerschwierigsten Aufgaben, vor die sich der Lehrer gestellt sieht (K. Fricke in Bastian Schmids Handbuch der naturgeschichtlichen Technik). Damit die Exkursion nicht in ein zielloses Fragen und Namennennen ausarte, sondern zu einem wirklichen Unterricht im Freien werde, muß Jahreszeit und Lokalität planvoll ausgewählt werden, es müssen bestimmte Beobachtungsaufgaben gestellt, wenn möglich auch mehr oder weniger geschlossene Lebensgemeinschaften (S. 82, 115 und 129) als Ausflugsthema gewählt, jedenfalls aber die pädagogischen Ziele der Wanderung genau bestimmt werden. Dem Lehrer diese schwierigen Aufgaben zu erleichtern, war ein vornehmstes Ziel der Verfasser dieses Buches.

Bernhard Landsbergs „Streifzüge“ haben sich in Haus und Schule schon seit Jahren Heimatsrecht erworben. Die fünfte Auflage ist nach dem Tode Landsbergs durch den Unterzeichneten, unter Einwirkung von W. B. Schmidt so umgestaltet worden, daß sie wie ein neues Buch erschien. Trotzdem dürfte der alte Charakter völlig gewahrt worden sein. Die frühere Verteilung auf drei Jahreskurse ist zwar fallen gelassen worden, da sie sich nach dem übereinstimmenden Urteil zahlreicher Lehrer als zwecklos erwies. Aber dadurch wurde es möglich, den gesamten Stoff auf zwölf fortlaufende Monatsbilder zu verteilen, so daß nun die glückliche Idee Landsbergs, die Natur im Wechsel der Jahreszeiten darzustellen, noch viel klarer zum Ausdruck kommt. Auch die naturgemäße und ansprechend abwechslungsreiche Verbindung von zoologischen mit botanischen Schilderungen wurde beibehalten. Wie schon oben bemerkt, wurde dem Systematischen, den neueren Unterrichtsbestrebungen entsprechend, mehr Raum gewährt, und die Selbsttätigkeit wurde noch stärker betont. Die Stoffülle wurde zugunsten vertiefterer Behandlung einzelner Formen und Erscheinungen eingeschränkt. Dies ist es namentlich, was, zusammen mit dem voraussetzungslosen und vom Leichteren zum Schwereren lückenlos fortschreitenden Aufbau, nun die Verwendbarkeit des Buches auch zum Selbstunterricht wirklich gewährleistet. Die zahlreichen Textverweise und ein sorgfältig ausgebautes Register mögen namentlich denjenigen Lesern erwünscht sein, die das Buch auch zum Nachschlagen benutzen wollen.

Am 18. Mai 1916 verstarb Walter Bernhard Schmidt, Rektor des Schiller-Realgymnasiums in Leipzig, der Mitarbeiter des Unterzeichneten bei der Herausgabe der fünften Auflage. Der Unterzeichnete hat dem verdienten Förderer des biologischen Unterrichtes in den „Monatsheften für den naturwissenschaftlichen Unterricht" IX S. 478 und in der „Zeitschrift für lateinlose höhere Schulen" XXVIII S. 1 Nachrufe gewidmet. Die aus Walter Schmidts Feder stammenden Beiträge der Neubearbeitung (Kreuzschnabel und Fährten und Spuren in Kapitel II, Honigbiene und Winterschlaf in III, Maikäfer in V, Nonne in IX) wurden unverändert in die sechste Auflage übernommen. Im übrigen hat diese durch Ausbau des I. Kapitels, durch stärkere Berücksichtigung der Pilze und einen Überblick über die Lamarcksche Lehre sowie durch Aufnahme verschiedener neuer Abbildungen und verschiedener Verbesserungen des Textes eine weitere Bereicherung erfahren.

Möge es dem bewährten Führer auch weiterhin gelingen, der Naturforschung zahlreiche neue begeisterte Freunde zu werben!

Frauenfeld, im März 1921.

A. Günthart.

Inhalt.

Seite

I. (Januar.) Am warmen Ofen 1
Am Ofen: Verbrennen und Verkohlen, Kohlenstoff und Kohlensäure 1, langsame Verbrennungen, Fäulnis, Gärung und Atmung, die Körperwärme 3, Herkunft und Eigenschaften der Kohlensäure 4. Veranda oder Wintergarten: Lichtstellung der Blätter 5, die Assimilation der Pflanzen, Verdunstung durch die Blätter und Saftstrom 7, die Nahrung der Pflanzen, Gefahren der Trockenheit, die Sonne als Lebensquelle 8.

II. (Februar.) Der Wald im Winterkleid 10
Im Walde: Schneekristalle, die günstigen und schädigenden Wirkungen der Schneedecke 10, die Laubhölzer im Winterkleide, Wuchsform 12, Rinde, Knospen 13, Nutzen des Laubfalles, die immergrünen Nadelhölzer 14, Fichtenkreuzschnäbel 16, Fährten und Spuren 17, das Eichhörnchen 18, Rehwild 19.

III. (März.) Vorboten! 20
Im Garten: Winterblüher und Frühlingsboten, Vergeilen 21, Teile der Blüte und Zahl der Blutenteile 23, einkeimblättrige Pflanzen 24, Pollenblumen und Nektarblumen, Selbstbestäubung und Kreuzung 25, die Biene, Körperbau und Stellung im Tierreiche, aus dem Bienenleben 26, Überwintern der Tiere 29, Überwintern der Pflanzen durch Knollen, Wurzelstöcke und Zwiebeln 31, Entstehung der Tulpenzwiebeln 31, „vorblühende" Sträucher 33.

IV. (März-April.) Eine Frühlingswanderung im Flußtal 35
Vom Garten zum Flußtal: Erle und Hasel, eingeschlechtige nnd zwittrige Blüten 35, windblütige und insektenblütige Pflanzen 36. Auf der Brücke und am Ufer: Strömungsgeschwindigkeit 37, Weißfische und Bachforellen 37, Neunaugen 38, Steinbeißer 39, Flußmuschel, Froschlaich und Entwicklung der jungen Frösche, Kiemen 40, Spuren des Eisganges 41. Streifzüge am Ufer entlang: Gräser und Riedgräser 42, saurer und milder Humus, Torf, Dränieren 43, Uferpflanzen und Unterspülung der Flußufer 44, Weiden 44, ein- und zweihäusige Pflanzen 45. Über die ergrünende Wiese: Wiesenschaumkraut, Blütenstande, Frei- und Verwachsenkronblättrige, Diagramme, Familienmerkmale der Kreuzblütler 45, Schlüsselblumen 50, Heterostylie 51. Am Wegrand: Veilchen, hälftige und strahlige Blüten 52. Durch den Birkenhain und auf der Landstraße zurück zum Garten: Taubnesseln, Lippenblütler, Blattstellung 53, Gefäßbündel, Saftstrom, Mark, Holz, Bast und Rinde 56.

V. (Anfang Mai.) Etwas vom Haushalt des Waldes. Kleinleben im Sumpf 59
Im Laubwalde: Laubentfaltung 59, Lichtstellung, Lichthunger, Wirkung des Lichtes auf Stengelteile, Blätter und Blüten 61, Verhalten der verschiedenen Holzarten 63, Messung der Lichtstärke 64, Schattenpflanzen 66, Schmarotzende Pflanzen, Halbschmarotzer und Fäulnisbewohner 67, der Wassergehalt des Bodens, Keimpflanzen 69, Ein- und Zweikeimblättrige 71, Bedeckt- und Nacktsamige, Kleintierleben am Boden 72, Kampf ums Dasein 76, Maikäfer, Körperbau und Stellung im Tierreich 76, Atmung der Insekten 78, Entwicklung und Schädlichkeit des Maikäfers 78, Verwandte 79. Am Sumpf: Kaulquappen 79, Molche, Eierlegen des Bitterlings 80, der Stichling, seine Feinde und seine Brutpflege 81, Fischlaich, Schlammbeißer 83, Wasserlinsen-

Seite

kolonien und ihre Bewohner 84, größere Pflanzen der Sumpfufer, Verlandung 85. Über die Wiese zum schützenden Blätterdach: Tautropfen und Schutz der Spaltöffnungen gegen Benetzung, Schutz der Blüten gegen Regen 86, Wasserableitungen und Träufelspitzen 88.

VI. (Mai.) **Unter blühenden Obstbäumen. Die Ödung und das Seeufer** 90

Im Obstgarten: Kern- und Steinobstblüten, Stellung des Fruchtknotens 91, Rosengewächse, systematische Gruppen und ihre Bezeichnung 92, Hahnenfuße, Doldengewächse 93, Protandrie und Protogynie 94, Nelken und Honigraub der Hummeln 95. Auf der Ödung: Die Anpassungen der Ödungspflanzen an die Trockenheit 97, durch Heide und Heidewald zum Hochwald, das Ausdehnungsbestreben des Waldes 98, Moose und Flechten 98 und 99, Wald und Klima 100, die Kiefer und ihre Pilzwurzeln 100, Ameisenlöwen und Sandwespen 102. Am Seeufer: Springschwänze 102, Tierleben des Elodeenwaldes: Teichläufer, Köcherfliegenlarven, Teichschnecken, Wasserinsekten, die Wasserspinne und ihr Nest 103, Assimilation der Wasserpflanzen und Anlage eines Aquariums 110, Bau und Leben der Wasserpflanzen 111, amphibische Pflanzen 114.

VII. (Juni.) **Die Wiese** 116

Im Garten: Die Bestäubung der Beberitze 116, die Osterluzei 118. Auf den Wiesen des Talgrundes: Gliederung der Wiesenvegetation nach der Beschaffenheit des Bodens 119, Düngung, Stickstoffbakterien, Dünger aus Luftstickstoff 120, Kampf der Wiesenpflanzen um das Licht, windende und rankende Wiesenpflanzen, Schmarotzer und Halbschmarotzer 121, die häufigsten Gräser und ihr Futterwert 122, Pflanzen und Schnecken, das Blühen der Gräser 124, die Blüte des Hornklees 126, andere Schmetterlingsblütler 127, Wurzelknöllchenbakterien 128, Gründüngung, Pflanzengenossenschaften 129, Schutzmittel der Wiesenpflanzen und Entstehungsgeschichte der Wiese 130, zweiter und dritter Schnitt, Schmetterlinge und Raupen, Maiwürmer 131, die Maulwurfsgrille 133. Am Seeufer: Schnecken 133, Verlandung und Ausdehnungsbestreben der Sumpfpflanzen 135, Wiesentorf, Abendstimmung 136.

VIII. (Juli.) **Feldrain und Roggenfeld** 137

Am Bahndamm: Absichtliche und unabsichtliche Verbreitung von Pflanzen durch den Menschen 137. Feldrain und Roggenfeld: Die Getreidepflanzen 140, Getreidebegleiter, Anpassungen der Pflanzen des Feldrains an die Trockenheit, Glockenblumen 141, Pechnelken und Schutzmittel gegen aufkriechende Insekten 142, die Familie der Rauhblättrigen, chemische Verwandtschaft der Blütenfarben 144, die Blüte des Leinkrautes 145, Storchschnabelfrüchte 146, Schöllkraut, Übergangsformen zwischen den einzelnen Familien; der Mauerpfeffer und die Verbreitung seiner Früchte durch Regen 147, das Insektenleben des Feldrains 148, Blattläuse und Ameisen 149, Generationswechsel 150, die Getreideschädlinge 150, Schlupfwespen 152. Auf dem Hochmoor: Das Torfmoos 153, die Ericaceen des Hochmoors und ihre Rollblätter 155, insektenfressende Pflanzen 156.

IX. (August.) **Feinde der Pflanzenwelt. Erntesegen** 158

Im Garten: Herbstblumen, der Blütenstand der Sonnenblume und seine Bedeutung 158, Einteilung der Korbblütler 159, die reizbaren Staubfäden der Kornblume, Nachtschattengewächse 161, die Stengelknollen der Kartoffel 162. Am Uferweg: Fichtenläuse 163, Nesselschildläuse, echte Schildläuse, Woll-

Seite

blattläuse, Feinde der Blattläuse 164, Schwebfliegen und Insektenflug 166, u. 167, Schwammspinner und Ringelspinner 167, Baumweißling 168, Gabelschwanz 169. Am „Fichtenort“: Die Nonne und ihre Verwüstungen 169, der „Buchdrucker“ 171. Sandige Höhe mit Kiefern: Rüsselkäfer 173, Kiefernblattwespen 174. Das Erdbeerfeld und seine Umgebung: Ausläufer, kriechende Wurzelstöcke, Brutknospen, Knollen 175, vegetative Vermehrung des Wiesenschaumkrautes 176, Fruchtverbreitung durch Tierfraß, Giftbeeren 178, Ausstreuvorrichtungen der trockenen Früchte 179, Schote und Hülse 180, Flugfrüchte 181, Am Flußufer: das „Rührmichnichtan“ 181.

X. **(September.) Herbststimmung!** 183
Der Wiese entlang: Die Herbstzeitlose 183. Auf dem Stoppelfeld: Mäuse 185, der Maulwurf 186, die Musikinstrumente der Insekten 187, Spinnennester 188, die Verbreitungsmittel der Feldunkräuter, blütenbiologische Formen und Früchte des Reiherschnabels 190, Bekämpfung der Unkräuter 182, langlebige Samen 193, Bodenauswahl der Feldunkräuter, die wichtigsten Bodenarten und ihre Verbesserung durch Kultur 194, Flug der Vögel, Strich- und Zugvögel 196, Vogelschutz 198.

XI. **(Oktober-November.) Einwinterung** 200
Am Waldrande: Winterruhe der Pflanzen 201, über die Ursachen des Laubfalles 202, immergrüne Pflanzen, Winterblüher, Nadelhölzer 204, Wurmfarn, Gefäßkryptogamen, Verbreitung durch Sporen 205, Mistel 206, Eichelhäher und Krähen, Mäusebussard 207, Meisen 208. Auf Feldwegen zum Seeufer: Hakige Früchte 209, Winterruhe der Schnecken und Frösche, Hautatmung 210, Einwinterung und Verbreitung der Wasserpflanzen 211.

XII. **(Dezember.) Rückblick** 214
Die Vielgestaltigkeit der Naturformen 214, künstliche Systeme und natürliches System 216, die Einteilung der Vögel 217, die fortschreitende genauere Erforschung der bereits bekannten Formen als wichtigstes Hilfsmittel der Systematik, das System der Tiere 218, niedere und höhere Formen, Arbeitsteilung, Ordnungen der Säugetiere und Zahl der Arten der einzelnen Gruppen des Systems 219, System der Insekten 220, System der Pflanzen, Blütendiagramme 221, die Entwicklungs- oder Abstammungslehre (Deszendenzlehre) 223, Versteinerungen 223. — Die Zweckmäßigkeit oder „Anpassung“ der Organismen 225, Darwins Erklärungsversuch 226, zweckwidrige und zwecklose Merkmale 227, Mutation 229, Lamarcks Erklärungsversuch, neue Erklärungsversuche 230.

Verzeichnis der Titel- (T) und Schlußbilder (S).

Seite

I. (Januar.) Am warmen Ofen.
T: Wohnzimmer und Wintergarten mit Topfpflanzen und Zimmeraquarium, Schneelandschaft 1
S: Kohlenmeiler 9

II. (Februar.) Der Wald im Winterkleid.
T: Zweige von Laubbäumen mit Knospen 10
S: Fährte des Rehes im „vertrauten Ziehen" (links) und „in hoher Flucht" (rechts) und Eichhornspur (unten) 19

III. (März.) Vorboten!
T: Garten im Vorfrühling. Im Vordergrund Frühlingskrokus und Schneeglöckchen (Galanthus), weiter hinten Leberblümchen und Nieswurz, blühender Seidelbaststrauch und Lungenkraut 20
S: Blühender Forsythiazweig 34

IV. (März-April.) Eine Frühlingswanderung im Flußtal.
T: Erlenbäume und Haselstrauch. Im Vordergrund männlicher und weiblicher Blütenstand der Erle und Hasel 35
S: Froschentwicklung, Mummelblätter, wegen der langen Blattstiele (S. 113) in Kreisen angeordnet, rechts schwimmendes Laichkraut, Wasserlinsen, im Hintergrund Wollgras und Seggen 58

V. (Anfang Mai.) Etwas vom Haushalt des Waldes. Kleinleben im Sumpf.
T: Waldwiese mit laubentfaltender Rotbuche in Vordergrund; Sumpf im Hintergrund 59
S: Bergahorn im Regen 89

VI. (Mai.) Unter blühenden Obstbäumen. Die Ödung und das Seeufer
T: Kirschblüten (links) und Birnblüten (rechts) 90
S: Ameisenjungfer, etwas vergrößert ($^4/_3$), links Kokon der Puppe, aus zusammengesponnenen Sandkörnern bestehend, tief im Sande vergraben, vergr., und Ameisenlöwe, Sand auswerfend (hinten ein zweites Tier, eine frische Grube austiefend). Rechts Ameisenlöwe stärker vergrößert 115

VII. (Juni.) Die Wiese.
T: Schmetterlingsblüten der Wiese, wenig verkleinert. Oben: links Kronwicke, rechts Wiesenplatterbse. Unten: links Wundklee, Mitte Rotklee, rechts Hornklee. Auf der Seite: links Hopfenschneckenklee, rechts Hufeisenklee . . 116
S: Mähder 136

VIII. (Juli) Feldrain und Roggenfeld
T: Feldrain mit Königskerze (vor der Pappel) und (von links nach rechts) gemeinem Labkraut, Johanniskraut, Kamille, Schafgarbe und Zypressenwolfsmilch. Im Feld Mohn, Kornblumen, Kornraden 137
S: Getreideschädlinge. 1. Grünauge (Chlorops), 1a Larve (Made) desselben; 2. Weizengallmücke („roter Wiebel", Cecidomyia tritici), 2a Larve; 3. Hessenfliege (Cecidomyia destructor), 3a Larve; 4. Halmwespe (Cephus pygmaeus), 4a Larve; 5. Kleinmaikäfer („Laubfresser", Anisoplia fructicola), grünglänzend; 6. das blaue und 7. das rothalsige Ge-

Seite

treidehähnchen (Lema cyanella und Lema melonopa); 8. Saatschnellkäfer (Agriotes lineatus), a zum Schnellen sich vorbereitend, b schnellend, c Larve desselben („Drahtwurm"); 9. Getreideblasenfuß (Thrips cerealis); 10 Getreideälchen 1–3, 6 und 7 schwach, 2 und 10 stark vergr., übrige natürliche Größe 157

IX. (August) Feinde der Pflanzenwelt. Erntesegen.

T: Oben: Ringelspinner, Männchen und Weibchen (letzteres weiter unten), Eier über dem Buchstaben g des Titels „August". Unten links: Nonne, Weibchen und eine Raupe. Unten rechts: Kiefernblattwespe, Weibchen mit Raupe und Kokons 158

S: Flugfrüchte von Waldbäumen: in der Mitte Ahorn, links Ulme, rechts Esche, unten Hainbuche 182

X. (September) Herbststimmung!

T: Stoppelfeld mit Haubenlerchen, Stacheldistel (Carduus acanthoides) mit Stieglitz 183

S: Pflüger mit Saatkrähen 199

XI. (Oktober-November.) Einwinterung.

T: Roßkastanie im Laubfall 200

S: Schwimmender Sproß des Froschbiß mit Brutknospen 213

XII. (Dezember.) Rückblick.

T: Studierzimmer mit den Bildnissen Lamarcks (links) und Darwins (rechts) über dem Schreibtisch 214

S: Ein „Ammonshorn" (Ceratites compressus, Versteinerung aus der mittleren Trias von Altenburg) 232

Januar

I. Am warmen Ofen.

Es scheint, daß wir unsere Forschungsreisen innerhalb unserer vier Wände eröffnen müssen, denn gar zu dicht wirbeln heute draußen die weißen Flocken! Sollte aber nicht auch im Hause dieses oder jenes Naturgeheimnis zu ergründen sein? Halten wir Umschau und nützen wir die Wartezeit, um uns auf die größeren Probleme, die uns die lebendige Natur draußen bieten wird, vorzubereiten! — Schon der knisternde Ofen birgt ein kleines Naturwunder. Das Feuer darin ist wie ein Automat: einmal entfacht, verläuft es selbständig weiter und liefert uns wohltuende Wärme. Aber ein Automat geht nicht „von selbst", man muß ihn vorher „aufziehen", laden. Wie ist dies nun beim Feuer? Wer hat die gewaltigen Mengen von Wärmeenergie in das Holz, in die Steinkohle hineingeschafft, die nun, sobald wir diesen Automaten mit unserem Streichholz auslösen, frei werden?

Und was geht eigentlich bei der Verbrennung vor? Daß Luft dazu nötig ist, das ist ja bekannt genug, ebenso, daß es nicht die ganze Luft ist, die an dem Vorgang sich beteiligt, sondern nur einer ihrer Bestandteile, der Sauerstoff. Dieser macht ein Fünftteil des Luftvolumens aus; die übrigen vier Fünftteile bestehen aus Stickstoff, der an dem Verbrennungsvorgang nur insofern beteiligt ist, als er den Sauerstoff verdünnt, jenen Vorgang also verlangsamt, gewissermaßen bremst.

Da springt ein brennender Holzspan heraus! Wir blasen das Feuer aus: Der Holzspan ist verkohlt. Das Stückchen Kohle, das wir in der Hand halten, ist auffallend leicht. Es ist offenbar nur noch ein Teil des ursprünglichen Holzspans. Kohle oder, wie der Chemiker sagt, Kohlenstoff ist in allen pflanzlichen und tierischen Körpern enthalten, allerdings mit anderen Stoffen verbunden und darum zunächst nicht als schwarze Kohle erkennbar. Diese anderen Stoffe, namentlich das Wasser, sind bei dem Verkohlungsvorgang in verschiedener Form aus dem Holzspan entfernt worden.

Unser Holzstück ist nicht verbrannt, sondern nur verkohlt, weil wir das Feuer vorzeitig ausgeblasen haben. Auch wenn der Luftzutritt von Anfang an beschränkt wird, erfolgt Verkohlung. Wenn der Kuchen zu lange im Ofen bleibt oder die Milch in der Pfanne „anbrennt", so bleibt ein Teil des Kohlenstoffes übrig, genau wie beim „Verkohlen" des Holzes. Das Verkohlen ist ein infolge mangelhaften Luftzutrittes unvollständiges Verbrennen. Der Köhler stellt auch tatsächlich die Holzkohle her, indem er seinen Meiler außen durch eine Schicht Erde und Rasen von der äußeren Luft teilweise abschließt (vgl. das Schlußbild dieses Abschnittes) und dann ganz langsam abbrennen läßt.

Läßt der Köhler zu viel Luft zutreten, so geschieht es sehr leicht, daß ihm auch die fertige Kohle noch in Flammen aufgeht. Die Kohle ist also noch weiter verbrennbar.

Verbrennung ist nichts anderes als chemische Verbindung mit dem Sauerstoff der Luft. Wenn Kohlenstoff verbrennt, so muß demnach eine Verbindung zwischen diesem und dem Sauerstoff entstehen. Diese chemische Verbindung heißt Kohlensäure. Sie ist gasförmig und dazu völlig farblos, also unsichtbar. Trotzdem der eine ihrer Bestandteile ein fester schwarzer Körper ist! Dieser Erscheinungswechsel ist eben das Eigenartige bei chemischen Vorgängen. Weil die Kohlensäure unsichtbar ist, so hat es den Anschein, als ob ein brennendes Stück Kohle bis auf ein einziges, nicht mehr weiter brennbares Aschenrestchen völlig verschwände; der Kohlenstoff verbindet sich mit dem Luftsauerstoff zu der unsichtbaren Kohlensäure, die sich der umgebenden Luft beimischt.

Um etwas tiefer in das Wesen dieser Dinge einzudringen, wollen wir einige Versuche anstellen. Das Experiment war zu allen Zeiten das vornehmste Mittel des Naturforschers und ist es heute mehr als je. Und glücklicherweise sind weder geheimnisvolle Retorten noch glänzende Messingapparate Vorbedingung für das Gelingen der Versuche; für unsere Zwecke genügen sogar die allereinfachsten Hilfsmittel, die wir uns im Hause immer leicht verschaffen können. Und die gemütliche Winterstimmung in der warmen Wohnstube reizt so recht zu solcher Unterhaltung!

Zunächst verschaffen wir uns etwas Kalkwasser. Das geschieht, indem wir eine kleine Handvoll gelöschten Kalkes in einem großen Glas Wasser umrühren, den Kalkschlamm absetzen lassen und die klare Flüssigkeit abgießen. Dieses Kalkwasser ist nun ein sehr bequemes „Reagens" auf Kohlensäure, d. h. ein Hilfsmittel, um Kohlensäuregas, wo dieses auch immer auftritt, nachzuweisen, da es nämlich die Eigenschaft hat, sich bei Gegenwart dieses Gases milchig zu trüben. Nun tauchen wir ein an einem Draht befestigtes Kerzen-

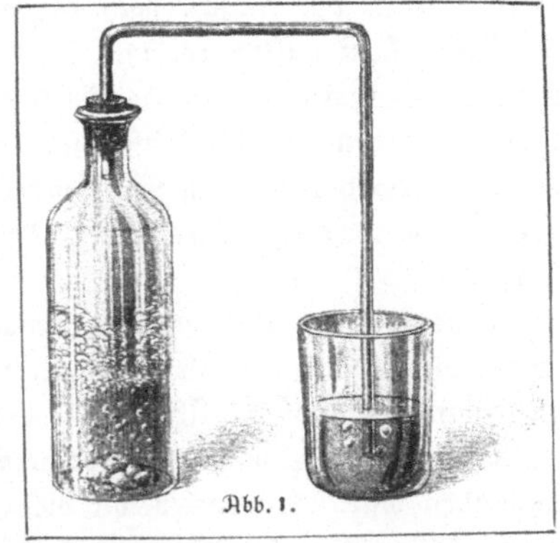
Abb. 1.

stümpfchen brennend in ein hohes leeres Einmachglas hinein. Nach einiger Zeit erlöscht die Flamme: der Sauerstoff im Glase ist aufgebraucht. Gießen wir nun etwas von unserem klaren Kalkwasser in das Glas, bedecken es mit einem bereitgehaltenen Pappdeckel und schütteln, so bildet sich eine starke milchweiße Trübung, ein Beweis, daß Kohlensäure entstanden ist. Dieses Gas entsteht also nicht nur, wenn reiner Kohlenstoff verbrennt, sondern auch bei der Verbrennung unserer Stearin- oder Wachskerze. Auch einen Holzspan hätten wir zu unserem Versuch verwenden können, denn Kohlensäure entsteht bei der vollkommenen Verbrennung aller pflanzlichen und tierischen Stoffe, weil alle organischen Körper, wie wir bereits gehört haben, kohlenstoffhaltig sind und das Produkt der Verbindung dieses Kohlenstoffes mit dem Sauerstoff der Luft eben die Kohlensäure ist.

Außer den unter Feuererscheinung verlaufenden Verbrennungen gibt es nun auch noch sog. langsame Verbrennungen, die nicht so rasch verlaufen, so daß die Temperatur gar nie so hoch ansteigt, daß eine eigentliche Entzündung eintritt. Ein für den Haushalt der Natur außerordentlich wichtiger Vorgang gehört hierher: die Fäulnis, dann auch die Gärung. Unsere Erinnerungen an die rauchenden Dungstätten unserer Landwirte, an die warmen „Mistbeete“, die der Gärtner im Frühjahr zur Ansaat und zum Treiben benutzt, und an die Erwärmung des jungen Wein- und Apfelmostes sagen uns deutlich, daß auch bei diesen langsamen Verbrennungen unter Umständen doch ganz erhebliche Temperaturerhöhungen stattfinden können. Auch Kohlensäure entsteht bei jeder langsamen Verbrennung eines pflanzlichen oder tierischen Stoffes. Das ist besonders schön an der Gärung nachzuweisen. Die gewöhnliche Gärung, wie wir sie am Weinmost beobachten, wird hervorgerufen durch mikroskopisch kleine Pilze, die Hefepilze. Sie werden, künstlich gezüchtet und in großen Massen zusammengepreßt, als sog. Preßhefe, bekanntlich auch zum Treiben des Brotteiges verwendet. Kaufen wir uns also etwas Preßhefe beim Bäcker und verschaffen uns ein Medizinfläschchen und eine Glasröhre. Diese biegen wir in der Flamme einer Lampe U-förmig um, führen den einen Ast durch einen Korkpropfen, den wir vorher mit einem glühenden Draht durchbohrten, und stellen den ganzen Apparat so, wie es die obenstehende Abbildung zeigt, zusammen. In die Flasche kommt in Ermanglung von süßem Wein- oder Apfelmost etwas Zuckerwasser und zerbröckelte Preßhefe, in das Trinkglas, das wir unter die Mündung des anderen Schenkels unseres Glasrohres stellten, gießen wir Kalkwasser. Lassen wir das Ganze im warmen Zimmer stehen, so sehen wir in der Flasche nach kurzer Zeit Gasblasen entstehen, welche die Flüssigkeit stark auftreiben, und ein kräftiger Gasstrom tritt aus dem zweiten Schenkel des Rohres in das Kalkwasser aus. Dieses Gas ist Kohlensäure, denn wir sehen das Kalkwasser sehr bald sich milchig trüben. Also nicht nur bei der gewöhnlichen raschen, sondern auch bei jeder langsamen Verbrennung eines pflanzlichen oder tierischen Stoffes entsteht Kohlensäure.

Was uns am Verbrennungsvorgang von Anfang geradezu wunderbar erschien, die andauernde, gleichsam automatische Wärmeabgabe, ist uns auch jetzt noch nicht verständlich. Aber dieses charakteristische Merkmal tritt bei der langsamen Verbrennung noch deutlicher hervor, da hier tage-, ja monatelang Wärme entbunden wird. So dürfen wir vielleicht hoffen, auf dem Wege, den wir betreten, dieses Geheimnis schließlich doch zu entschleiern.

Vor allem fällt uns bei weiterem Nachdenken auf, daß es eigentlich solch geheimnisvoll andauernder Wärmequellen ziemlich viele gibt. Die häufigste ist diejenige, die unsere und der Tiere Körperwärme liefert. Auch diese Wärmeproduktion ist die Folge einer langsamen Verbrennung, die sich in allen Teilen unseres Körpers abspielt. Auch hierbei entsteht Kohlensäure. Sie wird mit der ausgeatmeten Luft abgegeben und kann leicht nachgewiesen werden, wenn man durch ein Glasrohr oder einen Strohhalm anhaltend Atemluft in ein Trinkglas mit etwas Kalkwasser hineinbläst. Die uns schon bekannte Trübung tritt fast sofort und sehr stark auf, ein Beweis dafür, daß tatsächlich in unserem Körper fortdauernd kohlenstoffhaltige Teile verbrennen. Es sind dies teils Bestandteile des Körpers selbst und entbehrliche Nebenprodukte des Stoffwechsels, teils Stoffe aus der aufgenommenen Nahrung. Die zu diesem Verbrennungsvorgang nötige Luft wird von der Lunge angesaugt, dort im Blute gelöst und mit diesem allen Teilen des Körpers zugeführt. Die gebildete Kohlensäure wird ebenfalls vom Blutstrom aufgenommen und zur Lunge zurückgeführt, die sie mit der ausgeatmeten Luft aus dem Körper entfernt.

Die Schornsteine unserer Wohnungen und Fabriken, die zahllosen atmenden Tiere und Menschen, die langsamen Verbrennungsprozesse, namentlich die Fäulnis, das alles sind gewaltige, ständig fließende Kohlensäurequellen der Natur. Trotzdem enthält die Lufthülle unseres Erdballs verhältnismäßig so wenig Kohlensäure, daß wir ihre Menge oben, als wir die Zusammensetzung der Luft angaben, vernachlässigen konnten. Es bestehen nämlich nur 0,04 Prozent der gesamten Luft aus Kohlensäure. Aber dies ergibt, auf die ganze Lufthülle des Erdballs bezogen, doch ein Gewicht von etwas mehr als 3 Billionen Tonnen.

Das Kohlensäuregas ist spezifisch schwerer als Luft. Diese Tatsache ermöglicht uns, nebenbei noch zu verstehen, warum eigentlich die Kerze bei unserem Versuche auslöschen mußte: die entstandene Kohlensäure verdrängte vermöge ihrer Schwere die sauerstoffhaltige Luft, ganz ähnlich, wie wenn

Wasser ins Einmachglas gegossen wäre. Wo aber kein Sauerstoff ist, kann auch keine Verbrennung stattfinden. Wenn junger Weinmost im Keller gärt, so sammelt sich die entstandene Kohlensäure auf dem Grunde der Kellerräume an. Es ist schon vorgekommen, daß Menschen in solchen Kellern erstickten. Es wird also gut sein, ein brennendes Licht als Gefahranzeiger in solche Kellerräume mitzunehmen, das ja bei Anwesenheit von viel Kohlensäure sofort erlöschen wird.

Auf der an unser Wohnzimmer grenzenden Veranda haben wir uns einen bescheidenen Wintergarten eingerichtet. Hier herrscht grünendes Leben — welch ein Gegensatz zu dem Bilde vor unseren Fenstern! Wir haben da jeder Pflanze ein für allemal ihren Standort angewiesen, sonnig oder etwas beschattet, je nach ihren besonderen Ansprüchen. Topfpflanzen darf man nicht herumtragen wie kleine Kinder, das ist eine Hauptbedingung zu ihrem Gedeihen. Verschiebst du eine Pflanze, so muß sie immer wieder ihre Blätter so lange verstellen und drehen, bis sie von neuem die vorteilhafteste Stellung zum einfallenden Lichte einnehmen. Die Pflanze scheint eine sehr feine Lichtempfindung zu haben. Deutlicher noch ist dies bei manchen Laubbäumen. Hier stehen die Blattflächen oft ganz genau senkrecht zu der Richtung der auffallenden Strahlen, stets aber auch so, daß sie einander nicht beschatten. Blickt man darum in der Richtung der Sonnenstrahlen auf einen beblätterten Zweig, so bilden die Blätter miteinander ein förmliches Blattmosaik, in dem keines das andere deckt, aber auch nirgends eine ungenützte Lücke offen bleibt. Sehr schön sind diese Mosaikbildungen z. B. an den horizontal ausgebreiteten Seitenzweigen des Feldahorns (Acer campestre) zu sehen. Die Erscheinung ist in unserer Abb. 2 dargestellt.

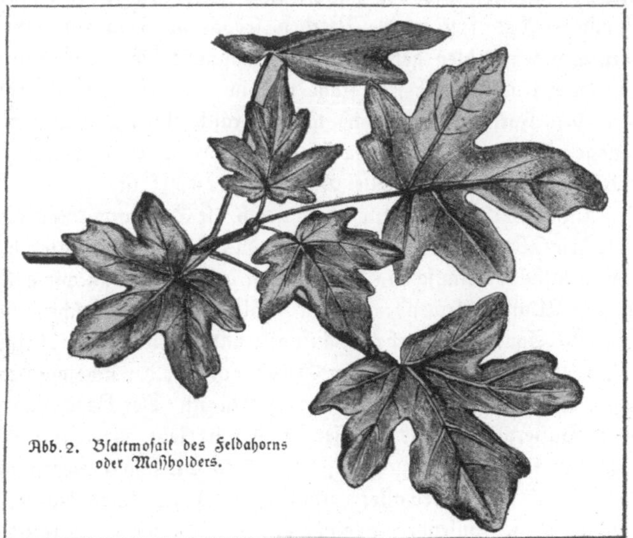

Abb. 2. Blattmosaik des Feldahorns oder Maßholders.

Ist nun das Sonnenlicht so sehr wichtig für die Pflanze? Du hast wohl schon davon gehört, daß es gewisse Gasausscheidungen der Blätter bedingt. Hier führt uns wieder nur der Versuch weiter. Umgeben wir einfach eine Pflanze ganz mit Was-

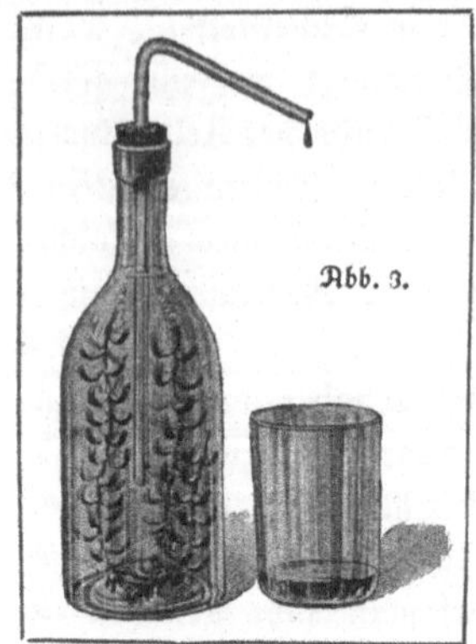
Abb. 3.

ser, dann können wir etwa auftretende Gase sehen und vielleicht sogar abfangen und untersuchen. Jede beliebige Pflanze eignet sich freilich zu diesem Versuche nicht. Es wäre eine starke Zumutung an eine unserer Verandapflanzen, wenn wir sie unter Wasser setzen wollten, sie würde uns jedenfalls unter diesen ihr gar nicht zusagenden Lebensbedingungen kein richtiges Bild ihres normalen Lebenshaushalts geben. Aber hier steht ein kleines bepflanztes Aquarium. Wir entnehmen ihm einen Zweig von Elodea densa, einer in Zimmeraquarien sehr häufig gezogenen Verwandten unserer Wasserpest (Elodea canadensis), des gemeinsten Unkrautes unserer Seen und Teiche. Beliebige andere Wasserpflanzen leisten uns übrigens denselben Dienst. Einige Elodeenzweige setzen wir nun in eine bis zu oberst mit frischem Brunnenwasser gefüllte Wein- oder Mineralwasserflasche hinein — die jedoch aus weißem Glas bestehen muß, um das Sonnenlicht ungeschwächt durchzulassen — und verschließen hierauf die Flasche mit einem durch Rollen unter der Schuhsohle weich gekneteten Kork, durch dessen Durchbohrung eine vorher umgebogene Glasröhre geführt ist, so wie es die vorstehende Abbildung 3 darstellt. Nun stellen wir den Apparat auf das Fensterbrett. Am Sonnenlicht scheiden die Pflanzen sofort Gasblasen ab! Das Gas sammelt sich oben, und durch das Glasrohr, das ein ganzes Stück ins Wasser hineinragt, wird eine entsprechende Menge Wasser aus der Flasche herausgepreßt, so daß Raum für das entstandene Gas frei wird. Werden jedoch die Pflanzen nicht mehr direkt von den Sonnenstrahlen getroffen, so verlangsamt sich die Gasentwicklung sogleich, im Schatten wird sie sehr träge und im Dunkeln steht sie ganz still. Nehmen wir den Korkstopfen ab und tauchen rasch einen glimmenden Holzspan in die gasgefüllte Flaschenmündung hinein, so brennt dieser hell auf, ein Beweis dafür, daß das angesammelte Gas Sauerstoff ist.

Unser Versuch gelingt noch besser, d. h. die Gasentwicklung wird reichlicher, wenn wir dem Wasser etwas Selterwasser, das bekanntlich künstlich hergestellte Kohlensäure enthält, beimischen. Er mißlingt dagegen, wenn wir gestandenes oder gar solches Wasser verwenden, dessen Kohlensäure durch Kochen ausgetrieben worden ist. Die Sauerstoffabgabe verläuft also unter gleichzeitiger Aufnahme von Kohlensäure. Damit haben wir den Gaswechsel, der sich zwischen der Pflanze und ihrer Umgebung abspielt, erst richtig erkannt. Der Landpflanze liefert die Luft, der Wasserpflanze das Wasser, in der sie lebt, die nötige Kohlensäure. Daß die Luft stets kohlensäurehaltig ist, wissen wir schon. Aber auch jedes Brunnen- oder Fluß- und Seewasser enthält dieses Gas, schon darum, weil es in jedem dieser Wässer faulende organische Stoffe und atmende Tiere gibt, die es erzeugen.

Da die Pflanze Kohlensäure aufnimmt und nur Sauerstoff abgibt, so behält sie also den zweiten Bestandteil der Kohlensäure, den Kohlenstoff, in ihrem Körper zurück. Sie braucht ihn zum Aufbau ihrer Wurzeln, Stengel, Blätter, Blüten und Früchte, denn alle diese Teile sind ja, wie wir bereits erfahren haben, kohlenstoffhaltig. Die Aneignung des in der Kohlensäure der Luft enthaltenen Kohlenstoffes ist einer der wichtigsten Vorgänge im Lebenshaushalt der Pflanze. Man nennt ihn Assimilation. Er ist ein Teil der Ernährung der Pflanze und also durchaus nicht vergleichbar mit der tierischen Atmung, gewissermaßen sogar ihre Umkehrung: unser Körper, bzw. der Körper der Tiere, wird durch die Atmung, wie die verbrennende Kerze, immer leichter, weil er dabei mehr abgibt, als er aufnimmt, und er muß nun diesen Stoffverlust ersetzen durch die Nahrungsaufnahme, die Pflanze dagegen nimmt durch die Assimilation an Gewicht zu. Die in der Welt der Organismen stattfindenden Atmungs- und Assimilationsprozesse scheinen sich im allgemeinen das Gleichgewicht zu halten, so daß der Kohlensäurevorrat der Atmosphäre sich, wenigstens seit wissenschaftliche Beobachtungen gemacht werden, nicht verändert. Es ist aber vermutet worden, daß in früheren Erdperioden die Luft größere Mengen dieses Gases enthalten haben möchte, und daß dadurch größtenteils der viel üppigere Pflanzenwuchs jener Zeiten zu erklären sei.

Unser Versuch (Abb. 3) hat uns auch gezeigt, daß Sonnenlicht, oder wenigstens Tageslicht, zur Erregung der Assimilation erforderlich ist. Man darf sich die Sache nicht so vorstellen, als ob die Sonnenenergie allein die Assimilation verursachte. Auch in der Pflanze selbst verborgene Kräfte, deren Wirkungsweise wir noch nicht genau kennen, sind an dem Vorgange beteiligt. Insbesondere ist die grüne Farbe der Pflanzen eine notwendige Vorbedingung der Assimilation. Nichtgrüne Pflanzen assimilieren nicht (S. 67). Der grüne Farbstoff besteht aus Körnern, die im Leib der Pflanze verteilt sind, und im Innern dieser Farbstoffkörner spielt sich der eigentliche Assimilationsvorgang, d. h. die Spaltung der Kohlensäure in Sauerstoff und Kohlenstoff und die Aneignung des Kohlenstoffes ab. Dies alles stößt aber unseren Satz nicht um: ohne Sonnenlicht keine Assimilation.

Die Sonne greift nun noch an einer anderen Stelle des pflanzlichen Organismus treibend ein. Betrachtet das Wasser, das sich an den Glasfenstern unserer Veranda niederschlägt! Man hat die Wassermenge, die eine ausgewachsene Buche im Laufe eines Sommers aus ihren Blättern verdunstet, auf 9000 kg berechnet! All dies Wasser muß mit den Wurzeln aus der Erde entnommen und bis in die obersten Blätter gehoben werden! Auch diese Erscheinung des Saftstroms wird nur zum Teil durch die Sonne verursacht, zum Teil aber durch andere, in der Pflanze selbst liegende Kräfte. Diese sind der Wissenschaft zwar noch nicht alle bekannt, wenn aber im Frühjahr die Bäume „im Saft" stehen, so werden wir doch noch einmal auf diese fundamentale Lebenserscheinung der Pflanze zurückkommen. Vorläufig fesselt uns mehr als die Ursache des Saftstroms ihr Zweck: ein großer Teil des Wassers wird von der Pflanze als wichtiger Hauptbestandteil ihrer Nahrung zurückgehalten. Bestehen doch zwei Dritteile des Gewichtes der meisten saftigen Pflanzenteile aus Wasser, und selbst unsere sog. schweren Hölzer wie Eiche und Buche enthalten immer noch 20—30% Wasser! Dann aber enthält das der Erde entnommene Wasser gewisse Salze, die, wenn auch nur in verhältnismäßig sehr geringer Menge, in dem aufgenommenen Wasser gelöst sind. Diese Bodensalze bilden den dritten Hauptbestandteil der Pflanzennahrung. Namentlich sind die Stickstoff enthaltenden Bodensalze, z. B. der Salpeter, von größter Bedeutung für die Pflanze, weil sie zur Bildung der Eiweißstoffe dienen, die namentlich in den Samen als Nahrungsvorrat für die jungen Keimpflänzchen vorkommen. — Der weitaus größte Teil des aufgenommenen Wassers ist aber derjenige, der durch Verdunstung aus den Blättern wieder abgegeben wird. Aber auch dieser Teil des Wasserstroms geht nicht unnütz verloren, denn er ist es ja, der immer wieder neues Wasser von unten ansaugt und so schließlich der Pflanze auch eine genügende Menge von Nährsalzen verschafft. Auch ist die Verdunstung an sich schon vorteilhaft. Denn die Erhitzung besonnter Objekte kann in den Tropen bedeutend über den Siedepunkt des Wassers, in unseren gemäßigten Zonen immerhin auch bis auf 45 und 50° C, d. h. bis zur oberen Temperaturgrenze der Lebenstätigkeit ansteigen. Durch die Verdunstung werden aber die Blätter sehr stark abgekühlt. Diese Erscheinung, die der Physiker Verdunstungskälte nennt, ist bekannt genug: auf ihr beruht beispielsweise die Abkühlung unseres Körpers bei starkem Schweißverlust, die intensive Kälte, die wir verspüren, wenn wir eine rasch verdunstende Flüssigkeit, etwa Benzin oder gewöhnlichen Schwefeläther, auf die warme Hand gießen. Die auch in den Blättern stattfindende Verdunstung schützt also die Pflanze vor zu starker Erwärmung. Und zwar regelt sich dieser Vorgang selbsttätig: je mehr die Sonne auf die Blätter brennt, um so stärker wird auch die Verdunstung und die dadurch entstehende Verdunstungskälte. Schließlich kann allerdings die Verdunstung so stark werden, daß der Wasserstrom in der Pflanze die abgegangene Flüssigkeitsmenge nicht mehr zu ersetzen vermöchte. Darum besitzen sehr viele Pflanzen gewisse Vorrichtungen, mit denen sie die Verdunstung auf das zuträgliche Maß herabsetzen können. Mit solchen Schutzmitteln gegen die übermäßige Verdunstung, wie sie namentlich bei den sog. Xerophyten oder Trockenpflanzen vorkommen, werden wir uns im weiteren Verlauf unserer Studien und Wanderungen noch oft zu beschäftigen haben. — Zum Schlusse halten wir fest: Wasser ist eine zweite Hauptbedingung alles pflanzlichen Lebens, und kein schlimmerer Feind ist den zarten Kindern Floras bisher erstanden als die Trockenheit.

Die letzte Quelle alles Lebens ist aber doch die Sonne. Sie ermöglicht es der Pflanze, sich des Kohlenstoffs der Luftkohlensäure zu bemächtigen und den nährenden Saftstrom dem Schoß der Erde zu entheben. Aus dem Kohlenstoff der Luft, aus Bodenwasser mit Nährsalzen erbaut aber die Pflanze ihren ganzen Körper. Demnach ist die Pflanze mit all ihren Wurzeln, Stengeln, Blättern und Blüten ein Produkt der Sonne, ein Sonnenkind! Die behagliche Wärme, die uns das im Ofen knisternde Holz liefert, ist darum nichts anderes als die Sonnenenergie, die der Baum während seines Lebens aufspeicherte. Aber auch die Steinkohle besteht aus Pflanzenmaterial, nämlich aus den Stämmen vorweltlicher Bäume, die unter Erdschichten, die sie überschütteten, infolge des Luftabschlusses, des Drucks und der Erwärmung verkohlt sind. Also auch die schwarze Steinkohle stellt einen Wärmeautomaten dar, der, wenn auch nicht um unsertwillen, so doch zu unserem Nutz und Frommen in urferner Zeit von der Sonne mit gewaltigen Mengen von Wärmeenergie geladen wurde. Und schließlich ist doch auch die ganze Tierwelt zu ihrer Ernährung unmittelbar oder mittelbar auf die Pflanzen angewiesen, sind auch wir Menschen mit all unseren Werken und Plänen ein Glied dieser großen Lebensgemeinschaft, die zu ewigem Tode erstarren wird, sobald einst einmal das lebenspendende Licht der Sonne erlöscht!

II. Der Wald im Winterkleid.

Die Sonne lacht durchs Fenster herein! Das Lob, das wir ihr spendeten, scheint gnädige Aufnahme gefunden zu haben. Ihre Strahlen erwärmen zwar noch wenig. Aber heute muß doch gewandert sein! — Unter unseren Füßen knirscht der Schnee. Es fallen noch vereinzelte kleine Flocken. Nein, nicht Flocken sind es, Sterne! Wenn du sie auf dem Ärmel deines wollenen Mantels auffängst, so kannst du den zierlichen Bau dieser kleinen sechsteiligen Schneekristalle mit all ihren Strahlen und Zacken bequem beobachten (Abb. 4). Von den Schneeflocken zu beiden Seiten der Straße werfen uns Billionen solcher Kristalle blitzende Sonnenstrahlen entgegen, so daß unser Auge, von diesem Meer von Licht geblendet, sich abwendet.

Die Schneedecke schützt die unter ihr schlafenden Pflanzen nicht nur vor dem Erfrieren, sondern sie speist auch während des langsamen Auftauens im Frühjahr Grundwasser und Quellen viel besser als die meist rasch abfließenden Regengüsse der wärmeren Jahreszeit.

Wenn die Schneedecke auf den Bäumen gar zu groß wird (Abb. 5), kann sie gelegentlich allerdings zu Schneebrüchen führen. Wer jemals ein solches

Abb. 4. Schneekristalle.

Abb. 5. Schneebelastung eines 30 jährigen Fichtenbestandes bei Oberwiesenthal im Erzgebirge im Winter 1910/11.

Abb. 6. 1889er Schneebruch im Rehefelder Revier im Erzgebirge.

Bild der Zerstörung, wie es beispielsweise im Frühjahr 1914 die Fichtenwälder in der Umgebung des Brockens boten, mit eigenen Augen gesehen hat, der wird den Schaden, den Schneebrüche anrichten können, zu ermessen verstehen (Abb. 6). Die Laubhölzer sind besser daran, weil auf ihren kahlen Zweigen nicht viel Schnee liegen bleibt. Fällt aber einmal ein Frühjahrsschnee auf das schon entfaltete junge Laub, so sind die Verheerungen dann oft noch größere. Dafür ein Beispiel aus jüngster Zeit: Sturmgeläute und das unheimliche Krachen fallender Stämme weckte in der Nacht vom 23. zum 24. Mai 1908 die Bewohner des ganzen schweizerischen Juras und Mittellandes aus dem Schlafe. Die Bauern zogen mit Stangen bewaffnet hinaus, um den Schnee von ihren Obstbäumen zu schütteln. Vergeblich! Der folgende Morgen bot ein trostloses Bild, das keiner, der es gesehen, jemals vergessen wird: mächtige Baumstämme lagen, teils glatt über dem Erdboden, teils höher oben gebrochen, auf der Erde. Die während der Nacht gefallene Schneedecke war nur 1—2 dm hoch, aber die ausgebreiteten Flächen des jungen Laubes hatten doch große Mengen des nassen schweren Frühlingsschnees aufgefangen, und das Holz der Laubbäume war der ungewohnten Belastung nicht gewachsen.

Wir stehen im tief verschneiten Laubwald. Ungeschwächt dringt das Tageslicht herein und zeigt die schönen charakteristischen Wuchsformen der einzelnen Bäume. Auf den ersten Blick erkennen wir die knorrig hin und her gewundenen Äste der Eiche, die schlanken Stämme und hohen Kronen der Ahorne, die breiten, tief herabreichenden Zweigkronen der Ulmen, die weit ausladenden Astschirme der Rotbuchen (Fagus). Namentlich die **Struktur und Farbe der Rinde** ist jetzt deutlicher zu erkennen als im Sommer. Weißgrau und rissig ist die Rinde der Pappeln, blutrot beim Hartriegel oder Hornstrauch (Cornus sanguinea), weißgelb punktiert beim Faulbaum (Frangula alnus), grün und meist etwas vierkantig bei den Ästen des Spindelbaums oder Pfaffenhütchens (Euonymus), mit Korkleisten besetzt bei den Zweigen der Ulmen und Feldahorne (Acer campestre).

Alles pflanzliche Leben scheint erstorben. Aber der Wald schläft nur! Betrachte eine der zahlreichen **Knospen**! In ihnen bergen sich Keime des neuen Lebens. Ein Quer- oder Längsschnitt, den du mit einer scharfen Klinge des Taschenmessers durch eine Knospe führst, zeigt schon dem bloßen Auge die Einzelheiten dieses Wunderbaues: in wollige Haare eingebettet sehen wir die jungen Blättchen dicht übereinander liegen. Die äußersten Blätter sind trockenhäutige oder lederige „Knospenschuppen“, die dem Schutz der zarten inneren Organe gegen die Unbilden des Winters dienen. Oft sind sie noch mit Haaren oder mit einer gegen Auswaschung durch Regen- und Schmelzwasser schützenden Harzschicht bedeckt.

Um diese Zeit sind alle Knospen längst fertig ausgebildet, ja einige fangen schon an zu schwellen und werden bald aufbrechen. Sie werden schon im Herbst angelegt, und zwar stets in der Achsel eines Blattes. Darum sehen wir auch jetzt am Grunde jeder Knospe einen rundlichen oder dreieckigen Fleck, die sog. **Blattnarbe**, die Stelle, wo der Stil jenes nun längst abgefallenen Blattes am Zweige saß. Auf der Blattnarbe bemerken wir kleine Punkte. Zahl und Anordnung derselben wechselt von Art zu Art, oft sind die Punkte auch zu Streifen von Halbkreis- oder Hufeisenform aneinander gereiht. An diesen Stellen traten die „Adern“ aus dem Zweig ins Blatt über, um sich in diesem in der wohlbekannten Netzform zu verzweigen.

Laubhölzer im Winterkleide zu bestimmen ist eine reizvolle Beschäftigung. Wuchsform und Struktur der Rinde, die Merkmale der Blattnarben usw. sind so zuverlässige Kennzeichen, daß die Bestimmung auch Anfängern leicht gelingt. Jedem Naturfreund seien zu diesem Zwecke die trefflichen Bestimmungstafeln in dem Büchlein „Deutschlands Laubhölzer im Winterkleid“ von Willkomm empfohlen. Besonders wertvoll für die Bestimmung sind die Formen der Knospen selbst. Unsere Titelzeichnung kann eine Vorstellung von der großen Mannigfaltigkeit der Ausbildung der Knospen geben, trotzdem auf ein Hauptmerkmal, die Farbe, verzichtet werden mußte. Die Esche hat wie die Ahorne und die Roßkastanie gegenständige Knospen, die auf den ersten Blick an ihrer schwarzen Färbung von denen aller anderen Laubbäume zu unterscheiden sind. Die Erlenknospen sind gestielt und nehmen dadurch ebenfalls eine Sonderstellung unter unseren Laubhölzern ein. Sie werden von zwei dunkelroten, durch körnige Oberflächen an Samt erinnernde Knospenschuppen umhüllt. Die Weiß- oder Hainbuche (Carpinus betulus) hat hellbraune, nach oben und unten spitz zulaufende Knospen, der Haselstrauch graubraune, von vielen rundlichen Schuppen bedeckte, in der Form einem auf der Spitze stehenden Ei ähnelnde. Die Pappelknospen sind so spitz, daß man sich an ihnen stechen kann; bei der Schwarzpappel sind die Knospenspitzen nach außen, bei der Zitterpappel oder Espe nach innen, d. h. gegen den Zweig hin, gebogen.

Über die Ursachen des herbstlichen Laubfalles ist schon viel gesprochen und geschrieben worden, und diese Frage ist doch immer noch nicht ganz gelöst. Wir werden auf sie bei einer späteren Gelegenheit zurückkommen (S. 202). Heute wollen wir uns nur mit der einfacheren Frage nach dem Zweck des Laubfalles, richtiger: dem Nutzen, den er dem Baume bringt, beschäftigen. Nach allem, was wir über die Wirkung des Schneefalles auf vollbelaubte Bäume hörten, ist uns ein erster wichtiger Zweck, dem der Laubfall zweifellos dient, klar ersichtlich: er verkleinert die den Schnee auffangende Fläche ganz erheblich und bewahrt so den Baum vor Schneebruch. Aber er ist auch ein Schutzmittel gegen die Winterkälte, denn es ist klar, daß ein vollbelaubter Baum viel mehr Wärme an die kalte Winterluft ausstrahlen würde als der winterkahle Baum, der der kalten Luft eine sehr viel geringere Berührungsfläche bietet. Noch viel wichtiger als all dies ist die Bedeutung des Laubfalles als Trockenheitsschutz. Im Winter ist nämlich die Luft, wenn nicht gerade Tauwetter herrscht, sehr trocken, namentlich auch wegen der außerordentlich starken Austrocknungskraft des Schnees. Erinnere dich, wie rasch an einem kalten Wintertage die Wäsche trocknet, und beachte, wie schnell eine vielleicht beim Schneeballwerfen befeuchtete Hand wieder trocken ist! Dazu kommt nun noch, daß der Wassernachschub von unten her sehr erschwert ist, weil die Lebenstätigkeit der zarten Wurzelfasern durch die Kälte sehr stark verlangsamt wird. Beides zusammen macht, daß die Pflanzen im Winter der Gefahr, zu vertrocknen, in hohem Maße ausgesetzt sind, ja diese Gefahr ist geradezu der schlimmste Feind der Pflanzen im Winter, viel schlimmer noch als Kälte, Schneedruck und Sturmwinde.

Jetzt verstehen wir auch, daß es sich die Nadelhölzer „leisten können", immergrün zu sein. Ihre Blattflächen sind ja viel kleiner, dazu mit einer sehr dicken, unten meist noch mit Wachs überzogenen Haut versehen. Sie verdunsten also von vornherein viel weniger Wasser. Es sind hierüber schöne Untersuchungen angestellt worden, über welche Schimper in seiner „Pflanzengeographie" berichtet. Es wurden 50 bis 80 cm hohe Bäumchen in 3 bis 5 $^1/_2$ kg Erde fassende Töpfe gepflanzt, die von Zinkblechhülsen luftdicht umschlossen waren, so daß ein Wasserverlust durch die Töpfe hindurch unmöglich war. Man beobachtete in der Zeit vom 1. Juni bis Ende November auf 100 g der völlig trockenen Blätter bzw. Nadeln den folgenden Wasserverlust: bei

Birke	66 987 g
Linde	61 519 g
Esche	56 689 g

Weißbuche	56251 g
Rotbuche	47246 g
Ahorn (Acer platanoides)	46287 g
Ulme (Ulmus campestris)	40731 g
Rottanne	5847 g
Kiefer	5802 g
Edeltanne	4402 g

Es ist klar, daß der alljährliche Laubfall eine ungeheure Stoffverschwendung bedeutet. Die Nadelhölzer sind in dieser Beziehung viel wirtschaftlicher eingerichtet. Sie behalten ihre Blätter so lange, als sie lebensfähig bleiben — bei der Kiefer dauert das z. B. für ein Blatt durchschnittlich drei Jahre — und lassen sie dann zu ganz verschiedenen Zeiten fallen, so daß der Baum niemals völlig kahl steht. Die Laubhölzer aber werden eben beim Herannahen des Winters vor die Wahl gestellt, entweder zu sterben oder einen Teil des Körpers preiszugeben! Es ist wie bei der „Selbstamputation" mancher Tiere: Kneifst du eine Eidechse mit einer Pinzette in den Schwanz, oder erhascht der Schnabel des Storches ihr Körperende, so schüttelt sie sich etwas, und das erfaßte Schwanzstück fällt ab, das Tierchen aber entschlüpft und ersetzt nach einiger Zeit den verlorenen Körperteil. Auch die der Eidechse nahe verwandte Blindschleiche besitzt diese Fähigkeit, ja, sie kann sogar mehrere Male nacheinander Stücke ihres Körpers abstoßen. Am bekanntesten aber ist die Selbstamputation beim „Weberknecht" („Schuster", „Schneider", „Zimmermann"), jener langbeinigen Spinne (Phalangium parietinum), die auf Geröll und sonnigen Mauern häufig zu treffen ist. Das Wunderbare an dieser Erscheinung ist, daß kaum blutende Wundstellen zurückbleiben, an denen Bazillen der Umgebung angreifen und Fäulnisprozesse und Eiterungen hervorrufen könnten. Ganz genau wie beim Laubfall der Pflanzen! Du erinnerst dich doch vom vergangenen Herbste her, wie z. B. die Stellen, an denen die Roßkastanienblätter sich loslösten, schon lange vorher eingeschnürt waren. Fiel dann das Blatt ab, so sah man sowohl am Blattstiel wie an der zurückgebliebenen Blattnarbe ein zartes Häutchen, das schon längere Zeit vor dem Ablösen des Blattes angelegt worden war.

Der Laub- und Buschwald, durch den unser Weg führte, hat sich nach und nach in reinen Nadelwald verwandelt.

Die älteren Bäume hier hängen voller reifer, schön verholzter, daher brauner Zapfen. Tannenzapfen nennt sie das Volk fälschlich. Die Zapfen der Tannen hängen aber nicht, sondern stehen aufrecht auf ihren Zweigen und zerfallen bei der Reife. Und daß diese rotrindigen Bäume hier mit ihren wegen andauernden Spitzenwachstums auch bis ins Alter hinein pyramidal bleibenden Kronen keine Tannen (Abies alba) sind, sondern Fichten (Picea excelsa), sagen uns in der Nähe ihre vierkantigen, scharfspitzigen, meist quirlig vom Triebe abspreizenden Nadeln.

Kip, kip, kip tönt es aus den Fichtenkronen. Das ist der Lockruf der zahl-

Abb. 7. Kreuzschnabel bei seinem schneeumgebenen Nest.

reichen, etwa sperlingsgroßen Vögelchen, die gar nicht scheu in eifrigster Tätigkeit in den schneebedeckten Zweigen und an den Zapfen kopfüber, kopfunter herumklettern. Sie sitzen ziemlich hoch an den Bäumen, aber wenn ihr durch einen Feldstecher schaut, erkennt ihr, daß es Tiere sind von gedrungenem, kräftigem Körperbau von grünlicher oder roter Färbung; die einen sind die jungen Tiere und die Weibchen, die anderen die älteren Männchen. Ihre Füße sind kurz und stämmig, mit großen, scharfspitzigen Krallen. Das ist ihr Kletterwerkzeug; gelegentlich benutzen sie aber dazu auch, ähnlich den Papageien, ihren hakenförmig gekrümmten Schnabel, der ihnen ihren Namen verschafft hat: Kreuzschnäbel, weil der aufwärts gekrümmte Unterschnabel scherenartig mit seiner hakigen Spitze rechts oder links am Oberschnabel vorbeischlägt. Auf der Seite des Unterschnabels ist darum auch einseitig die Muskulatur des Kopfes stärker entwickelt. Unsere Vögelchen sind Kiefernkreuzschnäbel (Loxia curvirostra), während der sehr ähnliche, aber noch viel größere und kräftigere Fichtenkreuzschnabel, dessen Schnabel zwar gleichfalls stärker und kräftiger ist, aber nicht so stark kreuzt, bei uns nicht so häufig sich findet. Dieser Schnabel ist das Werkzeug, mit dem der Vogel die Zapfenschuppen aufbricht, um zu den beiden hinter ihnen versteckten, sonst aber nackten Samen zu gelangen, deren das immer tätige, also auch immer hungrige Tierchen eine unglaubliche Menge vertilgt. Das wirklich Wunderbare bei unserm Vogel aber ist, daß seine Vermehrung nicht an eine bestimmte Jahreszeit gebunden ist, also nicht nur im Frühjahr erfolgt, wie bei anderen Vögeln; denn er brütet auch mitten im Winterschnee.

Meist steht das dickwandige, tiefe, warme Nest aus verfilzten Pflanzenfasern und zarten Fichtenreisern hoch in den Bäumen, immer so angelegt, daß überragende Zweige einen sichern Schneeschutz bieten. Dann und wann aber steht auch eines tiefer, und hier sind wir an der Stelle angekommen, die ich euch zeigen wollte, wo wir ausnahmsweise von etwas erhöhtem Standpunkt gerade in ein Kreuzschnabelnest hineinschauen können, das im Gezweige einer am Abhange stehenden Fichte erbaut ist. Vier Schnäbelchen, seht ihr, öffnen sich in dem schneeumgebenen Nest der fütternden Mutter entgegen. In der Regel sind es nur drei oder gar nur zwei Junge, von dunkelgrauen Daunen bekleidet, die zärtlich und lange von der Alten mit im Kropfe erweichten Fichtensamen gefüttert werden.

Wir sind seitab vom Wege in ein lichtes Stangenholz eingetreten, dem nur vereinzelt ältere, das Jungholz an Höhe und Stärke überragende Bäume, sog. Überständer, eingesprengt sind, und wollen nun dem Ufer jenes Bächleins folgen. Tiefe Stille umgibt uns. Unsere Schritte hinterlassen deutliche Spuren in der dünnen Schneedecke. Wir sehen, daß andere Menschen hier nicht gegangen sind, seit der Schnee fiel. Aber hier, welches Tier ist hier gegangen? Es war ein vierfüßiges, schon größeres, also ein Säugetier. Jeder der vier Tritte zeigt zwei deutlich gesonderte Hälften; es war also ein „Paarzeher", der diese „Fährte" hinterließ, und zwar hat er nur mit zwei Zehen den Boden berührt. Die zwei Zeheneindrücke stehen so dicht beisammen, daß sie ein rundliches Ganzes bilden, und sind scharf umrissen. Die Zehen wurden also nur mit dem vordersten, von scharfrandigen Hornschuhen, „Schalen", umkleideten Glied aufgesetzt: das Tier war ein „Spitzengänger" und Huftier. Die Tritte der vier Füße sind zierlich auswärts gestellt und stehen gleichweit voneinander ab (Schlußbild links): das Tier befand sich in gemächlicher Vorwärtsbewegung, im „vertrauten Ziehen", wie der Forstmann sagt. Von unseren einheimischen Huftieren kann nach der geringen Größe und Zierlichkeit der Hufeindrücke sowie nach der Schrittweite und nach der Örtlichkeit, an der wir die Fährte fanden, allein das Reh hier in Frage kommen. Ein Stück weiterhin hat unser Reh „in hoher Flucht" den Bach „überfallen, d. h. ihn übersprungen. Hier ist zwischen den Eindrücken der Vorderfüße und der Hinterfüße eine weite Lücke, die Schalen jedes Fußtritts sind durch die größere Wucht des Auftrittes gespreizt, und nahe hinter ihnen sind noch zwei kleine Eindrücke zu sehen (Schlußbild rechts). Sie rühren von den beiden gleichfalls hufbedeckten verkümmerten Zehen oder Afterzehen her, die seitlich hinter den Hauptzehen so viel höher stehen, daß sie beim vertrauten Ziehen den Boden nicht berühren, wohl aber in der Wucht des Sprunges. Beim Schwarzwild, unserem Wildschwein, stehen die Afterklauen so viel tiefer als beim Rotwild, daß sie auch beim ruhigen Schreiten mit dem Boden in Berührung kommen. — Bei dem dickeren Eichbaum hier überrascht uns eine neue, weit kleinere „Spur". (Der Forstmann redet von Fährte nur bei Tieren, die zur „hohen Jagd" gehören, bei Hirsch, Reh und Schwarzwild.) Du siehst hier (Schlußbild unten) dicht nebeneinander zwei zierliche Fußabdrücke und nahe davor zwei wesentlich größere, dann eine beträchtliche Lücke, und wieder zwei kleinere und zwei größere Abdrücke. Du kannst an den Abdrücken deutlich die Zehen ihrer ganzen Länge nach erkennen und vermagst sie leicht zu zählen: vier an den kleineren, fünf an den größeren; das Tierchen war also ein „Zehengänger". Vorn an jeder Zehe siehst du die Eindrücke langer, spitzer Krallen. Diese Spur ist äußerst bezeichnend, sie rührt von unserem Eichhörnchen her, das sich in gleichfüßig ausgeführten Sprüngen über den Erdboden hinbewegt, bei denen es die fünfzehigen, vom Boden abschnellenden Hinterfüße immer wieder unmittelbar vor den kleineren, vierzehigen, den Sprung auffangenden Vorderfüßen aufsetzt. Du erinnerst dich, daß die Vorderfüße noch eine hoch eingesetzte fünfte Zehe tragen, die aber nur ein Stummel ist — die beim Halten einer Nuß so dienliche Daumenzehe — und in der Spur also nicht abgedrückt wird. — Wenn du über dich in die jetzt kahle Krone der Eiche blickst, kannst du dort in der Astgabel auch das kuglige Reisignest unseres zierlichen, aber doch recht schädlichen Springers sehen, in dem er jetzt wahrscheinlich seinen pausenreichen Winterschlaf hält. — Und sieh einmal, wir haben Glück! Was finden wir hier für einen sonderbar gestalteten Knochen? Es ist eine der beiden „Stangen" eines Rehbocks, die bekanntlich in jedem Spätherbst „abgeworfen" werden. Die Stange trägt am unteren Ende einen kräftigen Wulst, die „Rose"; unmittelbar unter ihr liegt die Stelle, an der das Geweih sich vom knöchernen Stirnzapfen des Schädeldaches loslöst. Die Stange hat starke Unebenheiten, „Perlen", und drei „Enden", so viel, als sie beim Rehbock — im Unterschied vom Hirsch — überhaupt bekommt. Da die Enden alle drei hoch an der Stange stehen, stammt sie sicher von einem Rehbock her; denn beim Hirschsechser, der auch drei Enden an jedr Stange hat, steht ein Ende unten unmittelbar über dem Rosenstock (daher „Augensprosse" genannt). Unsere Stange ist so kräftig, daß sie sicher von einem voll entwickelten Bock herrührt; wie alt er aber war, ist aus der Stange allein nicht zu erkennen. Die Stange ist stark gebleicht, liegt also wohl schon lange im Walde. Die gleichlaufenden, paarigen Furchen, die sich reichlich an ihr finden, beweisen, daß Eichhörnchen ihre scharfen Nagezähne — zwei in jedem Kiefer — an ihr versucht haben. — Das in elegantem Schwunge von Ast zu Ast, von Baum zu Baum springende Eichhörnchen bietet dem Waldspaziergänger in besserer Jahreszeit ein prächtiges Bild. Der Forstmann aber sieht den kleinen Nager in seinen Waldungen nicht gern, weil das Tierchen den Eiern der Vögel nachstellt und im Vorfrühling die jährigen Fichtentriebe abbeißt, um die Triebknospen auszufressen. Der Waldboden ist dann manchmal mit solchen „Abbissen" ganz übersät. In Jahren besonders, in denen sich die Eichhörnchen stark vermehrt haben, gehen sie auch die Rinde von allerlei Stämmen an, die sie abschälen. Solche Rindenwunden fallen zunächst wenig auf, aber die über den Schälstellen gelegenen Kronenpartien sind unfehlbar dem Tode geweiht. In solchen Jahren werden die schönen Tierchen zu schlimmsten Schädlingen, ja zu einer wahren Plage, so daß sie erbarmungslos abgeschossen werden müssen.

Wir steigen jenseits des Baches eine Bodenwelle hinan, eine Nadelholzdickung nimmt uus hier auf; der Wind weht günstig auf uns zu; wenn wir uns jetzt recht leise verhalten, werden wir noch einen hübschen Anblick genießen. Denn auf einem freien Platz in der Dickung ist eine Winterfuttterstelle für Rehwild eingerichtet, wo allerlei Trockenfutter, in erster Linie Heu, dargeboten wird und auch eine Salzlecke nicht fehlt. Und richtig, da sind einige Tiere in ihrem fahlen Winterkleid bei eifriger Äsung! Ein Bock ist auch unter ihnen, er „schiebt“ sein neues, noch kolbiges, fellüberzogenes Bastgeweih. Jetzt äugen die Tiere nach unserer Richtung, der weiße „Spiegel“ auf ihren Hinterbacken ist in lebhafter Bewegung, ein eigentümlicher Schrecklaut ertönt wiederholt: die Ricken „schmälen“, und mit eleganten Sätzen entschwindet das Rudel jenseits in der Dickung.

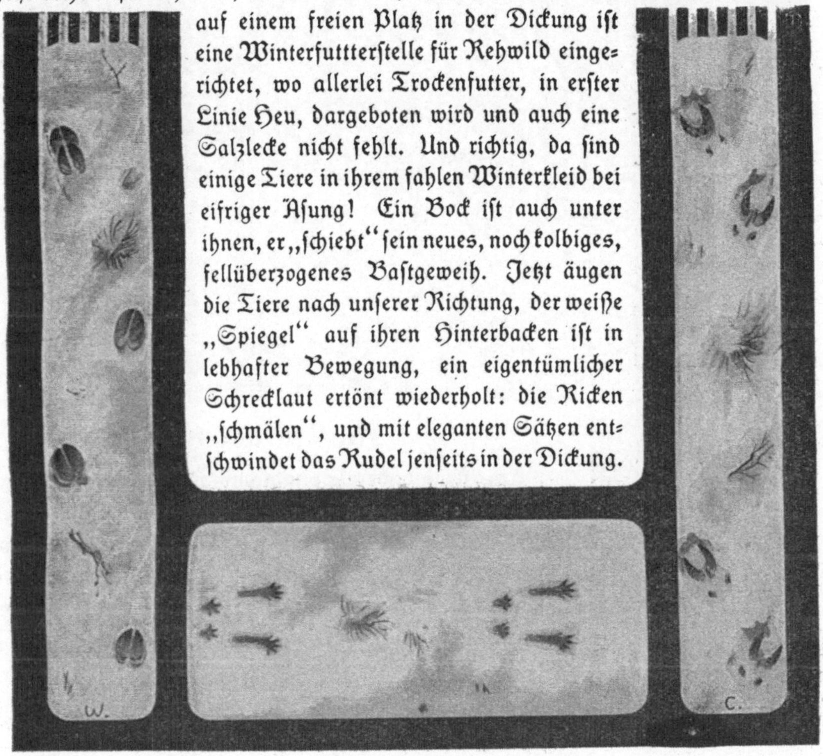

III. Vorboten.

Ein strahlender Sonntagmorgen im Vorfrühling. In unserem Garten sind die Wege durchnäßt vom Schmelzwasser, die Beete größtenteils noch schneebedeckt. Aber die schneefreien Stellen prangen schon im Blütenkleid des jungen Lenzes: blaue Leberblümchen (Hepatica triloba) und die großen grünen Blüten der Nieswurz (Helleborus) haben sich schon zu Anfang des Februars entfaltet. Sie wurden seither mehrmals wieder ganz zugeschneit, blühten aber immer fröhlich weiter. Schneeglöckchen (Galanthus nivalis, etwas später die ähnliche Frühlingsknotenblume Leucojum vernum) und Frühlingskrokus durchbrechen sogar, ihre bescheidene Körperwärme als Bohrmittel verwendend, die letzten Schneereste. Der Krokus, ein nächster Verwandter unserer Schwertlilien, ist ein Kind der Berge. Er überzieht im Frühjahr die Berglehnen Süddeutschlands und die Wiesen der Alpen oft weithin mit seinem wunderbaren weißen oder violetten Blütenflor.

Unser Titelbild zeigt alle diese lieblichen Blumengesichter: im Vordergrund Krokus und Schneeglöckchen, weiter hinten Leberblümchen und Nieswurz. Zu hinterst am Gartenzaun blüht auch schon ein Sträuchlein. Es ist der wohlbekannte Seidelbast oder Kellerhals (Daphne mezereum, Abb. 8). Den langröhrigen hellroten Blüten entströmt ein starker Duft. Der Seidelbast kommt in den Bergwäldern Mitteldeutschlands fast überall vor, seine eigentliche Heimat liegt aber in den österreichischen und süddeutschen Alpen: „Steinrösel“ nennt

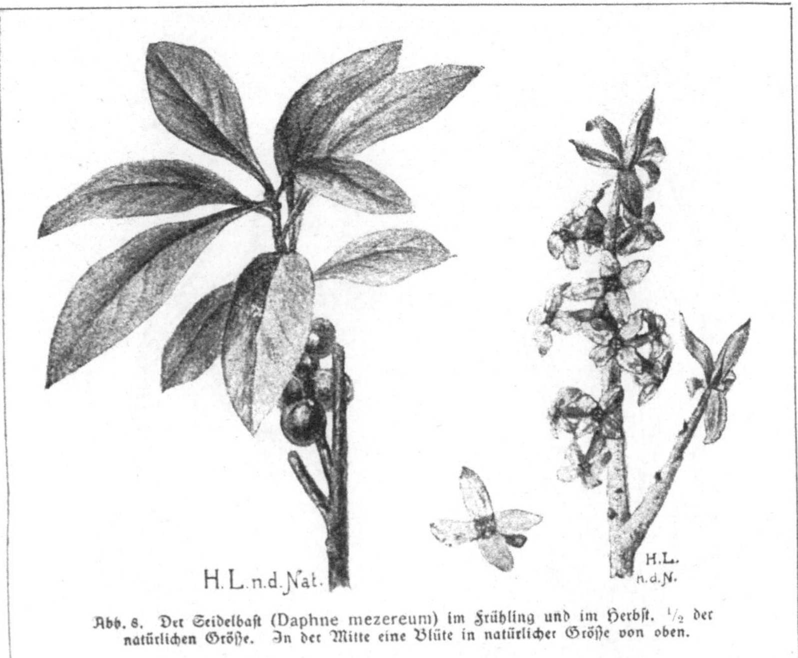

Abb. 8. Der Seidelbast (Daphne mezereum) im Frühling und im Herbst. 1/2 der natürlichen Größe. In der Mitte eine Blüte in natürlicher Größe von oben.

ihn der Tiroler, „Bergnägeli“ der Algäuer Älpler. — Dicht daneben, zwischen den winterkahlen Sträuchern halb verborgen, blüht noch eine hochwüchsigere Pflanze, die aber im Gegensatz zum Seidelbast zugleich auch reich beblättert ist, das Lungenkraut (Pulmonaria officinalis), das wegen seines durch kratzende Borsten gegen Schneckenfraß geschützten Blattwerks zu der Familie der „Rauhblättrigen“ gezählt wird.

Dort öffnet sich ein Fenster. Die Topfpflanzen, die den Winter in einem warmen Kellerraum zubrachten, werden auf die Fensterbretter gestellt. Es ist noch etwas zeitig; hoffen wir, daß uns der März keine Nachtfröste mehr beschere! Aber die Pflanzen verlangen nach Licht; seht, wie mißfarbig die unschön langstieligen und dabei noch sehr kleinen Blätter, die im Keller gewachsen sind, aussehen, ganz ähnlich den im Dunkel entstandenen Kartoffelsprossen, die wir um diese Zeit im Keller vorfinden. Vor allem fällt an solchen „vergeilten“ Pflanzen die blasse, fast weiße Farbe auf. Jener Farbstoff, der (S. 7) unter der Einwirkung der Sonnenstrahlen die Assimilation und damit das Leben der Pflanze ermöglicht, das Blattgrün, bildet sich also überhaupt erst unter dem Einfluß des Lichtes! Mit dieser Erkenntnis haben wir nun noch ein vertiefteres Verständnis für die hohe Bedeutung, die dem Sonnenlicht im Lebenshaushalt der Pflanzen zukommt, gewonnen. Auch die Rasenbeete und Graseinfassungen des Gartens sind noch nicht voll ergrünt, weil sie noch

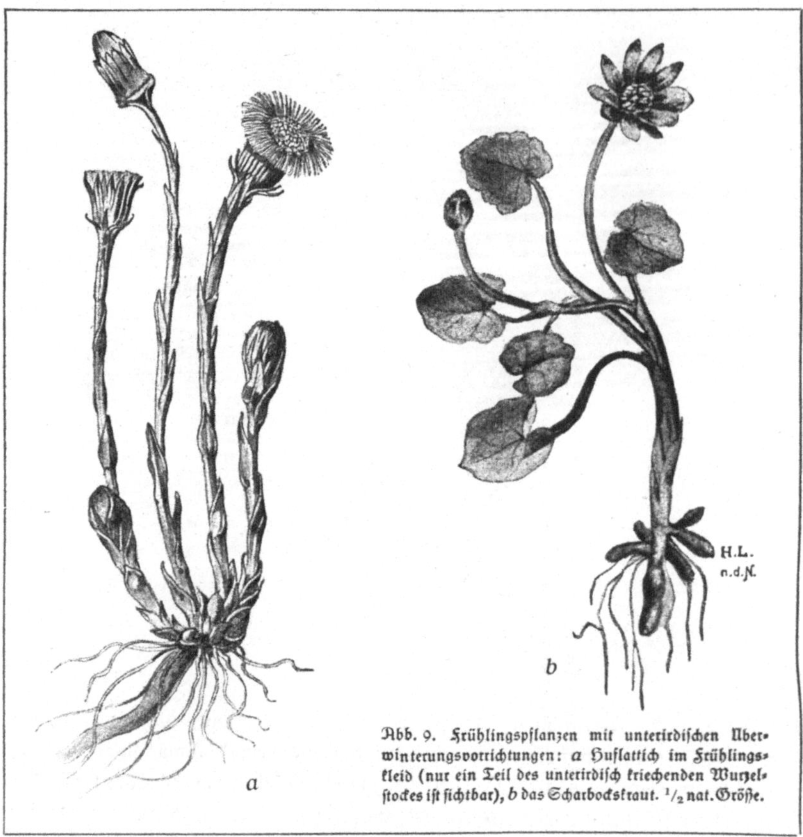

Abb. 9. Frühlingspflanzen mit unterirdischen Überwinterungsvorrichtungen: *a* Huflattich im Frühlingskleid (nur ein Teil des unterirdisch kriechenden Wurzelstockes ist sichtbar), *b* das Scharbockskraut. $^1/_2$ nat. Größe.

vor wenigen Tagen die winterliche Schneedecke in Dunkel hüllte. Und doch ist der Rasen schon übersät mit den lieblichen Sternen der Gänseblümchen oder Maßliebchen (Bellis perennis). Viele sind zwar noch geschlossen. Der Stern des Maßliebchens ist nicht *eine* Blüte, sondern eine Vereinigung zahlreicher kleiner Blütchen. „Kompositen", d. h. „Zusammengesetzte" oder Korbblütler, heißt daher der Botaniker diese Familie. Die weißen randständigen Blütchen des Maßliebchens sind jetzt auf der Unterseite und meist auch noch oben ganz rot. Später, gegen den Sommer hin, verschwindet diese Färbung bis auf feine rote Randstreifen. *Rote Färbungen* sind überhaupt sehr häufig bei allen jungen Pflanzenteilen. Denkt an die zahlreichen roten oder rötlichen Knospen, an junge Blütenknospen, namentlich aber an die ersten Blätter mancher Kräuter und die nach der Schneeschmelze die Erde durchbrechenden Sprosse der Frühlingspflanzen: ein großer Teil dieser jungen Pflanzenorgane ist rot gefärbt. Nun ist nachgewiesen worden, daß rot gefärbte Pflanzenteile sehr viel mehr Sonnenwärme *aufzunehmen* vermögen als z. B. grüne. Die Rotfärbung stellt also ein Mittel zur Erwärmung des Pflanzenkörpers und damit ein Schutzmittel gegen die im Vorfrühling noch kalte Luft dar. Die Erforschung dieses Zusammenhanges verdanken wir den Versuchen von Overton und Stahl.

Abb. 9. c Lerchensporn. 1/2 nat. Größe.

Nieswurz, Seidelbast, Gänseblümchen und auch das Lungenkraut darf man geradezu „Winterblüher“ nennen, weil sie tatsächlich mitten in der kalten Jahreszeit ihre Blüten entfalten, sobald es die Witterung nur irgendwie gestattet. Das Aufblühen der Schneeglöckchen und Krokusse dagegen ist an eine bestimmte Zeit gebunden: dies sind die ersten Frühlingsboten. Ihnen folgen dann als eigentliche Bannerträgre des jungen Lenzes Huflattich (Tussilago farfara) und Scharbockskraut (Abb. 9 a und b), im Garten Tulpen und Hyazinthen, später Narzissen; dann öffnen sich an Wegrändern und unter Büschen die Veilchen, im Walde die Buschwindröschen und endlich auf den ergrünenden Wiesen Lerchensporn (Abb. 9 c, Corydalis cava) und Schlüsselblümchen (die hellschwefelgelbe Primula elatior und etwas später die dunklere, orangefarbige P. officinalis).

Das Scharbockskraut (Ranunculus ficaria) wächst unter Gebüsch, längs Zäunen und Hecken und öffnet schon jetzt seine gelben Blumen, deren Blättchen so schön glänzen, als ob sie lackiert wären. Wir wollen uns doch hier gleich einmal die sämtlichen Teile der Blüte genauer ansehen. Die Blütenhülle besteht aus Kelch und Krone. Jener dient zum Schutz der Knospe und fällt darum mit Beginn des Blühens oft als zwecklos ab, so beim Mohn. Meist aber bleibt er so lange frisch als die übrigen Blütenteile, bei manchen Pflanzen überdauert er diese sogar und dient später auch noch als Hülle für die Frucht. Der auf den Kelch folgende Blütenkreis wird von den Kronblättern gebildet, und diesen schließen sich nach innen die Staubgefäße an. Aus dem

Vorkommen von Übergangsbildungen zwischen diesen und den Kronblättern, wie sie z. B bei der Seerose zu finden sind, hat man geschlossen, daß bei den Vorfahren unserer Blütenpflanzen auch die Staubgefäße blattartig ausgebildet waren; man nennt sie darum auch Staubblätter. Bei den sog. „gefüllten" Blüten sind die Staubgefäße oder ein Teil derselben wieder zu Blättern geworden. Zu innerst in der Blüte steht der Stempel oder, wie gerade beim Scharbockskraut, mehrere solcher. Das Staubblatt besteht aus Staubfaden und Staubbeutel; letzterer enthält den Blütenstaub oder Pollen, der aus zahllosen Körnchen besteht, die dem Auge kaum mehr sichtbar sind, den sog. Pollenkörnern. Am Stempel unterscheidet man Fruchtknoten, Griffel und Narbe. Letztere ist mit kurzen, dicken Haaren (Papillen) bedeckt, die zur Zeit der Reife feucht sind. Wird Blütenstaub auf die Narbe übertragen, so nennt man dies Bestäubung; dann bleiben die Pollenkörner an den Narbenpapillen haften. Hier quellen sie in der Narbenfeuchtigkeit und entwickeln dabei je einen „Pollenschlauch", der durch das weitmaschige Zellgewebe des Griffels hinunter bis in die Höhlung des Fruchtknotens wächst. In dieser sitzen kleine, grüne, dem Auge meist noch sichtbare Kügelchen, die Samenanlagen. Dringt ein Pollenschlauch in die Samenanlage ein, so ist die Befruchtung eingeleitet. Durch weitere Pollenkörner können weitere Samenanlagen befruchtet werden; meistens aber bleiben einzelne unbefruchtet. Diese verkümmern; die befruchteten werden zu Samen, der ganze Fruchtknoten zur Frucht.

In der Regel sind alle Blütenkreise nach ein und derselben Zahl gebaut (dreizählige, fünfzählige Blüten usw.); beim Scharbockskraut aber sind meistens drei Kelch- und acht Kronenblätter vorhanden. Wir sagten „meistens", weil diese Zahlen stark schwanken, auch sieben, selten sechs und fünf, sogar neun und zehn oder vier Kronblätter kommen vor. Dieses Schwanken ist charakteristisch für die Familie der Hahnenfußgewächse oder Ranunculaceen — zu dieser gehört das Scharbockskraut, ebenso wie Nieswurz und Leberblümchen — und für einige andere verwandte Familien mit ähnlich einfachem Blütenbau. Bei „höher" organisierten Pflanzen ist die Zahl der Blütenteile eine ziemlich feste, und zwar kommt auffallenderweise die Fünfzahl am häufigsten vor, also dieselbe Zahl, die auch im Tierreich (Finger und Zehen der Säugetiere, die Seesterne usw.) sehr verbreitet ist. Nur die einkeimblättrigen Pflanzen — was diese Bezeichnung sagen will, das werden wir auf einer unserer nächsten Wanderungen erfahren —, zu denen außer den Gräsern und Getreidearten die Palmen, die Liliengewächse, Schwertlilien, Narzissen, die Orchideen u. a. gehören, besitzen regelmäßig dreizählige Blüten. Beispiele hierfür liefern die Schneeglöckchen und Krokusblüten unseres Gartens. — An den Blüten der letztgenannten Pflanzen können wir übrigens gleich noch ein weiteres charakteristisches Merkmal der meisten einkeimblättrigen Pflanzen kennen lernen. Kelch und Krone dieser Pflanzengruppe sind nämlich nicht durch die Färbung deutlich voneinander geschieden, der Kelch ist nicht grün, sondern ebenso gefärbt wie die Krone, so daß also sechs farbige Blütenhüllblätter vorhanden sind. Man sieht aber deutlich, daß drei derselben weiter außen stehen als die drei anderen. Jenes sind also die Kelchblätter. Sie stehen auch, einer allgemeinen Regel entsprechend, mit den Kronblättern abwechselnd. Immerhin redet man in einem solchen Falle nicht von Kelch und Krone, sondern nur von einer Blütenhülle.

Da fliegt schon ein Bienchen suchend über die Schneefläche hin! Jetzt hat es eine blühende Insel gefunden und läßt sich auf einem Leberblümchen nieder. Dieses gehört zu den sog. Pollenblumen, d. h. es sondert keinen Blütenhonig oder Nektar ab, sondern bietet dem besuchenden Insekt nur einen Teil von jenem überreich vorhandenen Pollen oder Blütenstaub als Futter an. Zahlreich ist der Bienenbesuch auf den Leberblümchen nicht. Der Seidelbast dort drüben ist dagegen von Bienen schon dichter umschwärmt. Er besitzt Nektarblumen und lockt die beschwingten Gäste überdies durch seinen starken Duft an.

Daß den Bienen mit Honig und Blütenstaub als Futter für sich und ihre Brut gedient sein mag, verstehen wir wohl. Warum ist es aber der Blüte so sehr daran gelegen, Insekten anzulocken, warum verwendet sie alle erdenkbaren Mittel, Düfte und leuchtende Farben, um die kleinen Gäste an ihren reich beladenen Tisch zu locken? Wir haben wohl schon gehört, daß die Insekten die Bestäubung bewirken sollen. Aber die Narben sind doch den Staubbeuteln nicht allzu fern, so daß gewiß der Blütenstaub von selbst auf sie fällt! **Wozu** bedarf es da noch der Insekten?

Der Spandauer Schulrektor Chr. K. Sprengel, der vor einem Jahrhundert die Blütenbiologie begründete, war der erste, der sich mit dieser Frage ernsthaft beschäftigte. Er fand, daß die meisten Blumen, entgegen unserer Vermutung, so eingerichtet sind, daß keine Selbstbestäubung eintreten kann. Die Insekten bepudern sich aber beim Besuch einer Blüte stets mit Staub, tragen diesen nun auf andere Blüten, streichen ihn dort bei ihren zur Gewinnung des Nektars erforderlichen Bewegungen auf die Narben ab und bewirken auf diese Weise Fremdbestäubung oder Kreuzung. Von den mannigfachen Einrichtungen im Innern der Blüten, welche zur Verhinderung von Selbstbestäubung und zur Herbeiführung von Kreuzung unter Insektenhilfe dienen, werden wir, sobald uns unsere späteren Wanderungen eine größere Auswahl von Blumen bieten werden, verschiedene kennen lernen. Diese Einrichtungen gehören zu dem Wunderbarsten an Zweckmäßigkeit, was die Natur geschaffen hat.

Sprengel gab seinem Buche, in dem er über die Ergebnisse seiner Forschungen berichtete, den Titel „vom entdeckten Geheimnis der Natur im Bau und in der Befruchtung der Blumen". Freilich war durch seine Entdeckungen das Rätsel der Beziehungen zwischen den Blumen und ihren Gästen erst halb gelöst. Es war offenbar, daß die Kreuzung der Pflanze günstiger sein müsse als die Selbstbestäubung, da sie ja sonst von der Natur nicht bevorzugt würde. Aber worin diese günstigere Wirkung beruhe, wußte man nicht. Das zeigte erst, mehrere Jahrzehnte später, der große Charles Darwin. Er belegte die Narbe einer Orchideenblüte künstlich mit Pollen aus der eigenen Blüte, übertrug aber gleichzeitig auch etwas von diesem Pollen auf eine fremde Blüte. Dieses war also nun eine gekreuzte, jenes eine selbstbestäubte Blüte derselben Art. Beide bewahrte er vor fernerem Insektenbesuch nnd beobachtete die entstehenden Früchte. Die Frucht, die aus Selbstbestäubung hervorgegangen war, war viel leichter und ergab schwächere Nachkommen als die Kreuzungsfrucht. Durch diesen Versuch, der später an vielen anderen Pflanzen wiederholt wurde, war nun klar geworden, warum die Natur den so umständlichen Weg der Kreuzung der Blüten durch Insektenhilfe einschlägt.

Später haben allerdings neue Versuche und Beobachtungen gezeigt, daß doch bei weitem nicht alle Blüten auf ausschließliche Kreuzung eingerichtet sind, sondern daß auch Selbstbestäubung sehr häufig vorkommt. Sie erfolgt besonders häufig am Ende der Blütezeit. Ist dann infolge ungünstigen Wetters, welches die Insekten am Ausfliegen hindert, Kreuzung nicht eingetreten, so ist Selbstbestäubung ja der einzig noch mögliche Ausweg. Viele Blüten bedienen sich aber auch von Anfang an der Selbstbestäubung, ohne daß schlechtes Wetter oder andere erkennbare Gründe sie dazu veranlaßten, und es scheint die Selbstbestäubung im Pflanzenreich eine der Kreuzung im ganzen gleichberechtigte Rolle zu spielen. Die wahre Bedeutung der Selbstbestäubung und der Kreuzung für die Pflanze, die Darwin endgültig erkannt zu haben glaubte, ist uns heute wieder ganz unbekannt. Das Wunderbarste ist nun, daß viele Blüten, so z. B. die des Löwenzahns, sich ganz ohne Befruchtung fortzupflanzen vermögen. Diese Fortpflanzungsform, die sog. Parthenogenese, ist bei Pflanzen und Tieren jedenfalls viel häufiger, als man früher dachte. Die Frage nach der Bedeutung dieser verschiedenen Arten von Fortpflanzung, nach ihren gegenseitigen Beziehungen gehört wohl zu jenen letzten Fragen des Pflanzen- und Tierlebens, die wir nie restlos lösen werden, zu jenen Fragen, von denen des Dichters Wort gilt:

Ins Innre der Natur
Dringt kein erschaffner Geist,
Glückselig, wem sie nur
Die äußre Schale weist.

Bienensummen weckt uns aus unserm Sinnieren. Wir sind beim Bienenstand angelangt, dem unsere Blumenbesucher entstammen und zu dem sie immer wieder zurückkehren. Bienen kennt jedermann, und doch ist's vielleicht ganz nützlich, an einiges zu erinnern, um ihre „Stellung im Tierreiche“ festzulegen. Es sind „Wirbellose“, im Gegensatz zu den „Wirbeltieren“: Sie besitzen keine knöcherne Wirbelsäule unb überhaupt keine Knochen im Innern des Körpers. Den nötigen Halt gibt ihrem Körper die mit sog. Chitinsubstanz hart gepanzerte Haut. Weil sie gegliederte Beine haben, in Hüfte, Schenkelring, Oberschenkel, Schiene und Fuß gegliederte, rechnet man die Bienen zum Tierkreis der Gliederfüßer. Unter den Angehörigen dieses Kreises haben sie die wenigsten Beine, drei auf jeder Körperseite. Den Namen „Insekten“, zu deutsch Kerb-

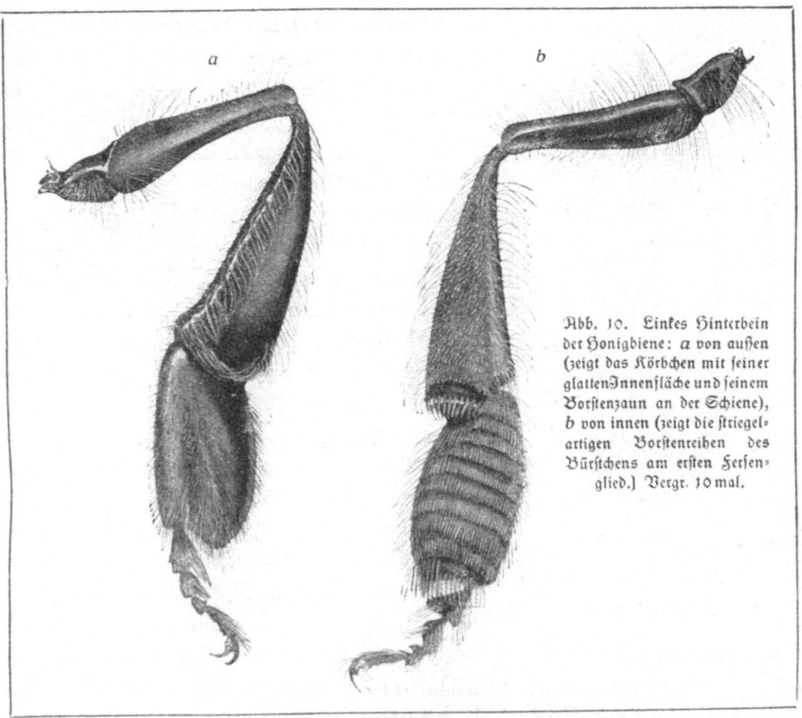

Abb. 10. Linkes Hinterbein der Honigbiene: *a* von außen (zeigt das Körbchen mit seiner glatten Innenfläche und seinem Borstenzaun an der Schiene), *b* von innen (zeigt die striegelartigen Borstenreihen des Bürstchens am ersten Fersenglied.) Vergr. 10mal.

tiere, Kerfe, hat diese Klasse der Gliederfüßer bekommen, weil ihr Körper so gekerbt ist, daß er drei deutlich voneinander abgesetzte Abschnitte aufweist: Kopf, Brust, Hinterleib. Die Beine sitzen unten an der Brust, während an der Oberseite derselben zwei Paar häutige, glasartige, mit wenig Adern versehene Flügel befestigt sind. Deshalb zählt die Biene unter den Insekten zu der Ordnung der Hautflügler. Sehr bezeichnend für diese Ordnung sind auch die Mundwerkzeuge, die außer den geknickten Fühlern und den großen, aus äußerst zahlreichen kleinsten Feldern zusammengesetzten Augen am Kopf sitzen. Die Mundwerkzeuge bestehen aus Oberlippe und Unterlippe, welche die Mundöffnung von oben und von unten her abschließen. Zwischen ihnen stehen die paarigen Oberkiefer und die paarigen Unterkiefer. Wenn wir eine Biene in ihrer Tätigkeit auf einer Blüte belauschen, können wir sehen, wie sie mit Hilfe der beißenden Zangen der kurzen Oberkiefer den Blütenstaub aus den Staubbeuteln herausarbeitet und durch das Zusammenwirken der drei Beinpaare schließlich zu den Hinterbeinen schiebt. Deren erstes Fußglied, vom Körper her gerechnet, ist stark vergrößert und auf der Unterseite mit borstigen Haaren reihenweise besetzt. Mit dieser „Fersenbürste“ (Abb. 10) wird der zugeschobene oder an den Haaren der Unterseite des Hinterleibes hängengebliebene Blütenstaub zusammengefegt und in dem „Körbchen“, einer von einem Zaun langer steifer

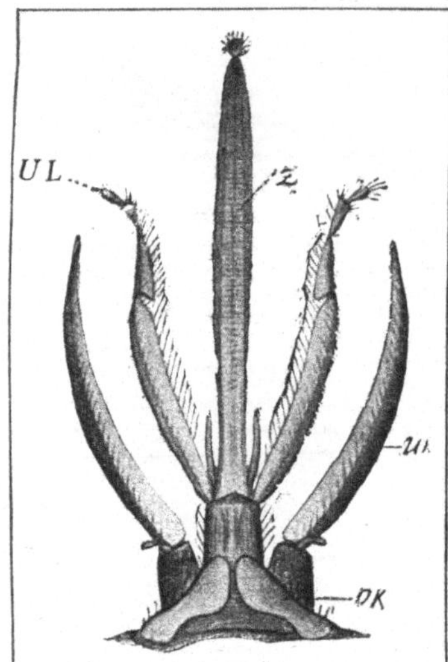

Abb. 11. Ausgestreckte und auseinandergebreitete Mundwerkzeuge einer Arbeiterin der Honigbiene von oben oder vorn. *OK* Oberkiefer, *UK* Unterkiefer, *UL* Unterlippe. *Z* Zunge

Borsten umgebenen Vertiefung der Außenseite der Schienen, abgestrichen und gesammelt. Als „Höschen" sehen wir dort die kleinen, kugeligen Staubpakete, heute gelb, morgen grünlich oder violett, je nach der Blütenstaubfarbe der besuchten Blüten, an der eintragenden Biene hängen. Während die Biene in solcher Weise tätig ist, trägt sie die unteren Teile ihrer Mundwerkzeuge nach unten zurück und zusammengeklappt. Werden sie vorwärtsgerichtet (Abb. 11), so erscheinen die beiden Unterkiefer und die Unterlippe zu einer Röhre, dem sog. Rüssel, aneinandergelegt, in der der lange, dünne, mit quirlig gestellten Haaren besetzte Mittelzipfel der Unterlippe, die „Zunge", vor- und rückwärts geschoben werden kann. — Hier sehen wir eine Biene mit vorgestrecktem Rüssel einer Seidelbastblüte anfliegen. Sie will saugen. Mit erstaunlicher Sicherheit führt sie gleich beim Anfliegen ihren Rüssel in die Blütenröhre ein. Nun erst wird die zarte Zungenspitze aus dem röhrenförmigen Rüssel vorgeschoben und bedeckt sich zwischen ihren vorwärts gerichteten Haarquirlen mit Honig. Während die benetzte Zunge eingezogen wird, beginnt ein schnelles Spiel der Haarquirle. Dadurch, daß sie sich nacheinander von der Spitze der Zunge her nach ihrem Grunde hin aufrichten, wird der gefaßte Honigtropfen weitergegeben, wie etwa ein Baustein in der Kette der Steinetreiber. Daß gleichzeitig gesaugt wird, ist aus Bewegungen des Bauches der Biene zu ersehen. Die Biene erwirbt den Blütenhonig also leckend und saugend. Was sie davon nicht unmittelbar zur eigenen Ernährung verbrauchen will, läßt sie nur bis in einen Vormagen gelangen, in dem dann der Blütenhonig zum Bienenhonig umgewandelt wird, um im Bienenstock durch eine Brechbewegung wieder nach außen gebracht zu werden.

Nun treten wir an unseren *Bienenstand* heran, dessen Anflugsöffnungen nach Südosten gerichtet sind. Er birgt eine Anzahl tiefer *Kästen* von rechteckigem Querschnitt, die einzeln nach rückwärts herausgezogen werden können. Jeder Kasten ist die Wohnung eines „*Schwarms*" oder „Volks". In jedem Kasten liegen, von vorn nach hinten aufgereiht, eine große Zahl schmaler Holzrähmchen. Wir ziehen einen davon nach oben heraus und schließen hinter ihm schnell die entstandene Öffnung im Bienenkasten durch ein eingeschobenes Brettchen. Das Rähmchen ist gerade breit genug, *eine* „Bienenwabe" aufzunehmen. Diese Wabe besteht aus zwei Schichten sechsseitiger „Zellen", die die Böden gemeinsam haben, die Mündungen aber nach entgegengesetzten Seiten, vorwärts und rückwärts, kehren. Solcher Waben also hängen zahlreiche quer-über im Bienenstock dicht hintereinander. Sie werden in gemeinsamer Arbeit der Sammel- oder Arbeitsbienen aus Wachsschüppchen erbaut, welche die Biene auf ihrer Bauchseite ausschwitzt. In erster Linie werden die Zellen, und zwar die vom Stockeingang ferneren, geschützteren, zur Aufzucht der Nachkommenschaft benutzt, für die das in der Regel einzige geschlechtsreife Weibchen des Stocks, „die Königin“ oder „der Weisel“, der weder Honig noch Blütenstaub sammelt, in ununterbrochener Folge die Eier legt. Die übrigen Zellen werden zur Aufspeicherung der eingetragenen Vorratsnahrung benutzt, und zwar die oberen Zellreihen einer Wabe für Honig, die darunter befindlichen für Blütenstaub, sog. Bienenbrot; die Pollenzellen umfassen meist mehr oder weniger den zum Brüten bestimmten Raum im Bogen. Gefüllte Zellen werden gedeckelt, d. h. durch einen Wachsdeckel vor dem Luftzutritt und damit vor dem Verderben geschützt. Mit diesen Vorratsstoffen werden die ausgeschlüpften Larven, die bei der Biene fußlose „Maden“ sind, bis zur Verpuppung herangefüttert, mit ihnen hilft sich das Bienenvolk über die Zeit der erzwungenen Winterruhe hinweg, denn draußen findet es in dieser Zeit nichts, also hockt es dichtgedrängt im Stock auf seinen Waben und schützt sich dadurch und durch Genuß seiner Reservenahrung vor gefährlicher Abkühlung. So überwintert der Bienenstaat. Erst wenn die Nektar liefernden Blumen wieder blühen, beginnt von neuem der regelrechte Ausflug; dann auch erst — in der Zeit also gegen Ostern („grüner Donnerstag“!) — darf der Regel nach der Imker den nicht verbrauchten Honig „schneiden“. Jetzt fängt auch das Wasserbedürfnis der Biene wieder an zu steigen, und wenn wir aufmerken, können wir einzelne Bienen an feuchten, sonnigen Stellen Wasser mit ihrem Rüssel aufsaugen sehen. Je mehr die Wärme zunimmt, desto größer wird das Bedürfnis der Biene, durch Wasserverdunstung an ihrer Körperoberfläche sich abzukühlen. Aber auch unmittelbar wird Wasser verwendet zur Verflüssigung des Honigs, zur Bereitung des Larvenfutters. — Unser Stock ist heuer Mitte Februar aus der Winterruhe erwacht; denn am 14. Februar, einem sonnigen, windstillen Tage, unternahmen unsere sauberen Bienlein den „Reinigungsausflug“, um sich zu entleeren. Alle außer der Königin. Dann kamen aber wieder kältere Tage; sie wurden zur Säuberung und Ausbesserung der im Winter leergefressenen Zellen benutzt. Erst Ende Februar begann die Königin wieder Zellen zu „bestiften“, d. h. mit kleinen, stiftförmigen Eiern zu belegen, aus denen zunächst nur Arbeiterinnen erzogen werden. Da deren Entwicklung genau drei Wochen beansprucht und die junge, fürs erste nur innerhalb des Stockes verwendete Biene 8—14 Tage nach dem Ausschlüpfen ihr „Vorspiel“ beginnt, können wir jetzt beiwohnen. Rückwärts wandert sie aus dem Flugloch hervor und kehrt in den Stock zurück. Dies wiederholt sich mehrfach, bis sie sich zu kurzem Kreisflug mit dem Gesicht nach dem Flugloch entschließt. Auch dieser wird häufig wiederholt und nur ganz allmählich weiter und weiter ausgedehnt. Erst nachdem sich die Anfängerin die Lage des Auglochs und des Stockes und deren nächste Umgebung genau eingeprägt hat, entfliegt sie auf mehrere Kilometer betragende Entfernung.

Ähnlich wie die Biene verbringt unter den freilebenden Säugetieren der Hamster den Winter dadurch, daß er sich mit Nahrungsstoffen, in erster Linie mit Früchten und Samen von Gräsern und Hülsenfrüchen, ernährt, die er in guter Zeit in seinen unterirdischen Bau eingetragen hat. Nur in kalten Tagen schläft er. Bei unserem Eichhörnchen (S. 18) überwiegt im Winter die Zeit der Ruhe die des Wachens; in seinem grauen, dichten Winterpelz ruht es zusammengerollt in seinem Nest, und nur an schönen Wintertagen erwacht es aus seinem Schlafe, um seinen mit Eicheln, Bucheckern usw. gefüllten Vorratskammern einen Besuch abzustatten. Sein Verwandter, das Alpenmurmeltier, verbringt den ganzen Winter, familienweise dichtgedrängt, in seinen tiefen, festvermauerten, daher frostfreien Winterhöhlen in todähnlichem Schlafe, der aber doch auch durch mehrfaches Aufwachen unterbrochen wird. Ähnlich verhalten sich Ziesel, Siebenschläfer und Haselmaus unter den Nagern, von insektenfressenden Säugern unsere Feldmäuse und der Igel. Alle diese Tiere, namentlich die Insektenfresser, haben eine hohe Bluttemperatur. Diese ist nur durch starke Atmung zu erhalten, Atmung aber ist Verbrennung, und die verbrannten Körperteile müssen also durch reichliche Nahrungsaufnahme ersetzt werden. Die nötige Nahrung fehlt aber im Winter. So wird der Winterschlaf der einzig mögliche Weg, um sich der Not des Winters zu entziehen, denn das zusammengerollt und bewegungslos schlafende Tier verliert naturgemäß viel weniger Wärme an die Umgebung und hat darum auch ein geringeres Nahrungsbedürfnis. Es sind namentlich kleine Tiere, die einen Winterschlaf halten, weil bei ihnen die Wärme ausstrahlende Oberfläche verhältnismäßig groß ist (vergleiche damit die Angaben auf S. 15 über die Körperoberfläche der Pflanzen). Ein Reh schon kann den Winter im Freien überdauern, wenn er nicht zu streng ist, weil sein Körper eine verhältnismäßig geringere Oberfläche hat.

Überlegen wir uns das einmal etwas genauer: ein Würfel hat sechs Quadrate an der Oberfläche. Bauen wir acht solcher Würfel zu einem achtmal so großen zusammen, so kehren sie von ihren 48 Quadratflächen nur die Hälfte, also 24 Flächen nach außen. Ein aus 27 Einern aufgebauter Würfel mit 162 Quadratflächen kehrt nur ein Drittel aller vorhandenen = 54 nach außen. Also: je größer der Rauminhalt, desto kleiner im Verhältnis die Oberfläche.

Sogenannte „kaltblütige" oder richtiger wechselwarme Tiere, deren Körpertemperatur mit der Außentemperatur steigt und fällt — unter den Wirbeltieren z. B. Kriechtiere (Eidechsen und Schlangen) und Lurche (Frösche und Molche), unter den Wirbellosen z. B. die trächtigen Weibchen der Hummeln und Wespen, die im nächsten Frühjahr ihre Art fortpflanzen sollen, während der im übrigen nur einsommerige Staat verwaist — fallen einsam in irgendeinem Schlupfwinkel in Kältestarre, sobald es nichts mehr für sie zu beißen gibt.

Unter den warmblütigen Vögeln hält keiner einen Winterschlaf. Die meisten entfliehen rechtzeitig der Winterkälte und ziehen in wärmere Gegenden. Davon ein andermal (Kap. X). Solche Vögel, die auch den Winter über an der Gegend, in der sie geboren wurden, festhalten, nennt man Standvögel. Es ist leicht einzusehen, wie es zusammenhängt, daß unser Gassenjunge, der Sperling, zu ihnen gehört, dann auch die Goldammer und das Rebhuhn. Andere Vögel unternehmen, um Nahrung zu finden, Wanderungen von geringem Umfang (Strichvögel). Sie gehören also auch zu unseren regelmäßigen Wintererscheinungen. Wir brauchen ja nur im Garten an unserem Vogelhäuschen aufzumerken, wer dort zur Futterstelle kommt: Grünling und Zeisig, ab und zu ein Stieglitz und ein alter Herr von Fink, ganz besonders aber die zierlichen Meisen, die so leicht und gewandt sind, daß sie, wahre Kletterkünstler, auch unter ungünstigen Bedingungen zwischen der Baumborke verborgene Insekten aus ihrer Winterruhe hervorholen können.

Wenn wir die Überwinterungsvorrichtungen der Pflanzen näher kennen lernen wollen, so müssen wir „unterirdische Botanik" treiben, denn mit Ausnahme der Knospen, der Überwinterungsform unserer im übrigen durch Verholzung geschützten Bäume und Sträucher, hat sich alles pflanzliche Leben in die Erde zurückgezogen. Graben wir zunächst sorgfältig eine Scharbockskrautpflanze heraus! Einzelne der zahlreichen Wurzelfasern sind stark angeschwollen (Abb. 9 b, S. 22). Jetzt, wo die Pflanze vor dem Ende des Blühens steht, sind diese Wurzelknollen stark zusammengeschrumpft. Vor Eintritt des Winters aber finden wir wieder prall gefüllte Knollen im Boden. Ähnliche unterirdische Nahrungsspeicher, die gleichzeitig zur Überwinterung dienen, besitzen fast alle Pflanzen des Vorfrühlings. Am häufigsten sind Zwiebeln; beim Krokus, bei Tulpen und Hyazinthen, bei Narzisse und Schneeglöckchen kommen sie vor. Sie bestehen aus prall mit Nährstoffen gefüllten, dicht aufeinanderliegenden, farblosen Blättern. Beim Huflattich, dessen gelbe Körbchen jetzt den Schutthaufen dort neben dem Hause in ein ziervolles Prunkgärtlein verwandeln, ist es ein Wurzelstock, d. h. ein unterirdischer Stengel mit Wurzeln, der sich weit im Boden ausbreitet (Abb. 9 a, S. 22). Einen mehr knollenförmigen Wurzelstock hat der Lerchensporn (Abb. 9 c, S. 23), dessen Blüten das erste Frühlingskleid saftiger Wiesen und Baumgärten bilden.

Die Tiefe, in der Zwiebeln und Knollen im Boden stecken, ist bei den einzelnen Pflanzen verschieden. Tief liegt die Knolle des Lerchensporns, viel weniger tief die knolligen Wurzeln des Scharbockskrautes. Auch die Tulpenzwiebeln liegen ziemlich nahe der Oberfläche. Bei einer und derselben Art aber ist diese Tiefe immer die gleiche. Einmal legte ich mir mein Tulpenbeet so an, daß sämtliche Zwiebeln in einer Tiefe steckten, in die der Winterfrost nicht dringen konnte, hoffend, im nächsten Jahr um so früher und reichlicher durch Blüten belohnt zu werden. Die Hoffnung trog: nur spärlich erschienen im

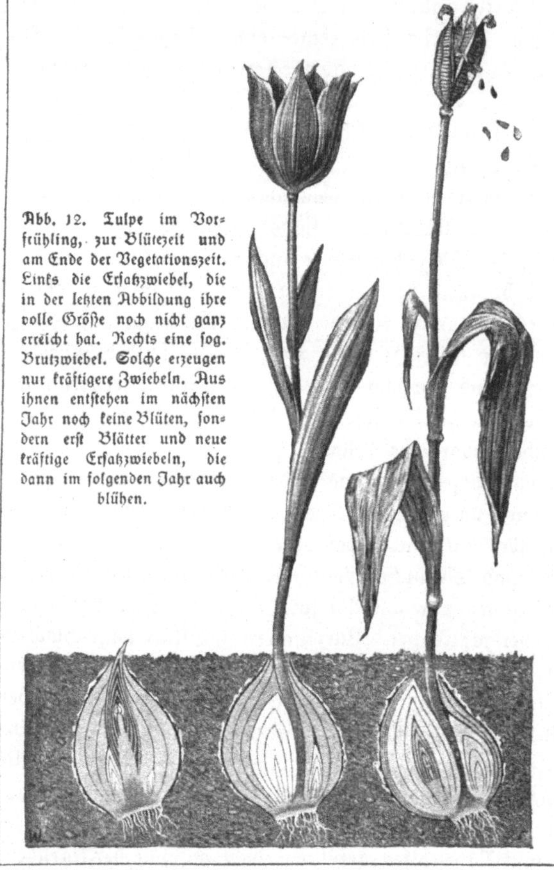

Abb. 12. Tulpe im Vorfrühling, zur Blütezeit und am Ende der Vegetationszeit. Links die Ersatzzwiebel, die in der letzten Abbildung ihre volle Größe noch nicht ganz erreicht hat. Rechts eine sog. Brutzwiebel. Solche erzeugen nur kräftigere Zwiebeln. Aus ihnen entstehen im nächsten Jahr noch keine Blüten, sondern erst Blätter und neue kräftige Ersatzzwiebeln, die dann im folgenden Jahr auch blühen.

nächsten Frühjahr die Blüten, und als ich im darauffolgenden Herbst mein Beet umlegte, fand ich viele der alten Zwiebeln abgestorben, doch darüber, also viel näher der Oberfläche, die Ersatzzwiebeln. Hatten mir nicht meine Tulpen vernehmlich gesagt: „An dem Kälteschutz, den du uns schaffen wolltest, liegt uns gar nicht so viel als daran, daß man uns nicht von Luft und Licht absperre?“ Jedenfalls faßte ich so meine Erfahrung auf. Wozu brauchen aber die Zwiebeln Luft? Assimilieren können sie ja nicht, da sie keinen grünen Farbstoff haben (S. 7). Aber alle Pflanzenteile atmen! Die durch die Pflanzenatmung entstehende Kohlensäure (S. 2 u. 4) ist allerdings am Tage nicht nachweisbar, weil dann die Pflanze durch Assimilation sehr viel mehr Kohlensäure wieder aufnimmt, als sie durch die Atmung erzeugt, so daß uns also die Assimilation die Atmung sozusagen verdeckt. Stellt man aber eine Topfpflanze zusammen mit einem Schälchen Kalkwasser in einem hohen Einmacheglas in einen dunkeln Schrank, so trübt sich das Kalkwasser sehr bald. Ja sogar Körperwärme entsteht durch die Atmung auch bei den Pflanzen, wenn auch in viel geringerer Menge als bei den Tieren. Deutlich ist sie namentlich an jungen, sehr rasch wachsenden und darum stark atmenden Pflanzenteilen, aufbrechenden Zwiebeln oder Knospen, keimenden Samen oder jungen Hutpilzen nachzuweisen. Füllt man solche Pflanzenteile in ein Glus und steckt ein recht empfindliches Thermometer hinein, so zeigt dieses bald eine um mehrere Grade höhere Temperatur als ein gleiches, das nebenan in der Luft hängt. Die Atmung, die, wie wir wissen, zur Verbrennung von Abfallstoffen und zur Beschaffung der nötigen „Betriebskraft“ und Körperwärme dient, ist eine der wichtigsten Lebensäußerungen aller Organismen.

Die Pflanzen des Vorfrühlings sind kleine bescheidene Gestalten, die im späteren Frühjahr oder im Sommer von den benachbarten Gräsern und Kräutern erdrückt würden. Darum verfolgen sie auch das Ziel, möglichst frühzeitig zur Blüte zu gelangen, zu einer Zeit, wo die Nachbarn um sie her noch niedrig, die Büsche über ihnen noch unbelaubt sind, so daß sie des unentbehrlichen Sonnenlichtes nicht beraubt werden. Dieses Ziel erreichen sie vermöge ihrer Nahrungsspeicher. Sie brauchen nämlich im Frühjahr nicht erst selbst Nahrung zu erwerben, denn sie tragen ihr wohlgefülltes Futtersäcklein bei sich. Sie brauchen dem Boden jetzt nur noch das nötige Wasser zu entnehmen. Das sehen wir deutlich an den Tulpen- und Hyazinthenzwiebeln, die wir auf einem Glase reinsten Wassers, das keinerlei andere Nährstoffe enthält, zum Blühen bringen können. Würden wir aber nun die Blätter der Tulpen, die dort auf unserem Gartenbeet stehen, nach dem Verblühen oder auch nur sogleich nach dem Reifen der Samen abschneiden, so hätten wir im nächsten Jahre keine Blüten mehr. Denn erst nach der Blütezeit wachsen die Blätter zu ihrer vollen Größe heran, bleiben nun noch lange frisch und bilden, indem sie assimilieren, neue Nahrungsvorräte, die dann als Reserve für die Blüte des nächsten Jahres wieder in der Zwiebel angelegt werden.

Dabei ist besonders merkwürdig, daß diese Reservenahrung nicht wieder in derselben Zwiebel abgelagert wird, die dieses Jahr blühte. Im Innern der alten entsteht vielmehr eine junge „Ersatz“-Zwiebel, die nun immer größer wird. Die alte Zwiebel magert, durch das Blühen aufgezehrt, immer mehr ab und wird schließlich schlaff und welk. Wenn dann endlich auch das Blattwerk seine Tätigkeit einstellt und abstirbt, so ist aus jener „Ersatzzwiebel“ eine neue mächtige Zwiebel geworden, die von einer runzligen braunen Schale umgeben ist. Diese Schale ist alles, was von der alten Zwiebel übrigblieb. Im Innern der neuen Zwiebel finden wir schon vor Eintritt des Winters eine niedliche Anlage der ganzen nächstjährigen Pflanze mit allen ihren Teilen: Stengel, Blättern und Blüten.

Erreichen schon bei der Tulpe und bei den meisten anderen Zwiebelpflanzen die Blätter erst nach der Blüte ihre endgültige Größe, so werden sie bei manchen anderen Pflanzen des Vorfrühlings überhaupt erst nach der Blütezeit angelegt. Dies müssen wir als sehr zweckmäßig anerkennen, denn die vorzeitige Blattentwicklung hat ja für Pflanzen mit Nahrungsspeichern eigentlich gar keinen Sinn, die Blätter verzehren nur unnötig schon jetzt einen Teil der aufgespeicherten Vorräte und verzögern dadurch das Blühen. Eine solche „vorblühende“, d. h. vor dem Erscheinen der Blätter blühende Pflanze ist der Huflattich. An seinen blühenden Trieben sehen wir nur kleine mißfarbige Blattschüppchen (Abb. 9a S. 22); die wohlbekannten großen, unterseits weißfilzigen Blätter erscheinen erst viel später.

Auch unsere Holzgewächse besitzen eiren Nahrungsspeicher, der jedenfalls hinreichend geräumig ist, nämlich ihr reich verzweigtes Ast- und Wurzelwerk. Darum sind alle die Sträucher, die schon im Vorfrühling blühen, „Vorblüher", ja gerade an unseren Zier- und Waldsträuchern ist Erscheinung des Vorblühens bekannt geworden. Unserem Seidelbast dort fehlt z. B. jetzt, so reich er mit Blüten besetzt ist, noch jegliches Blattwerk (Abb. 8, S. 21). Sehr schön ist die Erscheinung auch bei Cornus mas, dem durch seine wohlschmeckenden länglichen roten Steinfrüchte bekannten Kornelkirschenstrauch, zu beobachten, dann bei der jetzt so häufig gepflanzten japanischen Forsythie, deren lange, mit schwefelgelben Blüten dicht besetzte Ruten im März und April eine überaus charakteristische Zierde unserer Anlagen und Gärten bilden. Eine frühzeitige Laubentfaltung würde bei diesen Sträuchern ganz besonders ungünstig wirken, weil dadurch die Blüten dem Blick der honigsuchenden Insekten entzogen würden.

In den Knospen, Knollen, Zwiebeln und unterirdischen Wurzelstöcken haben die Pflanzen ihren Winterschlaf gehalten. Jetzt aber sind die engen Verliese erbrochen. Wo wir nur hinschauen in unserem Garten, überall zeigt sich uns ein Bild der Auferstehung, überall sproßt junges Leben sehnend empor zum Lichte. Nie zeigt sich der unendliche Drang zum Leben, welcher der Natur innewohnt, so schön wie in der herrlichen Zeit des Vorfrühlings!

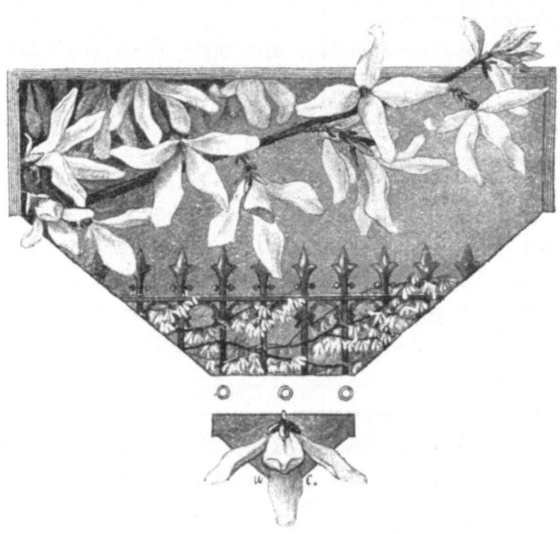

IV. Eine Frühlingswanderung im Flußtal.

Unsere erste Frühlingswanderung führt uns ins benachbarte Flußtal. Während der Wald noch schläft und die Wiesen nur langsam ergrünen, hält hier der Lenz seinen Einzug.

Wie schön ist der Blick von unserem Garten das lange tiefe Flußtal hinab! Die großen Bäume, die nahe dem Wasser stehen, sind *Erlen*. Vor einigen Wochen noch waren sie schwarz, jetzt aber schimmern sie rötlich im Sonnenlichte, als freuten sie sich, daß nun des langen Winters Qual beendigt sei. Sie blühen. Lange Troddelchen schwenken sie im schwachen Winde, und aus einigen von ihnen erheben sich gelbliche Staubwolken. Diese Troddelchen, Kätzchen genannt, bestehen aus lauter *männlichen* oder *Staubgefäßblüten*, d. h. solchen, die nur Staubgefäße, aber keine Stempel besitzen. Klopfe ich mit solch einem Blütenkätzchen auf die flache Hand, so entleeren die Staubbeutel eine Schicht Staub. Aber auch *weibliche* oder *Stempelblüten* entdeckt man auf der Erle. Sie sind zu viel kleinern Kätzchen vereinigt, die an der Spitze der Triebe stehen. Dunkelblutrot leuchten uns diese weiblichen Kätzchen entgegen. Sie stäuben natürlich nicht, doch sehen wir zwischen den kleinen Schuppen leuchtend rote Fäden hervorlugen. Das sind die warzigen Narben, welche auf kugligen Fruchtknoten sitzen. Wer recht scharfe Augen hat, sieht gelbe Staubkörnchen an den Narben haften, die von den männlichen Blüten stammen. Im Gegensatz zu den *zwitterigen* oder *zweigeschlechtigen* Blüten, die wir bisher (S. 23, 24) kennen lernten, nennt man die Erlenblüten, weil sie entweder nur Stempel oder nur Staubgefäße enthalten, *eingeschlechtige* Blüten. Wir finden auf den Erlenbäumen auch noch schwarze, holzige Zapfen, die hart sind und aussehen wie kleine Kiefernzapfen. Sie sind aus den Stempelkätzchen des vorigen Jahres entstanden. Zwischen ihren Schuppen sitzen noch einige Früchtchen. Die meisten sind schon herausgefallen. Es sind dunkelbraune, platte Körnchen, die durch heftiges Anblasen, also auch durch stärkere Winde, eine kurze Strecke fortgetragen werden.

Hier stehen auch Haselsträucher, deren noch blattlose Zweige mit langen, gelblich-grauen männlichen Blütenkätzchen geschmückt sind (Titelbild). Die weiblichen Blüten des Haselstrauches stehen nicht in Kätzchen, sondern sehen aus wie die Laubknospen, nur etwas dicker sind sie, und oben lugen niedliche rote Narbenschöpfchen heraus. Diese rote Färbung bietet den zarten Narben Schutz gegen die noch winterlich kalte Luft (S. 22, 23). Aus den Stempelblüten entstehen später 2—3, hin und wieder gar 8—10 Nüsse, deren jede in einem kleinen, aus Blättern gebildeten Näpfchen sitzt. „Becherfrüchtler" nennt man die Pflanzenfamilie, in die sowohl Erle wie Hasel gehören. Sie bildet zusammen mit den Familien der Birken, der Walnüsse und der Weiden die Gruppe der „Kätzchenblütler".

Hasel und Erle gehören zu den windblütigen Pflanzen. Hier wird im Gegensatz zu den Insektenblütlern, die wir auf unserer letzten Wanderung kennen lernten, der Staub vom Wind auf die Narben übertragen. Bei allen Windblütlern ist dafür gesorgt, daß der Staub leicht aus den Beuteln herausgeschüttelt werden kann. Entweder hängen, wie bei Hasel und Erle, die ganzen männlichen Blütenkätzchen an biegsamen Stielen herunter, oder die einzelnen Blütchen sind leicht beweglich. Am häufigsten sind die Staubgefäße selbst sehr langgestielt, so daß die Beutel an den langen Fäden vom Winde hin und her geweht werden. So verhalten sich z. B. alle unsere Gräser, deren Bestäubungseinrichtung wir im Juni (Kap. VII) kennen lernen werden. Diese Leichtbeweglichkeit der männlichen Blüten oder der Staubgefäße und die stark behaarten oder federförmig zerteilten Narben, die sich zum Auffangen des in der Luft schwebenden Staubes besonders eignen, sind die charakteristischen Merkmale der Windblüher. Die Pollenkörner oder Blütenstaubkörner sind bei den Insektenblütlern an ihrer Oberfläche meist rauh und klebrig, so daß die einzelnen Körner leicht aneinanderhaften, größere Klumpen bildend, die wiederum an dem besuchenden Insekt leicht kleben bleiben. Die Pollenkörner der windblütigen Pflanzen dagegen sind glatt, trocken, viel kleiner und daher flugfähiger. Bunte Farben besitzen Windblüten nie, denn sie brauchen ja keine Insekten anzulocken. Darum sondern sie auch niemals Honig ab. Häufig genug wird der Pollen zwecklos verweht, ohne an eine Narbe zu gelangen. Es ist also keine Verschwendung der Natur, wenn sie die windblütigen Pflanzen besonders reichlich mit Blütenstaub ausstattet.

Erle und Hasel sind jetzt noch ganz blattlos. Das „Vorblühen" ist für sie vielleicht noch wichtiger als für die insektenblütigen Ziersträucher, die wir auf unserem Spaziergang im Garten kennen lernten, denn die Blätter würden den Zutritt der mit Blütenstaub beladenen Windströmungen hemmen.

Es scheint, als ob diesen Pflanzen die an und für sich schwierige Bestäubung unnütz noch erschwert würde; denn meistens blühen die Blüten verschiedenen Geschlechts an einem Baume nicht zu gleicher Zeit, so daß der Staub eine weite Reise antreten muß. Auch finden wir bei den meisten windblütigen Pflanzen die belegungsfähige Narbe über den stäubenden Beuteln. So wird jedenfalls nicht jeder Wind die Bestäubung dieser Pflanzen bewirken können. Heftige, von Regen begleitete Stürme sind am ungünstigsten. Der Regen verdirbt deu Blütenstaub und schwemmt ihn nutzlos zur Erde. Auch jeder andere heftige — wenn auch regenlose — Wind vergeudet ohne Erfolg die überwiegende Menge des Blütenstaubes. Für die Befruchtung dienstbar werden nur sanfte, namentlich aufwärts steigende Luftströmungen sein. So blühen denn auch die windblütigen Pflanzen nur auf zu Tageszeiten, wo ein sanfter, aufsteigender Luftzug weht. Das ist im zeitigen Frühjahre in den Mittagsstunden sonniger Tage, im Sommer in den Frühstunden bald nach Sonnenaufgang der Fall.

Auf der Brücke, die wir zunächst überschreiten müssen, halten wir eine Weile an und schauen, auf das Geländer gelehnt, hinunter in die kristallklare, schnell dahinschießende Flut. Ich werfe ein Stück Holz hinein, um die Strömungsgeschwindigkeit zu messen. Will ihm ein Erwachsener, am Ufer einherschreitend, zur Seite bleiben, so muß er tüchtigen Marschschritt annehmen, ein Knabe muß sogar laufen. Nehmen wir den Sekundenzeiger unserer Taschenuhr zu Hilfe, so können wir leicht die Geschwindigkeit, d. i. die Wegstrecke, welche das Wasser in der Sekunde zurücklegt, bestimmen. Allerdings ist dabei zu berücksichtigen, daß diese Geschwindigkeit wegen der Reibung des Wassers an den Uferwänden zu beiden Seiten geringer ist als in der Mitte. Die meisten schiffbaren Ströme legen nur einen Meter oder etwas darüber in der Sekunde zurück, unser Flüßchen aber bis zu zwei Metern in derselben Zeit. Bestimmen wir aber mit einem rasch gefertigten Senkblei die Tiefe und durch Abschreiten auf der Brücke die Breite des Flusses, so läßt sich sogar die in der Sekunde durchströmende Wassermenge und daraus das Arbeitsvermögen des Flusses einigermaßen berechnen und mit dem des menschlichen Armes, der einen Stein hebt, vergleichen, oder mit dem eines den Karren ziehenden Pferdes.

Doch nun wird unser Blick durch ein munteres Spiel gefesselt: zahlreiche Fische schwimmen im Wasser. Sie stellen sich alle gegen die Strömung. Die meisten sind nicht sehr groß; einige erreichen aber doch die Länge von 1 1/2 Spannen. Sie sind silberfarben gefärbte flinke Räuber, die man unter dem Namen Weißfische (Gattung Leuciscus) zusammenfaßt. Doch finden sich unter ihnen ganz verschiedene Arten. Hier pflegen die Jungen eifrig zu angeln. Sie sind um die Früchte ihrer Tätigkeit nicht zu beneiden, denn die Weißfische finden wegen ihres schlechten, grätigen Fleisches wenig Liebhaber. Wie die schmalrückigen Fische sich fortwährend nach links und rechts drehen, so daß ihre schimmernden Flanken aufblitzen! Die breitrückigen, mit runden, roten oder blauen Flecken gezeichneten Genossen, die neben den Weißfischen schwimmen und sich viel ruhiger verhalten, sind Bachforellen. Wir sehen die kleine, rundliche, strahlenlose Fettflosse, die sie auf dem Rücken kurz vor dem Schwanze tragen, gleich ihrem Vetter, dem Lachs. Sie leben gewöhnlich nur in Gebirgsflüssen. Hier aber sind sie vor einigen Jahren ausgesetzt worden und gedeihen in dem klaren, schnell fließenden Wasser recht gut. Dort steht eine unbeweglich hinter einem größeren Steine, durch diesem gegen die Gewalt der Strömung geschützt. So lauert sie auf ihre Beute und schießt blitzschnell hervor, wenn etwa ein Landinsekt hilflos von der Strömung vorbeigetrieben wird, springt auch wohl aus ihrem Hinterhalte über den Wasserspiegel empor nach dicht darüber fliegenden Insekten. Die Tiere sind sehr scheu. Ihr Fleisch wird wegen seines Wohlgeschmacks ungemein geschätzt. Man fängt sie mit Netzen oder besonderen Angeln, bei denen man eine blanke Metallfliege als Köder über dem Wasser tanzen läßt.

Ein eigentümliches Gebaren zeigen jene kleinen, aalähnlichen Fische, die sich lebhaft am Grunde der flachen, steinigen Stellen des Flusses tummeln. Es sind Bachneunaugen (Petromyzon fluviatilis). Man findet sie in vielen schnell fließenden Bächen mit steinigem Grunde. Meistens schwimmen sie mit abwärts gerichtetem Kopfe, unter lebhaft schlängelnden Bewegungen. Dort hat sich eins der Tiere an einem Stein festgesogen. Heftig ruckt es daran, indem der ganze Körper in großen, seitlichen Wellenbewegungen zuckt. Nun erhebt es sich mit seiner Last und wird durch die Strömung ein Ende abwärts getragen. Noch einmal und noch einmal wiederholt es seine mühsame Arbeit. Endlich hat es den ungefügen Stein an Ort und Stelle. Dort sind schon ihrer mehrere zu einem niedrigen Damme aufgeschichtet. Derartige Wälle sehen wir an vielen Stellen des Flußbettes, zumal den seichteren. Einer liegt hier nahe der Brücke, so daß wir, beinahe senkrecht darauf hinabsehend, mit genügender Deutlichkeit beobachten können, was an ihm vorgeht. Eine Anzahl Neunaugen hat sich an den Steinen festgesogen. Sie halten sich in der heftigen Strömung ziemlich ruhig. Die Tiere wollen laichen, ihre Eier ablegen. Der Damm, den sie aufgeschichtet haben, hat den Zweck, die Strömung zu verstärken. Denn nur in rasch fließendem Wasser bleiben die Eier entwicklungsfähig, in langsam fließendem sterben sie aus Luftmangel schnell ab. Die in ihr Laichgeschäft vertieften Neunaugen können leicht gefangen werden. Wir holen eins der Tiere herbei! Hier hinein in das Sammelglas! Sogleich saugt es sich mit seinem trichterförmigen Maule an der Wand des Glases fest. Du kannst beobachten, wie das geschieht: während der Mundrand fest dem Glase anliegt, zieht sich die im Hintergrunde ansitzende dickfleischige Zunge nach innen zurück; sie bringt dieselbe Wirkung hervor wie ein Spritzenkolben, den du aufziehst. Zum Beißen ist das Maul nicht geeignet, denn ihm fehlen bewegliche Kiefer. Wohl aber sehen wir an der oberen und unteren Wand einander gegenüber mehrere spitzige Hornzähne, mittels deren die Fische sich in den Grund hineinwühlen, ja tief in den Körper toter Tiere eindringen. Doch besteht ihre Nahrung vorwiegend aus kleinen Wassertieren, nicht, wie man vielfach annimmt, aus Aas. Am

Abb. 13. a Neunauge, b Steinbeißer und c Schlammbeißer. Über letzteren S. 83. 1/2 nat. Größe.

Halse (Abb. 13a) sitzen auf jeder Seite sieben kleine Öffnungen, die Kiemenspalten. Diese, das weiter vornliegende Auge und die mittlere am Kopf liegende unpaare, blinde, d. h. nicht mit dem Schlund in Verbindung stehende Riechgrube, sind wohl die „neun Augen“, nach denen das Tier benannt wird. Allerdings muß dabei die Riechöffnung zweimal, von links und von rechts her, gezählt werden. Da durch den angesaugten Mund das zur Atmung nötige Wasser nicht eintreten kann, zieht es das Neunauge durch pumpende Bewegungen des Halses direkt in die Kiemenspalten hinein; das Atemwasser gelangt dabei in kleine Säckchen, in welchen die Kiemen liegen, und tritt nachher auf demselben Wege, durch den es eindrang, auch wieder aus.

Nur jetzt zur Laichzeit können wir die Neunaugen beobachten. Ist sie vorbei, so wühlen sich die Tiere tief in den Grund ein und sterben bald ab. Die jungen Tiere sehen den alten durchaus nicht ähnlich. Es sind schmutziggelbe, wurmartige Geschöpfe, deren halbmondförmiger Mund zahnlos, doch auch nicht zum Saugen geeignet ist. Das Auge liegt unter der Haut versteckt. Diese sog. Querder leben verborgen, im Grunde eingewühlt. Sie brauchen 4—5 Jahre, um die Größe von 20 cm zu erreichen und sich in Neunaugen zu verwandeln.

Wie das Neunauge so ist auch der Steinbeißer (Cobitis taenia, Abb. 13b) nur in seiner Laichzeit zu fangen. Ein Entsetzensschrei verrät mir, daß einem eurer Kameraden ein solcher Fang gelungen ist. Du bist erschreckt, weil der Fisch, den du gefangen hast, schrie. Ja, daran sind wir nicht gewöhnt. Doch nicht alle Fische sind stumm. In den Tropen gibt es eine große Anzahl von Fischen, die Töne von sich geben. So ist der eben gefangene schreiende Steinbeißer, auch Peizger oder Piezker genannt, keine so durchaus ungewöhnliche Erscheinung. Steinbeißer? das ist ein sonderbarer Name. Steine beißen kann er natürlich nicht. Doch wenn ich ihn auf das kiesige Ufer lege, wühlt er sich mit solcher Geschwindigkeit ein, daß ich schnell zugreifen muß, um seine Flucht zu verhindern. Seine harte, spitze, hoch gewölbte Schnauze befähigt ihn vorzüglich zu dieser Bohrarbeit. Auf der Stirn sitzt ihm bedrohlich ein Doppeldorn, der in eine Hautfalte zurückgelegt werden kann, und mehrere kurze Bartfäden schmücken das Maul. Das Tier lebt nur in schnell fließendem Wasser. Es besitzt die Fähigkeit, Luft zu verschlucken und diese, ebenso wie die durch die Kiemen eingenommene, als Atemluft zu verwenden. Die verbrauchte Luft gibt es mit jenem knurrenden, pfeifenden Laut von sich, über den sich unser kleiner Freund entsetzte. — Den Steinbeißer ißt man jetzt selten mehr, sein Fleisch ist mager und zäh. Früher galt er als besonderer Leckerbissen.

Seht ihr die seichten Furchen, von denen der Kiesgrund des Flusses durchzogen ist? Sie rühren von den Wanderungen der Flußmuschel (Unio pictorum) her. Dort liegt eine mit zugeklappten Schalen. So ruhen sie tagsüber und unternehmen erst abends ihre langsamen Wanderungen, wobei sie, auf den scharfen Schalenrändern im Sande stehend, mit Hilfe ihres beilförmigen, durch aufgenommenes Wasser geschwellten Fußes vorwärtsgleiten. Am Schalenrücken sitzt ein elastisches Bändchen, welches die beiden Klappen auseinanderhält, wenn nicht das Tier eine besondere Muskelanstrengung macht, die Schale zu schließen. Die Kraft dieses Bandes ist so groß, daß man das Tier zerreißt, wenn man seine Schalen gewaltsam öffnen will. Stirbt es aber ab, so klaffen sie von selbst auf. An einem toten Tiere sehen wir auch den dicken Schalenmuskel, welcher von rechts nach links quer den Körper durchsetzt. Zwei dünne Mantellappen liegen eng den Klappen an, darunter finden sich zwei Paar kürzere, doch dickere, kammartige Kiemenlappen, zwischen ihnen der beilartige Fuß. Nehmen wir eine Muschel, die sich eben zum Kriechen anschickt, aus dem Flusse, so spritzt sie Wasser aus dem Fuße und zieht den bedeutend schlanker gewordenen in die Schalen zurück.

In einer seichten Bodenvertiefung des breiten Ufersaumes ist von den Überschwemmungen des Vorfrühlings eine größere Wasserlache zurückgeblieben. In ihr liegen Klumpen einer gallertartigen Masse. Das ist Froschlaich, den die Grasfrösche schon vor längerer Zeit abgelegt haben. In der durchsichtigen Gallerte erkennt man schwarze, kleine Kügelchen, die Eier. Einige sind langgestreckt: in ihnen sind schon junge Frösche entwickelt, die man allerdings eher für junge Fische halten könnte. — Dort in dem anderen Laich zappelt eine Menge der kleinen Tiere umher, die schon die Eihaut gesprengt haben und im Begriff stehen, sich durch die Gallerte, ihre erste Nahrung, durchzufressen. Ein dritter Laich endlich ist ganz verlassen. Wohin sind nun die jungen Frösche gekommen? Im freien Wasser kann man sie nicht erblicken. Hebt man aber Blätter von Wasserpflanzen empor, die auf der Oberfläche schwimmen, so sieht man die Froschlarven oder Kaulquappen an der Unterseite des Blattes festgesogen. Hier finden sie ihre erste Nahrung. In unserem Sammelglase können wir sie bequem beobachten. Hinter dem Kopfe sitzen an jeder Seite zwei geweihartig verzweigte Fäden, die Kiemen. Das kleine, runde Maul ist zum Saugen geeignet, doch nicht zum Erbeuten tierischer Nahrung. Von Beinen sieht man noch keine Spur. Dafür ist ein Fischschwanz vorhanden, dessen lebhaftes Hin- und Herschlagen dem Tiere muntere Bewegungen gestattet (vgl. Schlußbild). — Was weiter aus den Froschlarven wird, kann uns erst die Zukunft lehren.

Die Kiemen, die wir schon beim Bachneunauge kennen lernten, stellen eines der wichtigsten Organe der wasserbewohnenden Tiere dar, sind es also wohl wert, daß wir ihren Bau und ihre Tätigkeit etwas genauer kennen lernen. Sie vermitteln, genau wie die Lungen, den Gasaustausch, der notwendig ist, um die Atmung (S. 4) zu unterhalten. Die Kiemen bestehen aus feinen Fältchen oder Fransen, bei den Kaulquappen hängen diese frei ins Wasser hinaus, beim Bachneunauge liegen sie im Innern der beschriebenen Gruben, bei den übrigen Fischen unserer Seen und Flüsse sind sie unter dem sog. „Kiemendeckel" verborgen, der von Zeit zu Zeit gelüftet wird, um das Wasser austreten zu lassen, das durch die Mundöffnung aufgenommen wird und aus dem Schlund durch seitliche Öffnungen zwischen den Kiemen nach außen abfließt. Ihre rote Farbe beweist, daß die Kiemen blutreich sind. Das „verbrauchte", d. h. infolge der Verbrennung im Körper kohlensäurehaltig gewordene Blut (S. 4) wird durch die Druckwirkung des Herzens, das es durchfließt, in die Kiemen gepreßt. In jedes Kiemenfältchen tritt ein Blutgefäß, eine Ader ein, die sich nun bis zu haarfeinen Röhrchen verzweigt. Diese feinsten „Haargefäße" führen das Blut bis dicht unter die sehr zarte schleimige Oberhaut der Kiemenfalte, und die Kohlensäure vermag nun diese dünne Hautschicht zu durchdringen und so den Körper des Tieres zu verlassen. Umgekehrt tritt Sauerstoff aus dem umgebenden Wasser, das ja (hauptsächlich infolge der Assimilationstätigkeit der Wasserpflanzen) stets genügende Mengen dieses Gases enthält, in das Kiemenfältchen ein, löst sich im Blute, und das sauerstoffbeladene „gereinigte" Blut fließt hernach in anderen Haargefäßen, die sich zu immer größeren Adern und schließlich zu einem abführenden Hauptgefäß vereinigen, wieder aus der Kieme weg, wird von der Herzpumpe angesaugt und in alle Organe des Körpers gepreßt, diese mit Nährstoffen und dem nötigen Sauerstoff versorgend. Wir verstehen jetzt auch, warum die Kiemen so fein zerteilt sind: dadurch wird ihre Oberfläche, d. h. ihre Berührungsfläche mit dem umgebenden Wasser, vergrößert, und je größer diese ist, das leuchtet uns ohne weiteres ein, um so leichter und reichlicher kann der Gasaustausch stattfinden.

Bevor wir unseren Standort verlassen, noch einen Blick talabwärts! In der Ferne steigt der Stadtwald tief hinab; der Promenadenweg verliert sich zwischen mächtigen Fichtenstämmen. Im Vordergrunde aber liegt das Flußtal, das nur mäßig bewaldet ist. Stellenweise zeigt es nacktes Erdreich, gelb oder rötlich. Das ist Kies oder Sand, den der Fluß mitgebracht hat. Alljährlich tritt er hier im Frühjahr in beschleunigtem Laufe aus seinen Ufern und wälzt seine trüben Fluten weit über den flachen Ufersaum. Wie er dann gewaltsam die Last der Eisdecke bricht und mächtige Schollen als Sturmböcke gegen die Pfähle der Brücke und gegen das feste Erdreich der Ufer benutzt, das habt ihr wohl alle schon beobachtet. Und wer es nicht mit angesehen hat, der kann doch die Zerstörungswut des jetzt so friedlichen Flusses noch an den Spuren erkennen, die sie hinterlassen hat. Wo die Knaben noch im Vorjahre vergnügt umherstiegen, um Rohrkolben zu ihren Kämpfen oder „Kalmusquietschen" zu zweifelhaften musikalischen Vergnügungen zu erbeuten, wälzt während des „Eisganges" der Fluß seine Wellen. Ein Teil des Uferröhrichts ist ihm endgültig zum Opfer gefallen. Kaum kenntlich liegen die Stengel der einst so stolzen Pflanzen kreuz und quer übereinandergehäuft. Zäher, von dem Stauwasser zurückgelassener Schlamm überzieht sie mit mißfarbiger Decke. Zweifelnd fragt ihr, ob es ihnen gelingen wird, sich zu neuem Leben emporzukämpfen. Stellenweise liegen ja die Leichen der in ungleichem Kampfe Gefallenen zu vollständigen Wällen aufgehäuft.

Laßt uns nun diese Stätten der Zerstörung durchstreifen, um zu sehen, ob nicht doch neues Leben aus den Ruinen emporblüht! — Die hellbraunen, vielgliedrigen Stengel, die, mit einem eiförmigen Ähren endigend, aus dem nackten Erdreich hervorragen, sind Schachtelhalme (Equisetum arvense). Versuchen wir eine Pflanze herauszunehmen, so stoßen wir auf einen weitverzweigten unterirdischen Wurzelstock, der aus lockerem Sandboden ziemlich leicht, aus dem zähen Lehm aber nur mit großer Mühe hervorgezogen werden kann. Einen ähnlichen, über ein großes Gebiet verbreiteten Wurzelstock besitzt der uns schon bekannte Huflattich. Das umfangreiche unterirdische Stengelgeflecht hält die lockeren Erdschichten zusammen und läßt sie den Zerstörungen des Wassers trotzen.

Allerlei Gräser fangen an, ihre winterlich falben Rasen durch junges Laub frühlingsgemäß zu färben. Beachtet hier die schmalen Blätter und runden Halme und seht euch nun dort am sumpfigen Flußufer den üppigeren Grasbestand an! Dort wachsen Riedgräser. Diese Riedgräser, auch Sauergräser (Cyperaceen) genannt, sehen ganz anders aus als die eigentlichen Gräser oder Süßgräser (Gramineen), zu denen auch die Getreidearten gehören. Die Merkmale der Sauergräser sind am deutlichsten an der Gattung Carex, den Seggen, zu erkennen, die aus sehr zahlreichen, schwerer voneinander zu trennenden Arten besteht. Eine stattliche Segge, Carex acutiformis, die Sumpfsegge, schickt sich dort auf dem Rasen nahe dem Uferröhricht bald zum Blühen an. Die knotenlosen Halme der Seggen sind nicht rund wie diejenigen der Süßgräser, sondern dreikantig, die Blätter hart und messerscharf, so daß man bei unachtsamem Ausraufen sich die Finger arg zerschneidet. Bis in das Wasser hinein wachsen sie, und hier zeigt sich eine eigentümliche Bildung: kuppenartig wölben sich die einzelnen Rasenpolster in die Höhe. Die einzelnen Stöcke senden astartige Ausläufer aufwärts, die auf dem an den Mutterpflanzen abgesetzten Schlamm Wurzel fassen und so ein Emporwachsen der Kuppen bewirken. Zwischen den Kuppen steht Wasser, aber an einzelnen Stellen stehen die Kuppen so nahe beisammen, daß es aussieht, als wäre da eine gleichmäßige Grasdecke. Will der Wanderer sich auf diesem sumpfigen Wiesenboden weiter bewegen, so muß er, sorgsam balancierend, von einer Kuppe auf die andere treten. Wo sich derartige Wiesen in größerer Ausdehnung finden, gehen Mensch und Vieh oft genug in ihnen zugrunde, denn wer da einen Fehltritt tut, versinkt meistens in die sumpfige Tiefe.

Tiere verschmähen die Riedgräser, so daß eine Wiese entwertet wird, wenn sie sich auf ihr in größerer Menge ansiedeln. Das geschieht aber immer dann, wenn sich Wasser ansammelt, das keinen Abfluß hat, also die abgestorbenen Pflanzenteile von der Luft abschneidet. Will man Sauerkraut bereiten, so stampft man in einem Fasse fein zerschnittene Kohlblätter fest zusammen und schließt die dichte Masse durch Beschweren mit Brettern und Steinen von der Luft ab. Vorher ist das Faß mit Sauerteig ausgestrichen, d. h. mit Brotteig, der durch Stehen an der Luft sauer geworden ist. Das Stehen allein kann das Versäuern des Teiges nicht bewirken, vielmehr fallen dabei aus der Luft unsichtbare Pilzkeime hinein, vornehmlich „Milchsäurebazillen", die eine sog. Gärung zunächst des Brotteiges, dann der Kohlblätter bewirken. Diese Gärung ist freilich eine ganz andere als die früher (S. 3) besprochene: Nicht nur die sie erregenden Organismen, sondern auch die entstehenden Stoffe sind andere, vor allem entsteht eben Säure. Diese verleiht dem Kohl den angenehmen sauren Geschmack. — Unter ganz ähnlichen Bedingungen wie der Kohl im Fasse befinden sich die abgestorbenen Pflanzenteile unserer Wiese. Denn wie in der Atmosphäre, so sind auch im Wasser und im Erdboden Bazillen vorhanden, die bei Luftabschluß eine Art von Gärung bewirken können. Hier sind allerdings die Arten wieder andere. Es findet bei erschwertem Luftzutritt eine Anhäufung von „Humussäuren" im Boden statt, es entsteht sog. „saurer Humus". Dieser bietet nur wenigen Pflanzen, z. B. den Riedgräsern und Moosen, geeignete Lebensbedingungen, im Gegensatz zu dem „milden Humus", der bei genügendem Luftzutritt entsteht. Zudem tritt statt völliger Verwesung mehr und mehr „Vertorfung" ein, durch welche die Pflanzenreste ebenso „konserviert" werden wie unser Sauerkraut im Fasse. Geschieht nichts für die Entwässerung solcher Wiesen, so entstehen im Laufe der Jahrhunderte Torflager, wie solche die Ufer vieler Flüsse der norddeutschen Tiefebene meilenweit begleiteten. Sorgt man aber rechtzeitig für Trockenlegung, so stellen sich bald auch wieder Süßgräser und allerlei Stauden und Kräuter ein, welche dem Vieh gut munden. Oft genügt schon das Ziehen von Abzugsgräben, meist aber muß man unterirdisch Tonröhren legen, welche das Wasser in sich aufnehmen und ableiten. Dieses „Dränieren" ist für die Verbesserung des Landes äußerst wichtig, und deshalb geben die Regierungen den Landwirten hierzu Geld zu billigen Zinsen.

Unter den Riedgräsern macht sich die Simse (Scirpus lacustris) durch höheren Wuchs und matteres Grün bemerkbar. Sie steht ganz nahe dem Ufer, wohl gar im Wasser und sieht mit ihren, in schönen Bögen allseitig herabhängenden Blättern, in deren Mitte sich später eine spirrige Blütenrispe erhebt, recht stattlich aus. Daneben sproßt der durch seinen eigenartigen würzigen Geruch sich leicht verratende Kalmus (Acorus Calamus). Auch wächst hier der dem Kalmus ähnliche Rohrkolben (Typha latifolia), der aber schon im Jugendzustand durch die lockenartig gedrehten, schilfähnlichen Blätter von jenem sich leicht unterscheiden läßt. Jene langen, bis sieben Zentimeter dicken, verzweigten und mit tiefen Blattnarben versehenen Stämme gehören der Seerose, die kleineren etwa walnußgroßen Knollen dem Pfeilkraut (Sagittaria), die reichbeblätterten

Wurzelstöcke der Blumenbinse (Butomus) an. Die beiden letztgenannten Pflanzen können wir hier erst im Juni und Juli in Blüte finden.

Durch die Kraft des flutenden Wassers werden alljährlich viele tausend Pflanzen weit verbreitet. Und wo sie sich angesiedelt haben, brechen sie die Gewalt des Flusses und drängen ihn weiter zurück in die Mitte seines Bettes. Was sie von Schlamm und Pflanzenresten auffangen, schafft ihnen neues Erdreich und schützt die jungen Kolonisten gegen erneute Angriffe der strömenden Fluten. Was des Wassers Wucht an einer Stelle zerstört hat, baut sich an einer anderen zu neuem, widerstandsfähigem Leben wieder auf. Beobachten wir genau, so sehen wir, daß der Fluß nicht wahllos zerstört und wiederaufbaut, seine Tätigkeit scheint vielmehr in einer Beziehung zur Gestalt seines Laufes zu stehen. Wie wunderbar! Sooft der Fluß eine Krümmung beschreibt, so unterspült er an seiner vorspringenden äußern Seite das Ufer, Kräuter und Stauden mit sich reißend. Selbst den Bäumen gelingt es nicht, den Fluten ein „Bis hierher und nicht weiter!" zuzurufen. Manchen dieser Riesen, der sich zu nahe an das Ufer gewagt, hat der tückische Nachbar entwurzelt und mit feuchten Armen zu sich hinabgezogen. An der eingebogenen, inneren Seite hat der Fluß im Gegenteil Erde angeschwemmt. Rasch besiedelt sich diese mit neuem Pflanzenwuchs, der zum größten Teil aus angeschwemmtem Samen und ganzen Pflanzenstöcken hervorgeht. Die Ursache dieses auffallenden Unterschiedes liegt in der ungleichen Strömungsgeschwindigkeit: auf der vorspringenden Seite des Flusses hat das Wasser einen größeren Weg zu durchlaufen, und seine Geschwindigkeit ist demgemäß eine sehr hohe, so daß die Gewalt der Strömung alljährlich kleinere oder größere Uferstücke loszureißen vermag. Auf der einspringenden Seite dagegen schleicht das Gewässer nur langsam dahin und muß die geraubten Schätze wieder abgeben, als Grundstock einer jungen Kolonie. Seine Kraft reicht hier nicht mehr hin, sie weiterzutragen. So wird auf der vorspringenden Seite das Ufer immer stärker abgetragen, am einspringenden Ufer wird dagegen Material angelagert. Die Folge ist eine stets zunehmende Wanderung des Flußbettes nach der vorspringenden Seite hin, wodurch die Krümmung dieser Flußbiegung von Jahr zu Jahr zunimmt. Das dauert so lange, bis einmal zwei benachbarte Schleifen sich treffen, wodurch das dazwischenliegende Stück trockengelegt und der Flußlauf wieder etwas verkürzt wird. Bei den meisten Flüssen treffen wir, oft weit seitlich vom jetzigen Lauf, trockene oder versumpfte Teile des einstigen Bettes. So ändert sich allmählich die Gestalt des Bettes und zugleich auch die Bodenform des ganzen Flußtales.

Stellenweise sind die Flußufer von Weidengebüsch umgeben. Beim Nähertreten vernehmen wir Bienengesumm. Obschon die Weiden keine eigentlichen „Blumen" haben, sind sie also nicht wie Erle und Hasel windblütige, sondern insektenblütige Pflanzen. Wir nehmen jetzt auch deutlich einen feinen Honigduft wahr: in den Weidenblüten wird reichlich Nektar abgesondert (D in

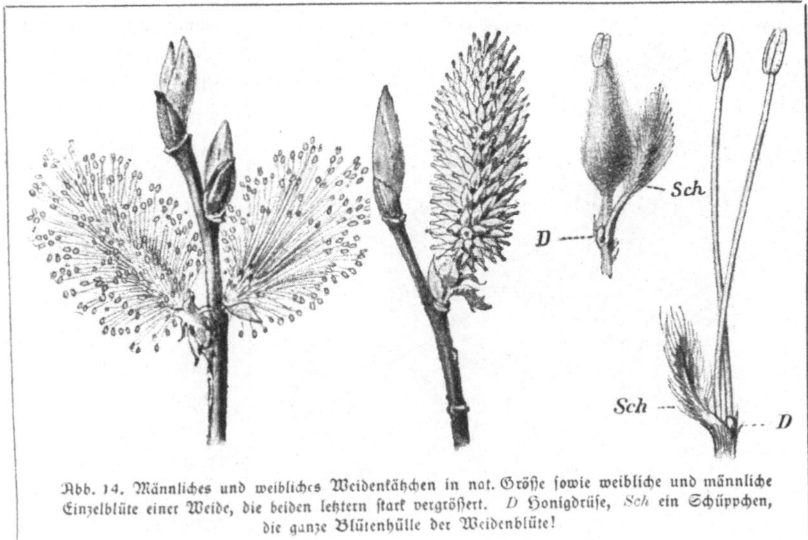

Abb. 14. Männliches und weibliches Weidenkätzchen in nat. Größe sowie weibliche und männliche Einzelblüte einer Weide, die beiden letztern stark vergrößert. *D* Honigdrüse, *Sch* ein Schüppchen, die ganze Blütenhülle der Weidenblüte!

Abb. 14). Kein Wunder, daß die Bienen mit ihren so viel feineren Geruchsorganen die blühenden Weidenbäume aus weiter Entfernung gewittert haben!

Bei der Weide stehen die männlichen und die weiblichen Blütenkätzchen auf verschiedenen Stöcken, so daß wir also sogar von männlichen und weiblichen Stöcken reden können. Solche Pflanzen nennt man nach dem großen schwedischen Botaniker Linné zweihäusige im Gegensatz zu Hasel, Erle und vielen anderen, die beide Arten von Blüten auf demselben Stocke tragen und darum als einhäusige Pflanzen bezeichnet werden. Bei zweihäusigen Pflanzen ist nicht nur Selbstbestäubung einer Blüte, sondern auch gegenseitige Bestäubung der Blüten eines Stockes ausgeschlossen, und diese Pflanzen sind daher zur Befruchtung in erhöhtem Maße auf Insekten oder Wind angewiesen.

Nun führt uns ein schmaler Fußweg über jung ergrünte feuchte Wiesen, die hier und da von Buschwerk unterbrochen sind, zur Landstraße zurück. Ein zarter, hellvioletter Schimmer liegt hier über dem Grase. Näher kommend, erkennen wir überall blühendes Wiesenschaumkraut [Cardamine pratensis]. Der sonderbare Name rührt von den Schaumklümpchen her, die man oft an dieser Pflanze findet. In ihnen sitzen die Larven eines Insekts, der Schaumzikade (Ptyelus spumarius). Das Schaumkraut ist eine der duftigsten Frühlingspflanzen unserer Wiesen. Betrachten wir ihren Blütenstand genauer! Am Hauptstiel stehen in verschiedener Höhe Seitenstiele, jeder mit einer Blüte. Traube nennt man einen solchen Blütenstand. Wären die Seitenstiele ver-

Abb. 15. Blühender Syringenzweig.

zweigt wie beim Flieder (Syringa vulgaris, Abb. 15), so würden wir den Blütenstand eine Rispe nennen. Sind die Seitenstiele gar nicht vorhanden, so daß die Blüten direkt und dicht am Haupt stiel sitzen, so sprechen wir von einer Ähre; denken wir uns dagegen den Hauptstiel einer Traube gekürzt, so daß alle Seitenstiele an einem Punkte zu entspringen scheinen, so entsteht eine Dolde. Aus dieser können wir uns endlich das Körbchen der Kompositen dadurch ableiten, daß wir uns die Seitenstiele alle miteinander verwachsen denken. In Abb. 16 sind diese Blütenstände schematisch dargestellt.

Die Traube des Wiesenschaumkrautes blüht von außen nach innen oder, wie wir vielleicht anschaulicher sagen, von unten nach oben auf. Die Ursache

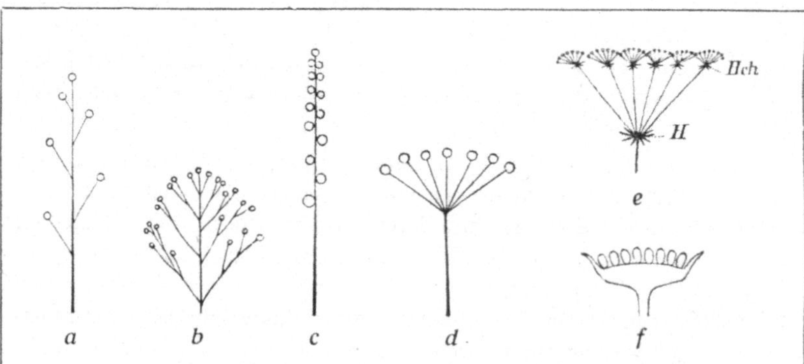

Abb. 16. Die häufigsten Blütenstände: *a* Traube, *b* Rispe, *c* Ähre. Die Abb. *d* stellt eine sog. einfache, *e* eine zusammengesetzte Dolde dar. Die Blättchen *H* bilden die sog. „Hülle", die Blättchen *Hch* die „Hüllchen" der einzelnen „Döldchen" der zusammengesetzten Dolde. Über Doldengewächse S. 93 f. Abb. *f* zeigt das sog. Körbchen.

dieser Erscheinung, die im Pflanzenreich fast allgemein verbreitet ist, liegt wohl darin, daß die untersten Blüten der Saftquelle am nächsten liegen. In den meisten Fällen wird diese Art des Aufblühens der Pflanze auch ganz nützlich sein. Denn würde das Aufblühen umgekehrt, also von oben nach unten, fortschreiten, so würden die zuerst sich öffnenden obersten Blüten allen weiter unten befindlichen, noch geschlossenen, das Sonnenlicht versperren. Daß dieser Zweck aber mehr zufällig erreicht wird, beweist das Verhalten von Pflanzen mit hängenden Blütenständen. Der wohlbekannte Goldregen (Cytisus laburnum Abb. 17) hat z. B. hängende Trauben, und trotzdem schreitet auch bei diesen das Blühen vom Grunde zur Spitze, das heißt nun aber in diesem Falle von oben nach unten, fort, so daß hier nun tatsächlich die zuerst aufbrechenden Blüten die folgenden beschatten. Wer übrigens Gelegenheit hat, Goldregenblüten zu beobachten, kann an ihnen gleich noch eine sehr interessante Entdeckung machen. Gerade jetzt beginnen die ersten Sträucher zu blühen. Aus der Ferne hat man wirklich den Eindruck, als ob schwere gelbe Regentropfen oder goldene Strähne von den Zweigen herniederrieselten! Die Blüten drehen sich nun, um, wenn die anfänglich aufrechten Trauben hängend werden, nicht in eine verkehrte Lage zu geraten, kurz vor dem Öffnen um 180°. Die Blüten besitzen offenbar eine Empfindung für die Lage, die sie im Raum einnehmen, eine Art Gleichgewichts-Sinnesorgan!

Abb. 17. Blütentraube des Goldregens.

Schon vorhin erwähnten wir den Flieder, der manchmal fälschlich auch Holunder genannt wird. Ein Vergleich seiner Blüten mit denen des Wiesenschaumkrautes wäre für uns von größtem Wert. Der stolze Strauch beginnt in unseren Gärten erst im nächsten Monat zu blühen, in Blumengeschäften sind aber schon jetzt Zweige zu haben, die vom Gärtner durch „Treiben“ schon vorzeitig zum Blühen gebracht wurden. Auch der Flieder hat vierzählige Blütenkronen. Aber ein sehr wesentlicher Unterschied fällt uns sofort auf (Abb. 18b). Die Kronblätter sind nämlich nicht wie bei unserem Schaumkraut frei, so daß jedes einzeln ausgezogen werden kann, sondern alle miteinander verwachsen. Bei den verwachsenkronblättrigen Pflanzen bildet der untere Teil der

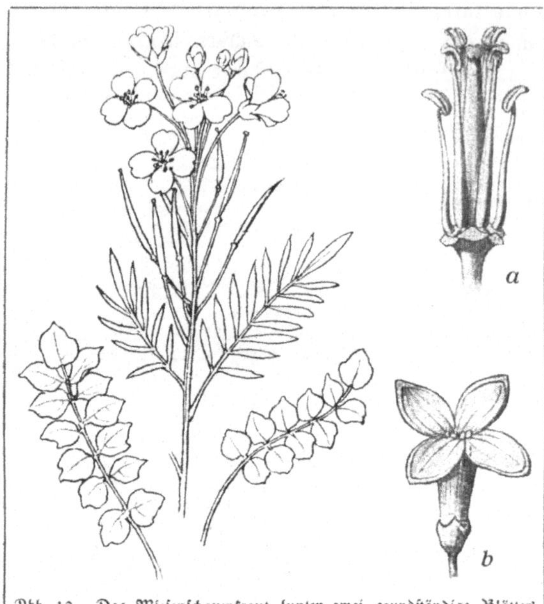

Abb. 18. Das Wiesenschaumkraut (unten zwei grundständige Blätter) beinahe in nat. Größe: *a* Staubgefäße und Stempel der Wiesenschaumkrautblüte, *b* die ebenfalls vierteilige, aber verwachsenkronblättrige Blüte des Flieders, beide 2—3mal vergr.

Krone eine mehr oder weniger enge Röhre. Dadurch werden die inneren Teile der Blüte viel besser geschützt, der Pollen gegen Durchnässung durch Regen, der Nektar gegen gewisse unberufene Gäste. Es sind nämlich nicht alle Insekten zur Bestäubung gleich geeignet, am „blumentüchtigsten" sind die, welche in Staaten leben und Wintervorräte sammeln und darum darauf angewiesen sind, in kurzer Zeit möglichst viele Blumen zu besuchen, also vor allen Dingen die Bienen. Unsere Honigbiene ist überdies „blumenstet", d. h. sie besucht auf einem Ausfluge nur Blüten derselben Art. Dadurch wird sie mit der betreffenden Blüteneinrichtung sehr vertraut, geradeso wie ein Fabrikarbeiter, der längere Zeit dieselbe Arbeit verrichtet, und kann daher rasch eine große Zahl von Blüten erledigen. Auch die übrigen langrüßligen Hautflügler und dann namentlich die Schmetterlinge sind geschickte Bestäuber. Durch die engen Kronröhren werden diese Insekten nun offenbar bevorzugt, denn nur sie vermögen ihren dünnen Saugrüssel in die engen Kronröhren einzuführen. Die Fliegen, Käfer und kurzrüßligen Hautflügler aber werden ferngehalten, denn diese müssen, um den Nektar zu gewinnen, mit ihrem ganzen Körper zum Blütengrund vordringen, und dafür ist die Kronröhre zu eng. Dieses kurzrüßlige Geschmeiß fernzuhalten, liegt aber durchaus im Interesse der Blüten, denn, abgesehen von ihrer Langsamkeit im Blütenbesuch und ihrer mangelhaften Körperausrüstung für ihn, sind diese Tierchen meist so klein, daß sie in manchen Blüten Beutel und Narbe gar nicht berühren, also den Nektar ohne Gegenleistung rauben würden. Sorge brauchen wir uns um diese kleinen und kurzrüßligen Insekten trotzdem nicht zu machen! Auch für sie ist ein Tisch gedeckt, sie müssen sich allerdings mit den einfacheren unter den freikronblättrigen Blüten begnügen, deren Nektar für alle Besucher offen daliegt, und die von den Bienen und Schmetterlingen verschmäht werden. Zu diesen gehören z. B. die einfachsten Kreuzblütler und die Doldengewächse, die wir auf einer unserer nächsten Wanderungen kennen lernen werden. Wir aber erkennen aus alledem, daß die Blüten mit verwachsenblättriger Krone vollkommener gebaut sind als die mit freien Kronblättern. Die freikronblättrigen Pflanzen sind im allgemeinen auch sonst einfacher gebaut. Man hält sie deshalb für weniger „hoch" organisierte Pflanzen (S. 24) und stellt sie in der Übersicht des Systems der Pflanzen (vgl. Schlußkapitel) den Blütenpflanzen mit verwachsener Krone voran.

Doch wir sind abgeschweift! Wir stehen noch immer auf unserer Schaumkrautwiese. Die einzelnen Blüten des Wiesenschaumkrautes müssen wir noch etwas genauer betrachten, denn da ist noch allerlei zu sehen, was uns fesseln wird. Die vier Kronblätter wechseln mit ebensoviel Kelchblättern ab, von denen zwei unten stark ausgeweitet sind. „Honigsäcke" hat man diese Ausbauchungen genannt, es fließt aber bei den Angehörigen dieser Pflanzenfamilie durchaus nicht immer der Blütenhonig hier herunter. Entfernt nun Kelch und Kronblätter und betrachtet die Staubgefäße mit den Honigdrüsen und den Stempel! Diese Dinge sind alle recht klein und bieten uns darum eine willkommene Gelegenheit zur Übung im scharfen Beobachten. Was wir sahen, ist in Abb. 18a dargestellt. Es sind sechs Staubblätter vorhanden, trotzdem Kelch und Krone vierteilig sind. Also wieder eine Ausnahme von der Regel, die wir bei unseren Gartenstudien im Februar (S. 24) kennen lernten. Zwei von diesen sechs Staubblättern stehen etwas weiter außen als die vier übrigen, die auch länger sind als jene. Dieser ganze Befund läßt sich leicht in einem sog. Diagramm aufzeichnen. Ein solches Diagramm stellt eine Art von Querschnitt durch die Blüte dar, in welchem die Zahl der Blütenteile und ihre gegenseitige Stellung schematisch eingezeichnet ist. Jedem, der sich im Beobachten von Blüten üben will, ist das Entwerfen solcher Diagramme zu empfehlen, es ist nicht nur ein bequemes Mittel, das Gesehene zu Papier zu bringen, sondern es zwingt auch zu sorgfältiger Beobachtung. Die Blütendiagramme der wichtigsten Pflanzenfamilien sind in einer Abbildung im Schlußkapitel dieses Büchleins zusammengestellt.

Das Diagramm des Wiesenschaumkrautes (Nr. 5) ist für uns wichtig, weil es zugleich für die ganze Familie der Kreuzblütler oder Cruciferen gilt. Diesen Namen führt die Familie wegen der vier kreuzweis gestellten Kronblätter. Wer nur ein einziges Glied dieser Familie studiert hat, wird fortan die Familienzugehörigkeit jedes anderen auf den ersten Blick erkennen. Wir werden noch mehrere Familien von ähnlich einheitlichem Blütenbau kennen lernen. Es sei hier schon im voraus auf die Veilchen, die Doldengewächse, die Schmetterlings- und die Lippenblütler hingewiesen. Für den Anfänger sind diese Familien sehr angenehm, es sind für ihn gleichsam Merksteine im System der Pflanzen. Aber es gibt auch andere Familien, die Pflanzen von scheinbar sehr verschiedenartigem Blütenbau umfassen. Wer würde auf den ersten Blick erkennen, daß der hellblaue Rittersporn (Delphinium) und die fünfspornige Akelei (Aquilegia) zu derselben Familie der Hahnenfüße gehören wie die runden, offenen Leberblümchen und das Scharbockskraut? Erst der genauere Vergleich der Staubblätter und Stempel, des Blattwerkes usw. erbringt hier den Beweis der Zusammengehörigkeit.

Dort blühen massenhaft Schlüsselblümchen. Sie sind verwachsenkronblättrig wie die Fliederblüten. Was hier blüht, ist die hellere Primula elatior; die dunklere und duftende P. officinalis öffnet ihre Blüten erst etwas später. Welch prächtiges Farbenspiel bildet das Hellgelb der Schlüsselblumen mit dem Lila des Schaumkrautes und dem frischen Grün des jungen Grases! — Doch hier am Wegrand, welch häßlicher Anblick: eine Menge abgerissener Primeln, ein mächtiger, von einem sonderbaren „Naturfreund" achtlos weggeworfener Blumenstrauß. Wie oft bekommt man in der Umgebung unserer Großstädte dies abstoßende Bild zu sehen! Naturschutz ist heute ein großes Schlagwort geworden. Mit der Anlage von Naturgärten im Gebirge und an der Meeresküste fing man an; hierin suchte man die durch die Ausdehnung der Städte, durch Trockenlegung von Sümpfen und Kanalisation von Flußbetten und durch die sinnlose Pflückwut vieler Spaziergänger dem Aussterben nahe gebrachten Arten zu retten. Gleichzeitig wurden da und dort Verbote gegen das Ausgraben und das massenhafte Pflücken erlassen und besonders schöne Bäume unter den Schutz des Staates gestellt. Bald aber erkannte man die Ohnmacht solch kleiner Mittel und ging nun zur Schaffung großer Reservationen oder Naturschutzparke über. Das sind große, oft ganze Täler umfassende Gebiete, in denen hinfort alle Pflanzen und Tiere vor menschlicher Nachstellung geschützt sind. Hier gelingt es wirklich, die ursprüngliche Natur in ihrer ganzen ursprünglichen Größe und Schönheit zu erhalten. Eine großartige Anlage dieser Art ist der schweizerische Nationalpark an der Ofenstraße in Graubünden.

Aber auch das sind doch schließlich nur Notbehelfe. Wie trostlos würde unsere heimische Landschaft aussehen, wenn einmal die Kinder Floras sich mehr und mehr in solche Schutzgebiete zurückzögen und die Umgebungen unserer Dörfer und Städte nur noch eine ärmliche Grasflora besäßen! Die unsinnige, mittelalterlich-romantische Sucht, möglichst umfangreiche Blumensträuße und dicke Kränze zu winden, muß darum in erster Linie bekämpft werden. Sie ist nicht die einzige, aber eine der schlimmsten Gefahren für die Flora, und ihre Beseitigung steht ganz in unserer Macht. Eltern und Lehrer und namentlich auch ältere Geschwister sollten einmal versuchen, die Kinder schon von frühester Jugend an dazu zu erziehen, die Pflanzen lebend an ihrem Standorte zu beobachten. Schon ein kleines Kind versteht sehr wohl, daß die Pflanze etwas Lebendes ist, und daß die abgerissene Pflanze stirbt, genau wie ein getötetes Tier. Reifere Jünglinge und Mädchen werden diese Auffassung, die ja auch ganz dem neuesten Stande der Wissenschaft entspricht, sofort zu der ihrigen machen und zu eifrigen Vorkämpfern eines verständigen Naturschutzes werden, sobald sie nur durch ein Wort auf die Größe der Gefahr, die unserer Flora gegenwärtig droht, aufmerksam gemacht werden. Also Front gegen das sinnlose Blumenpflücken, Front auch gegen jene Gärtner und Blumen„künstler“, die Karren voll unserer schönsten Frühlingsblumen sammeln lassen, um dicht gepackte Kränze, ganze Blumenhäuser und -landschaften in ihre Schaufenster zu stellen! Wer mit solch plumpgrausamen Scherzen seine Kunden anzulocken glaubt, möge sich das dazu nötige Pflanzenmaterial im eigenen Garten ziehen, die freie Natur ist unser aller Garten, und niemand hat das Recht, ihn zu schänden!

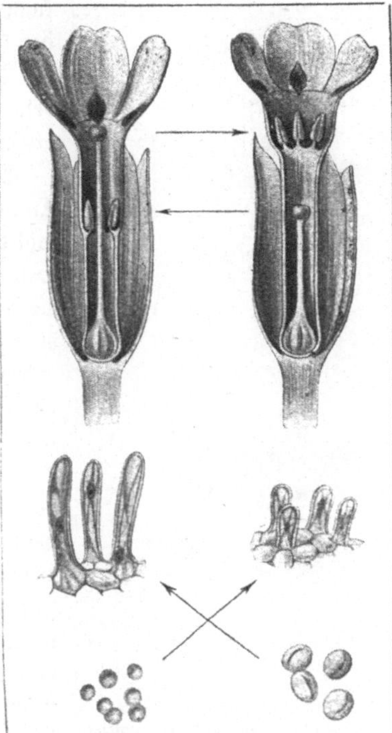

Abb. 19. Die Heterostylie beim Schlüsselblümchen. Unten sind in viel stärkerer Vergrößerung die betreffenden Papillen und Pollenkörner abgebildet. Die Pfeile zeigen die Art der Übertragung des Pollens, vgl. Text.

An den Primeln können wir nun eine jener Vorrichtungen kennen lernen, deren sich die Natur zur Vermeidung von Selbstbestäubung und Herbeiführung von Kreuzung (S. 25) bedient. Es ist die von Darwin entdeckte „Verschiedengriffligkeit“ oder *Heterostylie*, die auch beim Lungenkraut und verschiedenen anderen Pflanzen vorkommt. Beobachtest du eine größere Zahl von Schlüsselblumen von oben, so fällt dir auf, daß die Kronröhre bei den einen durch ein grünliches Knöpfchen verschlossen ist, bei den anderen aber durch die fünf Staubblätter, die nicht zwischen den Kronblättern eingefügt sind, wie bei den meisten Blüten, sondern mitten vor ihnen stehen (Nr. 11 in der Diagrammtafel des Schlußkapitels), also eine Ausnahme von dieser sonst ziemlich allgemeinen Blütenregel darstellen. Schneidest du je eine der beiden Blütenformen der Länge nach auf, so erhältst du das in Abb. 19 wiedergegebene Bild. Die einen Blüten sind also langgrifflig, und dafür sitzen ihre Staubblätter tief unten in der Kronröhre, bei den andern befinden sich umgekehrt die Staubbeutel höher oben, und zwar genau da, wo in den langgriffligen Blüten das grünliche Köpfchen, d. i. die Narbe, steht, und dafür ist hier der Griffel kurz, so daß der Narbenkopf in diesen Blüten genau auf derselben Höhe steht wie in den langgriffligen Formen die Staubbeutel. Führt nun ein Bienchen seinen Saugrüssel in eine kurzgrifflige Blüte ein, so wird eine ganz bestimmte Stelle des Rüssels mit Staub bepudert. Besucht das Insekt nachher eine langgrifflige Blüte, so kommt diese Stelle seines Rüssels in Berührung mit der Narbe, so daß Bestäubung erfolgt. Befliegt die Biene aber nicht eine langgrifflige, sondern eine zweite kurzgrifflige Blüte, so

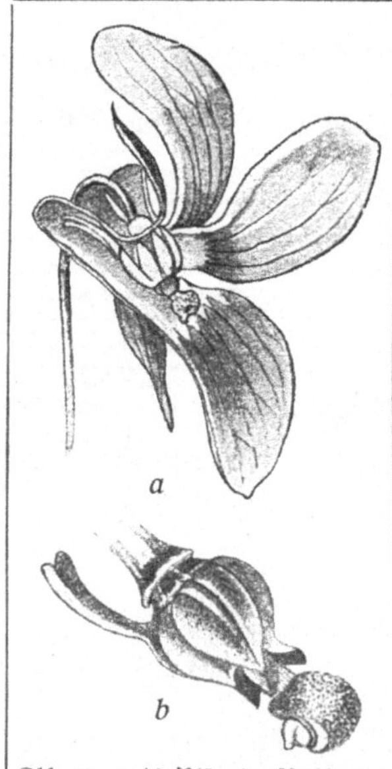

Abb. 20. *a* die Blüte der Veilchengewächse im Längsschnitt etwa zweifach vergrößert, *b* der von den fünf Staubblättern umgebene Stempel in stärkerer Vergrößerung. Die beiden Nektar absondernden Fortsätze der zwei unteren Staubblätter sind sichtbar, ebenso Loch und Lippe der kugligen Narbe.

kann keine Bestäubung eintreten. Der Staub der kurzgriffligen Blüte gelangt also immer auf die Narbe einer langgriffligen, und umgekehrt bestäuben langgrifflige Blüten nicht wieder langgrifflige, sondern stets kurzgrifflige Formen.

Ganz verständlich wird uns diese wunderbare Einrichtung erst, wenn uns eine Vergleichung zahlreicher Primelstöcke unserer Wiese zu der Entdeckung führt, daß ein und derselbe Stock nie beide Blütenformen zugleich, sondern nur die eine oder die andere hervorbringt. Jetzt verstehen wir die „Absicht“ der Natur: Es soll nicht nur Selbstbestäubung einer Blüte, sondern, ähnlich wie durch die Zweihäufigkeit (S. 45), sogar Bestäubung der Blüten eines Stockes untereinander verhindert werden. Noch tiefer vermögen wir das Wesen dieser Erscheinung zu erkennen, wenn wir unter einem schwachen Mikroskop die Blütenstaubkörner und die Narbenpapillen der beiden Blütenformen betrachten und vergleichen. Das Ergebnis dieses Vergleichs ist im unteren Teile unserer Abbildung dargestellt: die langgriffligen Blumen besitzen große lange Narbenpapillen und kleine Pollenkörner, die kurzgriffligen umgekehrt kleine Papillen und große Körner. Dadurch ist nun jede Art von Selbstbestäubung erst ganz unmöglich gemacht. Denn würde z. B. in einer kurzgriffligen Form, wo dies ja an und für sich wohl möglich wäre, etwas Blütenstaub auf die eigene Narbe herabfallen, so würden dessen große Körner an den kleinen Narbenpapillen gar nicht haften können. Genau wie die beiden Blütenformen selbst, so „passen“ auch Papillen und Pollenkörner aufeinander: die Körner der kurzgriffligen auf die Papillen der langgriffligen Blüten, und umgekehrt.

Ein freudiger Ausruf verkündet, daß die ersten Veilchen gefunden sind. Auch diese Blumen sind fünfzählig: zwei obere Kronblätter, zwei seitliche, mit niedlichen Bärten versehen, welche das Hineinfallen von Regentropfen ins Innere der Blüte verhindern, und ein unteres. Letzteres ist nach hinten zu einem Honigsporn ausgezogen. In diesen ragen zwei leicht gekrümmte Fortsätze der beiden unteren Staubgefäße hinein (Abb. 20). Diese sondern den Nektar ab, der sich dann in den Sporn ergießt. Die fünf blattartig verbreiterten Staubgefäße besitzen oben dünnhäutige Anhängsel. Diese sind miteinander verbunden und bilden so einen kegelförmigen Hohlraum, in welchem beim Öffnen der Beutel der trockene Blütenstaub sich entlud. Die Spitze des beschriebenen Hohlraumes wird vom Griffel durchbrochen, der an seinem Ende den dicken Narbenkopf trägt. Dieser verschließt den Blüteneingang vollständig. Die honigsuchende Biene muß darum zuerst diesen Narbenkopf etwas in die Höhe heben. Das ist zwar leicht möglich, da der Griffel an einer Stelle sehr dünn und scharf umgebogen ist und sich dort auch leicht bewegt. Aber der ausweichende Griffel drückt jetzt auf die Staubblattanhängsel und öffnet so den beschriebenen Hohlkegel, und der Pollen sickert nun aus diesem heraus und fällt unmittelbar auf den inzwischen bis in den Honigsporn vorgedrungenen Insektenrüssel. An dem kugeligen Narbenkopf sehen wir bei manchen Arten (Abb. 20b) sehr deutlich eine Höhlung und an deren unterem Rande eine lippenförmige biegsame Klappe, welche verhindert, daß der Rüssel, wenn er nun wieder aus dem Sporn zurückgezogen wird, die Narbenhöhle mit eigenem Staub belegt. Dagegen wird beim Besuch einer neuen Blüte der Staub direk auf die Lippe gestrichen, mithin Fremdbestäubung bewirkt. Leichter als am Veilchen selbst kann die Blüteneinrichtung dieser Familie an den viel großblumigeren Stiefmütterchen untersucht werden, auf die sich auch unsere Abbildungen beziehen.

Wie ganz anders sind die Veilchen gebaut als die Primeln und Fliederblüten und alle Blumen, die wir bisher kennen lernten! Die letzteren sind strahlige oder allseitig symmetrisch gebaute Blüten, d. h. sie haben einen Mittelpunkt, um welchen die Teile nach allen Seiten gleichmäßig angeordnet sind. Es lassen sich senkrecht zur Fläche der ausgebreiteten Kronblätter mehrere Schnittebenen durch den Mittelpunkt legen, welche die Blüte in zwei spiegelbildlich gleiche Hälften teilen würden. Den Gegensatz zu diesen Blüten bilden die hälftigen oder zweiseitig symmetrischen Blumen, zu denen unser Veilchen gehört (Nr. 8 der Diagrammtafel). Hier gibt es nur eine Symmetrieebene, welche die Blüte in zwei spiegelbildliche Hälften zerlegt; diese Blüten haben also keinen Mittelpunkt im Sinne der vorigen, dafür aber ein Rechts und Links. Hälftigkeit ist ein Zeichen „höherer" Organisation, denn hälftige Blüten sind im allgemeinen kunstvoller gebaut und an die besuchenden Insekten, namentlich durch Umbildung der unteren Kronblätter, zu Anflugstellen besser „angepaßt". Besonders deutlich sind ähnliche Verhältnisse im Tierreich: der Körper der höheren Wirbellosen und aller Wirbeltiere ist hälftig gebaut, zahlreiche niedere wirbellose Tiere aber haben noch strahligen Körperbau.

Dort am Wegrand blüht eine Kolonie roter Taubnesseln (Lamium purpureum, Abb. 21). Diese Pflanze gehört mit mehreren anderen Vertretern der Familie der Lippenblütler oder Labiaten zu unseren häufigsten Frühlingspflanzen: die gefleckte Taubnessel (L. maculatum) wird etwas höher und öffnet ihre Blüten einige Wochen später, blüht dann aber im Gegensatz zur roten bis in den Herbst hinein. Sie wächst namentlich an Hecken, während die weiße Taubnessel (L. album), und dann namentlich die Goldnessel, schon einige echte Waldpflanzen sind. „Taube Nesseln" heißen diese Pflanzen wegen der Ähnlichkeit ihrer Blätter mit denen der Brennessel, mit der sie aber durchaus nicht

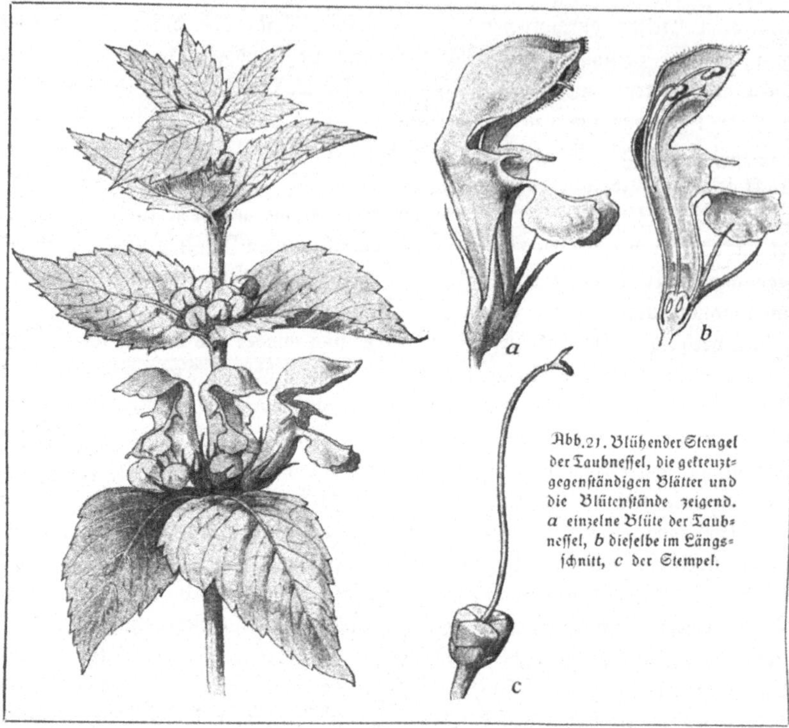

Abb. 21. Blühender Stengel der Taubnessel, die gekreuzt-gegenständigen Blätter und die Blütenstände zeigend. *a* einzelne Blüte der Taubnessel, *b* dieselbe im Längsschnitt, *c* der Stempel.

verwandt sind. Die Taubnesseln haben wie alle Lippenblütler hälftige Blüten mit verwachsenen Kronen und Kelchen. Sie werden hauptsächlich von Hummeln besucht. Beachtet, wie genau der Körper der Hummel in die Blüte hineinpaßt (Abb. 21 a und b), namentlich die Oberlippe ist ein förmlicher Abguß des Hummelrückens! Zupft man eine Krone heraus, so bleibt der Griffel mit der schlangenzungenartig gespaltenen Narbe und der zierlich vierteilige Fruchtknoten, der ein charakteristisches Familienmerkmal der Labiaten bildet, im Kelchgrunde zurück (Abb. 21 c). Die Staubblätter dagegen sind mit der Krone „herausgegangen", sie wurzeln also wie bei den meisten verwachsenkronblättrigen Blüten an der Kronröhre. Es sollten eigentlich fünf Staubgefäße sein, das obere (Nr. 13 der Diagrammtafel) ist bei den Lippenblütlern nicht entwickelt, es würde auch zum allgemeinen Bauplan der Blüte schlecht passen, da an seiner Stelle, direkt unter der Oberlippe, der Griffel aufsteigt. Die beiden unteren Staubblätter haben sich nach oben gebogen; die Biegungen an den Wurzeln der Staubfäden sind bei manchen Lippenblütlern deutlich zu sehen. Darum treten sie nicht zu beiden Seiten der Unterlippe, wo sie eigentlich hingehörten, aus der Blüte heraus, sondern sie stehen, neben den beiden seitlichen, dicht unter dem Dach der Oberlippe. Dadurch wird bewirkt, daß auch ihr Staub der besuchenden

Hummel auf den Rücken gestrichen wird, und dies ist unbedingt nötig, weil auch die zweiteilige Narbe oben liegt und also ebenfalls mit dem Rücken des besuchenden Insekts in Berührung kommt. — Dort unter jener Hecke blüht auch schon eine Gundelrebe (Glechoma hederacea). Wie zierlich die beiden Kreuzchen aussehen, welche die gespaltenen und in zwei Gruppen übereinander angeordneten Staubbeutel bilden! Etwas später öffnet der kriechende Günsel (Ajuga reptans) seine Blüten. Diese beiden Pflanzen werden sonderbarerweise von Anfängern sehr häufig verwechselt, obschon sie sich herzlich wenig gleichen. Die Günselblüten haben keine Oberlippen, dafür biegen sich die Laubblätter, mit denen der lange, dichte Blütenstand reich durchsetzt ist, helmartig nach außen um und übernehmen die Aufgabe, welche sonst den Oberlippen zukäme, nämlich den Schutz der Staubbeutel gegen Regen. Wenn sich dann diese Blätter, wie das häufig vorkommt, blau färben und direkt über die Blüten stellen, so sehen sie wirklich aus wie Oberlippen, ein prächtiges Beispiel dafür, wie die Funktion eines Organs, sobald dieses wegfällt, durch ein anderes übernommen werden kann. Eine volle Erklärung für solch wunderbare Erscheinungen hat die Wissen schaft noch nicht gefunden, vielleicht sind sie auch nur Zufall. (Auf den Erklärungsversuch Darwins werden wir in unserem Schlußkapitel zurückkommen.)

Ähnlich wie die Kreuzblütler und Veilchen bilden auch die Lippenblütler eine geschlossene Familie mit einheitlichem Charakter. Die Familienmerkmale sind so auffallend und erstrecken sich auch auf Stengel und Blattwerk, so daß ihr fortan jeden Lippenblütler auf den ersten Blick erkennen werdet, gleichviel, ob er blüht oder nicht. Der Stengel ist vierkantig und hohl. Schneiden wir ihn sauber quer durch, so erkennen wir in den Ecken dunkle glänzende Punkte. Das sind Stränge sehr zäher Bastfasern, die den Stengel biegungsfest machen, d. h. sein Knicken verhindern sollen. An jedem Knoten ist der Stengel innen von einer Querwand durchsetzt. An diesen Stellen entspringen auch die Blätter. Wir müssen uns hier auch die Blattstellung einmal ansehen. Die meisten Pflanzen haben wechselständige, sehr viele gegenständige Blätter. Zu den letzteren gehören die Labiaten, und zwar wechseln hier die aufeinanderfolgenden Blattpaare immer miteinander ab. Gekreuzt-gegenständig nennt man diese Blattstellung. Auch der Blütenstand (S. 45 u. 46) ist bei allen Lippenblütlern derselbe: in den Achseln der oberen Blattpaare stehen eine Anzahl Blüten, gewöhnlich 3—7. Da die Blüten auch die Stengelseiten, an denen keine Blätter sitzen, meist völlig verdecken, so sieht es aus, als ob sie einen sog. „Quirl" bildeten, d. h rings um den Stengel ständen.

Hier mündet der Weg in die Landstraße ein, und diese führt uns durch einen kleinen Birkenhain zurück zum Pförtchen unseres Gartens. Die Birken sind noch winterlich kahl. Macht man mit einem Bohrer eine Öffnung in den Stamm, so fließt wasserheller Saft heraus, der süßlich schmeckt. Man bereitet aus diesem Saft, indem man ihn gären läßt, einen berauschenden Trank. Aber bedenkt, daß ihr mit jedem Tröpfchen Saft, den ihr dem Baume entzieht, ein Blatt, eine Blüte zum Hungertode verurteilt! Öfter wiederholtes Anzapfen kann den Baum töten. — Der verstärkte Saftzufluß der Pflanzen im Frühjahr steht zweifellos mit der Laubentfaltung in Zusammenhang: der Saft steigt bis in die feinsten Zweige empor und bringt die Knospen zum Schwellen und Aufbrechen.

Welche Kraft verursacht nun diesen mächtigen Saftstrom? Es ist neben der Saugkraft der Verdunstung (S. 7 und 8) der sog. Wurzeldruck. Die genauere Erforschung desselben ist bis heute noch nicht völlig gelungen. Dagegen wissen wir genau, in welchen Teilen der Stengel und Stämme der Saft emporsteigt, und es ist auch ganz leicht, dies durch eigene Versuche festzustellen. Stellen wir zunächst einen in unserem Garten frisch geschnittenen, beblätterten und blühenden Tulpenstengel in ein Glas mit Wasser, dem wir einige Tropfen roter Tinte zugesetzt haben. Der Versuch gelingt besser, wenn der Stengel vor dem Einstellen unten nochmals mit einem scharfen Messer frisch abgeschnitten wird, und wenn wir dann das Glas ins warme Zimmer tragen. Da sehen wir nun schon nach kurzer Zeit die „Adern" rot gefärbt durch die Oberhaut des Stengels durchschimmern, und auf Querschnitten beobachten wir deutlich, daß nur diese Adern, nicht aber das übrige Gewebe des Stengels, gefärbt sind. Sogar in die Blattadern steigt die Farbflüssigkeit empor. „Gefäßbündel" nennt die Pflanzenanatomie diese Adern, denn ihrer jede stellt ein Bündel feinster Röhrchen dar, die man Gefäße nennt. In diesen Gefäßen steigt der Saft empor.

Als Beispiel einer zweikeimblättrigen Pflanze wollen wir die in unserem Garten jetzt ebenfalls blühende Osterluzei demselben Versuch unterwerfen. Auch hier färben sich die Gefäßbündel ziemlich bald rot. Sie sind aber auf dem Querschnitt des Stengels nicht so unregelmäßig verteilt wie bei der Tulpe, sondern in einem Kreise angeordnet. So sehen wir schon an diesen Beispielen, daß die beiden großen Gruppen der Ein- und der Zweikeimblättrigen auch in ihrem anatomischen Bau scharfe Unterschiede aufweisen.

Um uns auch über die Lage der saftleitenden Teile holziger zweikeimblättriger Pflanzen Gewißheit zu verschaffen, wiederholen wir unseren Versuch mit einem Fliederzweig. Der Querschnitt zeigt uns hier einen breiten zusammenhängenden Gürtel rot gefärbt. Das ist der Holzteil des Zweiges. Das Mark und der äußere Gürtel, die Rinde, sowie der zwischen Holz und Rinde gelegene schmalere Bastgürtel sind nicht gefärbt.

Nun trennen wir an diesem Johannisbeerstrauch durch sorgfältige ringförmige Schnitte Teile des Astes ab. An Nr. 1 nur die äußere Rinde. An Nr. 2 auch den darunterliegenden Bast. An Nr. 3 endlich Rinde, Bast und auch das jüngere Holz, so daß nur noch der alte, trockene Holzkern zurückbleibt. Damit haben wir verschiedene Fragen an den Strauch gestellt. Was fragten wir unseren stummen Lehrer? Dreierlei: „Steigt der Saft in deiner

Rinde empor?“ „Oder in deinem Baste?“ „Oder in deinem jüngeren Holze?“ Denn daß er im alten, stets trockenen und festen Holzkern aufsteige, haben wir von vornherein als unglaublich ausgeschlossen. Sahen wir doch so oft schon und heute wieder alte Bäume lustig grünen und in jedem Frühjahre sich neu schmücken, obgleich der ganze Holzkern von Insekten aufgezehrt und durch die Unbilden der Witterung zu einer krümligen, erdartigen Masse vermorscht und verwest war. — Sollten wir uns aber trotzdem in unserer Annahme täuschen, so wird uns Ringelung Nr. 3 darüber aufklären. Denn steigt der Saft im alten Holze auf, so wird dieser Zweig sich belauben. Ist es — wie wir annehmen — nicht so, dann muß er abtrocknen. Das Ergebnis dieser Versuche können wir allerdings heute nicht mehr sehen. Erst nach einigen Wochen wird es zutage treten: der Ast Nr. 1 wird unverändert bleiben und Blätter, Blüten und Früchte entwickeln wie unverletzte Äste. Im Juni wird die entfernte Rinde sogar größtenteils wieder ersetzt sein. Eine ganz unerwartete Veränderung wird der Ast Nr. 2 erfahren: er entwickelt sich merkwürdigerweise oberhalb der Ringelung stärker, die Beeren werden größer und saftiger. Die Früchte dicht unter der Ringelungsstelle bleiben dagegen winzig klein, und dieser ganze Teil des Astes sieht so aus, als ob er zugunsten des oberen hätte hungern müssen.

Nun, denkt ihr, haben wir wohl des Rätsels Lösung: der Saft steigt nicht, wie wir bisher irrig annahmen, von unten nach oben, sondern umgekehrt von den Zweigspitzen nach den Wurzeln! Deshalb ist das Astende über der Ringelungsstelle gemästet, das darunter verkümmert. Doch ist das nicht voreilig geschlossen? Wie sollte denn im Frühjahr der Saftstrom von oben seinen Ursprung nehmen?! Befragen wir einmal unsere Ringelung Nr. 3! Da vertrocknet der ganze Zweig oberhalb der Ringelungsstelle und stirbt schließlich ganz ab, während der untere Teil unverändert bleibt. Also bezieht er doch von unten her seine Nahrung. Und zwar findet der Aufstieg in dem jungen, saftigen Holze statt, das wir dem dritten Zweige weggenommen haben. Der zweite Ast wird mit dieser Nahrung versorgt, denn er besitzt noch die saftige Holzschicht. Doch zeigt uns die zweite Ringelung gleichzeitig, daß noch eine andere Saftströmung im Stamme vor sich geht, und zwar — wie wir vorher richtig, wenn auch vorschnell verallgemeinernd, schlossen — verläuft dieser Strom von oben nach unten im Baste. Er kann die Ringelungsstelle des zweiten Astes nicht überschreiten, da wir hier den Bast entfernt haben. Er bleibt also auf den oberen Astteil beschränkt und hat diesen „gemästet“. Der untere Astteil erhält nur Wurzelsaft, keinen absteigenden. Er hungert und ist kümmerlich geworden, besonders dicht unter der Ringelungsstelle.

Jetzt haben wir einige Einsicht in die Bedeutung der einzelnen Stammteile. Die obersten Rindenschichten der älteren Zweige dienen den weicheren Stammteilen zum Schutze, stehen aber nicht im Dienste der Saftleitung. Ähnliches gilt von den innersten sog. Kernholzschichten. Sie geben dem Stamme nur Tragfestigkeit und Halt gegen die Wut der Stürme. Die für die Saftleitung des Baumes allein bedeutsamen Schichten sind das Jungholz und der Bast. In dem ersteren steigt das von der Wurzel aufgenommene Nährwasser in die Höhe bis in die kleinsten Zweiglein und Blätter. Im Baste dagegen geht ein anderer Saftstrom abwärts. Dieser besteht nicht wie der aufwärtssteigende Saftstrom aus Wasser mit gelösten unorganischen Stoffen, sondern aus gelösten organisierten Stoffen, d. h. Stoffen, die in den Blättern aus der Luftkohlensäure und dem von unten zugeströmten Nährwasser zubereitet wurden. Dieser im Baste abwärts verlaufende Strom von organisierter gelöster Nährsubstanz muß nun allen Teilen der Pflanze, selbst den Wurzeln zugeführt werden, damit alle Teile gleichmäßig ernährt werden und weiterleben und wachsen können. Daher mußte der Zweig unter der des Bastes beraubten Ringelungsstelle verkümmern. Er erhielt zwar zur Genüge Wurzelsaft, aber keine organisierte eigentliche Nahrung. Dicht über der Ringelungsstelle sieht er dagegen überernährt aus.

Unsere heutige Wanderung ist zu Ende. Sie bot uns Einblicke in das neu erwachte Tierleben im Wasser und zeigte uns die Fluren des Flußtales in ihrem ersten Frühlingsschmuck. Schon jetzt beginnen wir zu ahnen, welche Reichtümer die heimische Natur jedem, der mit hellen Sinnen hinauszieht, darzubieten vermag. Namentlich das Tier- und Pflanzenleben in der Nähe von Gewässern birgt eine Fülle wunderbarster Lebenserscheinungen, die uns auch auf unseren späteren Wanderungen noch oft erfreuen werden.

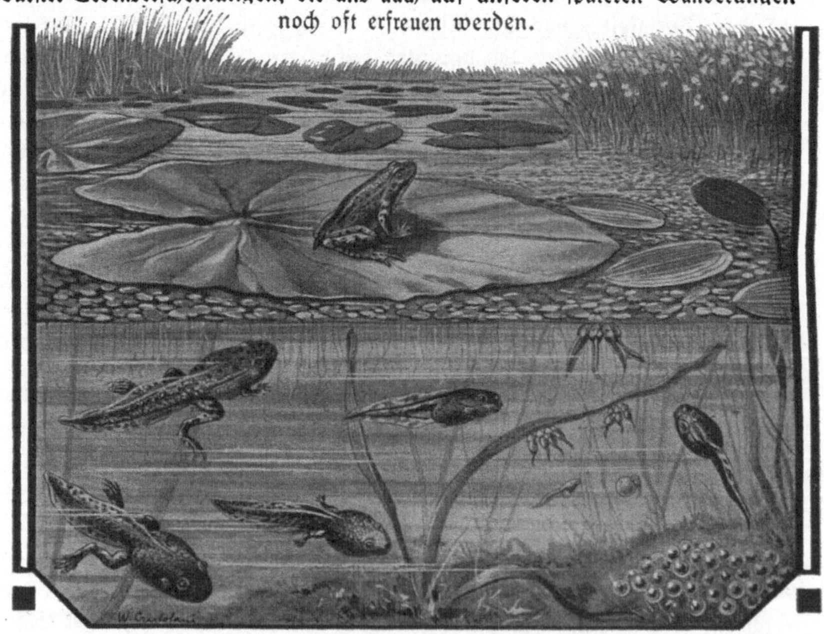

Anfang Mai

V. Etwas vom Haushalt des Waldes. Kleinleben im Sumpf.

In den ersten Tagen des Mai ist auch im Walde der Frühling voll erwacht. Schmetternder Finkenschlag und Gesang froher Menschen erfüllt die lichten Hallen, in welche die Strahlen der Sonne nach ungehemmt eindringen. Wie herrlich ragen die mächtigen alten Rotbuchenstämme empor! Die schräg aufwärtsstrebenden Äste der Kronen, die oben das ergrünende Laubwerk tragen, neigen sich gegeneinander wie die Spitzbogen eines gotischen Dombaus.

Die Knospen einzelner Bäume und Sträucher sind noch geschlossen, die meisten aber treffen wir mitten in voller Laubentfaltung. Wie zierlich, einem Fächer gleich, ist jedes Blättchen zusammengefaltet und am Rande sowie an den abwärts gerichteten Seitenrippen mit einem dichten Pelz langer, parallel gerichteter, seidenfeiner Haare überzogen! Kein Zweifel, daß diese Haare die zarten jungen Blätter gegen Frühjahrsfröste wirksam zu schützen vermögen.

Während die Rotbuche (Fagus silvatica) der vorherrschende Laubbaum Süddeutschlands ist, kommt die Weiß- oder Hainbuche (Carpinus betulus), wegen ihres harten Holzes auch Hornbaum genannt, in den nördlichen Teilen Deutschlands viel häufiger oder ausschließlich vor. Ihre Blattränder sind zierlich gesägt, ihre verhältnismäßig dünnen Stämme mit Längswülsten versehen und seilartig gedreht. Oft winden sich sogar zwei oder mehrere nebeneinander-

Abb. 22. Alter Rotbuchenbestand.

stehende Stämme umeinander herum, was nicht selten zu Verwachsungen führt. Die Verzweigung ist ungemein reich und vielfach; auch der untere Teil des Stammes ist nicht davon frei. Zuweilen stehen unter den längeren kurze Äste so dicht um den Stamm, daß er im sommerlichen Laubschmuck aussieht, als wäre er festlich mit einer Girlande umwunden. Die Zweigkronen etwas frei stehender Weißbuchen zeigen, zwar nicht in demselben Grade wie die der Rotbuchen, aber immer noch deutlich, jene etagenförmige Anordnung, durch die der Buchenwald seinen wundervoll geschichteten Bau erhält (Abb. 22). Diese mächtigen wagerechten Blattschirme kommen dadurch zustande, daß sich die Zweige jedes größeren Astes und sogar alle seine Blattflächen in eine Horizontalebene stellen. Kein Blatt deckt das andere, Lücken aber bleiben kaum mehr frei, so daß ein förmliches Blattmosaik entsteht, wie wir es schon früher (S. 5) beobachteten. Wie ist diese Stellung der Seitenzweige möglich, da doch die Zweigknospen rund um ihren Mutterzweig herum angelegt werden? Die Zweige werden offenbar durch ihren „Lichthunger" aus der ursprünglichen Wachstumsrichtung herausgezerrt. Vergleichen wir nun weiter Weißbuchenbäume von verschiedenem Standorte, so fällt uns auf, daß in sehr geschlossenem, dichtem Bestande der etagenförmige Bau der Krone sich lockert, die Äste gewissermaßen jeder Lücke des Laubdaches zustreben, und daß dabei gleichzeitig jene Drehung der Stämme eintritt. Zweige und Stämme müssen hier gewaltsamere Bewegungen machen, um sich eine genügende Lichteinwirkung zu erkämpfen. Bei freiem Stande tritt daher die Drehung des Stammes mehr oder ganz zurück. Auch diese eigentümlichen Drehungen scheinen also ihre Entstehung der Einwirkung des Lichtes zu verdanken. Sie kommen übrigens auch anderwärts vor, namentlich an dicht gepflanzten Obstbäumen sind sie oft sehr deutlich zu beobachten.

Wir haben mit dieser Erkenntnis einen wichtigen Schritt vorwärts getan, müssen sie aber doch noch schärfer fassen, wenn sie uns weitere Einblicke in die Abhängigkeit der Bäume vom Lichte gewähren soll. Deutet man nämlich solche Erscheinungen als Wirkung des Lichthungers der Pflanzen, so ist das hiermit gegebene Vorstellungsbild zwar deutlich genug. Aber es müßten dann doch die Pflanzen „am besten daran sein", die in nahezu ungeschwächtem Lichtgenuß stehen, denen keine andere Pflanze, keine Bodenerhebung einen Teil des Sonnenlichtes streitig macht. In solch günstiger Lage befinden sich nun die Pflanzen offener, wenig bewachsener Ebenen, z. B. die der Steppen und Wüsten! Sagt uns dieses Beispiel nicht schon genug? Man hat zudem durch Versuche direkt nachgewiesen, daß sehr intensives Licht die Pflanze wieder schädigt, schließlich sogar zum „Lichttod" führt. Eine gewisse, mittlere Lichtstärke, für die einen eine größere, für die anderen eine geringere, niemals aber die volle, ungeschwächte, ist den Pflanzen am zuträglichsten, sie bildet ihr „Optimum". Diese Erscheinung läßt sich schwer aus einem einfachen „Lichthunger" der Pflanzen erklären.

Bewirkt vielleicht das Licht als eine Kraft, ähnlich wie ein Zug oder Druck es tun würde, jene Stellungsveränderungen der Zweige und Blätter? Ihr seht bald, wie äußerlich dieser Vergleich auch ist. Gewiß ist das Licht eine Kraft, aber die Pflanze ist nicht ein toter Körper, der dieser Kraft willenlos folgt, sondern sie vermag den „Reiz" des Lichtes in einer bestimmten, ihr eigentümlichen und für ihr Gedeihen nützlichen Weise zu beantworten. Am deutlichsten sehen wir das an dem im Keller erwachsenen Kartoffelsproß (S. 21). Infolge des Lichtmangels streckt er sich übermäßig. Hat er aber das Kellerfenster erreicht, so ergrünt er nicht nur, sondern er entwickelt sich fortan auch viel kürzer. Das Licht wirkt also auf die *Stengelorgane*, Stamm und Äste der Pflanzen, *wachstumhemmend* ein. Darum erhält unsere Hainbuche bei freiem Stande eine geschlossene Krone, denn das Licht verhindert ein Auswachsen einzelner Äste über die allgemeine Grenze der Krone hinaus. Scheinbar lernen wir durch diese Erklärung nichts wesentlich Neues, aber wir werden ihre Bedeutung erst recht erkennen, wenn wir jetzt auch die Einwirkung des Lichtes auf das Wachstum der *Blätter* untersuchen. Auch dieses zeigen uns die Kellersprosse der Kartoffel am deutlichsten. Der im völligen Dunkel entstandene Sproß hat nur kleine weiße Schuppenblätter, er entwickelt jedoch große, grüne Laubblätter in dem schwachen Lichte, das ihm das dämmernde Fenster spendet. Die Folgerung, die wir hieraus ziehen möchten, daß nämlich das Licht auf die Blätter schlechthin wachstumfördernd wirke, trifft aber nicht zu. Vergleichen wir nämlich diese „Dämmerblätter" oder *Schattenblätter* mit denen einer im Freien erwachsenen Kartoffelstaude, so finden wir letztere wieder merklich kleiner. Für das *Flächenwachstum* der Blätter also ist eine mittlere Lichtstärke am günstigsten, Lichtmangel sowohl wie intensives Licht wirken hemmend. Unsere Waldbäume haben darum im unteren Teil ihrer Krone große, im oberen lichtreicheren auffällig kleinere Blätter. Umgekehrt nimmt die *Dicke* des Blattes um so mehr zu, je reichlicher es im Lichtgenusse steht. Das Schattenblatt der Kartoffel ist weit dünner und zarter als das Freilichtblatt, das Schattenblatt einer Buche dünner als eines aus der Spitze der Krone. Die *Blüten* endlich kommen immer nur bei einer ziemlich bedeutenden Lichteinwirkung zur Entwickluug. Das habt ihr wohl alle schon an euren Zimmerpflanzen beobachtet, die zu eurem Kummer ihre Blütenknospen vor der Entfaltung abwarfen, wenn ihr ihnen nicht genügend Licht zu schaffen vermochtet.

Die verschiedenen Pflanzenorgane haben also ein ganz verschiedenes Optimum des Lichtgenusses; das der Stengel ist gleich Null, d. h. sie wachsen im Dunkeln am größten aus; das der Blüten ist am größten.

Sehen wir nun, wie weit wir durch diese neue Auffassung für unsere Betrachtung des vorschiedenartigen Baumwachstums gefördert sind! Wie erklärt sich, so fragt ihr, der ganz übereinstimmende und höchst eigenartige Wuchs aller Bäume dieses dichten Rottannenbestandes? Am unteren Stammende sind durchweg die Äste abgestorben, teilweise schon abgebrochen, nur oben hat sich eine kleine, dicht verzweigte Krone ausgebildet: der Baum hat sich „gereinigt", wie der Forstmann sagt (Abb. 23). Widerspricht dieser Vorgang nicht geradezu dem eben erst erkannten Wachstumsgesetze der Zweige? Das Licht soll auf sie doch wachstumhemmend, Lichtmangel wachstumfördernd einwirken. Wir erwarten also gerade umgekehrt den Baum unten mit langen Ästen versehen zu finden, wie sie sich auch bei freiem Stande der Rottanne entwickeln. Pyramidenförmige Gestalt hatten auch die Bäume unseres Bestandes, solange sie jung waren.

Abb. 23. Dichtstehende Fichten mit weit hinauf „gereinigten" Stämmen. Unten junge Fichtenstämmchen, durch natürliche Besamung entstanden, welche die ursprüngliche Pyramidenform noch sehr schön erkennen lassen.

Als sie aber emporwuchsen, kamen die an den unteren Zweigen sitzenden Blätter in unzuträgliche Lebensbedingungen und starben ab. Damit wurde auch dem Zweige die Nahrungszufuhr abgeschnitten (S. 56 u. 57) und er zum Tode verurteilt. Die Sache liegt sogar noch etwas anders insofern, als die vom Licht zu sehr abgeschlossenen jungen Knospen überhaupt nicht mehr zur Entwicklung kommen. Auch diese letztere Tatsache wird uns verständlich, wenn wir daran denken, daß auch die Knospen Teile des lebenden Pflanzenorganismus sind, die eines „Reizes", und zwar eines genügend starken Reizes bedürfen, um zum Wachstum angeregt zu werden. Ihre Entwicklung findet nur oberhalb einer gewissen, nicht geringen Lichtstärke statt; ungenügende Beleuchtung bewirkt ihr Absterben oder auch einen Ruhezustand, in dem sie, allmählich von Holz und Rinde überwallt, als „schlafende Augen" verharren, bis etwa einmal nach nicht zu langer Zeit verbesserte Belichtungsverhältnisse sie zu neuem Leben erwecken. Untersuchen wir nun, wie sich die Laubknospen verschiedener Holzarten verhalten, so erkennen wir auch bei ihnen, wie bei den Blättern, ganz verschiedene Lichtansprüche. Manche Sträucher des Unterholzes sehen wir nämlich bis zur Wurzel hin reich verzweigt, andere, wie die Haselnuß, liefern in dichtem Bestande die bekannten unverzweigten Gerten. Die Schlußfolgerung auf den in jedem Falle zur Entwicklung der Knospen notwendigen Grad der Lichtstärke macht ihr selber. Desgleichen erkennt ihr jetzt, woher bei der Kiefer die Selbstreinigung der Stämme früher und vollständiger stattfindet als bei der Fichte, woher allgemein einige Bäume ihren bis hoch hinauf astfreien Stamm erhalten. Wir erkennen nun auch die Absicht des Forstmannes, der Fichten und Kiefern in dichtem Bestande aufwachsen läßt und erst später durch Ausholzen Raum schafft: auf diese Weise erzielt er astfreie Stämme. Aber auch die so verschiedenen Wuchsformen, die ein und dieselbe Bauart bei freiem Stande und im dichten Walde annimmt, sehen wir jetzt mit ganz anderen Augen an. Der schlanke, palmenartige Wuchs der Kiefer des dichten Waldes verwandelt sich bei freiem Stande in einen kräftigen, kurzstämmigen Aufbau mit dichter, wohlgerundeter Krone, deren stärkste Äste schier an die der Eiche (Abb. 24) gemahnen. Die Fichten des Waldrandes sehen ganz anders aus als die des Waldinnern und wieder anders die, welche vereinzelt in Parkanlagen oder inmitten einer größeren Waldwiese stehen. Kurz, wohin wir blicken in unserem schönen Walde, überall weiß uns jetzt der so abwechslungsreiche Baumwuchs etwas zu erzählen, wohl auch neue Fragen in uns anzuregen.

Trotzdem ist die Wissenschaft noch nicht zufrieden mit der von uns angewandten Erklärungsweise. Die Ausdrücke größere, mittlere, geringere Lichtstärke sagen zu wenig. Es müssen aus bestimmten Beobachtungen Zahlenangaben für den Grad der Lichtstärke gewonnen werden; das bloße Schätzen hat wenig Wert, um so geringeren, als erfahrungsgemäß, namentlich infolge der Veränderungsfähigkeit unserer Pupille, diese Schätzungen sehr fehlerhaft sind. Das Lichtmeßverfahren ist in neuerer Zeit von Professor Wiesner in Wien bis zu dem Grade der Genauigkeit ausgebildet worden, der für die uns beschäftigenden Fragen notwendig ist; einen Einblick in die Art der Untersuchung erhalten wir aber schon durch eine Schilderung der älteren von Bunsen und Roscoe begründeten Lichtmeßmethode. Bekannt ist die Tatsache, daß photopraphische Papiere, d. i. Papier, das mit gewissen Silbersalzen getränkt ist, durch Licht geschwärzt wird. Es erlangt dabei schließlich einen gewissen Ton der Schwärze, der sich dann auch bei fortgesetzter Belichtung nicht mehr ändert. Naturgemäß ist die Zeitdauer, in der dieser „Normalton“ erlangt wird, verschieden, je nach der Stärke der Belichtung des Papiers. Als Maßeinheit der Lichtintensität nimmt man die Lichtstärke an, welche dem Papier in einer Sekunde die Normalschwärze verleiht. Erhält dasselbe Papier diesen Ton erst in 2, 3 oder 4 Sekunden, so ist die Lichtintensität $\frac{1}{2}$, $\frac{1}{3}$ oder $\frac{1}{4}$ oder in Dezimalbruchform angegeben, wie man es gewöhnlich tut: 0,500, 0,333, 0,250. Stellt man nun Untersuchungen über die Lichtstärke verschiedener Örtlichkeiten an, so fällt zunächst auf, wie sehr unser Auge daran gewöhnt ist, den Grad der Belichtung weit zu überschätzen. Das Licht in einem noch frühlingskahlen Laubwald erscheint uns kaum geschwächt, dennoch fand Wiesner an einem sonnigen Märztage die Lichtintensität im Schatten eines unbelaubten Baumbestandes = 0,166,

Abb. 24. 300 jährige Spessarteiche.

während die Intensität des gesamten, ungeschwächten Tageslichtes gleichzeitig 0,712 betrug. Sind schon die kahlen Zweige der Baumkronen imstande, die Lichtstärke so wesentlich herabzusetzen, so tut das naturgemäß noch mehr das Laubdach eines Waldes. So fand derselbe Beobachter einmal Anfang Mai das Gesamtlicht = 0,500, dagegen das in der Krone eines Roßkastanienbaumes = 0,070 und endlich das in seinem Schatten = 0,017.

Die meisten Pflanzen genießen also nur einen Teil der gesamten Intensität des Tageslichtes. Es ist natürlich von Wichtigkeit, den Lichtgenuß festzustellen, in dem die einzelnen Pflanzen stehen, und der ihnen zusagt. Um den

Lichtgenuß eines Baumes zu bestimmen, muß man die mittlere Lichtstärke in seiner Krone mit der Stärke des ungeschwächten Lichtes vergleichen. So findet man, entsprechend den oben angegebenen Resultaten, den Lichtgenuß eines Roßkastanienbaumes Anfang Mai 0,070 : 0,500 = 7 : 50 = annähernd $\frac{1}{7}$. Ein Kraut aber im Schatten seiner Krone hätte nur einen Lichtgenuß von 0,017 : 0,500 = annähernd $\frac{1}{29}$. Es ist also offenbar ein sehr geringer Bruchteil des Gesamtlichtes, in dessen Genuß viele Pflanzen stehen, und der ihnen genügt. Aber sie stellen, wie uns der Vergleich der Roßkastanie selbst mit dem Kraut in ihrem Schatten zeigt, verschieden hohe Anforderungen. Unter unseren Bäumen ist einer der lichtbedürftigsten die Esche, nächstdem aber auch Eiche, Birke, Espe oder Zitterpappel, sowie Lärche und Kiefer. Weit genügsamer sind Roßkastanie, Rot- und Weißbuche, Fichte. Daher also sehen wir die zuerst genannten Bäume eine lockere, durchweg lichtdurchlässige Krone ausbilden (Abb. 24), während sich die Weiß- und Rotbuche, Fichte usw. durch dichten Bau der Krone gewissermaßen selber zum Schattenleben heruntersetzen. Aus demselben Grunde sind die letztgenannten Bäume viel besser als Birke, Zitterpappel, Lärche usw. geeignet, in dichten reinen Beständen noch kräftig zu gedeihen. Daher weist endlich auch ein Eichen-, ein Espen-, Birken- oder Kiefernwald auf dem Boden unter seinen lichtdurchlässigen Kronen einen weit größeren Reichtum von Unterholz und blühenden Kräutern auf, als ein Rot- oder Hainbuchen- oder gar ein Fichtenbestand. Die Eichen usw. spenden wenigstens noch im ersten Frühjahre einigen wenigen Pflanzen die zum Wachsen und Blühen nötige Lichtmenge, der dichte Fichtenwald entwickelt dagegen gar keine Bodenflora oder beherbergt nur solche Pflanzen, die aus noch später zu erörternden Gründen keinerlei Ansprüche an Licht stellen.

Im Banne des Lichtes steht also der Wald. Das Licht ist die Kraft, welche die „heiligen Hallen“ der Rotbuchenwälder wölbt, die mehr oder minder deutlich auch jedem anderen Baume an jeder Stelle sein eigenartiges Gepräge aufdrückt. Viele Unterholzsträucher sind in der Entwicklung ihrer Knospen den sie überragenden, also in reicherem Lichtgenuß stehenden Bäumen sogar vorausgeeilt, so daß wir sie jetzt, Anfang Mai, schon größtenteils entfaltet antreffen. So die Himbeer- und Brombeersträucher, das Geißblatt u. a. Sie stellen Ansprüche an Lichtgenuß, die eben nur jetzt noch erfüllt werden: in ihren Knospen könnte nach Vollendung des Laubdachs der Bäume die Triebkraft nicht mehr erweckt werden. So erklärt sich auch die frühe Blütezeit mancher Frühlingskräuter des Waldbodens aus ihrem nicht ganz geringen Lichtbedürfnis. Anemone und Lerchensporn stellen unter den Schattenpflanzen des Waldes die größten Anforderungen an Belichtung. Daher machen sie das ganze Grünen und Blühen in der kurzen Zeit vor voller Entfaltung des Baumlaubes ab, bald welken sie und leben nur noch in ihren unterirdischen Teilen fort. Entschiedenere Schattenpflanzen sind Sauerklee (Oxalis acetosella), Maiglöckchen (Convallaria majalis) und Siebenstern (Trientalis), Schattenblume (Majanthemum bifolium) und Einbeere (Paris quadrifolium, Abb. 87, S. 177) lauter Pflanzen mit dünnen und großflächigen „Schattenblättern“, die auch unter dem vollen Laubdach, also bei sehr geringer Belichtung noch assimilieren können. Sie bedürfen einer geringeren Lichtmenge als die vorhin genannten frühblühenden Waldkräuter, einer geringeren auch als das Unterholz, in dessen Schatten wir sie finden.

Noch viel geringer ist das Lichtbedürfnis der schmarotzenden Pflanzen oder Parasiten. Dort guckt gerade ein rötliches Pflanzenspitzchen aus dem Boden hervor. Es ist das hakenartig umgebogene Ende eines Blütenstandes der Schuppenwurz (Lathraea squamaria, Abb. 25a). Die Pflanze ist gar nicht grün, sondern fahlweiß oder rötlich gefärbt. Wie ernährt sie sich denn? Das Blattgrün ist doch, wie wir früher (S. 7) hörten, zur Assimilation notwendig. Wir wühlen vorsichtig in der Erde, um die ganze Staude den Blicken bloßzulegen. Der bei weitem größere Teil der Schuppenwurz ist unterirdisch. Er besteht aus dicken, rein weißen, innen hohlen Schuppen, die, dicht um einen dünnen, reich verzweigten Stengel sitzend, ein wirres Geflecht bilden. Solche Pflanzenstöcke werden bis zehn Pfund schwer. Beim Herausnehmen beobachten wir, daß dieses Wurzelgeflecht mit den Wurzeln der benachbarten Bäume in Verbindung steht: mittels feiner Saugwurzeln entnimmt die Schuppenwurz aus der „Wirtspflanze“ ihre Nahrung! Jetzt verstehen wir, warum sie kein Blattgrün braucht, sie hat es gar nicht nötig, zu assimilieren, da sie die Nahrung in fertig zubereitetem, „organisiertem“ Zustande (S. 58) bezieht. Sie ist also im Hinblick auf ihre Ernährungsweise viel eher einem Tier als einer Pflanze vergleichbar. Die verschiedensten Laub- und Nadelbäume werden von dieser parasitischen Pflanze befallen, sehr häufig finden wir sie auf Haselwurzeln. — Es gibt noch verschiedene andere schmarotzende Pflanzen. Im Sommer werden wir auf Kleeäckern und Wiesen die sonderbare Kleeseide (Cuscuta europaea, Abb. 25b) antreffen, eine wurzel- und blattlose Pflanze, die ihren Nahrungsbedarf ganz den befallenen Wiesenpflanzen, Schafgarben, Kleearten usw. entnimmt, und die Sommerwurz (Orobanche, Abb. 25c), die den bezeichnenden Namen „Kleeteufel“ führt. In der Gesellschaft der Schuppenwurz, namentlich in Nadelwäldern, lebt der wachsgelbe Fichtenspargel (Monotropa, Abb. 25d), der auf den Pilzfäden schmarotzt, die fast überall den Waldboden durchziehen. Diese Pflanzen gehören den verschiedensten Familien des Systems an. Die Schuppenwurz ist mit dem wohlbekannten Löwenmäulchen verwandt, gehört also zu den Maskenblütlern (S. 122). Auch die Sommerwurz steht dieser Familie sehr nahe. Der Kleewürger ist ein Windengewächs, der Fichtenspargel mit dem Wintergrün (Pirola) verwandt, dessen weiße porzellanähnliche Blümchen sich im Juni im Moos unserer Wälder öffnen (vgl. die Übersicht (S. 222).

Ganz ähnlich ist die Ernährung bei den sog. Saprophyten oder Fäulnisbewohnern. Zu diesen gehört die Nestwurz (Neottia nidus avis, Abb. 25e),

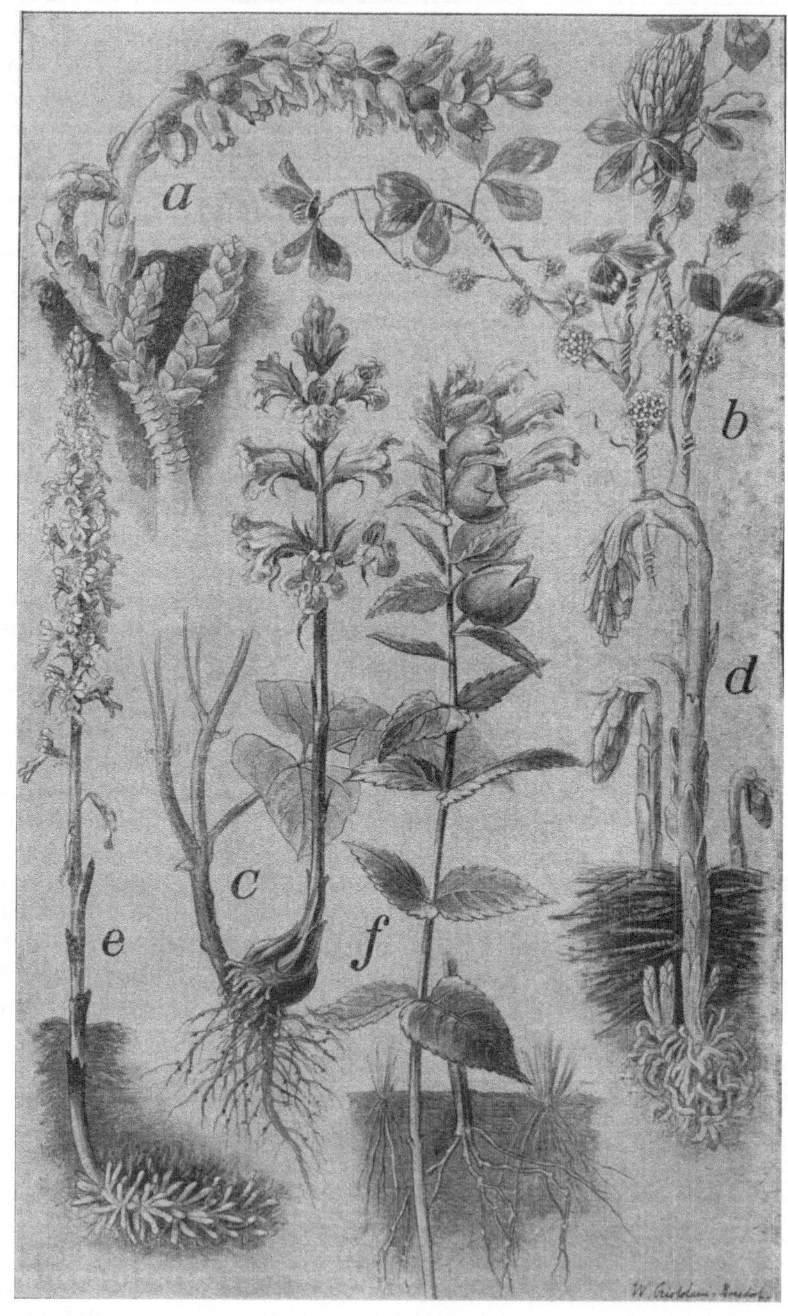
a
b
d
c
e
f

eine Orchidee, die im Juni und Juli in schattigen Wäldern blüht. Sie ist beinahe blattlos und besitzt nur Spuren grünen Farbstoffes. Der nestartige Wurzelstock steht mit keinen anderen Pflanzen in Verbindung, entnimmt aber die Nahrung doch in organisiertem Zustande aus den verschiedenen im Waldboden verwesenden Stoffen. Genau so ernähren sich auch die im Waldboden lebenden Pilze, von denen ja namentlich die sog. Hutpilze bekannt sind, die oberirdische Fortpflanzungskörper erzeugen.

Eine Übergangsform von den Parasiten zu den gewöhnlichen, assimilierenden Pflanzen stellen die sog. Halbschmarotzer dar. Sie entziehen mit kleinen Saugwarzen nur einen Teil ihrer Nahrung aus anderen Pflanzen, den Rest aber verschaffen sie sich durch Assimilation selbst. Sie besitzen normale, allerdings oft nur schwach grün gefärbte Blätter. Zu diesen Pflanzen gehört das Wintergrün, das wir schon vorhin erwähnten, dann aber vor allen Dingen verschiedene Maskenblütler, die wir später (S. 122) noch kennen lernen werden: Klappertopf (Abb. 25 f), Wachtelweizen und Augentrost.

Unsere Betrachtungen über das Lichtbedürfnis der Pflanzen haben unsere Aufmerksamkeit schließlich ganz auf die Unterholzsträucher und Waldkräuter abgelenkt. Es ist aber an den Bäumen selbst doch noch mancherlei zu sehen. Unser Standort eignet sich ganz besonders dazu, auch ihre Abhängigkeit vom Wassergehalt des Bodens zu untersuchen. Versuchen wir also, uns wenigstens hierüber noch Klarheit zu verschaffen. Das tief einschneidende Flußtal gestattet uns hier und da Einblicke in die tieferen Bodenschichten. Da sehen wir denn, daß der Boden, der unseren Wald trägt, sich bis zu großer Tiefe aus lauter lockeren, durchlässigen Schichten aufbaut: aus feinerdigem Sande und gröberem Kiese; erst dicht über der Höhe des Wasserspiegels unseres Flusses steht eine gelbliche Lehmschicht von ziemlich bedeutender Dicke an. Der Boden über dieser undurchlässigen Schicht ist feucht, an einigen Stellen, wo sie sich seicht muldenförmig vertieft, so sehr, daß ein feines Wasserräderchen dort seinen Ursprung nimmt. Nur lehmreiche Erdschichten eignen sich zu Wasserspeichern. Ihr wißt vielleicht, daß, wer Obstbäume pflanzen will, sich davon überzeugt, ob auch in nicht zu bedeutender, von den Wurzeln noch erreichbarer Tiefe eine undurchlässige Lehmschicht ansteht. Nun achtet darauf, welche Baumarten sich diese Stelle in unserem Walde aufgesucht haben! Es sind besonders Erlen, daneben aber auch Eschen, Weiden und Pappeln. Anders die Haselsträucher, die Hainbuchen, Birken und Tannen, die zwar auch die Talsohle besiedeln, aber doch auch auf der trockenen Höhe verbreitet sind und dort durchaus nicht weniger gut gedeihen. Die Ahorn- und Ulmenbäume, namentlich aber die Kiefern ziehen sogar augenscheinlich den trockenen, lockeren Sandboden vor. — Der Boden unter jenen Buchen ist ganz mit kleinen Keimpflanzen überzogen,

Abb. 25 (nebenstehend). Schmarotzer, Halbschmarotzer und Fäulnisbewohner: *a* Schuppenwurz (Blütezeit: Mai, Juni), *b* Kleeseide auf rotem Wiesenklee (Blütezeit: Juni), *c* Sommerwurz (Kleeteufel) auf Bohne (Blütezeit: Juni), *d* Fichtenspargel (Blütezeit: Juli, August), *e* Nestwurz (Blütezeit: Juni), *f* der große Klappertopf (Blütezeit: Mai bis Juli). Alle etwa $\frac{1}{2}$ nat. Größe.

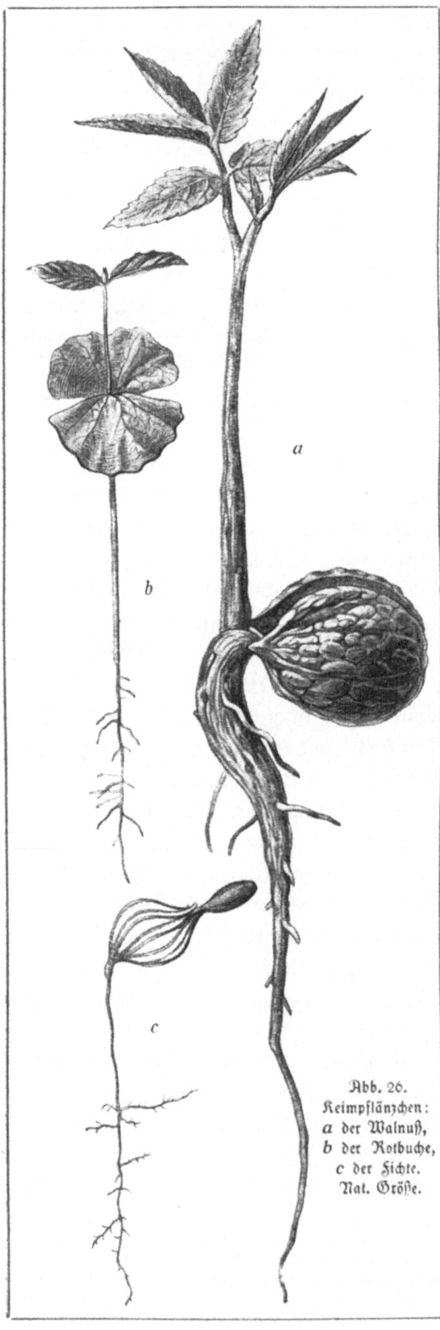

Abb. 26. Keimpflänzchen: *a* der Walnuß, *b* der Rotbuche, *c* der Fichte. Nat. Größe.

die aus den Samen der herabgefallenen „Buchnüßchen" oder „Bucheckern" entstanden. Die beiden rundlichen Blättchen (Abb. 26 b) sind die sog. Keimblätter. Sie sind schon im Samen vollständig ausgebildet, staken also am Anfang in der Erde. Später wurden sie aber von dem wachsenden Stengelchen über den Boden herausgehoben und sind nun ergrünt, assimilieren also und verschaffen so dem Pflänzchen die erste Nahrung. Zwischen den Keimblättern wächst das Stengelchen weiter und entwickelt oben bald die ersten Laubblätter. So verhalten sich Rot- und Weißbuche, Erle, Birke, Ahorn, Linde. Ganz anders sehen die Keimpflänzchen der Eiche, der Haselnuß, der Roßkastanie und der Walnuß (Abbildung 26 a) aus. Die Samen dieser Bäume sind viel größer, die beiden in ihnen steckenden Keimblätter enthalten sehr viel Nahrungsvorräte, welche die sorgliche Mutterpflanze hier aufgespeichert hat. Von hier aus wird das junge Pflänzchen lange Zeit versorgt, es braucht darum am Anfang nicht selbst Nahrung zuzubereiten, und ein rasches Ergrünen ist deshalb gar nicht nötig. Die dicken Keimblätter dieser großsamigen Pflanzen bleiben darum in der Erde stecken, und erst die in der Folge entstehenden eigentlichen Laubblätter besorgen die erste Assimilation.

Wir können bei dieser Gelegenheit den Sinn der Ausdrücke

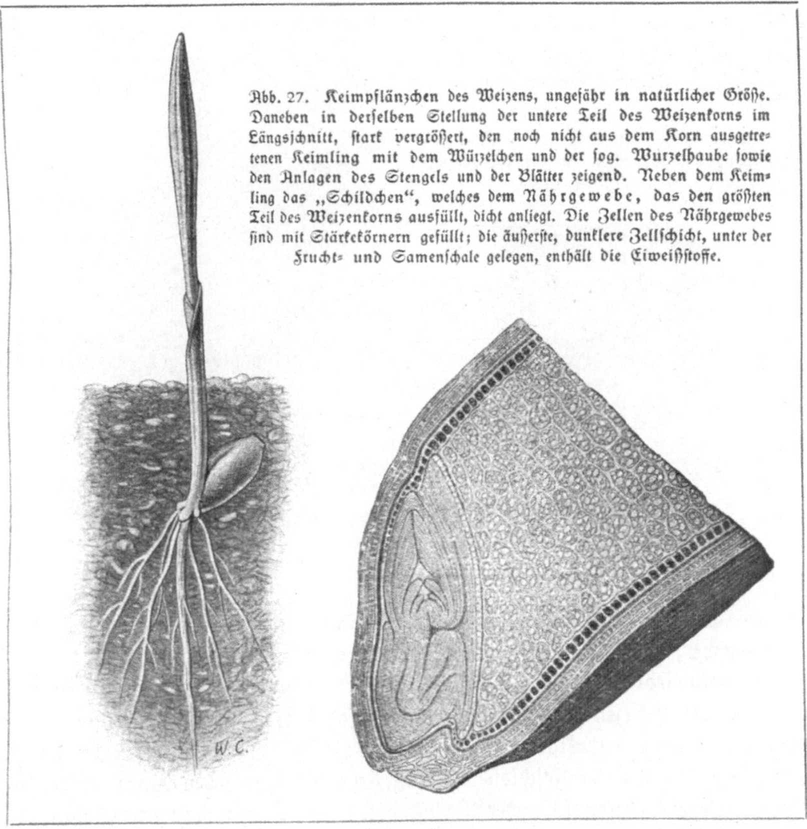

Abb. 27. Keimpflänzchen des Weizens, ungefähr in natürlicher Größe. Daneben in derselben Stellung der untere Teil des Weizenkorns im Längsschnitt, stark vergrößert, den noch nicht aus dem Korn ausgetretenen Keimling mit dem Würzelchen und der sog. Wurzelhaube sowie den Anlagen des Stengels und der Blätter zeigend. Neben dem Keimling das „Schildchen“, welches dem Nährgewebe, das den größten Teil des Weizenkorns ausfüllt, dicht anliegt. Die Zellen des Nährgewebes sind mit Stärkekörnern gefüllt; die äußerste, dunklere Zellschicht, unter der Frucht- und Samenschale gelegen, enthält die Eiweißstoffe.

„einkeimblättrige“ und „zweikeimblättrige“ Pflanzen erst richtig verstehen. Lassen wir ein Weizenkorn in feuchtem Sägmehl keimen und fertigen nachher einen Längsschnitt an, so erhalten wir das in Abb. 27 wiedergegebene Bild. Während bei einer zweikeimblättrigen Pflanze, also etwa bei der Walnuß, das Keimpflänzchen den ganzen Raum des Samens einnimmt, so steht im Fruchtkorn des Weizens (Abb. 27, rechts) dem Keimling selbst nur ein sehr kleiner Teil des gesamten Raumes zur Verfügung. Alles übrige ist durch das sog. Nährgewebe, das Stärke und Eiweißstoffe enthält, ausgefüllt. Diese Nährstoffe sitzen also hier nicht, wie bei der Walnuß, in den Keimblättern und überhaupt nicht im Keimling selbst, sondern neben ihm. Der Keimling besitzt nun ein flaches Organ, das sog. Schildchen, das dem Nährgewebe dicht anliegt, und mit welchem er diesem die zur Entwicklung nötigen Stoffe entnimmt. Dieses Schildchen entspricht den beiden Keimblättern der Walnuß und der übrigen zweikeimblättrigen Pflanzen, und da es nun nie paarig, sondern stets in der Einzahl vorhanden ist, so nennt man diese ganze Gruppe von Pflanzen, deren

Abb. 28. Sandlaufkäfer (Cicindela hybrida L.). Nat. Größe. Orig. nach der Natur.

Abb. 29. Sandlaufkäferlarve von der Seite in ihrer Wohnröhre. Nat. Größe. Man beachte die Haltung und das Stammpolster am Rücken. Orig. nach dem Leben.

Abb. 28.

Abb. 29.

überaus charakteristische Merkmale wir ja schon früher (S. 23 u. 24) kennen gelernt haben, Einkeimblättrige oder Monokotyledonen.

Monokotyledonen und Dikotyledonen bilden zusammen die größere Gruppe der bedecktsamigen Pflanzen. Auch diese Bezeichnungsweise müssen wir noch erläutern. Die Erklärung ist sehr einfach: Die Samen all dieser Pflanzen sind „bedeckt", d. h. eingeschlossen in eine Frucht. Das sehen wir ja an jedem Apfel, an jeder Bohnenhülse oder Mohnkapsel. Den Gegensatz zu diesen Pflanzen bilden nun die Nacktsamigen, bei denen die Samen mehr oder weniger offen daliegen. Hierher gehören alle unsere Nadelhölzer, denn bei ihnen liegen wirklich die Samen offen am Grunde der Zapfenschuppen, sind also nicht von einer Frucht umschlossen. Die Keimpflänzchen dieser Pflanzen gleichen weder denen der ein- noch denen der zweikeimblättrigen Pflanzen, sie haben nämlich zahlreiche in einem Quirl angeordnete Keimblätter (Abb. 26c).

Die Wärmemenge, welche die verschiedenen Keimpflänzchen zu ihrem Gedeihen brauchen, ist sehr verschieden. Die langen schmalen Keimblätter des Ahorns entfalten sich vielfach schon im Eise, auch Senf, Hanf, Roggen und Weizen keimen bei ähnlich niederen Temperaturen, Lein, Gartenkressen, Zwiebeln, Mohn u. a. aber brauchen schon etwas mehr Wärme, während gar Gurken und Melonen erst über 16° keimen.

So regt sich in der Pflanzenwelt schon überall neues Leben. Wie geringfügig erscheint dagegen das Tierleben! Doch suchen wir unter diesem Steinhaufen! Da finden sich gelbe, braune und schwarze Ameisen, die hier ihre Gänge graben und ihren Bau anlegen. Flinke, glatte Laufkäfer, so die lang-

Abb. 30. Lithobius forficulatus, der räuberische Steinskolopender auf der Umseite eines umgedrehten Steines. Neben ihm drei Asseln, seine Beutetiere. 4/5 nat. Größe.

beinigen Goldlaufkäfer (Carabus auratus) und die Sandlaufkäfer (Cicindela, Abb. 28), unternehmen von diesen Schlupfwinkeln aus ihre Beutezüge. Sie sind rechte Räuber. Besonders interessant sind die Larven der Sandlaufkäfer (Abb. 29). Sie bauen sich senkrechte Wohnräume, halten sich in diesen mit einem Stempelpolster am Rücken fest und erhaschen von hier aus ihre Beute. Mancherlei Spinnen huschen umher, darunter einige, die sich springend fortbewegen. Die vielbeinigen Asseln, die sich häufig in Kellern einnisten, nehmen auch unter Steinen dauernden Aufenthalt und kriechen umher. Auch den bandartig breitgedrückten, vielfüßigen, hellbraunen Skolopender (Lithobius, Abb. 30) und den zylindrischen Tausendfuß (Julus, Abb. 31) finden wir hier. Letzterer stemmt seine vielen kleinen Beinchen senkrecht auf die Erde, während die des Skolopenders wagerecht abstehen. Der Skolopender bewegt sich trotz der abstehenden Beine lebhafter als die Juliden; dazu dienen ihm mehr die schlängelnden Bewegungen des Körpers

Abb. 31. Julus fallax, ein friedlicher Tausendfuß im Moder unter einem umgedrehten Brett. 4/[illegible] nat. Größe.

als die Beine. So benutzen ja auch die hurtig forthuschenden Eidechsen ihre horizontal abstehenden Beine beim Laufen gar nicht. Ähnliche Formen bringen ähnliche Lebensgewohnheiten bei ganz verschiedenen Geschöpfen hervor. Noch erfolgreicher ist eine Jagd im dicken Moospolster des Waldbodens und an den Stämmen der Waldbäume.

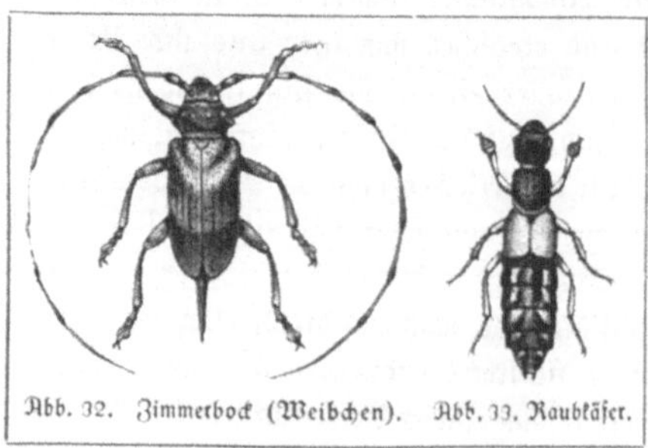

Abb. 32. Zimmerbock (Weibchen). Abb. 33. Raubkäfer.

Da finden sich Vertreter der an den langen Fühlern kenntlichen Bockkäfer (Abb. 32), und der artenreichen Gattung der Raubkäfer (Staphylinus, Abb. 33). Sie gehören zu den Kurzflüglern, jener Familie kleiner Käfer, deren kurze Flügeldecken nur einen ganz kleinen Teil des Hinterleibes bedecken. Ferner Totengräber (Necrophorus) und andere

Abb. 34. Aaskäfer beim Vergraben einer Maus. Links und unter der Maus Necrophorus vespillo L. Totengräber. Rechts und auf der Maus Aaskäfer Silpha thoracica L. Verkl. 1/2 Orig. nach dem Leben.

Vertreter der Aaskäfer (Silphidae), einer Familie von Käfern, denen im Haushalte der Natur die größte Bedeutung als Beseitigern tierischer Abfallstoffe zukommt. Daneben findet man hier die samtartig behaarten, flachen und gestreckten, sechsfüßigen Larven einer wohlbekannten Insektenart, der zu den sog. Weichkäfern gehörenden, rot, gelb oder schwärzlich gefärbten Käfer, die im Sommer häufig auf Blüten zu finden sind, sich räuberisch von Insekten nähren und sich der haschenden Hand leicht entziehen, indem sie davonfliegen. Man nennt sie Schneiderkäfer, wohl auch Jüdchen (Cantharis oder Telephorus, vgl. Abb. 69 S. 148; der wunderlich klingende Name „Jüdchen" ist wahrscheinlich alt. Er paßt allerdings nur für die Arten mit rotgelbem Halsschild und schwarzen Flügeldecken. Denn ähnlich war die den Juden im Mittelalter vorgeschriebene Tracht: gelbe Kappe zu ihren langen, dunkeln Röcken. Oft erscheinen die Larven mitten im Winter für kurze Zeit auf dem Schnee, wo ihr die schön dunkelglänzenden Tiere wohl schon entdeckt habt. Im Moose stellen sie allerlei kleineren Insekten und Schnecken nach.

Das ist eine Welt für sich. Manche ihrer Bewohner verzehren die kleinen Moospflänzchen. So die Juliden, die ihr im Sommer auch zusammengerollt in den Erdbeerfrüchten finden werdet, in die sie sich hineinfressen. Andere wieder, wie die Telephorus- und Laufkäferlarven und die Skolopender, trachten ihren friedlicheren Genossen nach dem Leben. Also auch auf diesem kleinen Raume tobt, wie in der großen Welt, ein nie endender Kampf um das Dasein. Überall frißt der Stärkere den Schwächeren. Aber denkt einmal nach, was geschähe, wenn diese gegenseitige Vertilgung aufhörte! Wie leicht würde dann eine Tierart überhandnehmen und sich auf Kosten der anderen ausbreiten, um schließlich, wenn es ihr an Nahrung fehlt, selber zugrunde zu gehen. Allen wird geholfen dadurch, daß eines dem anderen nachstellt, daß ein unaufhörlicher Kampf täglich unzählige Lebewesen verschlingt. Seht einmal dort die aus einer Schonung schon zum stattlichen Walde herangewachsene Schar junger Kiefernbäume! Sie stehen zu dicht und rauben einander Licht und Nahrung. Als gelte es einen Kampf auf Leben und Tod, so schnell sind die Bäume darum auch emporgeschossen, einer dem andern voraus. Wer seine Krone im Lichte wiegt, wird stark und kräftig, schließt die anderen von der Sonne ab, sie zu langsamem Tode verurteilend. Denn ohne Sonne kein Leben. Da müßte der Förster eine Anzahl Bäume fällen, damit die anderen sich kräftiger entwickeln. Doch die Natur stellt auch selber das Gleichgewicht her. Nicht nur, daß zu dicht stehende Pflanzen so lange sich gegenseitig bedrängen und von Luft und Licht abschließen, bis die schwächeren sterben, nein, auch Tiere sind als Waldwärter bestellt, die das Übermaß des Pflanzenlebens verzehren: Raupen und ihre Larven.

Daß sie ihr Amt nicht überschreiten, nicht verwüsten, wo sie nur Platz schaffen sollen, dafür sorgen wieder andere Tiere, die ihnen nachstellen. Daß dieser Räuber nicht eine zu große Schar werde, bewirken ihre Feinde und Verfolger. *Tod und Vernichtung sind die großen Zaubermittel, durch die Mutter Natur sich stets kräftig und jung erhält.*

Wie lebt schon alles in der kaum erwachten Natur! Die Sonne ist die große Lebensweckerin, die durch ihre Wärme die Tiere aus ihren winterlichen Verstecken, das Junge aus dem Ei, den Keim aus dem Samen hervorgelockt hat.

Achtung, was kommt hier Dunkles durch die Luft gesaust? Hut in die Höh'! Pardauz! Ach, weiter nichts als ein *Maikäfer*, und sah doch soviel größer aus! Ihr meint, den kennt ihr zur Genüge. Doch laßt uns einmal zusehen, ob wir nicht noch an ihm lernen können. Daß es ein Gliederfüßer, und zwar ein Insekt, ist, sehen wir leicht nach dem, was wir bei der Honigbiene (S. 26f.) gelernt haben. Aber wie ist es mit den Flügeln? Daß er welche haben muß, folgt daraus, daß wir ihn fliegen sahen. Jetzt aber sitzt er da wie ein ringsum gepanzerter Ritter. Nur ganz hinten an der Oberseite seines Körpers schauen ein paar häutige Spitzchen heraus. Und seht, gleich

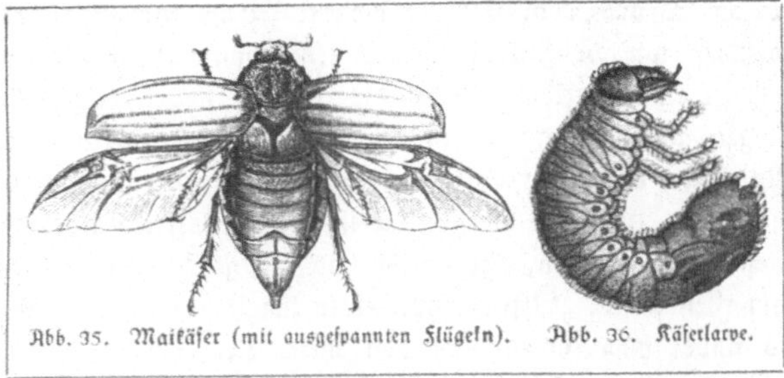
Abb. 35. Maikäfer (mit ausgespannten Flügeln). Abb. 36. Käferlarve.

wird der Maikäfer euch vormachen, wie er fliegt. Er „zählt" jetzt, wie die Kinder sagen, d. h. er macht mit seinem Hinterleibe eine eigentümliche Pumpbewegung, durch die er sich voll Luft füllt. Das dauert ein Weilchen, und die Kinder singen unterdessen das einst so schmerzlich zeitgemäße Verslein: „Maikäfer flieg, mein Vater ist im Krieg". Und jetzt spreizt der Käfer seine harte Rückendecke in zwei Hälften nach links und rechts auseinander, vorn von dem kleinen dreieckigen „Schildchen" her, und nun erst werden die eigentlichen, häutigen Flügel völlig sichtbar, die in der Ruhe unter den sog. „Flügeldecken" der Länge und der Quere nach zusammengefaltet liegen. Schon sind auch diese voll entfaltet, und der Käfer erhebt sich in schwerfälligem Fluge in die Luft. Durch die gespreizten, undurchsichtigen Flügeldecken, die beim Flug nur als Drachenflächen mitwirken, sieht der Käfer gegen das Licht so täuschend groß aus. Immerhin ist er zu groß und schwer, als daß er mit seinem einen Flügelpaare anders als surrend geradeaus fliegen könnte, ähnlich etwa wie unter den Vögeln das Rebhuhn. Jedes Hindernis in seinem Weg, so der emporgehaltene Hut, bringt ihn zu Falle. Wir fangen ihn wieder wie vorher, nachdem er sich kaum erhob. Dabei sehen wir, daß er die häutigen Flügel nicht sofort wieder unter die geschlossenen Deckflügel bringen kann, mit ihren Spitzen schauen sie noch eine Weile lang hervor, bis sie wieder zusammengefaltet und verschwunden sind. Insekten, deren Vorderflügel zu hornigen Schutzschilden entwickelt sind, nennt man **Käfer** (Scheidenflügler, vgl. die Systemübersicht im Schlußkapitel). Ihre Mundwerkzeuge, aus Ober- und Unterkiefern bestehend, sind im wesentlichen nur zum Beißen eingerichtet. Der Kopf ist die Stütze der starken Kaumuskeln und ist daher verhältnismäßig groß. An der unpaaren Unterlippe und den paarigen Unterkiefern sitzt je ein Paar kleiner, fühlerartiger „Taster", die aber nicht nur zum Tasten, sondern auch als Geschmackswerkzeug dienen. Die gewölbte Vorderbrust ist bei den Käfern nicht wie bei den Bienen mit der Mittelbrust verwachsen; sie wird hier Brustschild genannt und birgt die Muskeln für die kräftigen, auch zum Graben benutzten Vorderbeine des Maikäfers. Die Füße aller drei Beinpaare haben fünf hintereinanderliegende Glieder wie bei der Mehrzahl der Käfer („fünftarsige"). Die vordersten Glieder der vor den Augen eingelenkten Fühler sind beim Maikäfer blattartig gestaltet (solche Käfer nennt man „blatthörnige"), beim Männchen sind es sieben größere, beim Weibchen sechs kleinere Blättchen. In der Ruhe werden sie zusammengelegt, in der Bewegung gespreizt; sie sind Sinneswerkzeuge, die besonders auch dem Geruch dienen. Wenn wir einen toten Maikäfer finden, nehmen wir die Flügel ab und sehen nun auf dem oben weichhäutigen, achtgliedrigen Hinterleib, links und rechts je sieben kleine Öffnungen (zwei Paar liegen außerdem oben auf der Brust). Diese „Atemlöcher“ oder „Stigmen“ sind durch ein feines Gitter von Chitinborsten gegen das Eindringen von Staub geschützt. Auch die kleinen, weißen Dreiecksflecke nach außen neben ihnen bestehen aus Härchen, die seitlich unter die geschlossenen Flügel dringenden Staub abhalten sollen. Öffnet man einen jüngst verendeten Maikäfer unter Wasser, so findet man ihn erfüllt von einem Netzwerk von Röhrchen und Bläschen, die silberglänzend, also mit Luft gefüllt sind. Man nennt sie „Tracheen“. Sie münden in den Stigmen und sind das Atmungsorgan des Tieres, das den ganzen Körper durchzieht, um die eingeatmete Luft mit dem Blute in Berührung zu bringen. Ein mit der Mundöffnung unter Wasser gebrachter Maikäfer erstickt, wie wir jetzt wohl verstehen, nicht, wohl aber, wenn Brust und Rücken dauernd von Wasser bedeckt werden.

Daß die Maikäfer sehr schädlich sind, wenn sie in Menge vorkommen, das wißt ihr; dann fressen sie, wenig wählerisch, wie sie sind, allerlei Bäume, besonders auch Eichen, oft ganz kahl.

Die letzte Tat des Maikäferweibchens ist, daß es 60—70 hanfkorngroße Eier in Häufchen von 10—30 Stück 10—20 cm tief in lockeres Erdreich versenkt. Danach verendet es. Aus den Eiern entschlüpfen im Juni bis Juli die Larven, „Engerlinge“ genannt, bleiben im ersten Sommer beisammen und schaden ihrer Kleinheit wegen noch nicht viel; im zweiten Sommer aber, schon beträchtlich herangewachsen, zerstreuen sie sich, um nun mit ihren kräftigen Kaukiefern in verderblichster Weise gerade den zartesten Saugwurzeln der Pflanzen, die zum Leben der Pflanze, wie wir wissen, am nötigsten sind, zuzusetzen. Da sie nur unterirdisch leben, sind sie farblos und blind; nur der beim Wühlen vorangehende Kopf ist braun gepanzert. Plumpe Gliederfüße an den drei ersten der zahlreichen Leibesringe genügen der langsamen Ortsbewegung. Den Winter verbringen die Engerlinge tiefer im Boden, wie auch der Regenwurm und darum auch beider Hauptfeind, der Maulwurf. Im Frühjahr steigen sie wieder aufwärts, um schließlich nach mehrmaliger Häutung zu den bekannten, fetten, C-förmig gekrümmten „Würmern“ von etwa 5 cm Länge heranzuwachsen. Im Spätsommer des dritten Jahres (in Süd- und Westdeutschland) oder des vierten Jahres (in Nord-, Ost- und Mitteldeutschland) „verpuppt“ sich die Larve unter nochmaliger Häutung in einer wohlgeglätteten Höhle nahe der Erdoberfläche. Da die Entwicklung die vier scharf geschiedenen Stufen: Ei, Larve, Puppe, fertiges Tier durchläuft, bezeichnet man die Verwandlung (Metamorphose) als eine „vollkommene“, wie bei der Biene (S. 29). Der Ruhezustand der Puppe zeigt schon alle Teile des künftigen Käfers, dicht an den Leib gedrückt; eine solche Puppe nennt man „gemeißelt“. Spätestens acht Wochen nach der Verpuppung erscheint der Käfer, verharrt aber in der Regel noch den Winter über in der „Puppenwiege". Nur wenn der Spätherbst sehr schön ist, wird einer oder der andere zu seinem Unheil — denn zu fressen gibt es dann nichts für ihn — zu verfrühtem Ausflug verlockt. Die eigentliche Schwärmzeit ist der Mai des folgenden Jahres. Man ist jetzt der Ansicht, daß die Entwicklungszeit unseres Maikäfers fest begrenzt, im Norden und Osten also stets vierjährig, im Süden und Westen Deutschlands stets dreijährig ist. Neben den „Hauptstämmen" der Hauptflugjahre sind die „Nebenstämme" in der Zwischenzeit ohne Bedeutung. Die starken, älteren Jahrgänge der Engerlinge scheinen selbst die schwächeren, jüngeren zu vertilgen. Der Schaden, den Engerlinge und Käfer anstiften, ist zuzeiten sehr groß; für Frankreich ist er in manchen Hauptflugjahren, in denen gelegentlich auf 1 ha Bodenfläche 325 000 Engerlinge kommen, auf 1 Milliarde Franken berechnet worden. Also heißt es, sich zu rühren, um in erster Linie die Lebensgewohnheiten eines Schädlings kennen zu lernen und dann rücksichtslos auf alle Weise gegen ihn vorzugehen. Dies kann eigentlich nur durch Einsammeln der ausgebildeten Käfer geschehen. Namentlich in Maikäferjahren kann durch solchen Massenfang der Schaden immerhin wesentlich eingeschränkt werden. Sehr nützlich sind die sog. Maikäferkarten, wie sie von der Schweizerischen Regierung herausgegeben werden. Aus ihnen können die Bewohner einer jeden Gegend die Jahre ihrer größten Gefährdung entnehmen, um sich rechtzeitig zur Bekämpfung des Schädlings vorzubereiten. Natürliche Bundesgenossen im Kampf gegen den Engerling finden wir, außer im Maulwurf, in den Spitzmäusen und Igeln, im Schwarzwild und Dachs, in den Krähen (Krähen beim Umpflügen eines Feldes! Schlußbild des X. Kapitels), Staren und Lachmöwen. Den Käfern wird von Fledermäusen, Staren, Eulen, Turmfalken u. a. nachgestellt. Die Entscheidung darüber, ob ein Tier durch solche Bundesgenossenschaft mehr nützlich oder durch andere Betätigung mehr schädlich ist, erfordert sehr sorgfältiges Beobachten und Abwägen.

Eine spätere Maiwanderung führt uns zum pflanzenumwucherten Sumpfe.

Landschaftliche Reize kann ihm niemand nachrühmen. Je länger wir aber ins Wasser blicken, um so mehr erkennt unser Auge reiches Tierleben in ihm, das eine eigentümliche Anziehung ausübt: ein grüner Wasserfrosch glotzt uns mit rötlich schimmernden Augen an; die Beine wegspreizend verharrt er regungslos. Schwimmkäfer rudern vorüber, kleine Fische spielen umher. Die Hauptmenge der Bewohner aber besteht aus bräunlich schwarzen, dickbäuchigen Tieren, die durch zitternde Schläge des dünnhäutigen Schwanzes sich ziemlich schnell vorwärts bewegen. Leicht erkennen wir in ihnen Kaulquappen, die Larven der Grasfrösche, deren Bekanntschaft wir schon im vorigen Monat machten (S. 40 und Schlußbild des IV. Kapitels S. 58). Wie anders aber sahen sie damals aus, als sie aus dem Ei geschlüpft waren! Das dunkle Schwarz hat einen wärmeren, eben braunen Schimmer bekommen. Der starke Bauch ist jetzt sogar grau gefärbt, und an den Flanken, wo allmählich die dunklere Färbung der Oberseite in die lichtere der Unterseite übergeht, blitzt der in der Haut verborgene Farbstoff in kleinen Fleckchen mit beinahe goldähnlichen Reflexen auf. Aber wo sind die Kiemen hingekommen, die früher zu beiden Seiten des Halses baumartig verzweigt heraushingen? Ihren Versteck erkennt man an einer Auftreibung des Vorderkörpers. Dort liegen sie in einer durch Verdoppelung der Haut gebildeten Tasche. Nahe dem Schwanze sind die Hinterbeine hervorgewachsen. Bei einigen erkennt man auch schon die Vorderbeine als kurze, stummelartige Knospungen. Nun müssen noch der Schwanz und die Kiemen verschwinden und die Lunge sich bilden, so ist der junge Frosch fertig.

Und da rudert eine ganze Menge Molche. Verhaltet euch ganz ruhig und achtet auf die komischen Bewegungen, die sie machen! Es sind die gewöhnlichen kleinen Teichmolche (Molge vulgaris). Hier seht ihr auch einige Exemplare des größeren und noch schöner gefärbten Kammolches (M. cristata). Die mit großem, zackigem Rückenkamme und feuerrotem Bauche geschmückten Männchen katzbuckeln gar eigentümlich an der Oberfläche des Wassers umher. Hier kommt eines der größeren Tiere, aber ohne Kamm, heraufgeschwommen. Es ist das Weibchen des Kammolches. Nun hält es sich mit den Vorderbeinen an einer Wasserpflanze fest und krümmt den Rücken so, daß der Schwanz unter der Pflanzendecke verschwindet. Was treibt das Tier? Fischen wir einige Pflanzenblätter heraus, so sehen wir an ihrer Unterseite kleine, weiße, stecknadelkopfgroße Eier angeklebt. Sie stammen von dem Molche. Die Tiere müssen die geschilderten Bewegungen machen, um ihren Eiern die geeigneten Lebensbedingungen zu geben. Sie kitten sie an der Unterseite der Blätter fest, damit sie gut geschützt sind und in den wärmeren oberen Wasserschichten schneller ausgebrütet werden. Die Molchlarven kriechen nach etwa drei Wochen aus. Im Juli oder August haben sie ihre Verwandlung vollendet, und dann verläßt die ganze Familie das Wasser und begibt sich auf das Land, wo sie sich kümmerlich von Landinsekten nährt, bis die kältere Witterung sie endlich in ihre Winterschlupfwinkel treibt. Wer in seinem Aquarium Molche halten will, der vergesse nicht, sie beizeiten aus dem Wasser zu nehmen und in feuchtem Moose im Keller aufzubewahren. Sonst verschwinden sie ihm eines Tages und sterben in einem trockenen Stubenwinkel. In der Gefangenschaft kommt die eigentümliche Unruhe, die sie aus dem Wasser treibt, schon im Juni über sie. So verleben sie tatsächlich nur die geringste Zeit ihres Lebens im Wasser, was um so merkwürdiger ist, als sie hier doch leicht in genügender Menge ihre Nahrung erwerben können, die ausschließlich aus Tieren besteht.

Einige Züge mit dem weitmaschigen Stocknetze fördern noch allerlei interessantes Tierzeug zutage. Hier haben wir gar ein Fischchen gefangen. Das Tierchen hat nur die Länge eines kleinen Fingers, dafür schillert aber sein buntes Flossenkleid schöner und prächtiger als das der schönsten Goldfische; allerdings nur im April und Mai, während seiner Laichzeit. Später erscheint er im dunklen Alltagskleide. Es ist ein Bitterling (Rhodeus amarus). Unter den kleinen Gesellen finden wir einige mit langem, wurmförmigem Fortsatz am Bauche. Das sind Weibchen mit ihrer Legeröhre, die sie nur während der Laichzeit besitzen. Die Röhre deutet darauf hin, daß die Tiere ihre Eier in irgendwelche Verstecke befördern. Wohin aber? Das direkt zu beobachten, ist schwierig, doch den Versteck wenigstens kann ich euch zeigen. Seht ihr die dickeren Teichmuscheln, deren Schalen bauchig aufgetrieben sind? Ein solches Tier suchen wir heraus. Im April (S. 40) lernten wir die einzelnen Teile der Muschel kennen. Ihr wißt schon die Kiemen aufzufinden. Zwischen diese legt der Bitterling seine Eier. Das ist die Kinderstube der jungen Bitterlinge. Hier finden die zarten Tierchen Schutz und stets frisches sauerstoffhaltiges Wasser zur Atmung.

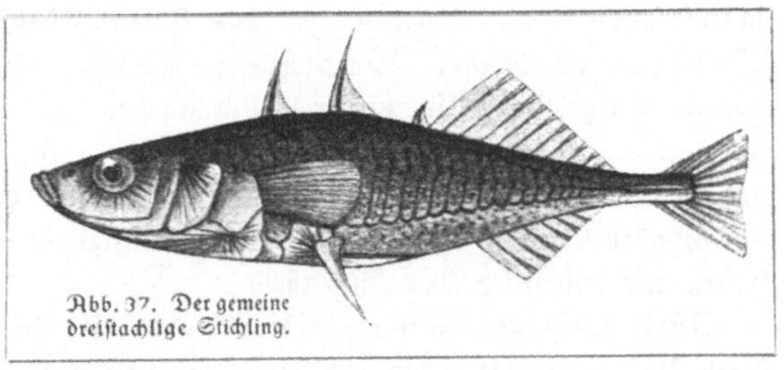
Abb. 37. Der gemeine dreistachlige Stichling.

In unserer Pfütze tummeln sich auch kleine, muntere Fische, grau gefärbt und an den Seiten silbern glänzend. Stichlinge (Gasterosteus aculeatus) werden sie genannt, und zwar wegen der drei starken, spitzen Stacheln (Abb. 37), die sie senkrecht aufrichten und feststellen können und die ihnen Schutz gegen die größten Feinde gewähren. Selbst der gefräßige Hecht scheut sich, sie zu verschlingen. Wie gierig die kleinen Räuber am Froschlaich fressen! Oft zwar entgleitet die schlüpfrige Masse dem Maule, doch immer aufs neue versuchen sie den Angriff und haben schließlich Erfolg. Manch ungeborener Frosch fällt ihrer Freßlust zum Opfer. Das würden wir Menschen ihnen verzeihen; daß sie aber auch ebenso gefräßig dem Laich der Fische nachstellen, das macht sie in unseren Augen zu sehr schädlichen Tieren, denn die Fische wollen wir ja selber essen. Deshalb macht man in größeren Gewässern, wo die Stichlinge überhandgenommen haben, eifrig Jagd auf sie. Ganze Kähne voll werden im Frischen Haff z. B. gefangen und meistens als Dünger für die Felder benutzt. Man hat auch mit Erfolg versucht, Tran aus ihnen zu pressen.

Jener Stichling dort, der ermattet auf der Seite schwimmt, ist offenbar dem Verenden nahe. Was mag ihm fehlen? Hat er vielleicht doch einen Biß von einem größeren Fische erhalten? Es ist nicht so. Die Ursachen seiner Krankheit soll er uns selber angeben. Ich drücke ziemlich kräftig den Bauch des vorher getöteten Fisches. Da tritt eine dick riemenartige, geringelte Masse heraus: ein Bandwurm! Nun kommt noch einer, ja noch ein dritter und vierter. Da ist es wahrlich kein Wunder, daß das lebensmutige kleine Tier sterben muß. Oft wird die Masse der Würmer im Leibe des Stichlings so groß, daß er aufplatzt und die Bandwürmer hervorquellen. Dann stürzen sich die gefräßigen Enten darüber her und verschlucken die Tiere. In den Enten aber entwickeln sich aus den Millionen von Eiern, die in jedem Bandwurm stecken, mikroskopisch kleine Larven, die aus ihrem Körper auswandern und im Wasser mittels kleiner Wimperhärchen sich herumtummeln. Beim Atmen und Fressen gelangen sie wieder in den Körper des Stichlings und entwickeln sich dort zu Bandwürmern. Der Stichling wird auch, ebenso wie andere Fische, von kleinen Pilzen, dichte Rasen bildenden Fäden befallen, die sich besonders auf wunden Stellen und an den Kiemen ansiedeln, eine Schwellung herbeiführen und schließlich den Fisch töten.

Jeder Teich und Sumpf, jeder Graben ist eine „Lebensgemeinschaft", deren Mitglieder, Pflanzen wie Tiere, von den gemeinsamen äußeren Lebensbedingungen, hier also der Beschaffenheit des Wassers, abhängen und wechselseitige Abhängigkeit zeigen. Welche Stellung der Stichling in dieser Lebensgemeinschaft einnimmt, können wir nun wohl verstehen: einerseits sorgt er durch Vertilgen von Laich dafür, daß die Fische nicht überhandnehmen, spielt also gewissermaßen die Rolle des „Hechtes im Karpfenteich". Das hat manches Gute, denn eine zu große Menge von Fischen würde sich selber den Untergang bereiten, eben durch ihre Überzahl. Aber andererseits wird auch dem Überhandnehmen der Stichlinge durch Bandwürmer und Pilze wieder Einhalt getan. So ist jedes Glied der Lebensgemeinschaft zu seiner Ernährung auf die anderen angewiesen, und das allgemeine Gleichgewicht bleibt infolge des „Kampfes ums Dasein", den alle gegeneinander führen müssen, erhalten. Grausam ist die Natur, aber sie erreicht ihr letztes Ziel: das Weiterleben der ganzen Lebensgemeinschaft.

Wenn wir unseren Sumpf etwas später, etwa im Juni, wieder aufsuchen, so können wir das Familienleben unseres wehrhaften kleinen Freundes beobachten und dadurch ein liebenswürdiges Bild seines Lebens gewinnen. Der Stichling ist der einzige einheimische Fisch, der für seine Nachkommenschaft durch eine wohlentwickelte Brutpflege, wie sie sonst nur bei höheren Tieren, namentlich bei den Säugern und Vögeln, vorkommt, sorgt. Im Juni können wir seine niedlichen, aus Wurzelfasern geflochtenen Netze beobachten. Etwa 20 linsengroße gelbe Eier liegen darin. Diese bewacht der männliche Stichling, der um diese Zeit sein in allen Farben des Regenbogens schillerndes „Hochzeitskleid" angelegt hat. Todesmutig verteidigt der kleine Kerl seine Eier gegen jeden Feind und gegen jeden, den er dafür hält. Ich stoße mit dem Stocke nach dem schön Geschmückten. Aufgeregt wie ein Truthahn fährt er darauf los, mit hochgestellten Stacheln. Oft sieht man ihn vor dem Neste stehen und heftig mit den Brustflossen schlagen. Dadurch führt er den Eiern frisches Wasser zu und verhindert das Auftreten von Pilzwucherungen, die sich in stehendem Wasser leicht auf ihnen bilden und sie verderben. Die ausschlüpfenden Jungen führt der Stichlingsvater noch einige Zeit umher wie eine sorgsame Henne ihre Küchlein. Wagt sich eines der Jungen zu weit vom Neste fort, so packt es der fürsorgliche Vater mit seinem Maule und speit es ins Nest zurück. So kommt es, daß trotz der geringen Zahl seiner Eier der Stichling eine so viel größere Verbreitung hat als viele Fische, die Millionen Eier ablegen, doch sich nicht weiter um sie kümmern. Je vollkommener im Tierreich die Brutpflege ausgebildet ist, um so geringer ist im allgemeinen die Zahl der Nachkommen. Die wirbellosen Tiere und die Fische und Amphibien legen meist eine sehr große Zahl von Eiern, geringer wird die Zahl der Nachkommen dann besonders bei den Vögeln, die eine sehr sorgsame Brutpflege ausüben, und bei den Säugetieren. Hier erreicht ja auch die Brutpflege ihre schönste Vollendung in der Mutterliebe, die mit Einsatz des eigenen Lebens die Kinder gegen Feinde verteidigt. Es braucht keines besonderen Hinweises, daß ein sorgsamer Schutz der einzelnen Jungen sehr viel zweckmäßiger ist als die Produktion von Tausenden von Nachkommen, denn dies bedeutet eine gewaltige Stoffverschwendung. In der fortschreitenden Brutpflege erkennen wir also ein weises Sparsamkeitsprinzip der Natur.

Jetzt ist auch die beste Zeit, Fischlaich zu suchen und die Fische beim Laichen zu beobachten. Der fischreiche, in nächster Nähe liegende See steht durch Bäche mit den kleinen Wiesengräben in Verbindung, an denen wir hier stehen. Von den bekannteren einheimischen Fischen steigt der Hecht (Esox lucius] schon Ende April hier herauf und setzt seinen Laich klumpenweise ab. Der Barsch (Perca fluviatilis) strickt aus seinen Eierschnüren ein oft ein Meter langes, netzförmiges Band, das er an allerlei eingetauchten Wasserpflanzen befestigt. Die Plötzen (Leuciscus rutilis) ziehen scharenweise an pflanzenreiche, flache Ufer und legen dort ihren Laich ab, der 80—100000 Eier zählt. Dabei verursachen sie durch ihr Plätschern großes Geräusch. Ähnlich machen es die Brassen (Abramis brama) und die Karauschen (Cyprinus carassius). Einen oder den anderen Laich finden wir an den geschilderten Örtlichkeiten.

Doch zurück zu unserem Sumpfe, den wir noch lange nicht zur Genüge durchforscht haben. Eine Bewegung des Wassers verrät uns, daß ein größeres Tier an die Oberfläche gestiegen ist. Wir fangen es mit unserem Insektenkäscher. Das Gequieke, das das Tier bei dem Herausnehmen ausstößt, belehrt uns, daß wir einen Schlammbeißer (Cobitis fossilis) gefangen haben (Abb. 13c, S. 39), einen nahen Verwandten des Steinbeißers. Beide Fische sind Doppelatmer, d. h. sie können nicht nur durch die Kiemen, sondern auch noch durch den Darm Atemluft einnehmen. Während aber auch für den in klarem, wohldurchlüftetem Wasser lebenden Steinbeißer diese Fähigkeit beinahe als eine Verschwendung der Natur bezeichnet werden könnte, ist sie für den Schlammbeißer geradezu Lebensbedingung. In modrigem, luftarmem Wasser lebend, muß er oft an die Oberfläche steigen, um atmosphärische Luft einzuschlucken. Und trocknet sein Wohngewässer aus, so verfällt er, im Schlamm verborgen, in einen Sommerschlaf, währenddessen er völlig Luftatmer ist. Bei Schreck stößt er die Luft aus und bringt dadurch den quiekenden, pfeifenden Ton hervor. Erwähnt sei hier, daß Darmatmung, so wunderbar sie auch dem Laien erscheint, doch in höherem oder geringerem Grade sogar bei einer großen

Anzahl von Wirbeltieren vorkommt. Zur Zeit herannahender Gewitter wird unser Schlammbeißer unruhig und steigt besonders häufig an die Oberfläche. Daher führt er auch den Namen Wetterfisch und wird zuweilen in Gläsern als Wetterprophet gehalten.

Erschöpft haben wir das Tierleben unseres Sumpfes noch lange nicht. Aber nun wollen wir uns auch die Pflanzen ansehen, die ihn bewohnen. Die Oberfläche des Wassers ist da und dort mit zusammenhängenden grünen Fladen schwimmender Algenfäden bedeckt, zum größten Teil aber mit Entenflott oder Wasserlinsen (Lemna trisulca), eigentümlichen kleinen Pflanzen, die nur aus drei „Blättchen" und einem Würzelchen bestehen. Die Blättchen schwimmen auf dem Wasser, das Würzelchen taucht hinein. Die Pflanze kann sich also nur von den im Wasser gelösten Stoffen nähren. Das ist nicht so übermäßig wunderbar, denn wie oft werden z. B. Hyazinthen in Wassergläsern getrieben. Auch andere Pflanzen kann man in Wassergläsern aufziehen, wenn es genügend Nährstoffe enthält. Aber bei der Wasserlinse liegt die Sache doch noch anders. Werden frische Pflänzchen an das Ufer gespült, so dringen ihre Würzelchen niemals in den feuchten Boden ein, sondern liegen ihm flach auf. Sie sind nur dazu geeignet, in das Wasser zu tauchen. Und hier wurden in der gedrängten Pflanzenmasse einige Wasserlinsen teilweise über die Oberfläche des Gewässers emporgehoben, so daß jetzt nur noch die Wurzeln eintauchen, die Blätter dagegen in die Luft ragen. Diese sind verwelkt und vertrocknet. Die Wasserlinsen können demnach nur leben, wenn ihre Blätter auf der Oberfläche des Wassers schwimmen. Die Wurzeln sind zur Nahrungsaufnahme nicht geschickt, eine Art der Wasserlinse entbehrt ihrer sogar ganz. Die Wasserlinsen nehmen also Wasser und Nahrung mit der Unterseite der Blätter auf. Wozu dient dann aber die Wurzel? Sie ist schraubenartig gedreht und gibt der Pflanze festeren Halt im Wasser, so daß der Wind das ganze kleine Lebewesen nicht so leicht umkippen und zum Verhungern verurteilen kann. — Nach den Blüten des Entenflotts sucht man vergebens. Die Pflanzen blühen zwar, doch so selten, daß die meisten Botaniker sie nur in nichtblühendem Zustande kennen. Wie aber vermehren sie sich dann? Das kann aus unseren Beobachtungen erschlossen werden: durch Sproßbildung und Teilung. Einige Exemplare zeigen nämlich zwei, andere drei, sogar vier Blätter. Bei den vierblättrigen genügt oft ein leichter Stoß, um ein neues Pflänzchen von dem alten abzutrennen. Bei genauerem Betrachten erkennen wir, daß die Anlage der neuen Pflanze immer dort entsteht, wo die Wurzel ansetzt. An dieser Stelle bildet sich zunächst eine kleine Knospe, aus der dann nach oben Blättchen, nach unten Würzelchen hervorsprießen. Deshalb sind die sog. Blätter der Pflanze besser blattartige Stengel zu nennen. Eigentliche Blätter besitzt die Wasserlinse nicht.

Vorher schon ist es uns merkwürdig erschienen, wie leicht die Wasserlinsen sich mit einem Stocke aus dem Wasser fischen ließen. Sie haften so fest, daß es einige Mühe macht, sie loszulösen: ihre schraubig gedrehten Wurzeln klammern sich förmlich um den Stock. Mit jedem Fischzuge haben wir aber auch eine Menge Insektenlarven, Würmer, Schnecken und kleine gallertartige Würstchen: Laich von Schnecken und Wassermotten, herausgefischt. Für alle diese Tiere ist die Wasserlinsenkolonie ein Urwald, der ihnen Schutz vor den grellen Sonnenstrahlen und doch genügende Wärme, Nahrung und einen Unterschlupf vor den Feinden bietet. Untereinander verfolgen sie sich blutdürstig, der größere den kleineren fressend. Dann kommt wohl einmal eine Ente und verschluckt einen großen Teil des „Urwaldes" mit seinen Bewohnern. Doch muß das Ungetüm gleichzeitig im Dienste der Pflanzen- und Tiergemeinde tätig sein. An seinen Beinen bleiben Ballen von Entenflott hängen und werden in andere Gewässer versetzt, wo sie und ihre Bewohner bei guten Lebensbedingungen sich weiter vermehren.

Wenn wir die Pflanzen der Uferzone dieses größeren Teiches aufmerksam betrachten, bemerken wir, daß mit abnehmender Tiefe des Wassers sich auch die herrschende Pflanzengesellschaft ändert, die es jeweilig besiedelt. Jede Pflanzenart ist einer gewissen Tiefe angepaßt, die sie nicht wesentlich überschreiten kann, weil dann andere Pflanzen besser gedeihen als sie. In größerer Tiefe (über 6 m) finden sich ganze Wiesen von Armleuchtergewächsen (Characeen), das sind festwurzelnde großwüchsige Algen. Von 6—4 m Tiefe ist die Zone der Laichkräuter (Potamogeton-Arten), gemischt mit dem zarten Tausendblatt (Myriophyllum spicatum) und dem Hornblatt (Ceratophyllum demersum), mit Tannenwedel (Hippuris vulgaris) und Wasserpest (Elodea canadensis). Von 4—3 m Tiefe ist die Seerosenzone mit ihren auf der Wasseroberfläche schwimmenden Blättern und Blüten, mit der weißen Seerose (Nymphaea alba), der nächsten Verwandten der ägyptischen Lotosblume, und der gelben Teichrose oder Mummel (Nuphar luteum), dazwischen Hahnenfußarten und Wasserknöterich (Polygonum amphibium). Von 3—2 m Tiefe herrscht die Teichbinse (Scirpus lacustris) oft in reinen Beständen. Von etwa 2 m Tiefe bis zum Ufer breitet sich Röhricht aus, aus dem Schilfrohr (Phragmites communis) gebildet, dem mehr vereinzelt Rohrkolben (Typha) eingesprengt ist, der später die bekannten dunkelbraunen Kolben trägt, die dann so lustig auseinanderbersten, sobald an einer Stelle die ersten Flugfrüchtchen sich loslösten. Auch der Igelkolben (Sparganium) findet sich hier, dessen Fruchtstände wirklich zusammengerollten Igelchen gleichen. An seichten Ufern bildet das Schilfrohr oft breite Gürtel, die durch das weitausgebreitete Wurzelgeflecht der Pflanze und ihre langen Ausläufer die Erde zusammenhalten und befestigen. Das Schilfrohr spielt also eine besonders wichtige Rolle bei der sog. „Verlandung". Bei heftigem Winde stellen sich die langen, steifen Blätter, die mit ihren innen glatten Blattscheiden um die gleichfalls glatten Halme drehbar sind, sämtlich wie Wetterfahnen in die Windrichtung, so daß dadurch die Knickung der hohen Halme verhütet wird.

Die Mittelrippe ihrer Blätter ist vertieft und bildet eine Rinne. Kurz vor dem Halme teilt sie sich in zwei Seitenrinnen, die rechts und links abbiegen. An ihrer Ausmündung befinden sich Haarbüschel. Am Halme selbst aber steigt mehrreihig eine Barriere aus kurzen, steifen Borsten auf. Lasse ich einen Tropfen Wasser auf die Blattspreite fallen, so läuft er in der Rinne abwärts, bis er von dem Borstenwall aufgehalten wird, so daß er nicht in den Raum zwischen Halm und Blattscheide zu den zarten Halmteilen vordringen kann, vielmehr verteilt er sich in die beiden Seitenrinnen, durch die er, von den beiden Haarbüscheln wie von Lampendochten aufgesogen, langsam abläuft. Solche Wasserleitungen, die das Regenwasser unschädlich abführen, kann man an vielen Pflanzen erkennen, wenn auch die Aufgabe, die sie erfüllen, nicht immer so klar einleuchtet. Unmittelbar vom Rande des Wassers landeinwärts auf noch feuchtem Boden wachsen Cyperaceen oder Sauergräser (Carex-Arten oder Seggen mit scharf schneidenden Blättern und das schneeige Wollgras, Eriophorum). Daneben finden sich einige echte Gräser, das stolze Riesenglanzgras (Phalaris arundinacea), das Riesensüßgras (Glyceria spectabilis), vor allem auch Besenried (Molinia coerulea), dazu der schönblütige Fieberklee (Menyanthes trifoliata) u. a. Wer alle diese Gräser und grasartigen Pflanzen im Schmucke ihrer Blüten und Früchte sehen will, der muß diesen Ort im Juni und im Hochsommer nochmals aufsuchen.

Der Rückweg führt uns über die Wiese, in der unser Tümpel liegt. Auf den Grasblättern haften trotz der vorgerückten Tageszeit noch die Tautropfen in kristallklaren, im Sonnenlicht funkelnden Tropfen. Wie kommt es denn zur Tropfenbildung? Der Tau fällt doch nicht wie der Regen in Tropfen, sondern schlägt sich als feiner Dunst nieder, alles gleichmäßig benetzend. Nach jeder taureichen Nacht sind Steine, kahle Erde, Mauerwerk, Eisenstücke gleichmäßig feucht. Nur die Pflanzen sind mit Tröpfchen überdeckt. Pflücken wir ein Blatt des Schilfrohrs und tauchen es in Wasser, so bleiben beide Seiten völlig trocken, ja wir können das Blatt schütteln, seine Oberfläche wird doch nicht benetzt. Sie ist mit einem dichten Haarpelze bedeckt, der, weil Luft haltend, das Wasser nicht eindringen läßt. Tauchen wir Schilfrohrblätter oder irgendein beliebiges Gras in Wasser, so sehen wir sie ganz oder stellenweise mit einer silbern glänzenden Luftschicht überzogen, ein Beweis, daß sie nicht benetzt wurden. Ähnlich ist es bei den meisten Pflanzen. Oft schützt auch ein feiner Wachsüberzug vor Benetzung, so bei dem durch seinen gelben Milchsaft bekannten Mohngewächs, dem Schöllkraut (Chelidonium), das an Mauern wächst. So kann auch der Tau auf solchen Pflanzen nicht haften, sie nicht gleichmäßig befeuchten. Er fließt ab, und nur einige Tropfen sammeln sich an vertieften Stellen.

Doch sofort entsteht eine neue Frage: Ist es nicht eigentümlich, daß die Pflanzen vor dem Naßwerden geschützt sind? Wir haben doch (S. 8) festgestellt, daß Wasser eines der wichtigsten Erfordernisse pflanzlichen Lebens sei. Da fällt uns zunächst auf, daß in der Regel die Unterseite der Blätter stärker behaart ist als die obere. Auf der Unterseite aber sitzen jene feinsten Öffnungen, durch welche Luft ein- und austreten kann, um die Assimilation der Pflanze, von der wir schon früher (S. 7 f.) sprachen, zu ermöglichen und den Pflanzenkörper zu durchlüften. Spaltöffnungen nennt man diese kleinen Durchlüftungspforten, von denen Hunderte auf einem Quadratzentimeter Blattfläche Platz finden. Würden diese Öffnungen durch einen Wasserüberzug verschlossen, so würde die zum Leben unerläßliche Durchlüftung der Pflanze gestört. Jetzt erst verstehen wir den Sinn dieser Haar- und Wachsüberzüge. Freilich stellt die Behaarung, namentlich wenn sie stärker ausgebildet ist, zugleich einen Kälteschutz (S. 59) und, wie wir auf unserer nächsten Wanderung erfahren werden, ein Schutzmittel gegen allzu starke Verdunstung dar.

Doch der Himmel hat angefangen, sich mit dicken Wolken zu überziehen. Wir tun gut, an den Heimweg zu denken. Das Gewitter, das uns der Schlammbeißer prophezeite, scheint heranzurücken. Während wir aber den Fahrweg durch die Wiese entlang wandern, kann uns die Veränderung nicht entgehen, die mit den Wiesenblumen vorgegangen ist. Die Glockenblumen (Campanula patula), die mancherlei gelben Hahnenfußarten, die noch vor kurzem ihre Blüten aufrechthielten, lassen sie jetzt an umgebogenen Stielen nicken. Jetzt mag der Regen kommen. Er kann nicht in das Innere der Blüten dringen. Das wäre auch nicht gut, denn wenn der Blütenstaub feucht wird, quillt er auf und kann nicht mehr zur Befruchtung verwendet werden. Einzelne Löwenzahnköpfchen (Butter- oder Hundeblumen, Taraxacum officinale) und das Habichtskraut (Hieracium Pilosella) haben ihre Blütenköpfchen so zusammengeschlossen, daß kein Regen in das Innere der Blüten dringen kann. Auch die Sternmiere (Stellaria media) hat ihre Blüten geschlossen und ist zugleich nickend geworden, als ob sie die eine Schutzmaßregel nicht für genügend hielte. Ebenso macht es der Wiesenstorchschnabel (Geranium pratense). Sie alle werden ihr Gesicht aufs neue emporwenden, wenn die Sonne wieder erschienen ist. Die Bachnelkenwurz (Geum rivale) trägt nur ihre Knospen aufrecht, die erschlossene Blüte neigt sich ein für allemal an gebogenem Stiele abwärts. Da hat sie nicht nötig, vor jedem herannahenden Regenwetter das Haupt zu neigen. In ähnlicher Weise schützen einige Pflanzen, die jetzt noch nicht blühen, ihren Pollen. Die Staubbeutel der Lippenblütler werden von der Oberlippe überdacht; die des Frauenflachses (Linaria vulgaris, vgl. Abb. 66c, S. 145) sind noch besser verwahrt, denn hier verschließt außerdem die kissenartig geschwollene Unterlippe fest den Rachen der Blüte. Deshalb treffen auch diese Pflanzen keinerlei besondere Maßregeln, wenn ein Regen droht.

Die Pflanzen aber, die ihre Blüten schließen oder nicken lassen, tun das sehr schnell, in etwa 30 Minuten. Ob sie ahnen, daß der Regen kommen wird? Das wohl kaum. Äußere Einflüsse, wie Verdunklung, Abkühlung, zuweilen auch Erschütterung bringen vielmehr die Veränderung hervor. Eine geschlossen aus dem Freien ins wärmere Zimmer gebrachte Tulpenblüte öffnet sich in kurzer Zeit. Man kann die geöffnete auch durch Beklopfen, durch Abkühlung oder Verdunklung zum Schließen bringen. Das alles beweist deutlich, daß jene leichteren Änderungen der Beleuchtung, Temperatur und Luftbewegung, die immer, wie auch jetzt, dem Ausbruch des Regenwetters vorausgehen, das Schließen der Blüten bewirken.

Jetzt fängt es wirklich an zu tröpfeln. Flink retten wir uns unter jene Linden- und Pappelbäume. Wie es herniederrauscht! Die Tropfen klappern auf dem dichten Blätterdach. Aber uns trifft keiner: die Baumkrone hält dicht. Im Umkreis von einigen Metern bleibt um den Stamm das Erdreich trocken. Wir sind wohlgeborgen; aber der arme Baum bekommt kein Wasser, fällt doch der Regen so weit erst von seinem Stamme nieder. Wir müssen aber bedenken, daß die Wurzel sich im Erdboden ungefähr ebenso verzweigt, wie die Krone des Baumes über der Erde. Die letzten feinsten Wurzelenden, die das Wasser aufsaugen, liegen darum nicht beim Stamm, sondern weit von diesem entfernt, etwa im Umkreis der Krone, also gerade da, wo das von Blatt zu Blatt abtropfende Regenwasser auf die Erde fällt.

Während wir hier unter dem schützenden Laubdache das Ende des Regens abwarten, können wir schön beobachten, wie sehr die Blattspitzen, welche durch die austretenden Mitteladern der Blätter gebildet werden, das Abfließen des Regenwassers begünstigen. Oft rinnt ein ununterbrochener kleiner Wasserstrom von diesen Spitzen ab, die Blattfläche selbst wird gar nicht dauernd benetzt. „Träufelspitzen“ nennt man mit Recht diese Blattspitzen. Sie sind auch bei anderen Bäumen und Sträuchern zu beobachten, deutlich namentlich beim Flieder (Syringa vulgaris), der dort jetzt eben seine prächtigen duftenden Blütenrispen entfaltet. Sehr stark ausgebildet sind diese Träufelspitzen bei manchen Pflanzen des tropischen Regenwaldes, wo eine möglichst rasche Wasserableitung von größerer Bedeutung ist, weil die auf einmal fallenden ungeheuren Regenmengen die Pflanzen sonst schädigen müßten. Bei manchen Blättern, so bei denen unseres einheimischen Haselstrauches und unserer Ahorne (vgl. das Schlußbild, das einen Zweig des Bergahorns im Regen zeigt), sind außer der Mitteladern auch noch seitliche Blattadern zu Träufelspitzen ausgezogen.

Nicht nur Bäume zeigen die Erscheinung der „zentrifugalen“, d. h. nach außen gerichteten Wasserableitung. Sehr schön ist sie z. B. bei der uns schon bekannten Osterluzei ausgebildet. Ein einfaches Experiment zur Bestätigung unserer Theorie ist hier leicht ausführbar. Die Spitze eines jeden Blattes ist ganz ähnlich wie bei unserer Linde abwärts gebogen und so gestellt und gerichtet, daß abtropfendes Wasser die Fläche eines darunterstehenden trifft. Lassen wir nun als Ersatz für Regentropfen feines Schrot auf die oberen Blätter fallen, so rollen die Kügelchen auf die darunter befindlichen und gelangen schließlich in ziemlich weitem Abstand vom Stengel auf den Boden. Graben wir nun die ganze Pflanze sorgsam aus der Erde heraus, so finden wir, wie zu erwarten war, eine weit ausgebreitete Faserwurzel. Die feinen

Saugwürzelchen stehen also, der zentrifugalen Wasserableitung entsprechend, in weiterem Umkreise von dem Stengel der Pflanze.

Bei der Tulpe, beim Maiglöckchen, beim Löwenzahn und vielen anderen Pflanzen finden sich die Saugwurzeln umgekehrt stets in der nächsten Nähe des Mittelpunktes der Pflanze. Beim Löwenzahn ist die Wurzel eine starke mittelständige Pfahlwurzel, an der kurze, feine Fäserchen sitzen. Auch die Saugwurzeln der Tulpe sitzen ganz innen, nämlich unmittelbar unter der Zwiebel. Darum ist es uns verständlich, daß diese Pflanzen eine zentripetale, d. h. nach innen gerichtete Wasserableitung haben! Die Blätter (Abb. 12, S. 32) sind schräg aufwärts gerichtet, außen nicht überhängend. Die meisten Schrotkörner, die wir auf eine solche Pflanze fallen lassen, rollen auf den flach rinnig vertieften Blattspreiten nach innen zu, und dasselbe geschieht mit dem auffallenden Regen.

Der Regen hat aufgehört. Jetzt schnell nach Hause! Schon fängt die Sonne wieder an zu scheinen und bricht sich farbensprühend in Millionen von Tropfen auf dem neu belebten Grün der Wiese. Allmählich tun sich auch alle Blüten wieder auf und lachen uns an. Die nur für kurze Zeit verstummte Lerche jubiliert von neuem hoch in der Luft.

VI. Unter blühenden Obstbäumen. Die Odung und das Seeufer.

Gestern ergingen wir uns beim Schein des Vollmonds im benachbarten Baumgarten. Was wir erlebten, das war wohl der höchste Genuß, den der Frühling zu bieten vermag! Ein märchenhaft schönes Bild: Über uns das herrliche Blütendach, durch dessen Lücken das weiße Mondlicht herniederfloß, zu unseren Füßen ein zweites weißes Meer von blühendem Kerbel. Mit angehaltenem Atem lauschten wir hinaus in die nächtliche Stille und genossen staunend die wundervolle Schönheit der Natur. Solche Stunden zählen doppelt im Leben; glücklich der, der sie voll zu genießen versteht!

Heute sind wir zeitig aufgestanden, denn das herrliche Maiwetter ladet zu einer weiten Wanderung ein. Im Licht der Morgensonne zeigt unser Baumgarten ein ganz anderes Bild, ein strahlendes Bild jungen Lebens.

Der Winter wollte dies Jahr kaum weichen, endlos lange hielten dann die Frühlingsstürme an. Deshalb blieben die Obstbaumblüten viel länger ge-

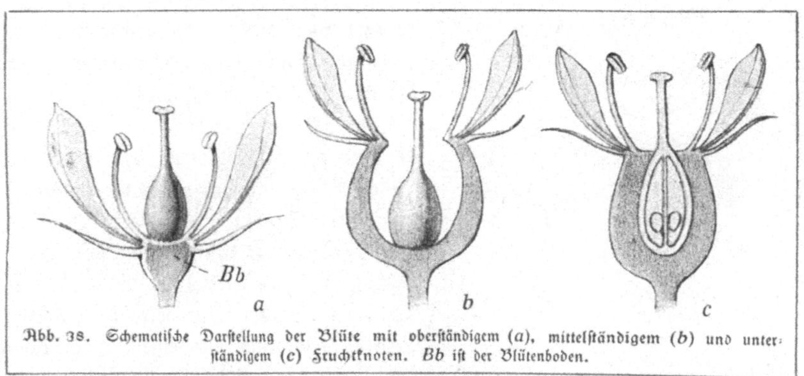

Abb. 38. Schematische Darstellung der Blüte mit oberständigem (*a*), mittelständigem (*b*) und unterständigem (*c*) Fruchtknoten. *Bb* ist der Blütenboden.

schlossen als in normalen Jahren. Jetzt aber holen sie das Versäumte nach und blühen nun fast gleichzeitig. Wir finden darum heute noch vereinzelte Kirschblüten, während schon die Birnbäume im vollen Schmuck ihres reichen Blütenkleides prangen und sogar bereits da und dort ein Apfelbaum seine reizenden, rot überhauchten Blüten entfaltet. Die Natur scheint uns geradezu zu einer Vergleichung dieser so ähnlichen und doch wieder verschiedenen Blüten auffordern zu wollen! — Kirsch- und Birnblüten zeigt unser Titelbild (vgl. die Diagrammtafel im Schlußkapitel, Nr. 6), von den letzteren unterscheiden sich die Apfelblüten nur durch rötliche Färbung der Blumenblätter und gelbe statt rote Staubbeutel. Ein wesentlicher Unterschied aber besteht zwischen den Kirsch- und Pflaumenblüten, überhaupt zwischen allen Steinobstgewächsen (Pruneae) einerseits und den Kernobstblüten (Pomeae), also denen der Apfel- und Birnbäume, andererseits. Die Kernobstgewächse haben einen unterständigen, d. h. einen unterhalb der Wurzeln der Kelch- und Kronzipfel befindlichen Fruchtknoten, der also nicht beim Hineingucken in die Blüte, sondern nur bei deren Betrachtung von außen und unten her gesehen werden kann. Auf diesen für das Verständnis des Baues aller Blütenpflanzen grundlegend wichtigen Unterschied müssen wir etwas näher eingehen. Die in der obenstehenden Abbildung 38a schematisch dargestellte Blüte hat einen gewöhnlichen oberständigen Fruchtknoten. Stelle dir nun vor, in dieser Blüte vertiefe sich der sog. Blütenboden, d. i. der oberste, etwas verbreiterte Teil des Blütenstiels, so lange, bis er schließlich die in der folgenden Abbildung b wiedergegebene krugförmige Gestalt annimmt. Verwächst nun die Wandung dieses Kruges mit dem Fruchtknoten, so entsteht der in Abbildung c dargestellte unterständige Fruchtknoten, wie er bei den Kernobstpflanzen vorkommt. Ob die Blüten mit oberständigem Fruchtknoten im Laufe der langen geologischen Entwicklungszeiten der Flora wirklich genau in der beschriebenen Weise aus Blüten mit unterständigem Fruchtknoten entstanden sind, das wollen wir hier gar nicht näher prüfen; uns genügt die nun hergestellte rein gedankliche Verbindung zwischen den verschiedenen Ausbildungen des Fruchtknotens. Auch die im zweiten Schema (Abb. 38b) dargestellte Form

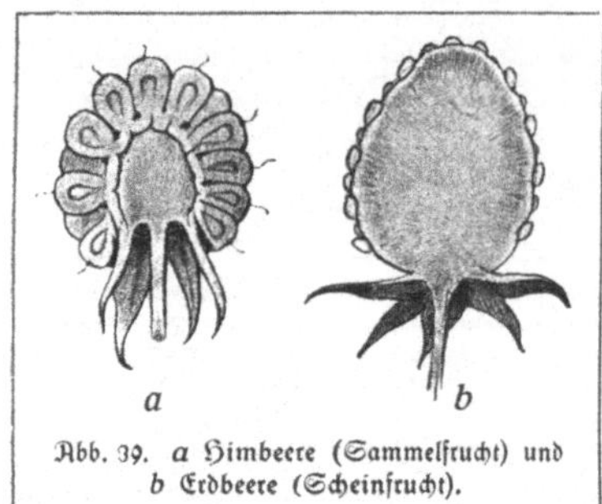

Abb. 39. a Himbeere (Sammelfrucht) und b Erdbeere (Scheinfrucht).

kommt vor, und zwar gerade bei der zweiten Gruppe von Obstbäumen, von der wir sprachen, nämlich bei den Steinobstgewächsen. Suchen wir also eine der letzten Kirschblüten, die noch zu finden sind, und betrachten sie genauer! Zunächst fällt uns auf, daß hier im Gegensatz zu den fünf Griffeln der Kernobstblüten der Stempel nur einen Griffel hat. Dann aber sehen wir, daß dieser Griffel gleichsam aus einem Loch heraustritt. Öffnen wir den unteren Teil der Blüte, so finden wir die Erklärung: der Fruchtknoten, der den Griffel trägt, sitzt in der Tiefe eines Blütenbecherchens, ist aber mit dessen Wandung nicht verwachsen. Also ganz so, wie wir es in unserem zweiten Schema dargestellt haben. Man nennt solche Fruchtknoten mittelständige.

Mit den Kernobst- und den Steinobstgewächsen sind die Rosengewächse (Roseae) nahe verwandt. Sie besitzen aber nicht einen, sondern zahlreiche, kleine Stempel. Zu den Rosengewächsen gehört die Erdbeere. Hier stehen die Stempelchen auf einem gewölbten und stark verdickten Blütenboden, der schließlich saftig wird; bei der Rose selbst, deren zahlreiche, bei uns wildwachsende Arten selbst der Kenner nicht leicht voneinander unterscheiden kann, ist der Blütenboden krugförmig vertieft und schwillt später zu der bekannten „Hagebutte“ an. — Entsteht eine Frucht aus dem Stempel allein, so nennt man sie „echte Frucht“, dagegen „Sammelfrucht“, wenn die fruchtliefernde Blüte mehrere Stempel barg, die zur Frucht sich verbanden (Brombeere, Himbeere — deren Blütenböden beim Pflücken der „Beeren“ als kleine Zapfen am Stiel zurückbleiben, Abb. 39a). Wird zur Fruchtbildung außer dem Stempel noch ein anderer Blütenteil mitverwendet, so entsteht eine „Scheinfrucht“ (Hagebutte, Erdbeere, Abb. 39b). — Der Blüten- und Fruchtbau der Rosengewächse ist, wie uns schon diese wenigen Beispiele zeigen, bedeutend vielgestaltiger als der der Kern- und Steinobstgewächse.

Schon früher (S. 26 u. 27) haben wir am Beispiel der systematischen Stellung der Honigbiene gezeigt, wie aus kleineren Gruppen des Systems größere, umfassendere gebildet werden. Hier sehen wir dies von neuem. Die Gruppen der Kernobstgewächse, der Steinobst- und der Rosengewächse nennt der Botaniker Unterfamilien und vereinigt sie zu der großen Familie der „rosenartigen Gewächse“ oder Rosaceen. Weiterhin faßt man dann verschiedene Familien, die noch gewisse gemeinsame Merkmale besitzen, zu noch größeren Gruppen, den sog. Ordnungen, verwandte Ordnungen zu Klassen usw. zusammen. Je mehr man aber zu diesen letzten, umfassenden Gruppen des Systems vorschreitet, um so geringer wird die Zahl der gemeinsamen Merkmale, welche die Glieder einer solchen Gruppe noch miteinander verbinden. Die einzelnen Gruppen haben übrigens für den Zoologen und den Botaniker nicht genau denselben Wert. So werden die Ordnungen besonders im zoologischen, die Familien namentlich im botanischen System benutzt. Über all diese Dinge werden uns die Systemübersichten am Schlusse dieses Büchleins noch weiteren Aufschluß geben.

Der feuchte Wiesenteppich zu unseren Füßen, auf dem vor einigen Wochen noch das Wiesenschaumkraut blühte, ist jetzt weithin vom Blütenschnee des Wald- oder Wiesenkerbels (Anthriscus silvestris) überzogen. Gegen das Weiß dieser Doldenpflanzen tritt das leuchtende Gelb der großen Körbe des Löwenzahns (Taraxacum officinale) und der verschiedenen Hahnenfuße zurück. Wir können hier die drei häufigsten Hahnenfußarten nahe beisammen sehen: Am Wegrand den etwas derb gebauten, Ausläufer bildenden kriechenden Hahnenfuß, Ranunculus repens, im hohen Gras die aufrechten Arten, den „scharfen" Hahnenfuß, R. acer, dessen Blätter und Stengel in noch höherem Grade als die anderen Arten einen ätzenden, gegen Fraß durch Weidetiere schützenden Saft enthalten, und Ranunculus bulbosus, den knolligen Hahnenfuß, der dicht unter der Erde eine kleine Knolle und, im Gegensatz zu den beiden anderen Arten, zurückgeschlagene Kelchblätter besitzt. Dem Anfänger erscheinen die angegebenen Unterschiede recht geringfügig, aber die drei Arten sind durch sie doch recht scharf voneinander zu unterscheiden. Sie bilden, zusammen mit weiteren, an ähnlichen kleinen, aber sicheren Merkmalen zu erkennenden Arten die Gattung Ranunculus, welche dann mit zahlreichen anderen Gattungen zu der Familie der Ranunculaceen vereinigt wird. — Jede Pflanze und jedes Tier wird, wie wir schon oft bemerkt haben, mit zwei Namen bezeichnet, der erste gibt die Gattung, der zweite die Art an. Diese Bezeichnungsweise, die durch Linné eingeführt wurde, hat die wissenschaftliche Namengebung sehr vereinfacht und übersichtlich gemacht, denn sie ermöglicht, schon aus den Namen verschiedener Arten zu erkennen, ob sie zu derselben Gattung gehören oder nicht.

Die Doldengewächse oder Umbelliferen zeigen alle einen sehr ähnlichen, fast möchte man sagen einförmigen Blütenbau. An den zahllosen Kerbelblüten um uns können wir ihn genauer kennen lernen. Der Kelch ist verkümmert, die Kronblätter erhalten dadurch, daß ihre Spitzen während der Knospenzeit in der Mitte der Blüte festgehalten, ihre unteren Teile aber von den dicken Beuteln nach außen gedrückt werden, nach innen umgekrempelte Spitzen, die der Blüte ein sehr charakteristisches Aussehen verleihen. Der Fruchtknoten ist zweiteilig (Diagrammtafel im Schlußkapitel, Nr. 10) und unterständig, er bildet später die vom Kümmel her wohlbekannte „Teilfrucht". Während die Kronblätter sich entfalten, richtet sich auch schon eines der bisher niedlich eingerollten Staubgefäße auf. Der Faden nimmt jetzt noch stark an Länge zu, und dadurch wird der Beutel hoch über die Mitte der Blüte gehoben. Hier beginnt er nun so-

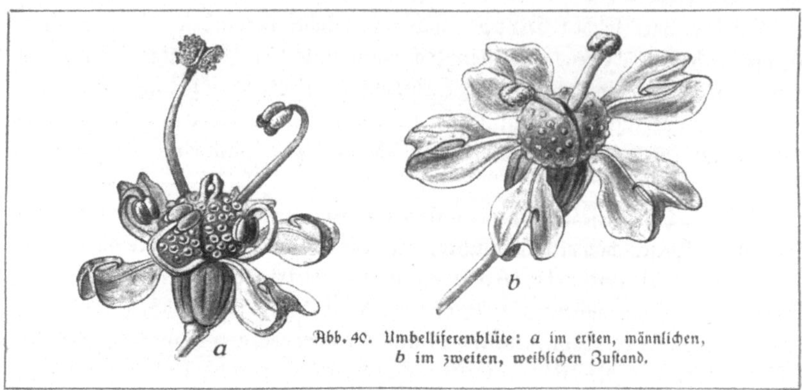

Abb. 40. Umbelliferenblüte: *a* im ersten, männlichen, *b* im zweiten, weiblichen Zustand.

fort zu stäuben (Abb. 40a). Allmählich entleert er sich, und unterdessen biegt sich der Staubfaden an seinem Grunde nach außen um. Dabei bewegt er sich schließlich bis weit unter die Kronblätter, zwischen ihren Rändern durchpassierend. Unterdessen hat ein zweites Staubblatt zu stäuben begonnen. Wenn auch dieses nach außen gebogen und sein Beutel beinahe entleert oder abgefallen ist, folgt das dritte usw. Auf diese Weise dauert das Stäuben sehr lange. Dazu kommt, daß die sehr zahlreichen Blüten sich nicht gleichzeitig öffnen. Die einzelnen kleinen „Döldchen", aus denen die ganze „Dolde" zusammengesetzt ist (Abb. 16e, S. 46), öffnen sich von außen nach innen. Auch in der Dolde selbst schreitet das Blühen in dieser Richtung vorwärts. Endlich blühen die endständigen Dolden viel früher auf als die seitenständigen, diese wieder früher, als die von ihnen abzweigenden Seitendolden zweiter Ordnung. So dauert das Blühen, insbesondere das Stäuben des ganzen Stockes, wochenlang. Daß dies sehr nützlich ist, liegt auf der Hand. Allen Blütenstaub, den die Pflanze besitzt, gleich auf einmal darzubieten, wäre ein gewagtes Spiel, denn wie leicht könnten durch plötzlich hereinbrechendes Regenwetter alle Pollenkörner verwaschen werden und so nutzlos verlorengehen! Wenn aber das Blühen so lange dauert, dann ist es doch sehr wahrscheinlich, daß wenigstens ein Teil der Blüten sich während sonnigen Wetters öffnet und also von Insekten besucht und gekreuzt wird.

Selbstbestäubung ist bei den meisten Umbelliferen dadurch verhindert, daß die beiden anfangs noch ganz kleinen und zusammengeneigten Griffelchen sich erst nach Entleerung des letzten Staubbeutels strecken und auseinanderbiegen und dann erst an ihren Enden Narbenköpfchen ausbilden (Abb. 40b). Dieses Vorauseilen der Staubgefäßentwicklung nennt man Staubblattvorreife oder Protandrie. Der Grad der Protandrie wechselt von Art zu Art. Oft greifen die beiden „Stadien" der Blüte, das erste, männliche oder Staubgefäßstadium und das zweite, weibliche oder Narbenstadium noch ineinander, d. h. die Narben reifen schon, wenn noch einzelne Beutel stäuben, so daß

Selbstbestäubung möglich ist; oft grenzen sie gerade aneinander, und in sehr vielen Fällen entwickeln sich die Narben nicht einmal unmittelbar nach dem Entleeren und Abfallen der Staubbeutel, sondern erst etwas später, so daß zwischen die beiden Stadien ein „neutrales Zwischenstadium", während welchem die Blüte weder weiblich noch männlich, sondern vollständig geschlechtslos ist, eingeschaltet ist.

Die Protandrie ist neben der Eingeschlechtigkeit das häufigste Schutzmittel gegen Selbstbestäubung. Die umgekehrte Erscheinung, Protogynie oder Stempelvorreife, kommt etwas weniger häufig vor. Aber gerade bei Frühlingspflanzen ist sie doch gar nicht selten. Sehr schön können wir sie am Wegerich beobachten. Ein solcher wird bald gefunden sein, denn der Wegerich ist, ähnlich wie der Löwenzahn, ein überall zu treffender Gast. Seinem Namen getreu bewohnt er am häufigsten Wegränder. Da ist schon ein Stock! Es ist der „mittlere" Wegerich, Plantago media, der, im Gegensatz zum großen Wegerich (P. major), ganz kurzgestielte Blätter hat. Die tiefen Furchen der zu einer grundständigen Rosette vereinigten Blätter leiten das Regenwasser nach innen ab, wo die lange Pfahlwurzel sitzt, mit welcher die Pflanze selbst aus trockenstem Grunde — in der Stadt könnt ihr kleine Wegerichstöcke oft zwischen den Pflastersteinen der Straßen herauswachsen sehen! — noch genügend Wasser zu entnehmen weiß. Die Blüten dieser Pflanzen sind nun ausgeprägt protogynisch. Da der Blütenstand, eine dichte Ähre (Abb. 16c, S. 46), von unten nach oben aufblüht, so könnt ihr an ein und derselben Ähre Blütchen in den verschiedensten Stadien beobachten: zu oberst sitzen Knospen, darunter soeben aufgegangene Blüten, die erst die langen Griffelchen herausstrecken, weiter unten stäubende Blüten mit verwelkten Griffeln und zu unterst befruchtete Blüten, deren Fruchtknoten schon zu den bekannten länglich-runden, von Vögeln so gern gefressenen Früchtchen anschwellen.

Dort, wo der Boden feuchter und durch die benachbarte Hecke beschattet ist, wachsen Zaunwicken (Vicia sepium), und aus dem höher gewachsenen Grase leuchten die karminroten Blüten der roten Lichtnelke oder Waldnelke (Melandryum silvestre) hervor. Die Nelkenfamilie zerfällt in die beiden Unterfamilien der eigentlichen Nelken mit verwachsenen und der Mieren mit freien Kelchblättern. Zu den letzteren gehören Ackerhornkraut und Sternmiere, die häufigsten Ackerunkräuter. Die Kelche der eigentlichen Nelken sind oft lederig und überdies noch von einem sog. Außenkelch umgeben. Das ist ein Schutz gegen Nektardiebstahl durch Hummeln. Also Diebe und Einbrecher auch unter den Insekten? So ist es! Die dicken bequemen Hummeln beißen oft Blüten mit engen Eingängen oder komplizierten Einrichtungen, die sie dann erst in Bewegung setzen müßten, von außen an. Ihr werdet gewiß einmal gelegentlich solche Hummelbißlöcher etwa am blauen oder weißen Eisenhut (Aconitum) oder am Löwenmäulchen oder Frauenflachs (Linaria) zu Gesicht bekommen. Die beraubten Blüten werden naturlich auf diese Weise von der

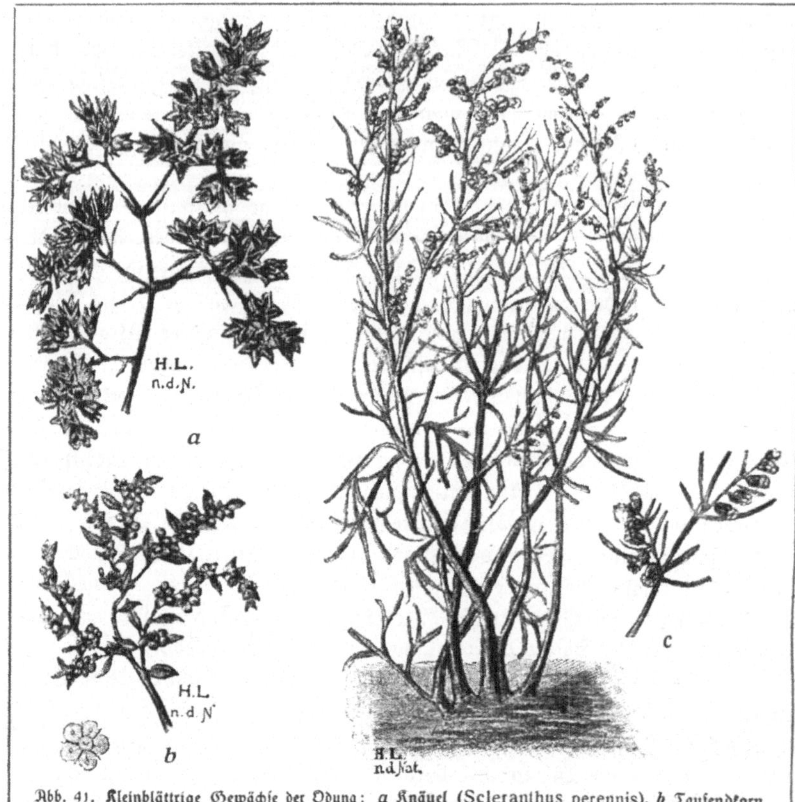

Abb. 41. Kleinblättrige Gewächse der Ödung: *a* Knäuel (Scleranthus perennis), *b* Tausendkorn oder Bruchkraut (Herniaria glabra), *c* Feldbeifuß (Artemisia campestris). *a* und *b* nat. Größe, *c* auf $^1/_4$ verkleinert.

Hummel nicht bestäubt und gehen an den Wunden oft zugrunde. Daher die Federkelche mancher Nelken. Andere haben eine ebenso wirksame Schutzvorrichtung ausgebildet, die uns beinahe wie ein Scherz der Natur anmutet, nämlich aufgeblasene Kelche. Bei unserer roten Lichtnelke ist dieses Merkmal nur schwach ausgebildet, sehr deutlich aber bei der weißen Lichtnelke (Melandryum album), bei dem allbekannten Taubenkropf (Silene vulgaris) und mehreren anderen echten Nelken. Beißt eine Hummel einen solchen Kelch an, so sieht sie sich um den erhofften Genuß doch betrogen, denn sie ist meist nicht imstande, mit ihren Mundwerkzeugen den an der Wurzel des Fruchtknotens abgesonderten Nektar zu erreichen, weil dieser durch den weiten Innenraum des aufgeblasenen Kelches von ihr getrennt ist!

Ein erstes Ziel unserer Wanderung ist erreicht. Wir befinden uns auf einem sandigen Wege, der sich von Ost nach West zwischen zwei Kiefernschonungen hin erstreckt. Der Boden zu unseren Füßen ist nicht reiner Sand.

Befeuchten wir ihn mit Wasser, so verwandelt er sich in eine breiige Masse, die bald wieder trocknet, während reiner Sand das Wasser spurlos durchsickern läßt. Es ist Sand mit Tonbeimengungen, lehmiger Sand. Nur einige harte Gräser gedeihen hier, daneben Knäuel (Scleranthus perennis) mit seinen kleinen, trockenen Laub- und unansehnlichen, grünen, weiß umsäumten Blumenblättern; Tausendkorn (Herniaria glabra), das schon über und über mit grünen, glänzenden Körnchen, den Früchten, bestreut erscheint. Daneben stehen die dichten, mit roten Lippenblüten besetzten Polster des stark duftenden Thymians und die rutenartigen Stengel des Feldbeifuß (Artemisia campestris). Wo der Besenginster (Sarothamnus scoparius) vorherrscht, verschwinden alle andern Pflanzen unter der Pracht seiner schwefelgelben Blüten. All dies sind klein- und hartblättrige Pflanzen (Abb. 41)! Eine andere Gruppe von Ödungspflanzen bilden die stark behaarten Gewächse (Abb. 42): das silbergraue Fingerkraut (Potentilla argentea), zottige Wicke (Vicia villosa), Mäuseklee (Trifolium arvense), haariges Habichtskraut (Hieracium pilosella) und das Katzenpfötchen (Gnaphalium). Wie aus feinem, weißem Filz gearbeitet, zeigt dieses Edelweiß der Ebene den höchsten Grad der Behaarung. Wunderlich genug nimmt sich neben den in mehr oder minder dicken Pelzen steckenden Gewächsen die Gruppe der kahlen, glänzenden, dickblättrigen Pflanzen aus, deren häufigste heimische Vertreter Fetthenne (Sedum maximum) und Mauerpfeffer (Sedum acre, Abb. 43) sind. Seltener finden sich die beinahe kuglig geschlossenen und meist rötlich überhauchten dickblättrigen Rosetten des Hauslauchs (Sempervivum tectorum).

Abb. 42. Eine Ödungspflanze mit stark behaarten Blütenständen: der Mäuseklee. ³/₄ nat. Größe.

Trockenheit ist die vorwaltende Lebensbedingung der Ödung. Demgemäß besteht die ganze Flora hier aus ausgesprochenen Xerophyten, d. h. an Trockenheit angepaßten Pflanzen mit besonderen Schutzmitteln gegen die Gefahr übermäßiger Verdunstung. Ein solches Schutzmittel ist die geschilderte Kleinheit der Blattflächen — denn es ist einleuchtend, daß ein Blatt um so weniger verdunstet, je kleiner die Oberfläche im Verhältnis zur inneren Masse des Blattes ist; kuglige Blätter, wie sie bei den Kakteen der mexikanischen Ödungen und bei sehr vielen unserer Sedum- und Sempervivumarten vorkommen, sind

Abb. 43. Eine „Fettpflanze": der Mauerpfeffer. Nat. Größe.

also in dieser Hinsicht am zweckmäßigsten. Beim Feldbeifuß und namentlich beim Besenginster sind die Blätter schließlich so klein geworden, daß ihre Oberfläche zur Assimilation nicht mehr genügt. Dafür enthält aber hier ausnahmsweise auch die Rinde der Stengel Blattgrün, eine allgemeine Erscheinung bei diesen sog. „Rutengewächsen", die besonders in den regenarmen Teilen der Mittelmeerländer häufig sind. Auch das filzige Haarkleid mancher Ödungspflanzen ist vorzugsweise als Verdunstungsschutz aufzufassen, indem diese Haare die Spaltöffnungen beschatten und das Blatt auch vor unmittelbarer Berührung mit den austrocknenden Winden bewahren.

An schattigeren Stellen der Ödung haben sich Moose angesiedelt. Ihre dichten Polster vermögen, einem Schwamme vergleichbar, das Regenwasser lange Zeit aufzuspeichern. Geht der Vorrat doch einmal aus, so sind die zarten Pflänzchen doch noch nicht dem Tode verfallen. Denn sie sind ganz auffallend widerstandsfähig gegen Vertrocknung. Wird ein scheinbar schon dürres Polster von neuem mit Wasser besprengt, so breiten sich die Blättchen wieder aus, und die Pflanze wächst weiter.

Die Moose sind treffliche „Humussammler". Die Staubteilchen, welche der Wind herbeiweht, werden von den Polstern festgehalten. Dazu kommt, daß die Stengelchen, während sie oben weiterwachsen, unten fortwährend verwesen. So bildet sich Ackererde, die anfangs noch reichlich mit Sand durchsetzt ist, allmählich aber immer fruchtbarer wird.

Je mächtiger die Humusschicht wird, um so häufiger gesellen sich nun auch anspruchsvollere Gäste hinzu: Sauerklee und Anemonen überziehen den Boden weithin mit ihrem zarten Blütenflor. Mehr vereinzelt findet sich das reizvolle Wintergrün (Pirola minor und uniflora). Wieder mehr in zusammenhängenden Beständen wachsen Maiglöckchen und Adlerfarn, in dessen Stengelquerschnitt der Deutsche einen fliegenden Adler erkennen will. Dort erhebt sich die aus Kanada stammende, jetzt aber nirgends mehr in Deutschland fehlende Dürrwurz (Erigeron canadensis) über die niederen Genossen zu stattlicher Höhe, und auch die aus Virginien stammende Nachtkerze (Oenothera biennis, Abb. 63a, S. 139) mit ihren großen, zart gelben Blüten gereicht der unansehnlichen Gesellschaft zur besonderen Zier. Noch näher dem Walde mischen sich wildes Geißblatt, Ebereschen, Hasel- und Pappelsträucher ein, namentlich aber der Wacholder (Juniperus communis), dieser ausgesprochenste Xerophyt unter den Nadelhölzern. Den Hauptanteil an dem sich immer dichter schließenden Vegetationsteppich bildet aber zusammen mit Heidelbeeren und Bärentraube das Heidekraut (Calluna): die Ödung verwandelt sich mehr und mehr in eine Heide. Auch das Heidekraut ist eine xerophytische Pflanze. Dies zeigt sich besonders im Bau ihrer Blätter. Die Ränder derselben sind nach unten etwas vorgewölbt, so daß zwischen ihnen eine ziemlich tiefe Grube oder Längsfurche entsteht (Abb. 72f, S. 155). In dieser Versenkung liegen die Spaltöffnungen. Da die trockenen Winde nur schwer in die Vertiefung, die überdies noch durch

Haare abgeschlossen ist, eindringen, so wird durch diese Vorrichtung die Verdunstung stark herabgesetzt, die Gefahr der Vertrocknung ganz wesentlich gemildert.

Das Strauchwerk nimmt mehr und mehr überhand, zusammen mit dem Heidekraut prägt es jetzt der Vegetation den Stempel auf. Immer häufiger treffen wir nun auch hochstämmige Kiefern und schließlich gelangen wir in den geschlossenen Wald. Blicken wir aber nochmals rückwärts! Unser Weg vom vegetationsarmen, teilweise kahlen Odland über Heide und Heidewald zum eigentlichen Hochwald ist zugleich auch der Weg, den die Natur im Kampfe gegen Ungunst des Bodens und der Witterung zurückgelegt hat, und der schließlich immer mit der Verdrängung aller vorangegangenen Vegetationsformen durch geschlossenen Wald endigt. Das natürliche Ausdehnungsbestreben der Wälder ist so groß, daß ohne Zutun des Menschen auch alle Kulturflächen nach einer relativ kurzen Zeit wieder mit Wald bedeckt wären. Von Zeit zu Zeit werden allerdings auch ohne den Menschen wieder Lücken in diesem Urwalde gerissen: durch Wind- und Schneebruch, namentlich aber durch Überschütten mit Flußanschwemmungen oder Dünensand, im Gebirge durch Abspülung und Rutschungen. Auf diesem jungfräulichen Boden nimmt dann die Vegetation den Kampf von neuem auf, und der Kreislauf beginnt von vorn.

Die Pioniere dieses Kampfes in der Odung sind meist Flechten. Als grauweiße Kruste überziehen sie den Sand und trocknen während regenlosen Zeiten so hart aus, daß sie unter unserem Fußtritt knisternd und krachend zerbröckeln. Aber jeder andauernde Regen erweckt sie zu neuem Leben. Dann schwellen sie auf, werden gallertartig und bilden in schnell angelegten Fortpflanzungsorganen Vermehrungskörper, sog. Sporen, aus. Die nächste Trockenheitsperiode macht diese staubfreien Keime frei, die dann, von der Luft emporgehoben, zu Myriaden in die Höhe schweben und in andere Ansiedlungsgebiete gelangen. So anspruchslos sind diese niederen Pflanzen: weder die Trockenheit des Sommers vermag sie zu töten, noch die Kälte des Winters.

Aus den Leichen dieser Anspruchslosesten entstehen nun schon die ersten Spuren fruchtbarer Ackererde, und allmählich wird die Sanddecke so weit von Humus durchsetzt, das schon Moose und jene ansehnlicheren Odungspflanzen auf ihr gedeihen können. Neben ihnen tritt auch hier und da ein Kiefernbäumchen auf, entstanden aus einem herbeigewehten Samenkorn, oder niederes Pappelgebüsch schafft an etwas tiefer liegenden Stellen kleine, grüne Oasen. Ein Vogel trägt wohl eine Wacholderbeere herbei; kurz, mehr und mehr bereichert sich die Odungsvegetation jetzt auch mit Baumwuchs. Besonders die Wacholdersträucher gedeihen ganz kräftig auf diesem nahrungsarmen Boden.

So schafft die Natur in langen Zeiträumen unverdrossen und unermüdlich. So sind die hungrigen Odungsflächen in mächtige Wälder umgeschaffen worden. Wo sich noch immer wüste Sandstriche vorfinden, da trägt meistenteils der Mensch die Schuld, denn den Unverständigen lockten die unermeßlichen Schätze, die Mutter Natur im Holze der Wälder aufgespeichert hatte. Ohne Maß und

Ziel fielen die Riesen der Urwälder seiner Beutegier zum Opfer. Heute sind die Wälder überall durch besondere Gesetze gegen unverständiges Abholzen geschützt. Jeder Staat hat das größte Interesse an der Bewahrung seiner Wälder. Nicht etwa bloß mit Rücksicht auf die Erhaltung der Schönheit der Landschaft und die Bereitstellung des Holzbedarfes, sondern vor allem wegen der tiefgreifenden Einwirkung des Waldes auf das Klima, denn waldreiche Länder haben ein fruchtbareres Klima als unbewaldete. Die dichte Pflanzendecke hält die Feuchtigkeit des Bodens zurück und befördert Wolkenbildung und Regen. Allerdings ist es bisher nicht gelungen, durch direkte Beobachtung zu beweisen, daß im Walde die Regenmenge größer ist als im offenen Lande, aber die Trockenheit waldloser Gebiete und noch mehr die Klimaverschlechterung solcher, die der Mensch vom Walde entblößt hat, reden eine deutliche Sprache. In einigen Gegenden Rußlands rächte sich das unverständige Abholzen durch unfruchtbares Klima. Mißernten, durch Mangel an Regen herbeigeführt, traten häufig ein. — Noch heute findet man zuweilen auf den weiten Ödungen Ostpreußens vermorschte Stümpfe von mächtigen Bäumen. Also müssen jene Landschaften früher viel waldreicher gewesen sein. Nicht unglaubwürdig klingen darum jene Sagen, wonach zur Zeit der Ordensritter das Klima mild und fruchtbar gewesen sei, daß sogar kelterbarer Wein gedieh. Ferner gewähren die Wälder Schutz vor verheerenden Fluten, vor Winden und vor Versanden. Über die unebene, Wasser aufsaugende Moosdecke des Waldes fließt der Strom des heftigsten Sturzregens nur langsam ab; das gewährt besonders den Gebirgshängen Schutz. Nachdem die Kurische Nehrung von ihren Bäumen entblößt war, fanden die Seewinde keinen Widerstand mehr, und die aus der Ostsee emporsteigenden Wanderdünen verschütteten Wiesen und Felder, ja ganze Ortschaften.

Die hochstämmigen Kiefern bilden durch ihr schweres, dunkles Nadelwerk und den charaktervollen, gedrungenen Bau ihrer Kronen einen wundervollen Schmuck dieser sonst nicht sehr reizvollen Landschaft. Der obere Teil der Stämme zeigt noch die rötliche Rinde, der untere ist mit einer dicken, graubraunen Borke bedeckt. Welch gewaltige Hebelwirkung muß der Wind, der in diesen weiten Ebenen oft seine höchsten Stärkegrade entfaltet, auf die Wurzel dieser Bäume ausüben! Und doch werden Kiefern selten vom Winde entwurzelt, bei weitem nicht so häufig wie Fichten. Das muß mit dem Bau der Wurzel zusammenhängen. Die Kiefer hat in der Tat eine sehr lange, tiefe Pfahlwurzel, während der horizontal ausgebreitete Wurzelfladen der Fichte nur ganz oberflächlich in der Erde sitzt. Aber hier sehen wir doch auch an unseren Kiefern überall oberflächlich verlaufende Wurzeläste! Auch die Kiefer entsendet unmittelbar unter der Erde nach allen Seiten starke Nebenwurzeln, die mächtige Hauptwurzel aber dringt doch sehr tief in den Boden ein. Die Kiefer übertrifft überhaupt alle anderen Bäume durch ihr umfangreiches und stark verzweigtes Wurzelwerk, so daß sie z. B. über zehnmal soviel Wurzelfasern besitzt als die Fichte. Die

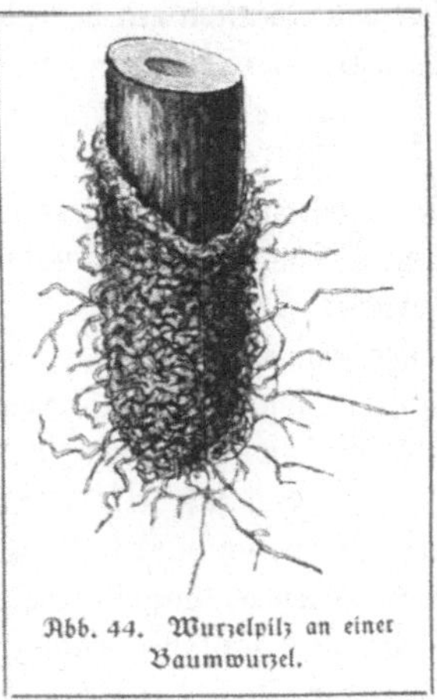
Abb. 44. Wurzelpilz an einer Baumwurzel.

Pfahlwurzel dient besonders zur Verankerung, die Fasern der an der Oberfläche verzweigten Nebenwurzeln aber sind namentlich für die Wasseraufnahme wertvoll: sie ermöglichen dem Baume, sich selbst die geringsten Regenmengen sofort zunutze zu machen. Überdies besitzt dieser anspruchslose Baum noch eine zweite, höchst merkwürdige Einrichtung, welche die Aufnahme von Wasser und Nährstoffen noch mehr erleichtert. Die Wurzelenden sind nämlich mit einem dichten Gewebe zarter Pilzfäden umsponnen (Abb. 44). Sät man Kiefernsamen in Erde, die man vorher durch Ausglühen pilzfrei gemacht hat, so entwickeln sich die Keimpflänzchen nur kümmerlich und gehen bald ein. Begießt man sie aber rechtzeitig mit Wasser, das mit einer anderen Kiefernwurzel oder auch nur mit Walderde in Berührung gewesen war und infolgedessen mit den Keimen jener Pilze beladen ist, so gedeihen sie sofort normal und werden zu kräftigen Bäumchen. Untersucht man die Wurzeln dieser Bäumchen, so zeigen sie neuerdings jene Pilzüberzüge. Dieser Versuch beweist, daß die „Pilzwurzel" der Kiefer zum Leben dieses Baumes wirklich unerläßlich ist. — Pilzwurzeln kommen noch bei zahlreichen anderen Pflanzen vor, z. B. beim Heidekraut und den übrigen Gliedern der Familie der Ericaceen. Hier ist aber die Pilzwurzel eine „innere", d. h. die Pilzfäden umspinnen hier die Wurzeln nicht nur von außen, sondern sie dringen ins Innere derselben ein und leben in ihren Zellen. Ob diese Wurzelpilze nur die Wasseraufnahme erleichtern, oder ob sie noch weitere Nährstoffe, die sie aus dem Boden oder vielleicht sogar aus der im Boden enthaltenen Luft aufnehmen, an die Wurzeln des Baumes abgeben, ähnlich wie dies die sog. Wurzelknöllchenbakterien der Schmetterlingsblütler, die wir später noch kennen lernen werden, tun, dies ist noch nicht genau bekannt.

Doch zurück zu dem Wege, den wir zuletzt verlassen hatten! Am Rande der älteren Schonung, dem Brande der Mittagssonne ausgesetzt, sehen wir in der Nachbarschaft großer Ameisenhaufen eine Menge äußerst regelmäßig in den lockeren Sand gegrabener Trichter (vgl. Schlußbild). Eine Ameise läuft vorüber, sie strauchelt, rollt hinunter und wird unten festgehalten. Trotz alles Zappelns kann sie nicht wieder in die Höhe gelangen. Ihre Bewegungen hören allmählich auf, und endlich wird die Leiche herausgeworfen! Schon hoffen wir, dies andere Tier, das sich dem Trichter genähert, wird ungefährdet vorüberkommen, da wird Sand aus dem Grunde emporgeschleudert: der Schuß trifft, das Insekt gerät ins Schwanken und taumelt rettungslos in den Abgrund. Welch böser Räuber sitzt da unten? Leicht können wir mit den Fingern der flachen Hand den Sand durchstoßen und die Stelle herausheben, an der sich der Trichter befindet. Da fühlen wir ein Bohren und Wühlen zwischen den Fingern. Wir blasen den Sand fort und erkennen ein dickleibiges, mit Büscheln von Haaren bedecktes, mit kräftigen Beinen und einem starken Kopf versehenes Insekt, den sog. Ameisenlöwen. Die Haare geben dem Tiere festen Halt im lockeren Sande, der Kopf kann mit großer Kraft in die Höhe geworfen werden und Sandkörnchen sowie die Leichen der getöteten Ameisen emporschleudern. An ihm sitzen zwei große, hakig gebogene, von Kanälen durchzogene Kiefer, womit der Ameisenlöwe seine Beute aussaugt. Das Tier ist die Larve der Ameisenjungfer, die wir im Juli am Waldrande leicht werden fangen können. Sie ähnelt einer Libelle, hat aber einen bedeutend langsameren, schwankenden Flug, weil ihre häutigen Flügel klaffen und nur von schwächlich entwickelter Muskulatur bewegt werden.

Während wir eifrig dem Ameisenlöwen nachspürten, ist unser Auge durch Insekten mit schwarz und rot gebändertem Hinterleib angezogen worden, die mit hochgehobenen, ungefalteten Flügeln dicht über dem Sandboden in hüpfendem Fluge, bald laufend, bald schwebend sich fortbewegen. Ihre schlanke Taille, ein förmlicher Stiel, der Brust und Hinterleib verbindet, kennzeichnet sie als Wespen. Es sind Mord- oder Grabwespen, die zu der Gattung der Sandwespen (Ammophila) gehören. Behalten wir eine im Auge! Wenn wir die Geduld nicht verlieren, so glückt es uns, sie bei einem eigentümlichen Geschäft zu beobachten. Sie gräbt gleich einem Hunde mit den Vorderfüßen eine Röhre in den Sand; bald ist sie darin verschwunden, aber der emporwirbelnde Staub zeigt, daß sie noch immer eifrig beschäftigt ist. Rings um uns her sehen wir eine Menge solcher Röhren, aus denen z. T. die Köpfe der schlanken Insekten hervorgucken. Dort schleppt eine Wespe eine scheinbar tote Raupe herbei, die bedeutend größer ist als sie (Abb. 45). Riesige Kraft wendet sie auf, um ihr Opfer in die Röhre zu schaffen. Nun kriecht sie nach, taucht aber nach einiger Zeit wieder auf und verschließt die Öffnung. Sie hat ein Ei abgelegt. Die hineingeschleppte Raupe soll der erwarteten Made als erste Nahrung dienen. — Vielleicht gelingt es uns auch, jene Sandwespe bei dem Mordgeschäfte selbst zu beachten. Dort hat sie eine dicke Larve entdeckt. Sie stürzt sich darauf, steigt breitbeinig über sie, so daß der Hinterleib dem Kopfe des Opfers zugewendet ist, und sticht nach einigem Umhertasten das Tier dicht hinter dem Kopf in den Leib. Augenblicklich ist die Raupe gelähmt, der Bewegung beraubt, weil die Sandwespe den unteren Teil des Raupengehirns zerstört hat, von welchem die Bewegungsimpulse ausgehen. Welch grausames Naturschauspiel!

Wir verlassen den Schauplatz unserer letzten Beobachtungen und gelangen nach kurzem Marsche an einen langgestreckten See. Leicht können wir an dem festen Ufer Fuß fassen und uns in die Beobachtung des Pflanzen- und Tierlebens im Wasser versenken. Wie mit Ruß überstreut erscheinen einzelne Stellen des Wasserspiegels, andere wieder wie mit einer Schimmeldecke überzogen. Nehmen wir mittels eines Stückchens Papier etwas davon auf, so entdecken wir mit der Lupe kleine, langgestreckte, flügellose, schwarze Insekten, sog. Springschwänze oder Poduren, an deren Hinterleib eine gespaltene, kräftige Springgabel sich be-

Abb. 45. Eine Sandwespe (Ammophila sabulosa), eine Raupe des Ligusterschwärmers in ihre frisch geöffnete Höhle schleppend, nat. Größe.

findet, die unter den Bauch geschlagen und dann weggeschnellt das Tierchen mehrere Zentimeter hoch emporhüpfen läßt. Die weiße „Schimmeldecke“ wird lediglich von den ausgezogenen Häuten der Tiere gebildet. Wenig beachtet, sind die Poduren doch weitverbreitet. Auf der Erde feucht gehaltener Blumentöpfe könnt ihr sie ebenso wie auf dem feuchten Waldboden zu Tausenden finden und schon im frühesten Frühjahr auf Schnee- und Eisschollen munter umherhüpfen sehen.

Mächtig wuchert in dem See die aus Nordamerika stammende, aus einem unserer botanischen Gärten ausgewanderte und dann durch Schiffe verschleppte Wasserpest (Elodea canadensis). Nur Exemplare mit kleinen, weißen Stempelblüten sind von ihr in Europa vorhanden und in ruhigen abgeschlossenen Gewässern zuweilen zu finden. Staubgefäßblüten entwickeln sich bei uns niemals. Eine Fortpflanzung durch Samen ist also unmöglich. Trotzdem vermehrt sich diese Wasserpflanze mit beängstigender Geschwindigkeit durch reiche Sproßbildung und Teilung. Teiche und Gräben werden, wenn nur einmal ein Stengelchen durch Unachtsamkeit hineingekommen ist, in kurzer Zeit völlig verstopft. Zuweilen stirbt die übergroße Menge der Pflanzen ab und verpestet Wasser und Luft,

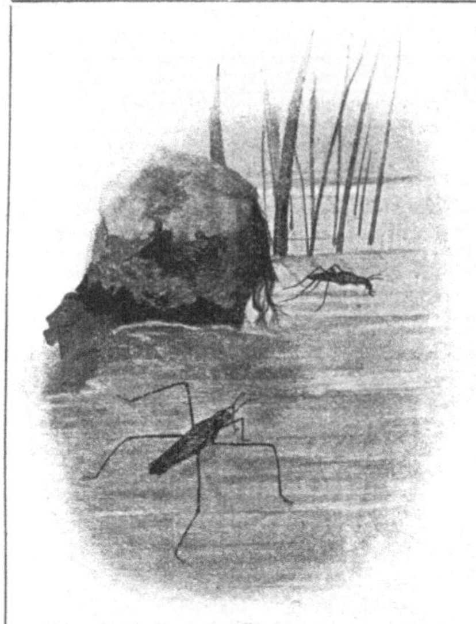

Abb. 46. Wasserläufer (Hydrometra paludum).

wenn nicht beizeiten eine Räumung des Gewässers stattfindet. In flachen Flüssen und Seen versperren die mächtig wuchernden Massen der Wasserpest den Booten die Fahrt. So kostet uns dieser lästige Fremdling viele Tausende, die für Reinigung der Gewässer ausgegeben werden müssen. In den letzten Jahren zeigt sich glücklicherweise in verschiedenen Gegenden Europas wieder ein Rückgang der Pflanze; in einigen Seen ist sie sogar ebenso rasch, wie sie aufgetreten war, wieder verschwunden, ohne daß die Ursache dafür bis jetzt hätte festgestellt werden können!

Welch reiches Tierleben mag dieser Elodeenurwald beherbergen! Da schreiten wahrhaftig schlanke, langbeinige Wanzen trockenen Fußes auf der Oberfläche des Wassers herum, „Teichläufer" (Hydrometra, Abb. 46) nennt sie der Volksmund. Sieht es nicht aus, als trügen die Tiere an ihren dünnen Beinen riesige, runde Schuhe? Das dicht behaarte Füßchen drückt ein wenig die Oberfläche des Wasserspiegels ein, und diese Vertiefung zeichnet sich auf den darunterliegenden Wasserpflanzen als glänzend umsäumter Schattenfleck ab. Auch die Unterseite des Leibes ist dicht behaart, und dieser glänzende, nicht benetzbare Haarpelz hält Luft in sich fest, gewissermaßen als Schwimmkissen für die flüchtigen Wasserkünstler. — Dort am sandig-seichten Ufer sehen wir ein verdorrtes, halb im Wasser liegendes Aststückchen, dicht bedeckt mit mottenähnlichen, langhörnigen Insekten. Es sind Köcherfliegen oder Phryganiden. Die erst wenig Stunden alten Insekten sind schon eifrig mit Eierlegen beschäftigt. Ein dunkelgrünes Klümpchen dringt aus ihrer Hinterleibsspitze. Ziehen wir den Ast aus dem Wasser, so sehen wir ihn dicht mit diesen Ei- oder Laichklümpchen bedeckt. Wir tun einige von ihnen in ein wassergefülltes Sammelglas. Da fangen sie unter unseren Augen an zu wachsen und heller zu werden, bis sie blaßgrünlich, beinahe farblos erscheinen und wohl zehn- oder mehrmal so groß sind, als sie anfänglich waren. Die Gallerte, in welcher die punktartig kleinen Eier eingepackt sind, quillt durch Wasseraufnahme auf, wird dadurch leichter und schwebt im Wasser. Viele solche Phryganidenlaiche entdecken wir an Schwimmblättern befestigt auf der Oberfläche des Sees. Hier befindet sich der Laich in wärmeren Wasserschichten und wird daher schneller ausgebrütet. So geben die Tiere, die ihre Eier in Gallerte gehüllt ablegen, ihren Kindern ein vorzügliches Schutz- und Hilfsmittel mit auf den Lebensweg. Denn diese Hülle hält die kleinen Eier zusammen, damit die einzelnen nicht an Orte zerstreut werden, wo sie nicht zur Entwicklung kommen können, trägt sie schwimmend auf der wärmeren Oberfläche des Wassers, wo sie schneller ausgebrütet werden, schützt sie vor den Angriffen mancher Feinde, da die schlüpfrige Masse sich den Bissen leicht entzieht, und gibt endlich den jungen Tieren die erste Nahrung. — Hier habe ich ein älteres Laichklümpchen einer Köcherfliege. Noch ist die ganze kleine Gesellschaft der Larven in dem Laiche eingeschlossen, doch im Begriffe, sich durch ihn durchzufressen. Ihr könnt die winzigen Tiere nur mit der Lupe erkennen. Die kleinen, blaß gefärbten, sechsbeinigen Larven drehen ihren Kopf fortwährnd unruhig im Kreise umher. Was soll diese Bewegung? Ich fische endlich noch eine der älteren Larven heraus. Sie steckt in einem selbstgesponnenen „Köcher", der über und über mit zerschroteten Pflanzenblättern, Stengelstückchen, Wasserlinsen usw. bedeckt ist. Das Tier hält sich in seiner Wohnröhre mittels zweier am Hinterleibe sitzender, bräunlicher Klammerhaken so fest, daß man es eher zerreißen als herausziehen kann. Breche ich nun die vordere Hälfte des Köchers ab und setze die Larve mit den Bruchstücken ihrer Wohnröhre in das Sammelglas, so bemerkt ihr, daß nach einiger Zeit das Tier beginnt, seinen Kopf unruhig im Kreise zu drehen und mit den langen, dünnen Beinchen nach Pflanzenstücken herumzutasten, die es dann an den zerstörten Köcherrand drückt und mit einem aus dem Munde gezogenen Spinnfaden befestigt. Das Drehen des Kopfes und Herumgreifen mit den Beinen sind Spinnbewegungen, offenbar dieselben, die das eben aus dem Ei geschlüpfte Tier zeigte. Sie sind ihm angeboren.

Unsere Seen, Bäche und Flüsse beherbergen eine große Menge von Phryganidenlarven, verschieden durch Größe und den Bau ihrer Wohnröhren (Abb. 47). Die meisten Köcher allerdings sind aus feinen Moosblättchen und Stengelstückchen gefertigte, struppige, unansehnliche Röhren. Einige Larven aber haben über ihren engen, aus feinem Sande gebauten Köcher einen gleichfalls aus glitzernden Sandkörnchen bestehenden, gewölbten Schild gespannt, der das Tier auf dem gleichgefärbten Kiesboden gut den Nachstellungen seiner Feinde entzieht. Ein anderes Tier bewohnt einen hohlen Schilfstengel, dem es als Schwimm- und Balancierstangen zu beiden Seiten dünne Halme angeklebt hat. Sogar Streichhölzchen, die wohl aus der nahen Badeanstalt stammen, hat es zu diesem Zwecke benutzt! In kleinen Bächen spinnen sie häufig ihre Wohnung an Steinen fest, um sich so der üblen Wirkung der heftigen Strömung zu entziehen. Nahrung können sie zur Genüge aus der vorübereilenden Flut erhaschen. Die rasche Bewegung des Wassers sorgt auch dafür, daß immer frisches, zum Atmen taugliches Wasser in den Köcher dringt und die den Hinterleib der Larve bekleidenden feinen Kiemenfäden umspült. — Wie aber kommen die in Sumpf und See hausenden Köcherjungferlarven in den Genuß frischen Wassers? Ich bohre mit einem Grashalm in einen hinten

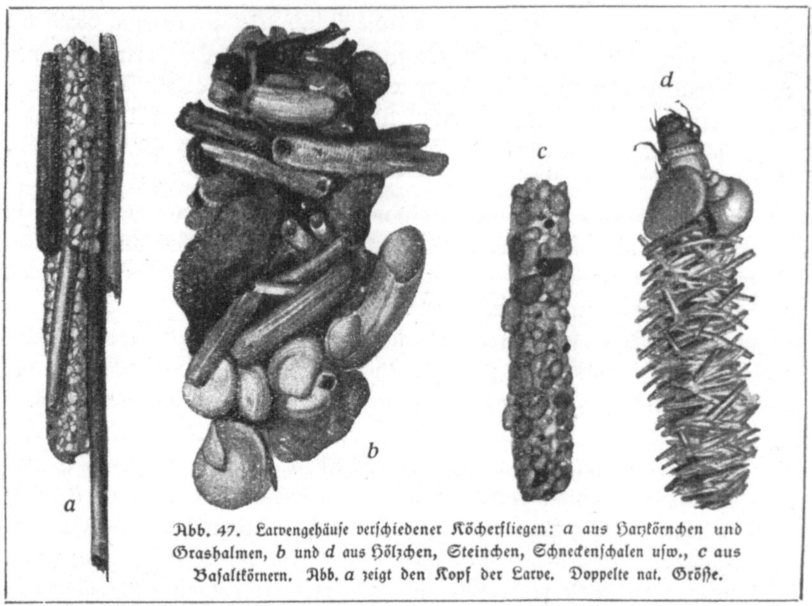

Abb. 47. Larvengehäuse verschiedener Köcherfliegen: *a* aus Harzkörnchen und Grashalmen, *b* und *d* aus Hölzchen, Steinchen, Schneckenschalen usw., *c* aus Basaltkörnern. Abb. *a* zeigt den Kopf der Larve. Doppelte nat. Größe.

offenen Köcher und nötige dadurch die in bewohnende Larve, ihre Schutzhülle zu verlassen. Setze ich sie nun in ein Sammelglas, so zeigt sie euch sofort ihre Atemkunstgriffe: der in lebhaft schlängelnden Wellenbewegungen begriffene Leib schafft im stagnierenden Wasser jene Bewegung und Strömung, die ihm von Natur abgeht.

Unter den vielen verschiedenen Köcherformen haben wir auch mehrere gefunden, die am vorderen Ende zugedeckelt sind. In ihnen ruht die Larve im Puppenschlafe. Laßt ihr zu Hause die Insekten ausschlüpfen, so erhaltet ihr so viel verschiedene fertige Insekten, als ihr verschiedene Köcher gesammelt habt.

Zahlreiche Schnecken schwimmen an der Oberfläche, mit der Sohle am Wasserspiegel haftend, während der ganze übrige Körper in das Wasser taucht, oder kriechen auch langsam an den Stengeln und Blättern herum. Die meisten Süßwasserschnecken, so auch die in unserer Abbildung 50, 4 dargestellte Limnaea, sind Lungenatmer. Durch eine verschließbare Öffnung nehmen sie Luft in die sog. Mantelhöhle, die sich unter ihrer Schale befindet, auf. Diese Mantelhöhle ist mit einem feinen Aderwerk von Blutgefäßen ausgekleidet und so in eine primitive Lunge verwandelt. Will eine solche Schnecke untersinken, so stößt sie die Luft aus der Mantelhöhle aus, wodurch sie spezifisch schwerer wird. Um wieder emporzusteigen, ist ein etwas komplizierteres Manöver notwendig. Die Schnecke steckt den Körper weit aus dem Gehäuse hervor, verwehrt, den Mantelrand enge an die Schale drückend, dem Wasser den Eintritt in das

Innere ihres Häuschens und — steigt nun ohne jede weitere Anstrengung aufwärts, getragen von dem Wasser. Von demselben Wasser, in dem die Schnecke vorher untersank! Denn vermöge des den ganzen Körper überziehenden Muskelschlauches können die Schnecken sich klein und groß machen. Dadurch verändern sie zwar nicht ihr Gewicht, wohl aber das Verhältnis ihres Gewichts zu dem des von ihnen verdrängten Wasservolumens. Nun hat aber bekanntlich schon Archimedes von Syrakus herausgefunden, daß jeder Körper im Wasser so viel an Gewicht verliert, als das Wasser wiegt, das er verdrängt. Nimmt also die Schnecke einen großen Raum ein, so verliert sie einen beträchtlichen Teil ihres Körpergewichts, steigt aufwärts; zieht sie sich zusammen, so ist der Gewichtsverlust ein weit geringerer, so daß jetzt das Schwimmen nicht mehr gelingt: die Schnecke sinkt in die Tiefe. Zum Untersinken wird darum auch nicht immer Luft ausgestoßen, oft genügt dieses Zusammenziehen des Körpers. Nun betrachtet ihr die den meisten Menschen so langweiligen Wasserkünstler mit ganz anderen Augen. Ihr sagt euch jetzt selbst, weshalb die am Grunde kriechenden Schnecken ihr Gehäuse tief herabgezogen, beinahe auf dem Nacken tragen, während die oben schwebenden weit herausgekommen sind, so daß sich noch ein weißlich gefärbtes Körperstück säulenartig auf dem Fußrücken erhebt.

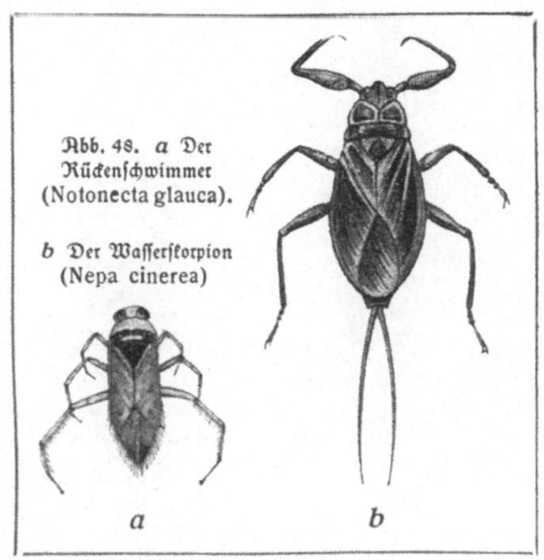

Abb. 48. *a* Der Rückenschwimmer (Notonecta glauca). *b* Der Wasserskorpion (Nepa cinerea)

Jene größeren Insekten, die durch langsames Schlängeln des Hinterleibes ruhig schwimmen oder auf dem Boden umherkriechen, sind Käfer- und Libellenlarven (Abb. 49). Die letzteren steigen auch mit Vorliebe an Pflanzen umher, wissen aber schnell genug hervorzuschießen, wenn sie ein Opfer erspäht haben. Sie strecken dann ihre zu einem eigenartigen Fangapparat umgebildete Unterlippe, die sog. Maske, vor, die, aus langem Unter- und Mittelgliede und kräftigen Beißzangen bestehend, gewöhnlich auf die Brust zurückgeklappt getragen wird, und ergreifen mit dieser ihre Beute durch unfehlbar sichern „Polizeigriff". — Dort bewegt sich träg auf vier Beinen der flache, beinahe rhombisch gestaltete Wasserskorpion (Abb. 48b), dessen beide vorderen, spitzen Raubbeine scherenartig vor dem Kopf stehen. Er ist ein arger Räuber. Im Dickicht einer Elodeapflanze verborgen, hascht er mit seinen Scherenbeinen nach jedem vorübereilenden Tier. Da hat er eine Kaulquappe erwischt, tief graben sich die spitzen Klauen in den weichen Leib, und langsam ziehen sie trotz heftigen Sträubens das Opfer näher und immmer näher an den Kopf des Wasser-

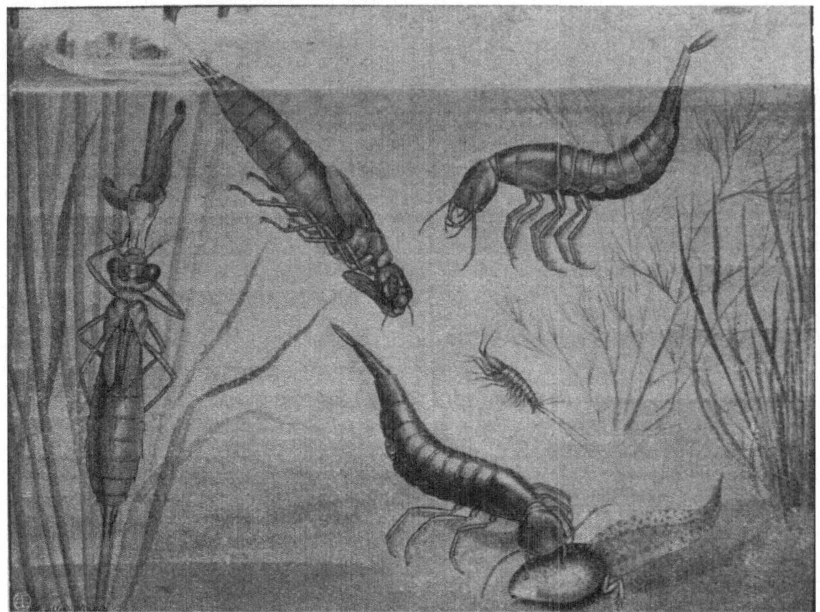

Abb. 49. Larven einer Libelle (Aeschna), links, und des gelbrandigen Schwimmkäfers, rechts. Die eine Libellerlarve hat mit ihrer vorgeschleuderten Maske einen Egel ergriffen, die andere schwimmt unter kräftigem Ausstoßen des Atemwassers einer Wasserassel nach. Die obere Schwimmkäferlarve zeigt die Ruhestellung mit den endständigen Luftlöchern (Stigmen) an der Wasseroberfläche, die untere bohrt ihre Kiefer in eine Kaulquappe.

skorpions. Nun schlägt er seinen harten, scharfen „Schnabel" ein und saugt die wohlgenährte Kaulquappe aus; tot, faltig und bleich läßt er sie in die Tiefe fallen. — Auch einige Rückenschwimmer oder Ruderwanzen sind zu sehen. Sie gehören, wie die Teichläufer und Wasserskorpione, zu den Wanzen (vgl. die Systemübersicht im Schlußkapitel). Der am Rücken kielartig erhöhte Körper gleicht einem kleinen Boot, das hinterste Beinpaar ist in mächtige Ruder verwandelt (Abb. 48a). — Dort ziehen glänzende Taumelkäfer (Gyrinus) ihre schnellen Kreise. An ihren Bewegungen und an dem kleinen, ovalen, plattgedrückten Körper könnt ihr sie leicht erkennen. Weiter in der Tiefe sehen wir einen Schwimmkäfer, nämlich den Gelbrand (Dytiscus marginalis, Abb. 50, 1), mit gewandten Ruderstößen das Dickicht der Wasserpest durcheilen. Ein Luftbläschen glänzt an seiner Hinterleibsspitze: das Tierchen besitzt keine Kiemen, es braucht zu seiner Atmung gasförmige Luft wie Landinsekten und schleppt nun fortwährend einen Luftvorrat unter den Flügeldecken mit sich. — Der große Kolbenwasserkäfer (Hydrophilus piceus, Abb. 50, 2) dagegen trägt auf der Brust einen silbernen Schild, weil seine Atemluft zwischen den kurzen Härchen der Brust aufgespeichert ist, wohin sie durch pumpende Bewegung der Fühler gebracht wird. Es gelingt hier leicht, die Lufteinnahme zu beobachten. Die kurzen Fühler sind aus lauter napfartig auf der Unterseite ausgehöhlten

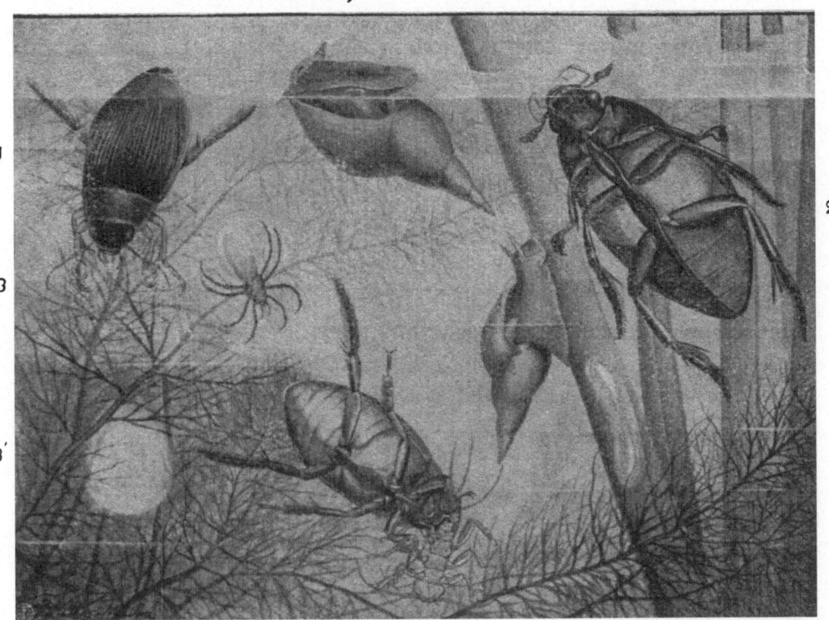

Abb. 50. Atmung niederer Wassertiere. 1. Gelbrand, unten das Männchen, die Larve eines wasserjungfer-ähnlichen Insekts (Perla) packend, oben das Weibchen, Luft schöpfend. 2 Kolbenwasserkäfer, Luft schöpfend. 3 Wasserspinne, am Hinterleib eine Luftblase in ihr Nest 3' tragend. 4 Teichschnecke (Limnaea stagnalis), am Wasserspiegel schwimmend.

Gliedern zusammengesetzt; steckt das Tier sie in die Luft und zieht sie dann unter Wasser, so befördert es mit jedem Zuge etwas Luft an seine Brust. Die Schwimmkäfer besorgen dieses Geschäft einfacher: sie stecken die Hinterleibsspitze über den Wasserspiegel und lüften ein wenig die Flügeldecken. — Die Larve des Kolbenwasserkäfers, die freilich erst im Sommer zu finden ist, lebt verborgen in dem Ufermorast, wo sie sich meist von halb verwesten Pflanzen und kleineren Tieren ernährt, unähnlich ihrer mit kräftigeren Beißzangen versehenen Verwandten, der Schwimmkäferlarve (Abb. 49), die sogar Fische angreift. Die Larve des Kolbenwasserkäfers beschleicht nur solche größere Tiere, die — wie jene Schnecke — wehrlos ihren wenig mächtigen Angriffen ausgesetzt sind. Naht eine Gefahr, so stößt sie aus dem Hinterleibe einen tintenartigen Saft und entzieht sich durch Verdunkelung des Wassers dem Blick des Angreifers. Also lebt in der heimischen Tierwelt ein Geschöpf, das die gleiche Kriegslist übt wie der Tintenfisch des Mittelmeeres, von dem ihr wohl alle schon gehört oder gelesen habt.

Einmal belehrt, achten wir auf alle glänzenden Luftteile im Wasser. Was also ist das für eine nußgroße, silberne Blase, die aus der dunkelgrünen Finsternis der Wasserpflanzen hervorleuchtet? Fischen wir sie sorgfältig mit dem Blatte der Wasserprimel, an dem sie sitzt, heraus. Mit einiger Mühe nur erkennen wir an der Stelle, wo wir sie vermuten, ein grauliches, unansehnliches Gespinst. Tauchen wir aber das Blatt in ein mit Wasser gefülltes Sammelglas, so bläht sich die Blase wieder auf und leuchtet silbern wie zuvor. Es ist das glockenförmige Nest der Wasserspinne (Argyroneta aquatica, Abb. 50, 3). An dem oberen, dem Eingang abgekehrten Ende der Glocke sehen wir eine besondere Abteilung mit gelblichen Eiern erfüllt, das Kinderzimmer der Spinne. Der silberne Glanz wird, wie wir vermutet haben, ebenfalls durch Luft hervorgebracht, die das Nest erfüllt. Die Verfertigerin dieses Gespinstes sehen wir flink an den Wasserpflanzen umherklettern. Ihr Hinterleib ist ganz mit einer glänzenden Lufthülle überzogen. Auch diese Spinne steigt, wenn sie ihren Luftvorrat verbraucht hat, an die Oberfläche und sammelt zwischen den kurzen, dicken Haaren des Hinterleibes neuen Vorrat. Auf diese Weise transportiert sie auch Luft, die sie dann mit den Beinen vom Leibe abstreift, in ihre Wohnung. Unsere Abbildung läßt das mit einer glänzenden Luftblase angefüllte Nest deutlich erkennen.

Nun fragt ihr mich, was die Luftbläschen an den untergetauchten Pflanzenstengeln bedeuten, da dort doch keine Tiere bemerkbar sind. Erinnert euch an den Versuch mit untergetauchten Elodeenzweigen, den wir im Januar (S. 6) im Zimmer ausführten: diese Bläschen enthalten den infolge der Assimilation der Pflanzen ausgeschiedenen Sauerstoff. Die zur Assimilation nötige Kohlensäure ist, im Wasser gelöst, in genügender Menge vorhanden. Sie entsteht, wie wir schon wissen, durch die mannigfachen Fäulnisprozesse, in erster Linie aber durch die Atmung der im Wasser lebenden Tiere. Die Atmung der Wassertiere und die Assimilation der im Wasser lebenden Pflanzen ergänzen sich gegenseitig. Wenn ihr ein Aquarium einrichten wollt, in welchem es Tieren möglich sein soll, dauernd ohne künstliche Luftzufuhr zu leben, so müßt ihr es deshalb bepflanzen. Ihr braucht dazu keinerlei besondere Vorbereitungen, ein größeres Einmachglas genügt, das ihr mit frischem Fluß- oder Teichwasser füllt. Nun legt einige Wasserpflanzen hinein (Wasserlinsen und etwas Wasserpest), schüttet Kies auf den Boden und setzt dann die Tiere in das Glas! Die Hauptsache ist Achtsamkeit und Sorgfalt. Das Aquarium muß einen solchen Platz erhalten, daß es die Sonne etwa ein bis zwei Stunden täglich bescheint. Geschieht das nicht, so scheiden die Pflanzen keinen Sauerstoff aus, und die Tiere ersticken. Scheint die Sonne aber zu lange auf das Wasser, so wird es zu warm und verliert seinen Luftgehalt, wie ihr ja auch aus kaltem Trinkwasser, das ihr eine Weile im warmen Zimmer stehen laßt, die Luft in Bläschen entweichen seht. Ihr müßt auch auf etwa absterbende Tiere achten und Leichen zur Zeit entfernen, denn sonst siedeln sich schädliche Bakterien uud Pilze an, und es tritt ein allgemeines Absterben ein. Auch tote Pflanzen haben dieselbe Wirkung und müssen rechtzeitig herausgenommen werden, wie ihr es auch bald lernen werdet, das richtige Verhältnis von Pflanzen und Tieren in eurem Aquarium festzuhalten. Bei sorgfältiger Behandlung bleibt das Wasser wochen-, ja monatelang in gutem Zustande.

Nach dem Gesichtspunkt der Wurzelentwickelung lassen sich drei Gruppen von Wasserpflanzen unterscheiden. Zunächst ganz wurzellose, wie die uns schon bekannte Wasserlinse und der Wasserschlauch (Utricularia, Abb. 51), zwischen dessen fein zerteilten Blättern kleine geschlossene Blasen sitzen, die Tierfallen darstellen, zum Abfangen und zur Verdauung kleiner Wassertiere, namentlich Insekten, eingerichtet.

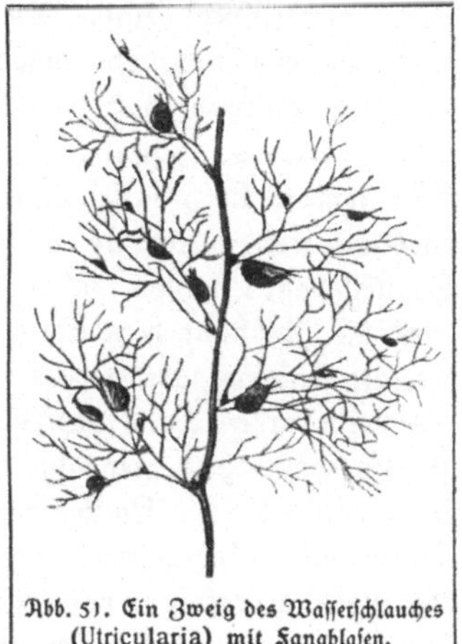
Abb. 51. Ein Zweig des Wasserschlauches (Utricularia) mit Fangblasen.

Auch die Mehrzahl der Fadenalgen darf hierher gerechnet werden. Das sind jene grünen, zu filzigen Matten vereinigten Fäden, die dort auf der Oberfläche des Wassers schwimmen. Sie sind nicht an die Uferzone gebunden und kommen auch mitten im See vor. Es gibt zwar auch Fadenalgen, die am Grunde von Bächen an Steinen festhaften, ferner solche, die sich ans Landleben angepaßt haben; alle diese sind aber nur scheinbar Landpflanzen, sie leben stets an feuchten Stellen und sind immer von einer dünnen Wasserschicht überzogen. Endlich müssen wir hier noch die einzelligen Algen erwähnen, die einen Hauptbestandteil des sog. Planktons bilden, d. h. der mikroskopisch kleinen Organismen, die im Wasser unserer Seen und Flüsse, ebenso wie im Meere, frei schweben.

Die zweite Gruppe bilden die Wasserpflanzen, die zwar im Schlamme verankert sind, deren Wurzeln aber lediglich Haftorgane darstellen und keinerlei Nahrung aus dem Boden entnehmen. Das sind die Wasserpflanzen im engeren Sinne. Werfen wir von jenem Landungssteg aus einen aus starkem Draht zusammengebogenen, an einer langen Schnur befestigten Angelhaken aus, so gelingt es leicht, einen ganzen Ballen solcher Pflanzen ihrem nassen Element zu entreißen. Es sind in der Hauptsache Wasserpestzweige, aber auch einzelne Laichkräuter (Potamogeton) und Tannwedel (Hippuris) sind vertreten. Alle diese Pflanzen fallen uns auf durch ihre sehr zahlreichen Blätter. Dabei ist das einzelne Blatt ziemlich klein und dünn. Dort sind auch Zweigstücke vom Hornblatt (Ceratophyllum) und vom Tausendblatt (Myriophyllum, S. 85) mitgekommen. Hier sind die Blätter, ebenso wie bei der Wasserfeder oder Sumpfprimel, stark zerspalten, die Teilblättchen sind alle sehr schmal und dünn und zart gebaut. Offenbar kommt es allen diesen Pflanzen darauf an, auf das einzelne Blatt oder Teilblatt möglichst wenig Material zu verwenden und dafür recht zahlreiche Blättchen oder Blatteile auszubilden, d. h. sie wollen ihrem Körper eine möglichst ausgedehnte Gesamtoberfläche geben. Warum das? Wir sagten schon vorhin, daß die Wurzeln dieser Pflanzen nicht zur Nahrungsaufnahme dienen. Auch Luftkohlensäure können sie nicht nach Art der Landpflanzen gewinnen, weil sie ganz untergetaucht sind. Die Kohlensäure und die zur Ernährung nötigen Salze werden vielmehr unmittelbar dem umgebenden Wasser entnommen, und zwar vollzieht sich diese Stoffaufnahme an der gesamten Oberfläche des Pflanzenkörpers. Spaltöffnungen wären hier zwecklos, da nicht gasförmige Luft, sondern im Wasser aufgelöste Kohlensäure aufzunehmen ist, ja sie wären schädlich, weil durch sie Wasser ins Innere der Pflanze eindringen würde. Spaltöffnungen fehlen daher ganz, und der Gasaustausch findet kurzerhand durch die Oberhaut hindurch statt, die dafür nicht, wie bei den Landpflanzen, verdickt, sondern zart gebaut und nur zum Schutze gegen Auswaschung der darunterliegenden Teile des Pflanzenkörpers mit einer Schleimschicht überzogen ist. Immerhin hat hier also der Gasaustausch viel stärkere Hemmungen zu überwinden als bei Landpflanzen. Damit nun doch genügende Mengen von Kohlensäure aufgenommen werden können, muß die Fläche, an welcher der Gasaustausch erfolgt, möglichst groß sein. Jetzt wird uns klar, warum die Wasserpflanzen ihre Körperoberfläche zu vergrößern suchen. — Es kommt noch hinzu, daß das Sonnenlicht durch das Wasser stark absorbiert wird. Soll die Assimilation nicht unter das notwendige Maß herabgedrückt werden, so ist also wiederum eine große Gesamtoberfläche nötig, die einen möglichst großen Anteil des stark geschwächten Sonnenlichtes aufzufangen und nutzbar zu machen gestattet.

Endlich ist zu berücksichtigen, daß an der Pflanze, außer dem zur Assimilation nötigen noch ein anderer Gasaustausch sich vollzieht, nämlich (S. 32) die Sauerstoffaufnahme, die zum Unterhalt der Atmung notwendig ist, und die Abgabe der Atmungsprodukte. Auch die Atemluft muß hier mittels der gesamten Körperoberfläche aus dem umgebenden Wasser aufgenommen werden. Die Atmung der untergetauchten Wasserpflanzen ist also vergleichbar der Kiemenatmung der Wassertiere (S. 41), weshalb man die stark zerteilten Blätter dieser Pflanzen auch etwa „Kiemenblätter" genannt hat.

Die reusenartige Zerteilung der Blattflächen schützt die Wasserpflanzen zugleich, namentlich in rasch fließenden Gewässern, gegen Zerreißen durch die Wasserströmung. Sie lassen, wirklich wie eine Reuse, die Strömung hindurchgehen, so daß ihre Gewalt ihnen wenig antun kann. Die langen, bandförmigen Blätter der Laichkräuter wieder folgen willig der Strömung des Flusses und fluten in ihr auf und ab wie gelöstes Frauenhaar. Auch die stark gestreckten Stengel sind sehr biegsam, so daß sie sich dem Willen des Wasserstromes sofort anzupassen vermögen. Versuchen wir aber die herausgefischten Laichkrautstengel zu zerreißen, so spüren wir doch einen ganz unerwartet großen Widerstand: die Wasserpflanzenstengel haben zwar keinerlei Starrheit oder Biegungsfestigkeit, aber sie sind recht *zugfest* gebaut. Sie werden ja in der Tat durch Strömung und Wellenschlag oft sehr stark auf Zug beansprucht, *Biegungsfestigkeit* (S. 55) aber brauchen sie nicht, denn sie laufen nicht, wie Landpflanzen, Gefahr, zu knicken, da ja ihr ganzes Gewicht von allen Seiten von dem umgebenden Wasser getragen wird. Biegungsfestigkeit wäre diesen Pflanzen geradezu schädlich, da sie ihre Stengel der nötigen Biegsamkeit beraubte.

Eine dritte Gruppe von Wasserpflanzen endlich besitzt richtige Wurzeln und Schwimmblätter. Das sind eigentlich nur maskierte Wasserpflanzen, ihre Ernährung und Atmung entspricht ganz der der Landpflanzen: mit den Wurzeln entnehmen sie aus dem schlammigen Grund Wasser und Nährsalze, mit den Blättern aus der über dem Wasserspiegel lagernden Atmosphäre die zur Assimilation und zur Atmung nötige Luft. Hierher gehören die Seerosen (Nymphaea) und Mummeln (Nuphar) und der Froschbiß (Hydrocharis morsus ranae, Schlußbild des XI. Kapitels). Die schwimmenden Blätter dieser Pflanzen besitzen darum Spaltöffnungen. Aber diese stehen nicht auf der Blattunterseite wie bei den Landpflanzen, sondern oben, weil die Unterseite dem Wasserspiegel aufliegt. Schneiden wir ein Wasserrosenblatt mit einem Stück Blattstiel ab, halten die Blattspreite unter Wasser und blasen an der Schnittstelle kräftig in den Blattstiel hinein, so sehen wir aus der Oberseite der Blattfläche zahlreiche kleine Bläschen austreten, ein Beweis für die dort befindlichen feinen Öffnungen.

Auffallend ist, daß die Seerosen- und Mummelblätter trotz des starken Wellenschlags stets trocken bleiben. Das kommt daher, weil die Stelle des Blattes, an der unten der Stiel entspringt, etwas erhöht ist, so daß das Wasser sofort nach den Seiten abfließt. Eine dauernde Benetzung der Blattfläche würde ja auch die Spaltöffnungen überschwemmen und verschließen. Der Blattstiel ist lang, einem Tau vergleichbar, biegsam und durch eingeschlossene Luft sehr leicht. Seine Länge übertrifft die Tiefe des Gewässers, so daß er nicht aufrecht, sondern schief im Wasser steht. Hebt ein Wellenschlag das Blatt, so stellt sich der Stiel etwas mehr senkrecht, sinkt das Blatt in ein Wellental, so geht der Stiel in eine stärker schiefe Lage zurück (Schlußbild S. 58). Dasselbe geschieht, wenn die Wasserfläche nach starken Regengüssen dauernd steigt, bzw. durch starke Verdunstung zurückgeht. Das Blatt folgt, wie an einem beweglichen Tau befestigt, jeder Bewegung der Wasserfläche und kann weder über Wasser gehoben noch darin hinabgezogen werden.

Ein Querschnitt durch den Blattstiel der Wasserrose zeigt uns die mächtigen Luftkammern. Luftgefüllte Stengel und Blattstiele sind eine bei Wasserpflanzen, namentlich solchen mit Schwimmblättern, sehr häufige Erscheinung. Wir finden sie beim Wasserschierling, beim Bitterklee u. a. Beim Schierling hat namentlich der im Schlamm verankerte Wurzelstock große Lnftkammern. Für die Wasserrosenblattstiele hat dieses Merkmal wohl die Bedeutung einer Schwimmvorrichtung. Aber eine Schwimmvorrichtung im wurzelnden Grundstocke des Schierlings?! Ein anderer Weg des Verständnisses steht uns jetzt offen: die Pforte, durch welche Atemluft zu den inneren Teilen der Pflanze dringen soll, liegt bei den Wasserpflanzen mit Schwimmblättern oft weit ab. Alle Teile der Pflanze wollen aber atmen, auch die Stengel und, nicht zum mindesten, die Wurzel. Da ist denn ein geräumiges Durchlüftungssystem für diese Pflanzen eine notwendige Ausrüstung. Daß es auch diesen oder jenen Teil der Pflanze schwimmfähig macht, erscheint uns jetzt als ein mehr nebenher erreichter Vorteil.

Bei den „kiemenatmenden“ Wasserpflanzen der Gruppen 1 und 2 ist das Durchlüftungssystem viel schwächer ausgebildet, oft nicht stärker als bei den Landpflanzen. Das verstehen wir jetzt: hier findet ja die Atmung nicht nur an einer Stelle, sondern an der gesamten Körperoberfläche statt.

Nun gibt es freilich außer den genannten Gruppen von Wasserpflanzen noch Zwischenformen. Beim Wasserhahnenfuß (Batrachium) und bei einzelnen Laichkrautarten kommen sowohl untergetauchte als schwimmende Blätter vor. Die Tauchblätter des Wasserhahnenfußes sind nun borstenartig zerteilt, in großer Zahl zu Büscheln vereinigt, die Schwimmblätter dagegen sind größer und nierenförmig, also nicht zerteilt und viel weniger zahlreich. Diese Erscheinung ist uns jetzt als eiue wunderbare Anpassung an das umgebende Medium ohne weiteres verständlich.

Am vollkommensten ist die Anpassung bei den amphibischen Pflanzen. — Beinahe alle Pflanzen feuchter Standorte kommen zeitweilig in die Lage, als Wasserpflanzen leben zu müssen. Man kann z. B. zuweilen Wiesenschaumkrautpflanzen beobachten, die im Wasser wachsen. Ihre sonst sitzenden Stengelblätter sind dann langgestielt, ihre Zipfel verlängert und verschmälert, die Blattoberhaut zart und dünn, ja auch innere, nur mit dem Mikroskop festzustellende Umänderungen zeigen, daß die Pflanze auf dem besten Wege ist, sich in eine Wasserform umzugestalten. Aber das Wiesenschaumkraut behauptet sich nicht als Wasserpflanze, es bringt keinen Samen nnd stirbt zum Ende der Vegetationszeit ab. In ausdauernde, sich vermehrende neue Formen überzugehen, vermögen aber die sog. amphibischen Pflanzen. Sie können nicht nur bald als Wasser-, bald als Landpflanzen leben, sondern ihr Körper nimmt auch jeweils eine dem Medium, in welchem die Pflanze aufwächst, entsprechende Gestalt an. Am schönsten zeigt sich diese Erscheinung bei dem ortswechselnden Knöterich (Polygonum amphibium). Diese Pflanze wächst oft im Wasser, oft auch auf dem feuchten Ufersaum als Landpflanze. Im ersteren Falle sind die Stengel lang und dünn, sie fluten im Wasser und tragen ihre langgestielten Blätter, einander genähert, an der Spitze, so daß sie auf der Oberfläche schwimmen; die Landpflanze dagegen hat steif aufrechte Stengel, an denen schmälere und krausere kurzgestielte Laubblätter sitzen. Die Samen dieser Pflanzen vermögen aber je nach den Bedingungen, in die sie gelangen, sich zu der einen oder anderen Form zu entwickeln, ja der amphibische Knöterich schickt aus einem Wurzelstock Äste der Land- und Äste der Wasserform aus. Solch „plastische“ Pflanzen mögen zu Anfang wohl auch die Vorfahren unserer jetzigen „echten“ Wasserpflanzen gewesen sein.

Ödung und See, zwei sehr verschiedene Landschaftsbilder mit stark voneinander abweichenden Bewohnern, zogen an eurem Auge vorüber. Faßte sie nur der Zufall unserer heutigen Wanderung in einen Rahmen zusammen? Alt ist der Vergleich zwischen Wüste und Meer. In der Odung und dem Binnensee habt ihr die heimischen Kleinbilder jener gewaltigen Naturerscheinungen der Fremde. In beiden sind es die äußerst scharf ausgesprochenen Lebensbedingungen, die als hauptsächlichstes Merkmal in die Augen fallen: größte Trockenheit dort, gänzlicher Mangel trockenen Bodens hier. Beide Bedingungen verlangen ganz bestimmte Eigenschaften der pflanzlichen und tierischen Bewohner und schaffen eine höchst eigenartige, abgeschlossene und in sich ähnliche Welt von Lebewesen.

Die Zweckmäßigkeit der einzelnen Glieder dieser „Lebensgemeinschaften" (S. 82), ihre weitgehende „Anpassung" an die Umgebung weckt unsere höchste Bewunderung. Ist es nicht, als ob diese Einrichtungen mit Absicht hervorgebracht worden wären, um die Idee der vollendeten Zweckmäßigkeit zu verwirklichen, geschaffen von einem uns zwar unendlich überlegenen, aber gleich uns nach Zwecken denkenden und handelnden Wesen? Die Naturwissenschaft darf sich freilich mit solchen Betrachtungen nicht begnügen, sie muß versuchen, das Problem der Zweckmäßigkeit mit realen Mitteln zu lösen (Kap. XII). Der sinnige Naturfreund aber darf seine Gedanken freier schweifen lassen. Gerade jene eindringende Naturbeobachtung, wie sie diese Schilderungen erstreben, wird ihn immer wieder zu der Frage nach den letzten Ursachen hinführen. Seine Naturfreude wird ihm so mehr und mehr zur Grundlage einer beglückenden Weltanschauung und einem unentbehrlichen Bestandteil seines inneren Lebens.

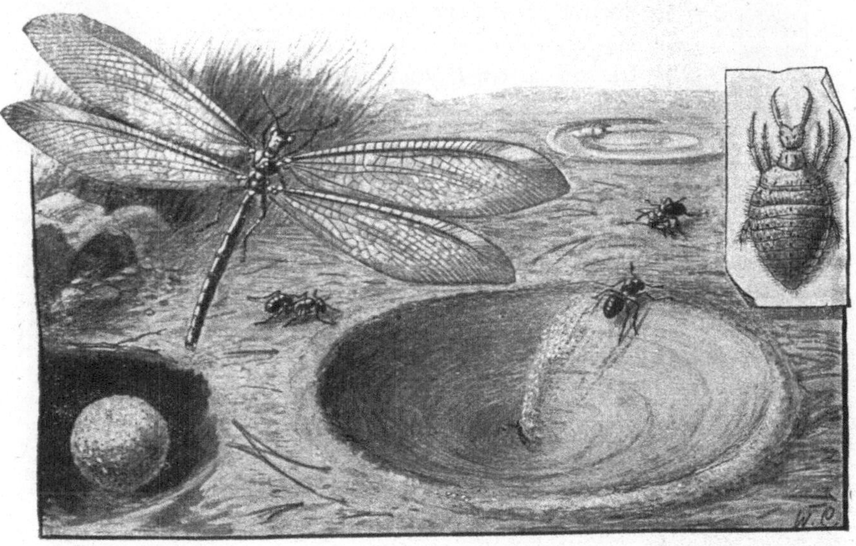

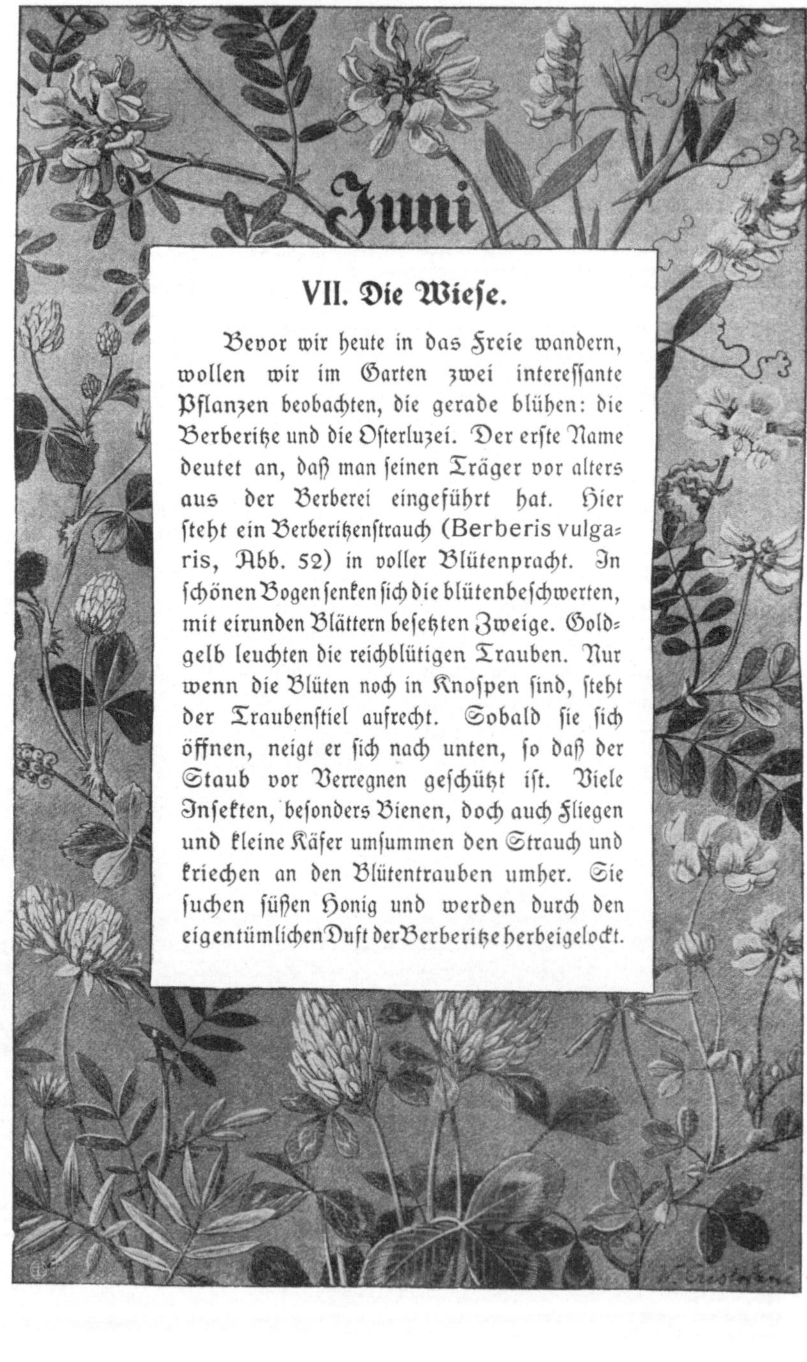

VII. Die Wiese.

Bevor wir heute in das Freie wandern, wollen wir im Garten zwei interessante Pflanzen beobachten, die gerade blühen: die Berberitze und die Osterluzei. Der erste Name deutet an, daß man seinen Träger vor alters aus der Berberei eingeführt hat. Hier steht ein Berberitzenstrauch (Berberis vulgaris, Abb. 52) in voller Blütenpracht. In schönen Bogen senken sich die blütenbeschwerten, mit eirunden Blättern besetzten Zweige. Goldgelb leuchten die reichblütigen Trauben. Nur wenn die Blüten noch in Knospen sind, steht der Traubenstiel aufrecht. Sobald sie sich öffnen, neigt er sich nach unten, so daß der Staub vor Verregnen geschützt ist. Viele Insekten, besonders Bienen, doch auch Fliegen und kleine Käfer umsummen den Strauch und kriechen an den Blütentrauben umher. Sie suchen süßen Honig und werden durch den eigentümlichen Duft der Berberitze herbeigelockt.

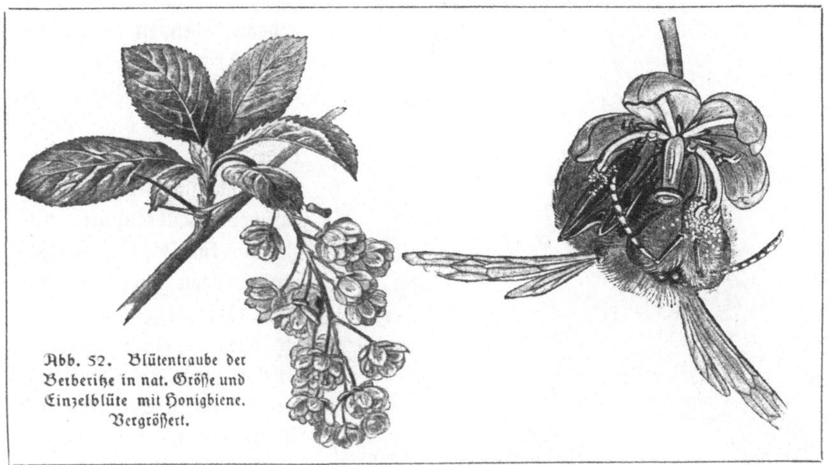
Abb. 52. Blütentraube der Berberitze in nat. Größe und Einzelblüte mit Honigbiene. Vergrößert.

Jede Blüte besitzt sechs schüsselartig vertiefte, goldgelbe Blumenblätter. Ihnen gegenüber, wie bei den Primeln (vgl. die Diagrammtafel im Schlußkapitel, Nr. 11), stehen die Staubgefäße. Am Grunde eines jeden Staubfadens wird von einem leuchtender gefärbten Pölsterchen des Blumenblattes Nektar ausgeschieden, die gesuchte Speise der den Strauch umschwärmenden Insekten. In der Mitte der Blüte erhebt sich der mit kurzem Griffel und scheibenartiger Narbe gekrönte Fruchtknoten, aus welchem später die säuerlich schmeckende, längliche, schön dunkelrote Beere entsteht. Die Befruchtung kommt hier auf höchst wunderbare Weise zustande: Berühre ich mit dieser Bleistiftspitze den Grund eines Staubfadens, so zuckt er wie erschreckt empor und schlägt mit dem Beutel an die Narbe. Das Staubblatt ist reizbar! Wenn eine Biene sich an die Blütentraube hängt, faßt sie mit den Beinchen in diese oder jene geöffnete Blüte und bringt die Bewegung, die wir vorhin künstlich auslösten, hervor. Noch unfehlbarer geschieht das, wenn sie mit ihrem Kopfe in die Blüte einfährt und mit der langen Zunge den süßen Saft von den Honigwülsten ableckt. Das nach innen schlagende Staubgefäß entleert seinen Staub auf den Kopf oder Rüssel des Insekts (Abb. 52, rechts). Wenn die Biene dann eine andere Blüte besucht, gelangt der Staub von ihrem Körper auf die klebrige Narbe. Er bleibt dort haften, und die Bestäubung ist besorgt. — Biene und Berberitze fördern sich gegenseitig, wie es bei jeder guten Freundschaft sein soll. Insekten, die in die Blüte gelangen, werden bei ihrem Schmause wohl immer den Reiz hervorbringen, der das Anschlagen der Staubblätter bewirkt, aber nicht bei allen, namentlich nicht bei sehr kleinen Insekten, wird der herausgeschleuderte Staub deren Körper treffen. Dann ist die Bewegung unnütz gewesen, wenn nicht vielleicht der ausgestreute Staub auf die Narbe der eigenen Blüte fliegt, so daß wenigstens noch Selbstbestäubung eintritt.

Die andere Pflanze unseres Gartens, der wir heute noch einen Besuch zu-

Abb. 53. Osterluzei, 2/3 nat. Größe. Rechts oben einzelne Blüte vor der Bestäubung in nat. Größe.

gedacht haben, ist die Osterluzei (Aristolochia clematitis, Abb. 53). Merkwürdig genug sehen die Blüten dieser Pflanze aus: ganz unten der walzige Fruchtknoten, darüber die Blütenhülle, am Grunde kugelförmig ausgebaucht, dann aber in eine enge Röhre ausgezogen, die sich oben zu einer breiten, löffelartigen Lippe erweitert. Staubblätter und Griffel mit Narbe sind nicht zu sehen: sie sind im kugelförmigen Teile der Glocke verborgen. Schneiden wir eine Blüte der Länge nach auf, so sehen wir zu unterst sechs sitzende Staubbeutel unter einer sie überragenden, sechslappigen Narbe. Die Staubbeutel einer jeden Blüte öffnen sich erst, wenn ihre Narbe verwelkt ist. Die Blüten sind also stark stempelvorreif (S. 95). Die Osterluzei ist darum zu ihrer Bestäubung vollständig auf Insekten angewiesen. Und diese bleiben nicht aus. Wir sahen beim Öffnen der Blüte einige winzig kleine Fliegen davonschwärmen. Die waren durch den engen Kanal hineingekrochen und konnten nachher nicht wieder zurück. Denn in der engen Röhre versperren abwärts gekehrte Haare den Weg, die sich wohl beim Hineinkriechen zur Seite drücken ließen, dem den Rückweg suchenden Insekt aber drohend die Spitze entgegenkehrten. So bleiben die Tiere einige Tage gefangen. Zu Anfang sind sie mit ihrer Haft wohl zufrieden, denn an den Wänden der Glocke finden sie in einem Zellenbelag schmackhafte Nahrung. Allmählich aber wird ihnen doch ihr Gefängnis zu enge, und sie fliegen unruhig umher. Da sich aber inzwischen die Staubbeutel geöffnet haben, bepudern sie ihren Körper mit Blütenstaub. Endlich naht der Tag der Befreiung: die Pflanze braucht ihre ganze Kraft, um die Frucht auszubilden. Deshalb werden zuerst die Haare, als die hinfälligsten Gebilde der Blüte, schlaff, und nichts hindert nun die kleinen Gefangenen mehr, ins Freie zu entweichen. Jetzt wird auch die Lippe welk, klappt abwärts und verschließt so den Zugang der Röhre, zum Zeichen, daß nunmehr kein Gast hier noch etwas zu suchen habe. — Doch war dies Gefängnis ein zu lustiger und nahrhafter Aufenthalt, als daß die Tierchen nicht bald einen ähnlichen aufsuchen sollten. Bei ihrer Einfahrt in eine andere, eben erschlossene Blüte, deren Narbe zur Bestäubung reif ist, streifen sie den aus der ersten Blüte mitgebrachten Blütenstaub auf der Narbe ab. Nun müssen sie wieder warten, bis auch diese Blüte ihren Staub entleert und sie zu erneuter Arbeit in einer dritten Blüte entläßt. Wir finden nach einigem Suchen alle drei Stadien der Blüte: solche mit reifer Narbe und geschlossenen Staubbeuteln, in denen sich ungepuderte Insekten tummeln, darunter sicher auch solche, die den aus einer anderen Blüte mitgebrachten Staub der Narbe abgegeben haben, solche mit aufbrechenden Staubgefäßen und welker Narbe, aus denen uns die gelb bepuderten Insekten entgegenschwirren, endlich solche, deren Sperrhaare erschlafft und deren Gäste durch die geöffnete Pforte entwichen sind.

Beeilen wir uns nun, das Ziel unserer heutigen Wanderung, die Talsohle unseres Flusses, rechtzeitig zu erreichen, denn dort gibt es jetzt gar viel zu sehen. Eine saftiggrüne Wiesendecke überzieht den ganzen Talgrund. Sie ist unser heutiges Forschungsgebiet!

Im Vorübergehen sehen wir deutlich die Gliederung, welche die Wiesenvegetation durch den Grad der Bodenfeuchtigkeit erfährt. Die blauen Blüten des Sumpfvergißmeinnichts (Myosotis palustris) mit ihren zierlichen gelben „Saftmalen", Kuckucksnelken (Coronaria flos cuculi) mit ihren fein zerteilten fleischroten Blütenblättern, deren Namen von dem häufig an ihnen zu findenden „Kuckucksspeichel" der Schaumzikade (S. 45) herrührt, Wiesenfuchsschwanz (Alopecurus pratensis), das Gras mit den bekannten dichten zylindrischen Ähren, die aussehen wie kleine Flaschenbürsten, und endlich der Sauerampfer (Rumex acetosa) kennzeichnen die feuchteren Stellen. Dicht am Flußufer und an den Zuflußbächen steht sogar der ausgesprochenste „Feuchtigkeitszeiger", die Sumpfdotterblume. Grindflockenblumen (Centaurea scabiosa), Wucherblumen, Schafgarben und Esparsetten, namentlich aber die Wiesensalbei finden sich an den trockeneren, nach Süden abfallenden Stellen des Nordufers. Waldnähe verraten die rote Lichtnelke oder Waldnelke (Melandrium silvestre) und der Waldstorchschnabel (Geranium silvaticum). Die Trollblume, mit ihren kugligen, schwefelgelben Blumen eine der schönsten Gestalten aus der formenreichen Hahnenfußfamilie, sowie der Wiesenknöterich (Polygonum bistorta) deuten auf torfigen Untergrund.

Düngerliebende Pflanzen sind namentlich die Doldengewächse. Die Obstbaumwiese, auf der wir am Anfang unserer vorigen Wanderung unsere Umbelliferen-Studien ausführten (S. 93, 94), war sicher stark mit Stalldünger überfüttert, sonst hätte der Kerbel, der nur als Grünfutter einigen Wert hat, später aber rasch hart wird, nicht so sehr überhandgenommen. Auch der Löwenzahn siedelt sich namentlich auf überdüngten Wiesen an, während eine andere Komposite, die Wiesenfeste oder der zweijährige Pippau (Crepis biennis), eine „düngerfliehende“ Pflanze ist. So hat also die Düngung schon auf die botanische Zusammensetzung der Wiese starken Einfluß. Noch wichtiger aber ist ihre Wirkung auf die Dichte des Pflanzenwuchses und die Üppigkeit der einzelnen Grasstöcke und Kräuter.

Jede Heuernte raubt dem Wiesenboden große Mengen von Pflanzennährstoffen. Diese sucht der Landwirt durch Düngung zu ersetzen. Als Dünger werden neben Kali- und Phosphorsalzen namentlich *stickstoffhaltige Körper* verwendet. Es ist uns ja bereits bekannt (S. 8), daß alle Pflanzen außer Kohlensäure und Wasser namentlich Stickstoff aufnehmen müssen. Aus den beiden erstgenannten Stoffen werden hauptsächlich Stärke und Zucker zubereitet, der Stickstoff aber ermöglicht die Bildung der äußerst wichtigen *Eiweißstoffe*. Der Stickstoffbedarf der Pflanzen kann nun nicht aus der umgebenden Luft, welche doch die reichste Stickstoffquelle darstellt (S. 1), bestritten werden, denn die Luft enthält dieses *Element* in reinem, unverbundenem Zustande; der Stickstoff ist aber ein sehr „träges“ Element, daß sich schwer mit anderen Körpern verbindet und darum auch nur sehr schwer von der Pflanze aufgenommen werden kann. Deshalb müssen die Pflanzen ihren Stickstoff zum größten Teil aus dem Boden beziehen. Hier kommt er nämlich bereits in Form von *Verbindungen* vor, die von den Wurzeln leicht aufgenommen werden können. Stickstoffhaltig sind zunächst die vielen in der Erde faulenden pflanzlichen und tierischen Stoffe. Diese können aber nur von den sog. Fäulnisbewohnern, die wir auf unserer letzten Wanderung kennen lernten, ohne weiteres aufgenommen werden. Nun enthält aber der Boden außerdem stets noch sog. Ammoniaksalze und Salpetersalze. Diese entstehen aus jenen faulenden Pflanzen- und Tierstoffen durch die Tätigkeit sog. *Stickstoffbakterien*, die in jedem Erdboden vorkommen. Namentlich die Salpetersalze, die im Bodenwasser löslich sind, werden nun von den Saugwurzeln der Pflanzen aufgenommen und durch den Saftstrom weitergeführt. Aus dem Gesagten ergibt sich, daß als Stickstoffdünger alle pflanzlichen und tierischen Abfälle verwendet werden können; die gewöhnlichste Form ist Stalldünger. Aber die bei der Fäulnis dieser Abfallstoffe entstehenden Salze können auch unmittelbar, z. B. in Form von Chilisalpeter, ausgestreut werden.

In neuester Zeit ist es durch Verwendung der hohen Temperaturen, welche der elektrische Flammenbogen liefert, gelungen, den Luftstickstoff trotz seiner „Trägheit“ in Verbindungen überzuführen und aus ihm einen Körper herzustellen, der jetzt als hochwertiger Dünger bereits in großen Mengen in den Handel kommt. Die Möglichkeit, auf diesem Wege die ungeheuren Stickstoffvorräte der Atmosphäre, die bisher brachlagen, zur Düngung unfruchtbarer Böden ausnützen zu können, eröffnet ganz unberechenbare Aussichten auf eine viel stärkere Kultur des Bodens und damit auf eine viel dichtere Ansiedlung der Bevölkerung. Diese Frage bildet eine der ersten Grundlagen der namentlich seit Ausbruch des großen Krieges wieder so viel erörterten „inneren Kolonisation“.

Am Wiesenrand halten wir Rast. Wir brauchen heute gar nicht mehr weiterzugehen, die wenigen Quadratmeter, die wir von hier aus überblicken können, bergen des Schönen und Wissenswerten genug! — Das wesentliche Merkmal des Pflanzenwuchses der Wiese kann gar nicht besser wiedergegeben werden als durch ein niedliches Sprüchlein des alten Minnesängers Walther von der Vogelweide:

„Du bist kurzer, ich bin langer,“
Also streiten auf dem Anger
Blumen mit dem Klee

In der Tat: Kampf ums Licht heißt hier die Losung! Jedes Glied dieses kleinen Urwaldes sucht seine Nachbarn an Länge zu übertreffen, um sich die zum Leben nötige Menge Licht zu sichern. Pflanzen, die starker Streckungen nicht fähig sind, wie die Gänseblümchen und die Blattrosetten der Wegeriche, wie Frauenmantel (Alchemilla vulgaris) und Ehrenpreisarten (Veronica), fristen jetzt ein kümmerliches Dasein. Die Gräser haben mächtig lange Halme entwickelt, die unten gar keine oder nur mißfarbig-welke Blätter haben. Die ganze Assimilationstätigkeit ist nach oben verlegt. Das gilt nicht nur für die Gräser, sondern auch für die anderen Wiesenpflanzen, auch sie haben sich mächtig in die Länge gestreckt. Vor allen Dingen die Korbblütler: Schafgarbe, zweijähriger Pippau und Wiesenbocksbart (Tragopogon), aber auch Salbei, Esparsette und sogar der Rotklee sind sehr hochwüchsig geworden. Hahnenfuße und Wiesenkerbel sind jetzt meist abgeblüht, an ihre Stelle ist der Bärenklau (Heracleum) getreten, der sich mit seinem derben Blattwerk leicht Raum in diesem Dickicht zu schaffen weiß. Wer aber nicht selbst hohe steife Stengel auszubilden vermag, der klettert an den Nachbarpflanzen zum Licht empor: die Zaunwicke (Vicia sepium) und die Wiesenplatterbse (Lathyrus pratensis) halten sich mit ihren Ranken fest, Ackerwinde (Convolvulus arvensis) umschlingt einzelne Gräser oder ganze Büschel von Halmen, das gemeine und das echte Labkraut (Galium mollugo und verum) halten sich mit ihren weitverzweigten sparrigen Blütenrispen zwischen den dichtstehenden Nachbarn fest.

Eine windende Pflanze ist auch die Kleeseide und ihre Verwandten (Gattung Cuscuta, Abb. 25b, S. 68). Ihre fadenförmigen Stengel klettern namentlich an verschiedenen Kleearten empor, und mit kleinen Saugwarzen, die sie in den Körper ihrer Wirtspflanzen hineinsenken, entnehmen sie diesen die nötige Nahrung. Blätter besitzt die sonderbare Pflanze nicht, ja sogar der Wurzeln entbehrt sie! „Würger“ oder „Teufelszwirn“ nennt der Landwirt diesen Schmarotzer. Er bringt die Pflanzen, die er befallen, regelmäßig zum Absterben und ist darum ein sehr gefürchteter Schädling, der ganze Kleefelder verheeren kann. — Auch der uns ebenfalls schon bekannte „Kleeteufel“ ist, wie alle seine Artgenossen aus der Gattung Orobanche, ein Schmarotzer: er senkt seine Saugorgane in die Wurzeln des Klees und anderer Nutzpflanzen der Wiese. Grüne Blätter besitzt auch diese Pflanze nicht, nur kleine mißfarbige Blattschuppen sitzen am Stengel. Im Halbdunkel des Wiesendickichts ist es dieser Pflanze, ebenso wie

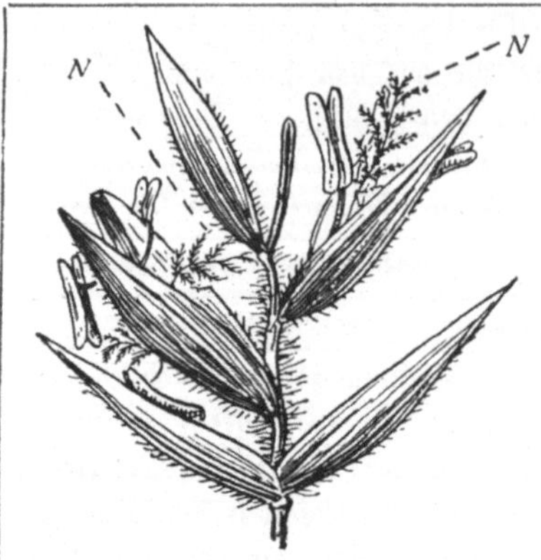

Abb. 54. Ährchen von Poa pratensis. Dieselbe besteht aus zwei normalen und einer obersten unfruchtbaren Blüte, über dieser wächst die Ährchenachse noch ein Stück weiter. Die unteren Blüten zeigen je drei Staubgefäße und eine zweiteilige, reich verzweigte Narbe N. Jede ist von den beiden „Blütenspelzen" umgeben (namentlich links deutlich). Zu unterst die beiden „Hüllspelzen", welche das ganze Ährchen zur Knospenzeit einschließen.

der Kleeseide, ganz wohl, denn sie braucht ja nicht zu assimilieren (vgl. S. 68). Schon die üppige, große Blütentraube des Kleeteufels beweist, daß die Pflanze keine Not leidet. Die Blüten sind fahlweiß, braunrot oder violett gefärbt und zeigen einen sehr interessanten Bau, der die Zugehörigkeit der Pflanze zu der Familie der Maskenblütler verrät. — Diese Familie ist reich an schmarotzenden Pflanzen. Die uns schon bekannte Schuppenwurz gehört hierher, dann aber auch einige sog. Halbschmarotzer, die wir ebenfalls schon auf unserer vorigen Wanderung kennen lernten und die, nicht zur Freude des Landmannes, auf Wiesen manchmal massenhaft auftreten: der Klappertopf (Alectorolophus), so genannt, weil die losgelösten Samen in der von einem bauchig aufgetriebenen, trockenen Kelche umgebenen Kapsel ein an Kinderklappern erinnerndes Geräusch vollführen, der Wachtelweizen (Melampyrum pratense) und die verschiedenen Augentrostarten (Euphrasia). Ziehst du eine dieser Pflanzen aus dem Boden, so bist du erstaunt über das schwache Wurzelwerk, mit dem diese stattlichen Pflanzen — der Klappertopf wird in der geschlossenen Wiese 40—50 cm hoch — auskommen müssen. Bei genauerem Zusehen finden wir aber an den Wurzeln auch hier kleine Saugwarzen, mit denen die Pflanze Gräsern und anderen Wiesenpflanzen Nahrung entzieht. Doch sind hier die Blätter noch grün, d. h. die Pflanze lebt nicht ausschließlich von der so aufgenommenen fertigen organisierten Nahrung, sondern assimiliert auch selbst noch: sie ist ein Halbschmarotzer.

Die oberste Region des Wiesenteppichs bilden die silbergrau glänzenden Grasblüten. Laßt uns nun die genauere Bekanntschaft einiger Mitglieder des Gräsergeschlechtes machen! Den Fuchsschwanz (Alopecurus pratensis) werden wir an seiner dichten zylindrischen endständigen Ähre leicht wiedererkennen. Ihm gleicht allerdings Phleum pratense, das Timotheusgras, doch ist bei diesem die Ähre noch bedeutend länger. Beide gehören zu den besten Futtergräsern. Die Ähre des stark duftenden Ruchgrases (Anthoxanthum odoratum) ist weniger dicht und unordentlich zerzaust. Auch das englische Raygras (Lolium perenne) ist an seiner zwar lockeren, aber sehr regelmäßigen Ähre leicht zu erkennen. Hier sieht man besonders deutlich, daß die Ähre nicht direkt aus Blüten, sondern erst wieder aus kleineren Blütenständen, den sog. Ährchen, zusammengesetzt ist. Die Ährchen (Abb. 54) enthalten dann erst die Einzelblüten, deren Zahl bei den verschiedenen Gräsern eine sehr wechselnde ist: die Ährchen des englischen Raygrases sind z. B. sehr reichblütig, die vom Ruchgras, vom Timotheusgras und vom Fuchsschwanz enthalten immer nur eine Blüte im Ährchen. Dem englischen Raygras gleicht sehr der Taumellolch (Lolium temulentum), aber dieser ist nicht ein wertvolles Futtergras, wie sein Gattungsgenosse, sondern ein schädliches Getreideunkraut, das sogar als giftig verschrien ist. Von geradezu mathematisch regelmäßigem Bau, namentlich vor der eigentlichen Blütezeit, ist die Ähre beim Kammgras oder Hundeschwanz (Cynosurus cristatus). Auch die Ähre der Quecke (Agriopyrum repens) ist ziemlich regelmäßig gebaut, doch ist hier die Gefahr einer Verwechslung mit dem vorigen Gras schon darum nicht groß, weil die Quecke mehr Ackerunkraut als Wiesengras ist.

Bei allen diesen Gräsern sitzen die Ährchen direkt am Stiel, eine Ähre bildend. Man nennt diese Gruppe Ährengräser und stellt ihr eine zweite, die Rispengräser, gegenüber. Bei den hierher gehörigen Arten ist der Hauptstiel des Blütenstandes verzweigt, und erst die Seitenstiele, die sich manchmal überdies nochmals verzweigen, tragen die Ährchen, so daß der ganze Blütenstand eine aus den einzelnen Ährchen zusammengesetzte Rispe (Abb. 16 b auf S. 46) bildet. Zu dieser Gruppe gehört das Knaulgras (Dactylis glomerata), dessen Rispe aus schweren knäuelförmigen Ährenbüscheln besteht, das fein verzweigte Straußgras (Agrostis vulgaris), das wohlbekannte zierliche Zittergras (Briza media), die Schmiele (Aëra caespitosa) mit ihren zarten braungrünen überhängenden Rispen. Das Knaulgras ist eines der besten Futtergräser, das viel gebaut wird, die anderen drei dagegen sind als Futtergewächse fast wertlos. Ein viel gebautes, wertvolles Futtergras ist dagegen der Wiesenschwingel (Festuca pratensis) und das Wiesenrispengras (Poa pratensis, Abb. 54). Der Anfänger kann diese beiden leicht verwechseln, darum wird es gut sein, auf ein einfaches Unterscheidungsmerkmal aufmerksam zu machen: beim Rispengras besteht das unterste Stockwerk der Rispe meist aus fünf quirlständigen Seitenästen, beim Schwingel dagegen nur aus zweien; auch ist die Rispe des Wiesenschwingels fast immer etwas einseitswendig. Das Wiesenrispengras hat übrigens noch einen kleineren Vetter, das einjährige Rispengras (Poa annua), der ihm sehr gleicht, aber wegen seines viel niedrigeren Wuchses in der geschlossenen Wiese nicht recht aufkommen kann und darum mehr an Wegrändern und als häufigstes Unkraut auf den Fußwegen unserer Gärten vorkommt. Die ganze Pflanze liegt dem Boden dicht an, so daß unsere Fußtritte ihr nicht viel schaden können, immer wieder richten sich die Rispen tragenden Halme auf. Die Blätter des wolligen Honiggrases (Holcus lanatus) sind kurzwollig behaart und sehen daher graugrün aus. Dieses Gras hat nur auf feuchten Wiesen Wert als Futterpflanze. Die Wollhaare sind nämlich dem Vieh unangenehm, treten aber auf feuchten Standorten stark zurück. Die rauhborstigen Trespen (Bromus) endlich kommen mehr als Feldunkräuter denn als Wiesengräser vor und sind als Futtergewächse ziemlich wertlos.

Ein Strauß von Wiesengräsern bietet ein reizendes Bild (Abb. 55)! Aber beim Pflücken ist alle Vorsicht geboten, denn die scheinbar Wehrlosen verstehen es nicht übel, ihr Leben zu verteidigen: da klafft eine tiefe Schnittwunde in deinem Finger! Das Zellgewebe der Grasblätter enthält feinste Kriställchen aus Kieselsäure, also aus einem der härtesten Stoffe, den die Natur kennt. Die Pflanzen entnehmen diesen Stoff aus dem Erdboden. Diese Verkieselung wird jetzt als Schutzmittel gegen Schneckenfraß gedeutet. Wir treffen in der Tat niemals ein Gras mit Schneckenfraßspuren, trotzdem kleinere Schnecken aller Art und große Nacktschnecken sich auf der Wiese in Menge herumtreiben. Bringt man einige Schnecken mit Gräsern, die auf gänzlich kieselsäurefreien, künstlichen Nährböden kultiviert wurden, zusammen, so werden die letzteren sofort aufgefressen.

Die stolzeste Gestalt unter den Rispengräsern der Wiese ist zweifellos der Glatthafer (Arrhenatherum elatius), der auch französisches Raygras genannt wird. Dessen Stöcke überragen meist alle anderen Wiesengräser um Spannlänge und bieten, wenn sie ihre mächtigen, nach oben spitz zulaufenden und zu oberst überhängenden lockeren Rispen im Winde wiegen, ein prächtiges Bild. Jetzt blühen sie gerade! Woran soll man das aber erkennen? Sie stäuben ja nicht! Einige leere Staubbeutel hängen zwar an dünnen Fäden schlaff herunter. Kaum jedoch, daß beim Klopfen ein wenig lockerer Blütenstaub auf die flache Hand fällt. Andere wieder stehen noch steif aufrecht, in den sog. Hüllspelzen eingeschlossen, als dächten sie noch gar nicht daran, ihren Staub zu entleeren und dem Winde zur Weiterbeförderung zu übergeben. Und doch haben die noch geschlossenen und die schon entleert niederhängenden Staubbeutel kaum einen Altersunterschied von 24 Stunden. Dann müßten wir aber doch auch Blüten finden, die gerade stäuben. Aber zumeist ist das Suchen vergebens. Der Grund liegt darin, daß die meisten Wiesengräser schon sehr früh stäuben, in den Morgenstunden von 4 bis 8 Uhr. Gerade die frühen Morgenstunden, wo noch etwas Tau auf den Blättern liegt, die Sonnenstrahlen schräge die Ähren treffen, und sich ein sanfter Frühwind erhebt, sind für das Blühen der Gräser am geeignetsten. Da diese Verhältnisse aber nicht lange andauern, so müssen sich die Gräser sehr beeilen, um zur Zeit zu kommen. Innerhalb weniger Minuten strecken sich dann die Staubfäden und halten, trotz ihrer Zartheit nur wenig biegsam, doch federnd, die langen, schweren Beutel vor die aufspringenden Spelzen des Grasblütchens hinaus (Abb. 54). Wenn die Sonne nun allmählich höher steigt, geht plötzlich ein Zittern durch den langen Leib des Staubbeutels: er ist an dem abwärts gerichteten Teil aufgerissen. Die Ränder der Wandungen rollen sich ein, kurze kahnförmige oder löffelähnliche Höhlungen bildend. Das Prischen Staub, das in diesem Teil des Beutels liegt, wird, da die schweren Beutel an den dünnen, federnden Stielen im Winde heftig schwanken und pendeln, bald herausgeschüttelt und von dem sanften Lufthauche schräg aufwärts getragen. Gleich aber sickert neuer Staub nach und füllt die kahnartige Höhlung. Dieser ganze Vorgang spielt sich so

Abb. 55. Strauß von Wiesengräsern, 2/3 der natürlichen Größe: 1 Trespe, 2 Schmiele, 3 Knaulgras, 4 Honiggras blühend, 4 a dasselbe, verblüht, 5 Timotheusgras, 6 Quecke, 7 Wiesenrispengras, 8 Ruchgras, 9 Kammgras, 10 Lolch, 11 einjähriges Rispengras, 12 Straußgras, 13 Ährchen des Timotheusgrases, a mit, b ohne die Hüllspelzen.

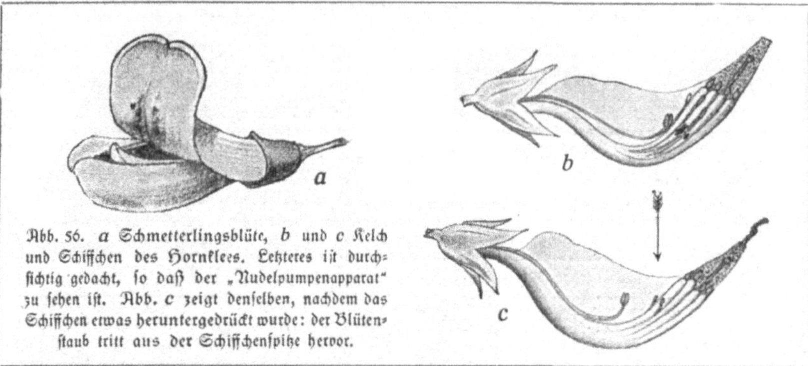

Abb. 56. *a* Schmetterlingsblüte, *b* und *c* Kelch und Schiffchen des Hornklees. Letzteres ist durchsichtig gedacht, so daß der „Nudelpumpenapparat" zu sehen ist. Abb. *c* zeigt denselben, nachdem das Schiffchen etwas heruntergedrückt wurde: der Blütenstaub tritt aus der Schiffchenspitze hervor.

schnell ab, das schon nach 15 Minuten die Beutel verstäubt haben. Dann ist auch der Faden schlaff geworden, und die leere Hülse hängt matt herab, um nach mehreren Stunden ganz abzufallen. Unterdessen haben sich auch die beiden federigen Narben (Abb. 54) ausgebreitet, und deutlich können wir jetzt beobachten, wie einzelne Körnchen des in der Luft flutenden befruchtenden Staubes von ihnen aufgefangen und festgehalten werden.

Die zahlreichsten Vertreter von Wiesenpflanzen stellt neben dem Gräsergeschlecht die Familie der Schmetterlingsblütler oder Papilionaceen. So heißt sie, weil die Blüten, allerdings wohl nur für einen etwas stark mit Phantasie begabten Beobachter, einem sitzenden Schmetterling ähnlich sehen. Unser Titelbild gibt eine Zusammenstellung der häufigsten Formen, deren Namen der Leser in dem Abbildungsverzeichnis am Eingange dieses Buches vorfindet. Der Hornklee (Lotus corniculatus) hat ähnliche Blüten wie die Wiesenplatterbse; die beiden Pflanzen sind aber leicht zu unterscheiden, denn der Hornklee hat keine Blattranken, sondern richtige Kleeblätter mit zwei sehr charakteristischen, großen, am Stengel sitzenden sog. Nebenblättern. Die großen Blüten des Hornklees sind recht geeignet, um uns einen genaueren Einblick in den äußerst sinnvollen Bau der Papilionaceenblüte zu geben (Abb. 56 und Diagramm Nr. 7 im Schlußkapitel). Das nach oben gewendete Kronblatt, die Fahne, steht steif aufrecht, die beiden seitlichen, die „Flügel", legen sich dachartig über die beiden unteren, die zusammen das sog. „Schiffchen" bilden. Jeder Flügel besitzt einen Vorsprung, der, dem Druckknopf eines Handschuhs vergleichbar, in eine entsprechende knopflochartige Vertiefung des Schiffchens genau hineinpaßt. Setzt sich ein Insekt auf die Flügel, so pflanzt sich daher der Gewichtsdruck von diesen auch auf das Schiffchen fort. Machen wir das einmal nach! Zwar sitzen können wir auf dem kleinen Sattel nicht. Doch wir können mit unserem Finger den wechselnden, bald stärkeren, bald schwächeren Druck nachahmen, den ein auf den Flügeln schwankend reitendes Insekt hervorbringt, wenn es den Honig aus dem Grunde des Kelches leckt. Während wir bald stärker, bald schwächer drücken, stoßen wir das Schiffchen mit abwärts und sehen aus der Spitze des Schiffchens Blütenstaub hervortreten. Das Schiffchen ist nämlich in einen langen, verwachsenen, nur vorn gespaltenen Kegel ausgezogen. In ihm liegen die keulenartig verdickten Staubgefäße eng nebeneinander und vor ihnen der ausgesonderte Staub, gegeu Nässe wohlverwahrt. In dieser Staubmasse liegt auch der Griffel. Wird nun ein Druck von oben auf das Schiffchen ausgeübt, so wird es nach unten gebogen, und die Staubbeutel schieben den Pollen vor sich her aus der Spitze des Schiffchens heraus. Reitet ein Insekt auf der Blüte, so wird der Staub ihm an die Hinterleibsspitze geklebt. Wirkt der Druck stärker, was besonders bei einem wiederholten Insektenbesuche geschieht, so tritt auch der Griffel heraus und kann nun den Staub einer fremden Blüte von der Hinterleibsspitze des Insekts abnehmen. — Warum wird aber die Narbe nicht vom eigenen Staube bestäubt, während sie doch mitten darin eingebettet liegt? Weil sie jetzt noch gar nicht bereit ist, den Blütenstaub aufzunehmen. Erst wenn die Wärzchen, welche die Narbe bedecken, vom borstigen Körper des Insekts zerrieben sind, ist die Narbe „empfängnisfähig“. Das Hinauspumpen des Staubes aus dem Schiffchen kann sich übrigens mehrmals wiederholen, so daß dadurch der Pflanze große Sicherheit, befruchtet zu werden, gegeben wird. Gleichzeitig bewirkt auch die Möglichkeit einer so häufigen Wiederholung, daß der Regel nach, wenn auch nicht immer, die Narbe nicht allein von dem Staube einer anderen Blüte, sondern sogar von dem eines anderen Stockes bestäubt wird, was besonders vorteilhaft ist (Schlüsselblume, S. 52).

Auch der Hufeisenklee (Hippocrepis comosa), so genannt wegen der hufeisenähnlich gekrümmten gegliederten Hülsen, hat ähnliche Blüten, die aber fast immer mehr oder weniger rot angelaufen sind. Seine Blätter sind stark gefiedert. Der Wundklee (Anthyllis vulneraria), der ebenfalls gelb blüht, ist an der weich-wolligen Behaarung der Blätter und Stengel, der Hopfen-Schneckenklee (Medicago lupulina) an den kugligen Blütenträubchen, die ein Miniaturbild der Fruchtstände des Hopfens darstellen, zu erkennen. Eine der schönsten Zierden der Wiese vor der Heuernte bilden neben den nur stellenweise häufigen Kronwicken die prächtigen hellroten, dunkelrot geäderten Blüten der Esparsette. Die Luzerne (Medicago sativa) kommt namentlich in den südlicheren Gegenden, teils angesät, teils verwildert, vor, sie stellt viel höhere Ansprüche an die Güte des Bodens als die Esparsette, der Rotklee und die meisten übrigen Kleearten. Sie entfaltet ihre blauen Blüten erst später, ihre dichten, dunkelgrün belaubten Büsche sind aber jetzt schon recht hoch. Die Lupine dagegen, namentlich die gelb blühende (Lupinus luteus), wird gerade auf dem sandigen Boden Norddeutschlands viel kultiviert; als eigentliche Wiesenpflanze kommt sie aber nicht vor.

Lösen wir eine Lupine oder eine andere Papilionacee sorgsam aus dem Boden und waschen die dem Wurzelwerk anhaftende Erde aus, so sehen wir an den Wurzeln zahlreiche Knötchen (Abb. 57). Sie sind bei den verschiede-

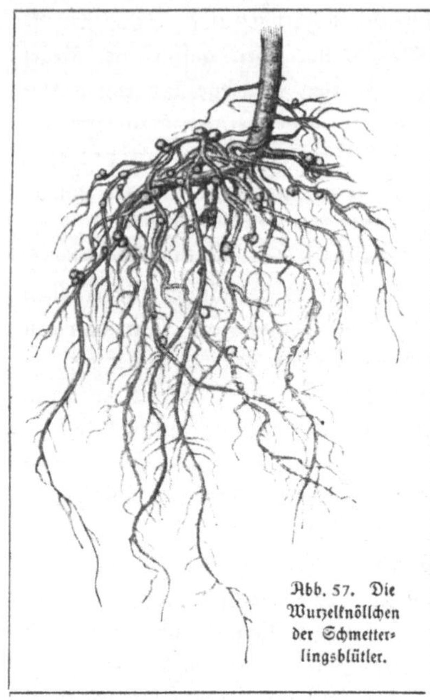
Abb. 57. Die Wurzelknöllchen der Schmetterlingsblütler.

nen Arten ungleich groß, bei der Lupine können sie Haselnußgröße erreichen. Jedes dieser Wurzelknöllchen enthält zahllose kleinste Lebewesen. Sie gehören zu den Spaltpilzen oder Bakterien. Unter dem Mikroskop sehen diese „Wurzelknöllchenbakterien" nicht viel anders aus als viele andere Bakterienarten, die Fäulnisprozesse, Krankheitserscheinungen an Tieren und Pflanzen usw. verursachen. Aber ihre Wirkungen sind, wie wir bald hören werden, ganz andere. Sie kommen im Boden vor und dringen von hier aus in die Wurzeln der Schmetterlingsblütler ein. Infolge ihres Reizes bildet das Wurzelgewebe, ähnlich wie das Eichenblatt, in das die Gallwespe ein Ei gelegt hat, eine Wucherung, das Wurzelknöllchen. Man kann diese Knöllchen geradezu Bakteriengallen nennen. In den Zellen der Wurzelknöllchen wachsen nun die Bakterien zu stark verzweigten, sehr eiweißreichen Gebilden an.

Diese Wurzelknöllchen sind nun für die Ernährung der Papilionaceen von der größten Bedeutung. Es war schon lange aufgefallen, daß Schmetterlingsblütler auf ganz unfruchtbarem Boden reiche Ernte liefern, auch wenn gar kein Stickstoffdünger zugeführt wird. Um diese Erscheinung zu erklären, zog man einzelne Versuchspflanzen auf ebenso unfruchtbarem, aber sterilisiertem, d. h. durch Ausglühen keimfrei gemachtem Boden. Und siehe da: dieselben Pflanzen, die sich sonst üppig entwickelten, gediehen jetzt nicht mehr. Übergießen der Kulturen mit einem Bodenaufguß hatte dagegen wieder sofortige Kräftigung und normales Gedeihen der Versuchspflanze zur Folge. Diese Experimente, die nur gelangen, wenn Schmetterlingsblütler als Versuchspflanzen gewählt wurden, zeigen jedenfalls, daß die Wurzelknöllchenbakterien zum Leben der Papilionaceen nötig sind. Berücksichtigt man noch die Tatsache, daß die Papilionaceen auffallend eiweißreich sind — darum sind sie doch so wertvolle Futterpflanzen oder, wie Erbse, Bohne und Linse, Gemüsepflanzen von unübertrefflichem Nährwert —, so liegt der Schluß nahe, daß die Wurzelknöllchen imstande sind, sich den in der Bodenluft enthaltenen elementaren Stickstoff, der sonst von Pflanzen nur sehr schwer aufgenommen werden kann, anzueignen und zu Eiweißstoffen zu verarbeiten. In welcher Weise sich dieser Vorgang im einzelnen vollzieht, wissen wir nicht. Vielleicht haben die Bakterien selbst die Fähigkeit, freien Stickstoff aufzunehmen, und die aus ihnen in den Knöllchen entstehenden eiweißreichen, verzweigten Gebilde, die wohl eine Art Zerfallsbildungen der Bakterien darstellen, werden dann von der „Wirtspflanze" aufgenommen. Ob auch umgekehrt die Bakterien von der Wirtspflanze gewisse Stoffe beziehen, so daß ein gegenseitig nutzbringendes Zusammenleben zweier Organismen, eine sog. Symbiose, vorliegt, ist ebenfalls noch unbekannt.

Diese kleinen Wurzelbakterien sind sogar für unsere Landwirtschaft von größter Bedeutung. Schmetterlingsblütler vermindern den Stickstoffvorrat des Bodens nicht wie andere Pflanzen, sondern sie vermehren ihn. Denn auch wenn man die Pflanzen aberntet, bleiben die Wurzeln, die während des Lebens der Pflanze große Mengen Stickstoff aufgenommen haben, im Boden stecken nnd verwesen. Die Schmetterlingsblütler sind also nicht wie die anderen Pflanzen „Stickstoffzehrer", sondern „Stickstoffmehrer". Dazu kommt nun noch, daß viele Papilionaceen, z. T. gerade wegen ihrer Fähigkeit, Luftstickstoff aufzunehmen, sehr anspruchslose Pflanzen sind. Die Lupine kommt z. B. noch auf dem sandigsten Boden fort. So kann also der Landmann durch Bepflanzung mit Papilionaceen selbst dem ärmsten Boden noch einen Ertrag abringen und verbessert dabei noch den Boden und bereitet ihn für anspruchsvollere Pflanzen, „Stickstoffzehrer", wie die Getreidearten und Futtergräser, Rüben usw., vor. Noch rascher kommt man natürlich zum Ziel, wenn angepflanzte Schmetterlingsblütler gar nicht abgeerntet, sondern untergepflügt werden. Diese „Gründüngung" führt sehr schnell zu einer erheblichen Verbesserung des Bodens.

Die Wiese bietet uns das schönste Beispiel einer Lebensgemeinschaft (S. 82) verschiedener Pflanzen, einer sog. Pflanzengenossenschaft. So bezeichnet man eine Mehrheit von Pflanzenarten der verschiedensteu Familien, die stets beieinander leben. Für dieses Zusammenleben sind die Lebensbedürfnisse ausschlaggebend und nicht die natürliche Verwandtschaft der Pflanzen. Es leben solche Pflanzen beisammen, welche sich in die im Boden zur Verfügung stehenden Nährstoffe teilen, ohne sich gegenseitig in der Entwicklung zu hemmen. Eine Gruppe — bei der Wiese das Gräsergeschlecht — herrscht stets vor, gibt der Genossenschaft ihr charakteristisches Gepräge und duldet nun bloß noch solche Pflanzen neben sich, welche mit den Nährstoffen vorliebnehmen, die sie ihnen übrigläßt. Auf der Wiese sind dies in erster Linie die Papilionaceen, dann alle die anderen Gewächse, die wir kennen lernten, und die in ziemlich strenger Ausschließlichkeit immer wiederkehren. Ebenso wie Wiesengräser mit diesen Pflanzen, so bilden die Laubbäume mit den verschiedenen Unterholzsträuchern und Waldpflanzen, die wir kennen lernten, so bilden ferner, wie wir im nächsten Monatsbild sehen werden, die Getreidearten mit Mohn, Kornblume, Kornrade und verschiedenen Ackerunkräutern eine Pflanzengenossenschaft; so spricht man endlich von einer Pflanzengenossenschaft des See- oder Flußufers, der Heide, des Kiefernwaldes usw. (vgl. auch S. 115).

Nun ist es ein oberstes Gesetz, daß jede Pflanze an ihre Umgebung angepaßt, gegen die Hauptgefahren, welche ihr von ihrer Umgebung drohen, geschützt ist. Das sahen wir beispielsweise bei den Wasserpflanzen sehr deutlich (S. 111—114). Die Wiese scheint aber eine Ausnahme von dieser Regel zu bilden. Denn ihre Hauptfeinde sind zweifellos der Zahn des Weideviehes und die Sense des Schnitters. Zum mindesten gegen das Gefressenwerden gäbe es sehr wirksame Mittel, nämlich Stacheln und Gifte. Stacheln fehlen aber den sämtlichen Wiesenpflanzen vollständig, und Gifte kommen nur sehr spärlich vor, nämlich bei der Herbstzeitlose und in recht wenig gefährlicher, im trockenen Heu gar nicht mehr wirksamer Form bei den Hahnenfußen. Es scheint also geradezu, als ob die Wiesenpflanzen zu Futtergewächsen prädestiniert wären. Wie wunderbar! Kann jemals in der Natur ein Wesen seinem schlimmsten Feinde schutzlos preisgegeben sein?

Dieses Rätsels Lösung fand die Wissenschaft erst, als sie die Frage nach der Entstehungsgeschichte der Wiese aufwarf. Diese Frage führt uns nun freilich in die graue Vorzeit zurück, bis wohin keine Beweismittel der heutigen Wissenschaft mehr reichen, und sie wird darum auch noch nicht von allen Forschern in gleichem Sinne beantwortet. Die verbreitetste und jedenfalls richtigste Lösung der Frage aber lautet etwa so: Die Wiesen, selbst die Naturwiesen, die niemals gedüngt, sondern nur gemäht werden, sind ein Kunstprodukt, nämlich das Produkt der Sense! Die Natur zwang die viehzüchtenden Bewohner Nordeuropas, durch Mähen Dauerfutter zu gewinnen, denn nur so war eine Überwinterung des Viehes möglich. Durch diesen scharfen Eingriff wurden nun alle die Pflanzen ausgerottet, die nicht imstande waren, immer wieder Ersatztriebe zu bilden. Die Gräser aber, die Papilionaceen und die anderen besprochenen Wiesenpflanzen, die alle diese Fähigkeit in hohem Maße besitzen, blieben erhalten und bildeten so die künstliche Pflanzengenossenschaft der Wiese. Durch den steten Reiz der mähenden Sense wurde überdies jene Fähigkeit noch gesteigert. Das Hauptmerkmal der Wiesenflora ist denn auch wirklich jene Fähigkeit, in kurzer Zeit immer wieder Ersatzsprosse zu bilden, sie bewirkt die charakteristische, lückenlos dichte Grasnarbe der Wiese. Die Wiesenpflanzen stehen ihren Hauptfeinden nur scheinbar schutzlos gegenüber, denn diese rasche Ersatzfähigkeit ist in der Tat gegen Sense und Weidevieh das denkbar beste Schutzmittel. Nun ist es wiederum eine Regel, daß mit Anpassungsvorrichtungen, insbesondere mit Schutzmitteln gegen ein und denselben Feind keine Verschwendung getrieben wird: stachlige Pflanzen sind im allgemeinen nicht gleichzeitig noch durch Gifte gegen denselben Feind geschützt usw. Darum werden auch Pflanzen, welche das wirksamste Schutzmittel gegen weidende Tiere, nämlich die Ersatzfähigkeit besitzen, nicht zugleich noch stachlig oder giftig sein. Welche Wirkung mußte also die Sense des Mähders schließlich haben? Sie unterdrückte alles, mit Ausnahme der ersatzfähigen Pflanzen. Dies sind aber zugleich die Pflanzen, die weder Stacheln noch Gifte besitzen.

Um die Zeit der Sommersonnenwende wird mit der Heuernte begonnen. Einzelne Gräser und Kräuter sind jetzt schon verblüht, Früchte aber haben außer den Hahnenfußen noch keine Wiesenpflanzen angesetzt. Das dürfte auch nicht sein, denn mit der Fruchtreifung ist immer ein Hartwerden der Stengel und Blätter verbunden, das den Wert des Heus stark beeinträchtigen würde.

Sehr bald nach dem Grasschnitt sprossen überall die neuen Triebe hervor. Eine ganze Reihe von Wiesenpflanzen gelangen zum zweiten Male zur Blüte, so der Bärenklau, die Wegeriche und Hahnenfußarten, Salbei und Schafgarben, der Wiesenstorchschnabel und der Rotklee, auch verschiedene Gräser: Knaulgras, englisches und französisches Raygras, und das Timotheusgras. Die wilde Möhre (Daucus carota) und die verschiedenen Augentrostarten (Euphrasia), Halbschmarotzer aus dem Geschlecht der Maskenblütler blühen überhaupt erst jetzt.

So kann der zweite Schnitt, der das wertvollere, aber weniger ergiebige „Ohmd“ oder „Grumt“ liefert, schon im August erfolgen. Auch dieser neue harte Angriff vermag den Wiesenpflanzen auf die Dauer nicht zu schaden. Bald schlagen sie wieder aus, so daß auf guten Wiesen noch ein dritter Schnitt erfolgen kann. Namentlich Bärenklau und Möhre scheinen durch den Schnitt nur gekräftigt worden zu sein. Auch Schafgarben und Salbei bringen nach der Ohmdernte nochmals Blüten hervor.

Über der bunten Blütenpracht der Wiese scheint eine Wolke anderer, losgelöster Blüten zu schweben: die schönen bunten Schmetterlinge! Die Kohlweißlinge sind euch die bekanntesten unter ihnen. Da fliegt aber auch der schöne Aurorafalter mit der leuchtend roten Querbinde über den Vorderflügeln, der zarter gezeichnete Heufalter und die zierlichen Bläulinge. Sie tanzen vergnügt im Sonnenschein und lassen sich von Zeit zu Zeit auf einer Blüte nieder. Versteckter leben andere, z. T. kleinere Schmetterlinge, die Motten und Eulen, die das Tageslicht scheuen und erst nach Sinken der Sonne ihren Flug unternehmen. Allerlei andere Insekten tummeln sich gleichfalls eifrig auf den Blüten: Hummeln, Käfer von verschiedener Größe und Gestalt, flache Wanzen, langbeinige Heuschrecken, die meistens noch kurze Flügel besitzen und noch nicht ihr schrilles Zirpen ertönen lassen, Fliegen, Bremsen mit schlanker Taille, glasartig durchsichtigen Flügeln und hornartig gekrümmten Fühlern.

Wir können unmöglich heute alle die kleinen Gäste der Wiese bei Namen nennen lernen, wollen vorläufig schon zufrieden sein, wenn wir die einzelnen großen Gruppen voneinander zu unterscheiden vermögen. — Was suchen sie hier alle? Wie eifrig sie in den Blüten herumwühlen und sich mit ihrem gelben Staube über und über bedecken! Das ist eine beliebte Speise, von denen sich eine große Menge nährt. Besonders reichlich sind die Doldenpflanzen besucht. Wanzen stechen sie an und saugen ihren Saft, Fliegen schöpfen mit ihrem Rüssel den Honigseim, den zwei gelbe Pölsterchen inmitten der Blüte ausscheiden; viele kleine Käfer jedoch zernagen und zerbeißen alles, weniger wählerisch als freßlustig (vgl. Abb. 69, S. 148).

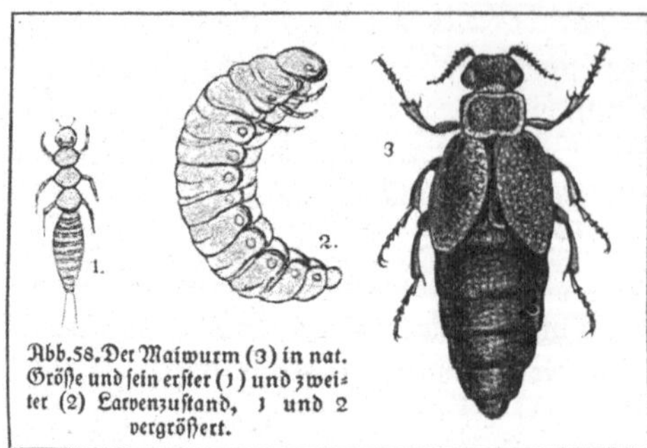

Abb. 58. Der Maiwurm (3) in nat. Größe und sein erster (1) und zweiter (2) Larvenzustand, 1 und 2 vergrößert.

Allerlei größere Raupen kann der Schmetterlingssammler in großer Anzahl an den Stengeln und Blättern der Wiesenpflanzen finden. An den Ampfern die kurze, grünliche, rotbehaarte des Feuerfalters und verschiedener „Eulen“, die mit büschelig oder strahlig angeordneten Haaren bedeckt sind. Die ebenda lebenden Spannerraupen sind sogleich an ihrer Bewegung zu erkennen. Sie klammern sich mit den Brustbeinchen fest und ziehen dann in hoch geschwungenem Bogen den dünnen, nackten Leib an die Brust heran, ihn mit den Stummelfüßchen der Hinterleibsspitze stützend. Dann lösen sie die vorderen Beinchen und strecken Kopf und Brust weit vor, um einen anderen Stützpunkt zu gewinnen. Diese „spannende“ Bewegung unterscheidet sich deutlich von dem langsamen Schreiten der anderen Raupen. Auf längeren Halmen und auf Stengeln der Flockenblume (Centaurea scabiosa), überhaupt auf allen die Wiesenkräuter überragenden Pflanzen finden wir kleine, gelbliche, flinke Tierchen, die ruhelos auf und nieder klettern. Ihr Gebaren läßt nicht darauf schließen, daß sie Nahrung von den Pflanzen gewinnen wollen. Es sind Larven von Maiwürmern (Meloë proscarabaeus, Abb. 58), jenen blauschwarzen, kurzflügligen Käfern, die besonders im Mai auf allen freiliegenden, sonnigen Wiesen umherkriechen. Durch die Schwerfälligkeit ihrer Leiber an schnellen Bewegungen gehindert, wehrlos, da ihre schwachen Kiefer nicht als Waffe benutzt werden können, sind die Maiwürmer trotzdem vor Nachstellungen gesichert, denn sie sondern — zumal aus den Gelenken — einen schmierigen, dunkelgelben Saft aus von ähnlichen, blasenziehenden Eigenschaften wie der der spanischen Fliege. Im Mai legen die Weibchen ihre Eier in selbstgegrabene Erdlöcher. Setzt man sich dann einen Maiwurm mit besonders umfangreichem Hinterleib in eine wohlverdeckte, halb mit Erde gefüllte Kiste, so kriechen aus den in der Gefangenschaft abgelegten Eiern eben jene sechsbeinigen Tierchen aus, die wir jetzt an höheren Wiesenkräutern so eilig umherlaufen sehen. Immer streben sie, hochragende Spitzen zu erreichen, und lauern in Blüten, die von honiglüsternen Insekten aufgesucht werden. Eben läßt sich eine Hummel auf einer Flockenblume nieder und wird sogleich von vielen Maiwurmlarven überfallen. An den Haaren festgeklammert sitzen sie nun auf dem Hummelkörper, als gedächten sie auf ihm zu schmarotzen. Und für Schmarotzer hat man sie auch tatsächlich lange gehalten, bis es gelang, nachzuweisen, daß die Tiere die Hummel nur als Reittier benutzen. Sie lassen sich in ihr Nest tragen und verwandeln sich dort, indem sie ihre Haut samt den sechs flinken Beinchen als überflüssiges Reisekleid abwerfen, in schwerfällige, engerlingartige

Tiere, die in einer Honigzelle bis zu ihrer Verpuppung verweilen. Die jungen Käfer kriechen im nächsten Frühjahr aus den Hummelnestern an das Tageslicht.

Was sind das für fingerdicke Löcher, nahe dem schmalen, sandigen Ufersaume? Die meisten scheinen unbewohnt. Nein! dort sitzt der scheue Bewohner und guckt, die schaufelartigen Beine unter die gepanzerte Brust gestützt, ins Freie. Das ist die durch ihr Wühlen und durch Abbeißen von Wurzelfasern den Wiesen und Feldern schädliche Maulwurfsgrille (Abb. 59). Nähern wir uns, so ist sie, rückwärts kriechend, sogleich in ihrem Schlupfwinkel verschwunden. Doch schließlich gelingt es, eines der Tiere zu erhaschen. Die Vorderfüße sind zu seitlich gestellten, zackigen Schaufeln, ähnlich den Füßen des Maulwurfs, umgestaltet. Mit diesen gräbt es sich

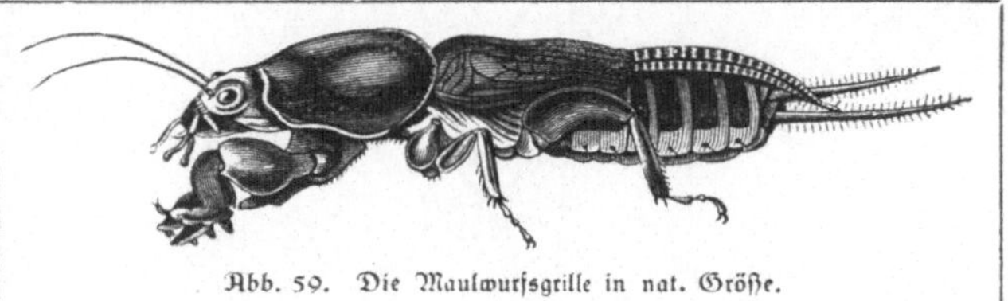
Abb. 59. Die Maulwurfsgrille in nat. Größe.

lange Gänge in Wiesen und Feldern und nagt unterirdisch die im Wege stehenden Wurzeln der Gräser und Kräuter ab, so daß diese verwelken und verdorren. Aus Wurzelfasern stellt sie auch das unterirdisch angelegte Nest her. Ihre Gefräßigkeit ist so groß, daß sie in der Gefangenschaft sogar ihre Gefährten verzehrt, wie sie überhaupt Fleischfresser ist, entgegen einer früheren Annahme, die sie für einen verheerenden Pflanzenfresser hielt. „Wenn du eine Werre siehst,“ rät ein altes, deutsches Sprichwort, „so steige vom Pferde und schlage sie tot!“ Doch ist den nächtlich lebenden, scheuen Tieren schwer beizukommen. Kaum haben wir unseren Gefangenen auf die Erde gesetzt, so ist er auch schon, rückwärts schreitend, in einem Loche verschwunden.

Wir sind am flachen Seeufer angekommen. Was ist da alles zu finden! Schneckenschalen mancherlei Art werden durch die leichte Brandung emporgehoben. Viele liegen nun, vermischt mit allerlei Pflanzenbruchstücken, zu einem niedrigen Uferwalle aufgeschichtet. Einige sind noch kräftig genug, sich in das vertraute Wasser zurückzuretten; die Mehrzahl aber ist verendet und verwest, einen leisen, fischigen Duft aushauchend. Wieviel Jahre lang mag wohl schon der See seinen Tierüberfluß am Ufer aufschichten! Da liegt eine mächtige Schicht gebleichter oder schon zerbröckelter Gehäuse, die unser Fuß mit knirschendem Geräusche zertritt, ja an manchen Stellen des Seeufers tritt eine weißliche Erdart zutage, ganz gebildet aus verwitterten und zu Pulver zerfallenen Schneckenhäusern und Muschelschalen. Sie heißt **Wiesenkalk**.

Doch Schnecken sind nicht die einzigen lebenden Wesen an dem niedrigen Uferwall. Schwarze Pferdeegel schlängeln ihre dick vollgesogenen Leiber über der Schlammdecke des Seeufers. Einer hat sich weit in ein Schneckengehäuse hineingezwängt und saugt — der Vielfraß ist kein Kostverächter — mit aller Kraft den Leib des Tieres aus, das in den hintersten Winkel des Gehäuses zurückgewichen ist. Dazwischen bewegen sich langsam, den Leib im Bogen empor-

Abb. 60. Blühendes Laichkraut.

Abb. 61. *a* Blütenkolben des Kalmus. *b* Blütenstand des Rohrkolbens.

krümmend und mit den Haftscheiben bald vorn, bald hinten sich festsaugend, andere kleine, grau gefärbte Egel, die flachen Clepsinen. Lassen wir eines der deutlich geringelten Tiere an den Wänden unseres Sammelglases emporkriechen, so erkennen wir auf der helleren Unterseite des durchscheinenden Körpers Häufchen gelblicher Eier. — Ist das hier ein Tier, dieser dünne, lange, braune Faden? Kaum glaublich. Und doch! Setzen wir den Knäuel in ein Sammelglas, so schlängelt sich der fadenartige Körper in den verwickeltsten Windungen, als sollte ein unentwirrbarer Knoten entstehen. Deshalb nennt der Gelehrte diesen Fadenwurm Gordius aquaticus. Das Volk bezeichnet ihn mit dem weniger verständlichen Namen „Wasserkalb“. Das Tier lebt im Jugendzustande im Leibe von Mückenlarven. Werden diese von Fischen gefressen, so kapseln sich die Larven in deren Darm ein und gelangen danach mit den Exkrementen ins Freie. Zuweilen „verirren“ sie sich in die Körper von Käfern, die die Mückenlarve, ihren Wirt, gefressen haben. In mancher Sammlung befinden sich Käfer, aus deren Leib der spiralig aufgerollte Wurm heraushängt.

Was treibt sich auf dem feuchten Ufersande noch alles umher! Da hüpfen grauliche, seitlich zusammengedrückte Flohkrebse. Sie schnellen sich durch Ab-

Abb. 62. Froschlöffel.

stoßen des Hinterleibes ein tüchtiges Stück in die Höhe. Wir haben die Tiere in ihrem Schmause an dem Leichnam einer Muschel gestört.

Nicht überall können wir an das Ufer des Sees so ungehindert herantreten wie hier; an jenen anderen Stellen haben sich die uns schon bekannten Uferpflanzen zu einem breiten Röhricht zusammengeschlossen, das ein Übergangsgebiet zwischen Wiese und See bildet. Hohe Binsen und noch höhere, eng stehende Schilfrohrhalme bilden die äußerste und breiteste Zone, die vorgeschobenen Posten gewissermaßen der Landpflanzen zum See hin. Im Herbst sinken sie zu Boden und bilden mit den angeschwemmten Stengeln der Wasserpest (Elodea), Laichkräuter (Potamogeton) und anderer Pflanzen des Sees dicke Lagen allmählich verwesender organischer Reste. So muß sich der Seeboden im Röhrichtgebiet erhöhen, der Schilfrohrbestand weiter seewärts vorrücken und hinter ihm vom Lande her die Schar niedrigerer Uferpflanzen auch einen Vorstoß machen: Kalmus (Acorus calamus) und Rohrkolben (Typha), Blumenbinse (Butomus umbellatus), Pfeilkraut (Sagittaria), Froschlöffel (Alisma plantago) und endlich die Riedgräser, denen nur seichteres Wasser zusagt. Ein Siegeszug des Landes gegen den immer mehr zusammengedrängten See („Verlandung“, S. 85)! Was aber wird aus dem neugewonnenen Boden? Vermöge ihrer reichen Sproßbildung sind am meisten die Riedgräser geeignet, ihn in Besitz zu nehmen. So sehen wir tatsächlich einen breiten Wiesenstreifen der an ihren dreikantigen Halmen leicht kenntlichen „sauren Gräser“ oder Riedgräser hier ausgedehnt, wo wir dem eigentlichen Röhricht zu nahen unternehmen, unsicher schreitend, denn größtenteils gewähren nur die zwischen blinkendem Sumpfwasser emporragenden Rasenkuppen der Riedgräser festen Stand. Ein schätzenswerter Landgewinn wird hier, so könnte man fast meinen, dem Besitzer der Wiese zuteil, denn wenn auch das saure Ried selber keinen Nutzen bringt, so werden doch wohl, so möchten wir glauben, mit der Zeit auch süße Gräser sich dort ansiedeln.

Genauere Beobachtung zeigt aber, daß vielmehr die Riedgräser erobernd auch nach der Landseite vordringen. Weiter landeinwärts, als der Wasserbereich des Sees sich erstreckt, ist die Wiese sumpfig geworden, da ihr Wasser nicht mehr ungehindert zum See abfließen kann, und überall da, wo dies Übermaß von Feuchtigkeit im Boden ist, werden die Wiesengräser von Sumpfpflanzen verdrängt. Es ist nicht unmittelbar die Feuchtigkeit, die die Wiesengräser verdrängt, sondern eine andere Eigenschaft, die der Boden durch sie erhält, seine Luftundurchlässigkeit, also auch Luftarmut, die den Pflanzenwurzeln das Atmen unmöglich macht. Die sonst überall im Humus tätigen Regenwürmer ziehen hier nicht mehr ihre Durchlüftungsröhren. In sauerstoffarmem Boden können aber die Pflanzenleichen nur unvollkommen verwesen. Saurer Humus, d. h. Ackerkrume, die reichlich von sog. Humussäuren durchtränkt ist, entsteht statt fruchtbarer Ackerkrume (mildem Humus, S. 43). Später hört auch dieser Grad mangelhafter Verwesung auf, und es tritt eigentliche Vertorfung ein: See und Wiese verwandeln sich allmählich in ein Wiesenmoor, in dem Moose, namentlich das Astmoos, Hypnum, mehr und mehr die Riedgräser verdrängen. — Daß es tatsächlich nur Unterbrechung der Verwesung ist, die zur Torfbildung führt, erkennt ihr übrigens daraus, daß Heidetorf sich an solchen Orten bildet, die umgekehrt zu trocken sind, als daß Verwesung der Pflanzenleichen stattfinden könnte.

Es ist Abend geworden. Die Taginsekten tummeln sich nicht mehr auf der Wiese. Sie haben schon ihre Schlupfwinkel aufgesucht. Dafür flattert schon hier und da trägeren Fluges eine Eule oder Motte umher. Auf der Wiese erheben sich Stimmen oder werden vernehmlicher, da das Geräusch des Tages verstummt ist. „Krex Krex" klingt die schnarrende Stimme des Wachtelkönigs, „Putt per lutt" die der Wachtel. Dazwischen vernimmt man das Pfeifen der Mäuse und das zwitschernde Kreischen der Spitzmäuse. Die Frösche beginnen ihr schallendes Quakkonzert, und dazwischen klingt beruhigend der tiefe Ruf der Unken: „Unk—Unk". — Ist es nicht, als ob das Leben der Wiese Stimmen bekommen hätte und uns nach Hause begleiten wollte mit seinem melancholischen, weichen Getön, das allmählich, je weiter wir wandern, zu einem einzigen Akkord verschmilzt?

VIII. Feldrain und Roggenfeld.

Am Bahndamm entlang führt unser Weg. Es geht sich nicht sehr angenehm in der Julihitze hier, wo die Sonne uns durch ihre Strahlen, die von dem steinigen Bahndamm zurückgeworfen werden, in ein Glutbad hüllt. Aber einige interessante Pflanzen finden wir hier, die längs Bahnlinien besonders häufig vorkommen und, ursprünglich Fremdlinge, von da aus in unsere Flora eingedrungen sind. Sie sind aus Samen entstanden, die zufällig mit Getreide- und Wassertransporten aus fernen Ländern mitgeschleppt wurden und dann auf dem Wege oder beim Umladen verloren gingen. So wächst hier die schöne Wucherblume (Chrysanthemum segetum), die in unserer Flora bereits sehr heimisch geworden ist, sowie eine noch nicht so häufige, aus Peru stammende kleinköpfigere Komposite, Galinsoga parviflora, und die fremdartig ausschauende Wolfsmilchpflanze (Tithymalus segetalis).

Neben physikalischen Kräften, nämlich Wind- und Wasserströmungen, und den Tieren, welche die Samen der Pflanzen an ihrem Haarkleid verschleppen oder durch Verzehren der Früchte und Entleerung mit ihrem Darminhalt weiterbefördern (S. 175, 178, 179), spielt der Mensch als „Verbreitungsmittel" eine bedeutende Rolle. Teils absichtlich, teils durch Zufall. Absichtlich, wenn er Kulturpflanzen aus fernen Ländern einführt und diese Kulturpflanzen dann allmählich verwildern und sich als „Neubürger" unserer einheimischen Flora oft auch dann noch erhalten, wenn ihre Kultur längst aufgegeben worden ist.

Zahlreiche Unkräuter, die heute zu den einheimischen Arten gerechnet werden, sind, wie sich aus alten „Kräuterbüchern" feststellen läßt, und wie dies der unter ihnen sehr häufige Artname „officinalis" sehr richtig andeutet, ursprünglich als Arznei- oder Gemüsepflanzen eingeführt worden. So das Glaskraut (Parietaria officinalis), die Hundszunge (Cynoglossum officinale), eine Rauhblättrige, die kleine Malve usw. Die Wasserpest, die, wie wir früher (S. 104) horten, so große Verheerungen in unseren Bächen und Seen angerichtet hat, war ursprünglich für botanische Gärten eingeführt worden und flüchtete sich aus diesen dann in die Freiheit. Das kleinfrüchtige Springkraut (Impatiens parviflora, über den Namen dieser Pflanze S. 181), das Mauerleinkraut, das wir auf unserer heutigen Wanderung noch finden werden, ferner die virginische Nachtkerze (Abb. 63a) und die Dürrwurz, die wir, zugleich mit der Nachtkerze, auf unserer Maiwanderung über die Odung (S. 98) kennen lernten, sind solche „Kulturflüchtlinge". Auch die echte Hirse (Abb. 63b) und die Linse (Abb. 63c) gehören hierher. Ein Kulturflüchtling ist endlich auch die Luzerne, die ab und zu, völlig verwildert, in Wiesen vorkommt (S. 127). Sie wächst in großen Dickichten, $^1/_2$ m hoch und darüber. Ihre stachelspitzigen Kleeblätter und die kurzen gedrungenen Blütentrauben, welche bald blaue, bald violette, gelbe und gelbgrüne Schmetterlingsblüten tragen, oft sogar an einem Stengel vereinen, zeichnen die Pflanze vor allen heimischen so sehr aus, daß sie sogleich auffällt.

Ebenso viele Pflanzen sind vom Menschen unabsichtlich in andere Gebiete übertragen worden. So gab der Sand, der, wenigstens in früheren Jahren, als Schiffsballast verwendet und dann in der Nähe des Hafens als unnütz weggeworfen wurde, zur Verschleppung zahlreicher Samen Anlaß. Darum finden wir heute in der Umgebung großer Hafenanlagen oft eine ganze ausländische Flora. Klassische Beispiele hierfür liefern der Hamburger Hafen und dann namentlich der Binnenhafen von Mannheim-Ludwigshafen, dessen reiche, aus Mittelmeerpflanzen und Südamerikanern bestehende Einwanderungsflora seit Jahrzehnten erforscht und auf ihre Veränderungen hin genau untersucht wird.

Daß sehr viele Pflanzen durch Getreidetransporte verbreitet werden, erwähnten wir schon anfangs. Auf diese Weise sind die zahlreichen Fremdlinge, die wir hier auf dem Eisenbahndamm fanden, eingewandert. Noch interessanter sind in dieser Beziehung die Umgebungen mancher Güterbahnhöfe. Wahre Verbreitungszentren für Ausländer sind aber die Umgebungen der Getreidelagerhäuser und Mühlen, wo man die Verunreinigungen der eingeführten Getreide, die durch sinnreiche Apparate als sog. „Abputz" von den Körnern getrennt werden, ablagert. Auch die Umgebungen der Wollwäschereien und Baumwollspinnereien sind reich an ausländischen Gewächsen. Namentlich die „Pest der Schafzucht", die dornige Spitzklette (Xanthium spinosum) ist auf diese Weise eingeführt worden. Der Port Juvenal, ein Brachfeld bei Montpellier,

Abb. 63. Einige „Fremdlinge“: *a* die virginische Nachtkerze, *b* Hirse und *c* Linse.

das lange Zeit zum Trocknen ausländischer Wolle diente, hatte sich in einen wahren botanischen Garten verwandelt. Über 500 exotische Arten kamen dort vor. Seit 1870 fand das Feld dann andere Benutzung, und die Flora verschwand wieder. Gerbereien geben durch das Reinigen der importierten Tierhäute, Brauereien durch die Zufuhr von Hopfen zur Ansiedlung von fremdländischen Pflanzen Anlaß.

Sogar der Fuhrwerksverkehr auf den Straßen führt zur Ansiedlung neuer Pflanzen. In dem abgeschlossenen Tal von Arosa in Graubünden sind seit Erstellung der Poststraße und der Errichtung eines Höhenkurortes so viele neue Pflanzen aufgetreten, daß diese heute fast ein Fünftel der gesamten Flora ausmachen. Die Errichtung der vor einigen Jahren eröffneten Bahn wird nun natürlich diesen Vorgang noch beschleunigen.

Selbst vor dem Zeitalter des Verkehrs hat der Mensch Einfluß auf die Pflanzenverbreitung ausgeübt. Das geschah namentlich durch Völkerwanderungen und Wandervölker. So soll der bekannte Stechapfel durch die Zigeuner in Europa eingeführt worden sein. Nach der Zeit der napoleonischen Feldzüge traten in Frankreich an zahlreichen Stellen, wo Kosaken kampiert hatten, südrussische Pflanzen auf, z. B. Bunias orientalis, ein Kreuzblütler, der noch bis 1860 bei Paris gefunden wurde.

Wir haben uns fast zu lange auf dem Bahndamme aufgehalten. Es steht uns noch ein weiter Weg bevor. Er führt uns zunächst über die angrenzenden Felder. Heiße, flimmernde Luft lagert über den von keinem Windhauch bewegten Halmen. Wir schreiten aber tapfer weiter. Im Gehen fällt uns auf, daß außerhalb der Felder niemals Getreidepflanzen zu sehen sind. Das ist eigentlich sonderbar! Wenigstens in der nächsten Umgebung sollte man dies doch erwarten, denn hier werden, namentlich bei der Ernte, doch so viele Getreidekörner zerstreut. Bedenkt aber, daß die Getreidegräser alle Fremdlinge sind. Als solche sind sie an die Lebensbedingungen, die ihnen Klima und Boden bei uns bieten, noch immer nicht ganz angepaßt, so daß sie den Kampf gegen unsere einheimischen Gewächse, sobald wir selbst diese nicht fernhalten, nicht zu bestehen vermögen. Mit Ausnahme der Hirse, die asiatischen Ursprungs ist, und des südamerikanischen Maises, gehören unsere Getreidepflanzen dem Florengebiet des Mittelmeeres an. Am anspruchslosesten ist der Roggen, darum ist er die häufigste Getreidepflanze, das eigentliche „Korn“ Deutschlands, namentlich Norddeutschlands.

Daß auch bei Verwendung reinsten Saatgutes Unkräuter nicht ganz fernzuhalten sind, zeigt uns jedes Kornfeld deutlich genug. Am Rande sehen wir Hirtentäschel, Klappertopf und das gemeine Kreuzkraut, eine Komposite und ein wahrer Sperling unter den Unkrautpflanzen; weiter drinnen zwischen den Getreidehalmen wachsen zahlreiche andere: Kamillen, am Duft und an den stark gewölbten gelben Blütenscheiben und zurückgeschlagenen Randblüten von den ähnlichen unechten Kamillen oder Hundskamillen zu unterscheiden, Hohlzahn (Galeopsis tetrahit), ein Lippenblütler, an den beiden Zähnen auf der Unterlippe erkennbar, Ackerhahnenfuß mit seinen lockigen Stempelchen und Früchten, Ackersteinsame (Lithospermum arvense), ein Vertreter der Familie der Rauhblättrigen, Stiefmütterchen, Ackerhornkraut und Sternmiere. Die Zusammensetzung dieser „Getreidebegleiter" wechselt von Feld zu Feld, aber die einen und anderen von ihnen treffen wir überall. Außer diesen niedrigen Unkräutern, die sozusagen das Unterholz im Getreideurwald bilden, gibt es dann noch einige hochwüchsige Getreidebegleiter, die selten fehlen und wegen ihrer prächtigen Blumen sehr bekannt sind: die Kornrade, eine Nelke, ferner der Mohn und die schöne blaue Kornblume.

Ein schmaler Feldrain (vgl. Titelbild) führt uns weiter. Er fällt nach einer Seite etwas ab, so daß das Regenwasser hier rasch nach den benachbarten Feldern abfließt, und der feste Boden nimmt ohnehin nicht viel Feuchtigkeit auf. Der Rain ist voll blühender Pflanzen, aber viele sind der Dürre zum Opfer gefallen: schlaff hängen ihre welken Blätter herunter. Kein Wunder, daß wir hier viele Pflanzen wiederfinden, die wir auf unserer Maifahrt über die Odung (S. 97ff.) kennen lernten. Überall zeigen sich auch dieselben Anpassungen an die Trockenheit: kleine schmale Blattflächen bei Steinklee und Zypressenwolfsmilch, beim Beifuß und bei den Schafgarben, starke Behaarung bei der wolligen Königskerze (vgl. Titelbild). Das kleine Habichtskraut (Hieracium pilosella) kehrt im Schatten die blaugrüne, unbehaarte obere Blattfläche in die Höhe. Im grellen Sonnenschein aber rollt es die Blätter zusammen und dreht sie so, daß die filzig behaarte Unterseite Schirm und Schutz vor zu starkem Austrocknen gewährt. Dem „durchlöcherten" Johanniskraut, Hypericum perforatum (Titelbild), sollen die gegen das Licht als durchsichtige feine Punkte erscheinenden Öldrüsen, nahe dem Blattrand, als Schutz gegen Hitze und Trockenheit dienen, da sie ein leicht flüssiges Öl absondern und verdunsten, wodurch Verdunstungskälte entsteht. Der Thymian (Abb. 66b) bildet dicke Polster, die den Sonnenstrahlen den Zutritt zum Boden verwehren und so seine Feuchtigkeit wie auch die der Pflanzen selber festhalten. Der Vogelknöterich (Abb. 96, S. 189) bedeckt zwar die Erde nicht in solcher Mächtigkeit, doch liegt das ganze Gewächs dem Boden flach auf und verhindert dadurch zu starke Verdunstung; besonders auch deshalb, weil ja die den Wasserdampf ausscheidenden Öffnungen, wie bei den meisten Pflanzen, sich auf der Unterseite der Blätter befinden. Ganz ähnlich müssen auch Blattrosetten wirken, die wir denn auch auf unserm Raine, ebenso wie auf Sand- und Felsenfluren, häufig finden.

Glockenblumen wachsen hier in Menge! In den zierlich eingefalteten Knospen liegen die fünf langen Staubbeutel dem Griffel dicht an (Abb. 64a, vgl. auch Nr. 15 der Diagrammtafel S. 224). Lösen wir sie auseinander, so sehen wir den Griffel mit schief aufwärts gerichteten Haaren bedeckt. Schon lange bevor die Krone sich öffnet, brechen die Beutel auf, und zwar nach innen, so daß der

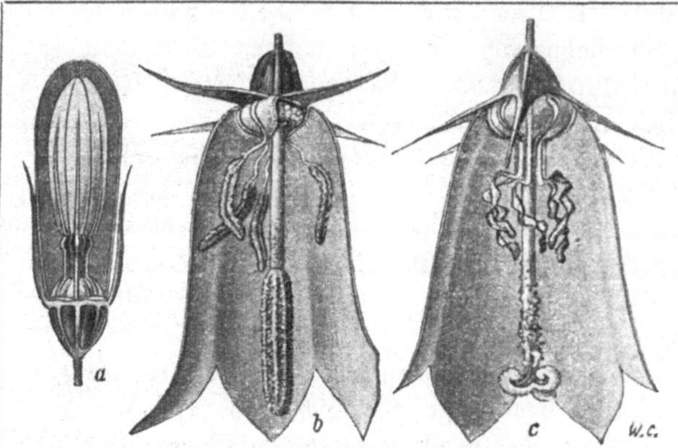

Abb. 64. Längsschnitt durch Blüten der kleinen rundblättrigen Glockenblume, vergrößert: *a* Knospe (steht noch aufrecht), *b* Blüte im ersten männlichen, *c* im zweiten, weiblichen Stadium.

Staub auf die beschriebenen Griffelhaare entleert wird. Der junge Griffel wächst um diese Zeit noch ziemlich rasch und fegt so mit seinen Borsten den Staub von den Beuteln ab. Gucken wir in eine soeben erschlossene Glocke hinein, so sehen wir die entleerten Staubgefäße verschrumpft im Blütengrunde liegen (Abb. 64 b). Rings um den Griffel glauben wir aber zu unserer Überraschung nach wie vor fünf pralle gelbe Beutel zu sehen. Genaueres Zusehen zeigt jedoch, daß es nicht die Beutel selbst, sondern nur die aus ihnen herausgebürsteten Pollenmassen sind, welche der behaarte Griffel so schön zusammenhängend festhält, daß sie sogar die ursprüngliche Form der Beutel beibehalten. Nun fliegen Insekten, meist Bienen und verwandte Hautflügler, ab und zu, um den Nektar zu holen. Dieser wird auf der Oberfläche des unterständigen Fruchtknotens abgesondert und von den stark verbreiterten Wurzeln der Staubfäden überdacht. Nur durch die feinen, durch Haare noch verengerten Spalten zwischen diesen verbreiterten Staubblattwurzeln ist der Honig erreichbar. Hier vermag wohl der ziemlich lange und dünne Saugrüssel einer Biene, nicht aber der ganze Körper eines kleinen kurzrüßligen Insekts, etwa eines Käferchens oder einer kleinen Fliege, durchzudringen. Diese Insekten, die wegen der Kleinheit ihres Körpers und ihrer geringen Blumenstetigkeit als Bestäuber auch nicht in Frage kommen können (S. 48), werden also durch das beschriebene Nektardach als „unberufene Gäste“ ferngehalten. — Erst wenn aller Staub weggeholt ist, biegen sich am Ende des Griffels die drei Narbenäste auseinander und bedecken sich mit Papillen (Abb. 64 c). Die Glockenblumen sind demnach stark staubgefäßvorreif.

Auch eine merkwürdige Nelke blüht hier am Rain, die Pechnelke (Viscaria viscosa). Die Blätter sind, wie bei allen Nelkengewächsen, gegenständig, und jedes Blattpaar entspringt bei einem Knoten des Stengels. Unter jedem Knoten sehen wir nun eine bräunliche Masse, an der unsere Finger festkleben. Diese Klebmasse ist wohl nur zufällig hierher gekommen oder von einem Tier, vielleicht einem Insekt, hier abgelagert worden? Doch seht: sie kommt nicht nur hier und da, sondern an allen Stöcken vor! Also gehört sie doch wohl zur Pflanze

Abb. 65. Großer Frostspanner (Hibernia defoliaria L.) Das Männchen fliegt, das flügellose Weibchen sitzt am Ast.

selbst! So ist es: dieser klebrige Stoff wird vom Stengel abgesondert und spielt im Leben der Pflanze eine nicht unwichtige Rolle. Sie hält nämlich alle diejenigen Insekten fern, die nicht auf dem Luftwege, sondern durch Aufkriechen von unten her zu den Blüten gelangen möchten. An einzelnen dieser „Pechringe" findet ihr auch richtig festgeklebte Ameisen, die hier jämmerlich verenden müssen. Flügellose Insekten sind nämlich den Blumen ebenso unerwünschte Gäste, wie die allzu kleinen, da sie auf dem umständlichen Wege, der sie über Blätter, Stengel und Erdboden von einem Stock zum andern führt, den an ihrem ohnehin viel zu wenig behaarten Körper allenfalls doch mitgeschleppten Staub stets verlieren und demnach als Kreuzungsvermittler für die Blumen gar nicht in Betracht kommen können, da sie aber anderseits doch sehr honiglüstern sind und also die Blüten ganz nutzlos ihres Nektars berauben würden. Namentlich die Ameisen können Blüten, die keinen derartigen Schutz besitzen, oft sehr schaden. — Es gibt übrigens auch noch andere Schutzmittel gegen „aufkriechende" Insekten. Interessant sind diejenigen der Kardendisteln. Das sind hochwüchsige, mit den Skabiosen (Abb. 69) verwandte Gewächse mit körbchenartigen Blütenständen. Hier verwachsen die unteren Teile je zweier einander gegenüberstehender Blatter zu einem den Stengel umgebenden Trog, der sich nun mit Regenwasser füllt, so daß kein Insekt am Stengel emporkriechen kann. — Diese beiden Schutzvorrichtungen, welche die Natur erfunden hat, sind vom Menschen nachgeahmt worden und werden von ihm als Waffe im Kampfe gegen mancherlei Ungeziefer benutzt. So bringt man an Wald- und Gartenbäumen Leimringe an, um das Aufkriechen der Raupen des Kiefernspinners und der Weibchen des Frostspanners zu verhindern. Die letzteren sind nämlich flügellos (Abb. 65) und vermögen darum die Baumkrone, auf der sie ihre Eier ablegen, nicht anders zu erreichen als durch Aufkriechen am Stamme. Auch die „Idee", den Stengel der Pflanze mit Wasser zu umgeben, um Ameisen fernzuhalteu, hat der Mensch übernommen. Der Gärtner stellt nämlich oft zarte Topfpflanzen, die besonders von Ameisen gefährdet sind, auf umgekehrte Pflanzentöpfe, die in einem seichten Wasserbassin stehen, so daß jeder Stock ganz von Wasser umgeben ist. — Wir könnten noch zahlreiche Fälle nennen, wo der Mensch „Erfindungen" der Natur in mehr oder weniger abgeänderter Form übernommen hat. Wer die Vorkehrungen der Gärtner und Landwirte und die Wunderwerke der modernen Technik daraufhin prüft, wird gelegentlich selbst da oder dort Anklänge an bekannte Erscheinungen bei Pflanzen und Tieren finden. Die Natur war von jeher der nie versagende Lehrmeister der Menschen!

Was ist dies für ein rauher Geselle, dessen borstiges Haarkleid unsere Hand zerkratzt? Es ist eine „rauhblättrige" Pflanze, also ein Familiengenosse einer der ersten Pflanzen, die wir im Vorfrühling (S. 21) im Garten kennen lernten, des Lungenkrautes und der Hundszunge sowie des Ackersteinsamens, den wir vorhin als Getreideunkraut fanden. Das borstige Haarkleid — jedenfalls ein treffliches Schutzmittel gegen Schneckenfraß — ist ein stets wiederkehrendes Merkmal dieser Familie der Rauhblättrigen. Charakteristisch für die ganze Familie ist auch der eigenartige Blütenstand, ein sog. Wickel. Nur die Blüte, die gerade offen ist, ist aufwärts gerichtet, die Knospen sind nach der Seite eingewickelt. Die Blüte des Natterkopfes soll einem Schlangenkopf mit geöffnetem Maule gleichen (Abb. 66a), daher der Name. Es gereicht der Pflanze zum besonderen Schmucke, daß die jungen Blüten nicht blau sind wie die erwachsenen, sondern rot. Diese Umfärbung von Rot in Blau kommt bei vielen blaublühenden Pflanzen vor (Hortensien!). Es kann sich hierbei nicht um eine Kältewirkung (S. 22) handeln, sondern diese Erscheinung muß ihre Ursache in einer nahen chemischen Verwandtschaft des roten und des blauen Blütenfarbstoffes haben, die einen Farbenumschlag begünstigt. Im Grunde der Blüte finden wir, trotzdem diese sonst nach der Fünfzahl gebaut ist, einen vierteiligen Fruchtknoten. Dies ist wiederum ein konstantes Familienmerkmal, durch welches diese Familie überdies ihre nahe Verwandtschaft mit den Lippenblütlern verrät. Die Rauhblättrigen besitzen aber fünf Staubblätter, während bei den Lippenblütlern, wie wir wissen (S. 54), das obere Staubgefäß fehlt. Der Natterkopf steht den Labiaten besonders nahe

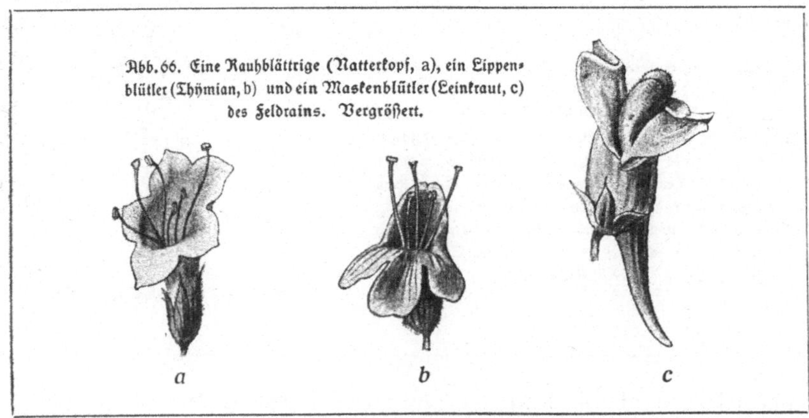

Abb. 66. Eine Rauhblättrige (Natterkopf, a), ein Lippenblütler (Thymian, b) und ein Maskenblütler (Leinkraut, c) des Feldrains. Vergrößert.

(Abb. 66 b), näher als die meisten seiner Familiengenossen, weil er im Gegensatz zu diesen hälftige Blüten hat, die also, abgesehen von der Zahl der Staubblätter, einer Lippenblüte sehr ähneln. Auch fehlen ihm die sog. Schlundschuppen, das sind mit den Staubblättern abwechselnde Einstülpungen der Kronenwand, die sonst für die Rauhblättrigen charakteristisch und z. B. in den Blüten des Ackersteinsamens deutlich zu sehen sind.

Die prächtigen gelben Blütentrauben dort gehören dem gemeinen Leinkraut (Linaria vulgaris) an. Frauenflachs wird diese Pflanze auch etwa genannt. Beide Namen rühren von der Ähnlichkeit dieser Pflanze mit dem echten Lein oder Flachs her. Diese Ähnlichkeit erstreckt sich freilich nur auf das Blattwerk: das Unkraut hat nämlich schmale nadelförmige Blätter wie der Lein. Die Blüten aber sind sehr ungleich, beim Lein strahlig und blau gefärbt, beim Leinkraut dagegen hälftig (Abb. 66 c). Das Leinkraut ist ein Vertreter der Maskenblütler, die wir früher (S. 69 und 122) bereits kennen lernten. Die Lippenform der Krone zeigt, daß auch diese Familie derjenigen der Lippenblütler ziemlich nahesteht. Sie unterscheidet sich aber von dieser namentlich durch den Fruchtknoten, der nicht vierteilig ist wie bei den Lippenblütlern, sondern zweiteilig. Der lange Honigsporn, den wir beim Leinkraut wahrnehmen, kommt nicht bei allen Vertretern der Familie vor, häufiger, wenn auch nicht überall, finden wir dagegen die aufgeblasene Unterlippe, welche den Blüteneingang abschließt, „maskiert". Dies ist ein treffliches Schutzmittel gegen zu kleine Insekten. Es vermögen nämlich nur große Besucher, namentlich die Hummeln, durch ihr beträchtliches Körpergewicht die Unterlippe hinunterzudrücken und so den Honig im Blütengrund zu erreichen, kleineren Insekten aber bleibt die Blüte verschlossen.

Dort an jenem Mäuerchen wächst ein Gattungsgenosse des gemeinen Leinkrautes, nämlich Linaria cymbalaria, das Mauer-Leinkraut. Seine weit ausgebreiteten Zweigspaliere überziehen einen großen Teil des Mauerwerks. Die

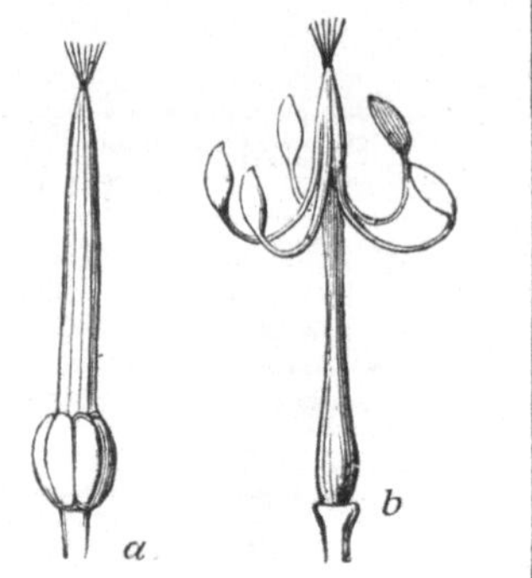

Abb. 67. Storchschnabelfrucht. Diese Abbildung bezieht sich nicht auf das Ruprechtskraut, sondern auf eine unserer großblütigen Arten, z. B. Wiesenstorchschnabel). Bei diesen hat jede der fünf Teilfrüchte an ihrer der Mittelsäule zugewendeten Seite einen Längsschlitz, aus dem die Samen, je einer auf die Teilfrucht, herausgeschleudert werden. (Auch dieser Vorgang kann durch Erwärmen mit Streichholz oder Lupe künstlich ausgelöst werden.) Dafür bleiben dann die leeren Teilfrüchte in der in *b* abgebildeten Stellung an der Mittelsäule stehen.

reizenden Blüten ähneln denen des gemeinen Leinkrautes sehr, sie sind aber etwas kleiner und hellviolett.

Eine zweite sehr häufige, aber deshalb nicht minder merkwürdige Pflanze wächst noch hier: der „stinkende" Storchschnabel oder das Ruprechtskraut, Geranium Robertianum. Merkwürdig ist diese Pflanze schon durch die Art und Weise, wie sie sich an ihren Standort anzupassen versteht. Die Stiele der untersten, schon längst abgestorbenen Blätter bleiben nämlich noch lange an der Pflanze stehen, biegen sich aber abwärts, bis ihre Spitzen in die Ritzen der senkrechten Mauerwand eingreifen, und dienen nun, da sie zugleich hart und steif geworden sind, der Pflanze als *Stützen auf dem abschüssigen Untergrund*. Merkwürdig ist auch der Bau und die *Verbreitung der Früchte*. Über den fünf Teilfrüchten seht ihr einen langen „Schnabel". Dieser besteht aus den aufwärtsgerichteten Griffeln der fünf Teilfrüchtchen und einer zwischen ihnen in der Mitte sitzenden gemeinsamen Mittelsäule. Nach eingetretener Reife gliedern sich die fünf Stielchen allmählich von der Mittelsäule ab, ohne sich jedoch von ihr loszulösen (Abb. 66 a). Die vollständige Trennung wird gewöhnlich durch ein vorbeistreifendes Tier oder durch einen Windstoß ausgelöst, oft erfolgt sie aber auch ohne einen solchen Anstoß. Hierbei krümmen sich, einer schon vorher in ihrem Gewebe bestandenen Spannung folgend, die Stielchen plötzlich nach außen und oben; dadurch werden sie so kräftig von der Mittelsäule abgestoßen, daß sie samt den an ihnen sitzenden Teilfrüchtchen eine Strecke weit fortgeschleudert werden. Wenn ich mittels eines Brennglases — die Taschenlupe kann dazu verwendet werden — eben gereifte Früchte des Storchschnabels erwärme, so kann ich diesen Vorgang künstlich auslösen und dann sehr gut beobachten. Und noch eins kann ich euch zeigen. Ich bringe ein Tröpfchen Wasser auf diese Teilfrucht mit aufgerollter Granne: bald fängt die gekrümmte Borste an sich wieder zu strecken! Trockenheit veranlaßt also die Grannen der reifen Teilfrüchte, sich aufzurollen, Feuchtigkeit streckt sie wieder gerade, hält also auch das Aufrollen der Borsten und Fortschleudern der Teilfrüchtchen längere Zeit zurück.

Alte Mauern sind überhaupt stets botanisch interessant. Hier stehen gleich noch einige Schöllkrautstöcke (Chelidonium majus Abb. 68). Ihr kennt gewiß die Pflanze aus eurer Kinderzeit. Taucht man sie nämlich in einen gefüllten Brunnentrog, so bleiben an den gefiederten Blättern, die sehr starke Wachsüberzüge besitzen und darum nur schwer benetzbar sind, zahlreiche große, wie Silber leuchtende Luftblasen hängen. Der aus der Wundstelle einer abgerissenen Pflanze hervorquellende gelbe Milchsaft ist, ähnlich wie der üble Geruch des Ruprechtskrautes, ein Schutzmittel gegen naschhafte Ziegen und andere Weidetiere. Übrigens ist die Pflanze auch etwas giftig. Uns interessiert besonders ihre Blüte. Sie zeigt uns, was wir teilweise schon beim Natterkopf wahrnahmen, noch viel deutlicher, daß nämlich nicht alle Pflanzenfamilien scharf voneinander abgegrenzt sind, sondern daß Zwischenformen vorkommen, von denen wir kaum wissen, ob wir sie in die eine oder in die andere Familie einordnen sollen. Wo solche Übergänge fehlen und die Familien uns als scharf abgegrenzte Einheiten erscheinen, da sind diese Zwischenformen im Laufe der Jahrtausende ausgestorben (vgl. Schlußkapitel). Das Schöllkraut ist nun eine solche Zwischenform, es vermittelt nämlich den Übergang von den Kreuzblütlern (S. 49) zu den Mohngewächsen: es hat die vier Kronblätter und den zweiteiligen Stempel der Cruciferen, jedoch zahlreiche Staubgefäße und bloß zwei Kelchblätter, wie die Mohne.

Abb. 68. Das Schöllkraut.

Vom First der Mauer grüßt der uns schon bekannte Mauerpfeffer (Sedum acre, Abb. 43, S. 97) mit leuchtend gelben Blüten zu uns herunter. An vielen der mit dicken Schuppenblättern besetzten Stengel finden wir schon reife Früchte. Diese sind in der Mitte schüsselartig vertieft. Die fünf strahlenförmig angeordneten Fruchtblätter hängen am Grunde zusammen. Jedes bildet

Abb. 69. Skabiosenblüte (Scabiosa columbaria) mit Gästen: 1 Blutströpfchen, Zygaena trifolii, 2 der rotfleckige Stutzkäfer, Hister quadrimaculatus, 3 Schneiderkäfer, Telephorus fuscus.

für sich eine Balgfrucht, deren Naht jetzt — bei dem trockenen Wetter — der Länge nach geschlossen ist. Gieße ich aber ein wenig Wasser in das flache Mittelbecken der Sammelfrucht, so tun sich bald die Fruchtblätter weit auseinander, die Fächer öffnen sich, und die feinkörnigen Samen liegen offen da. Trifft Regen die Pflanze, so werden die Samen herausgespült und an andere Stellen, in Erdritzen, zwischen Steine usw. geschwemmt, wo dann im nächsten Jahre eine Kolonie Mauerpfeffer entsteht. So verbreitet sich das zierliche Pflänzchen über alte, rissige Mauern, sie mit schönen, gelben Polstern überziehend. Wenn nur einmal ein Vogel ein Stück Mauerpfeffer hinaufgeschleppt hat, so sorgt dann der Regen für die Verbreitung seines Samens über einen großen Teil der Mauerkrone.

Wir nehmen von dem Feldrain nicht Abschied, bevor wir einen Blick auf die ihn besuchenden Insekten geworfen haben. Auf dem rötlichen Thymianpolster und auf den Skabiosen (Abb. 69) wimmelt es von allerlei Fliegen, Bienen und Schmetterlingen. Der scharfe Duft hat die Tiere herbeigelockt. Nicht alles sind nützliche Bestäuber, mancher dieser Kostgänger stiftet auch allerlei Schaden. Kleine Rüsselkäfer (Abb. 85b u. c, S. 173), Schneiderkäfer (Telephorus, S. 75) und nicht größere Stutzkäfer, deren kleiner Kopf unter dem bogig ausgeschweiften Halsschilde verschwindet, und deren kurze Beinchen in Gruben des hartschaligen Körpers zurückgezogen werden können, treiben hier ihr Wesen. Wollen wir sie fangen, so lassen sie sich zur Erde fallen und „stellen sich tot", d. h., sie werden wohl durch die Berührung in einen Starrezustand versetzt, der ihnen allerdings Nutzen gewährt, da ihre Feinde aus der Vogelwelt in der Regel keine toten Tiere verzehren.

Unter den Kleinschmetterlingen fallen uns zahlreiche Bläulinge und niedliche rotfleckige Blutströpfchen oder Widderchen (Zygaena, Abb. 69, 1) auf, die als Schutz gegen ihre Feinde aus den Gelenken der Fühler und Beine einen übelriechenden gelben Saft ausscheiden.

Nicht weniger sind die meisten anderen Pflanzen des Rains besucht. Käfer, Raupen, Gallwespen und Fliegen, Blattläuse und Ameisen: all das krabbelt und schwirrt durcheinander. Wollten wir alle Insekten des Feldrains nach Namen und Art kennen lernen, wir müßten Wochen, nicht nur Stunden hier verweilen. Einiges ist aber doch so merkwürdig, daß wir nicht achtlos daran vorübergehen können. Der Stengel dieser weißen Lichtnelke ist über und über mit schwarzen, schmierigen Blattläusen bedeckt. Dazwischen sind Ameisen eifrig beschäftigt. Der After der mittels ihres Schnabels den Stengel der Lichtnelke aussaugenden Blattläuse sondert einen süßen Saft aus, der aus halbverdautem Pflanzensaft besteht. Den Ameisen ist dieser Saft eine köstliche Speise. Unermüdlich belecken sie die Blattläuse, sowie den von dem ausgeschiedenen Safte klebrigen Stengel. — Dieser kleine Lindenbaum muß noch reichlicher Kost gewähren, denn in ganzen Scharen ziehen Ameisen den Stamm in die Höhe. Tatsächlich sind die Blätter glänzend, wie lackiert, völlig bedeckt von dem süßen Safte, den eine andere, grüne Blattlausart ausscheidet. Da können die Ameisen zur Genüge ihrer Leckerei frönen. Manche aber, nicht zufrieden mit der reichlichen, auf Blättern und Zweigen dargebotenen Kost, pressen sanft mit ihren Kieferzangen den Leib der Blattläuse (Abb. 70) und lecken dann gierig die austretenden Tropfen. Nicht mit Unrecht nennt man demnach die Blattläuse Milchkühe der Ameisen. Keinesfalls darf man die Ameisen als Feinde der Blattläuse betrachten, wie es häufig geschieht. Überhaupt haben die ekelhaften Schmarotzer nur wenig Feinde, so daß sie trotz ihrer scheinbaren Schutzlosigkeit leicht so sehr überhandnehmen, daß ihren Angriffen manche Pflanze erliegt. Oft werden die befallenen Pflanzen so dicht mit den abgeworfenen Häuten der Läuse bedeckt, daß sie schimmlig aussehen. Diese Überzüge werden manchmal Mehltau genannt (doch ist diese Erscheinung nicht zu verwechseln mit einer anderen, die im allgemeinen mit diesem Namen bezeichnet und durch einen Pilz hervorgebracht wird),

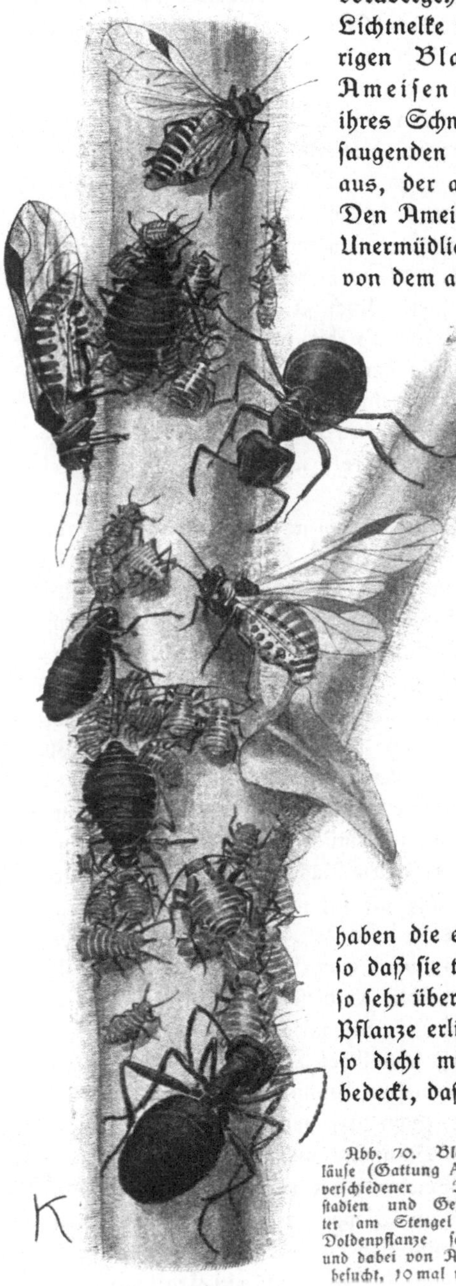

Abb. 70. Blattläuse (Gattung Aphis) verschiedener Altersstadien und Geschlechter am Stengel einer Doldenpflanze saugend und dabei von Ameisen besucht, 10 mal vergr.

während der Gärtner jene klebrig-süße Absonderung, die wir vorher entdeckten, mit dem verlockenden Namen Honigtau belegt. Der Honigtau verstopft die Spaltöffnungen und hindert die Verdunstung, hierdurch das Leben der Pflanze gefährdend. Durch das Saugen der Läuse entstehen auch Runzlungen und Verkrüpplungen der Blätter. Und schwer ist es, all dem zu steuern; denn die Tiere haben eine ganz ungeheuerlich starke Vermehrung. Sommerüber treten nur Blattlausweibchen auf, die lebendige Junge gebären. Schon nach 14 Tagen ist die junge Blattlaus imstande, selbst Junge zur Welt zu bringen, so daß ein einfaches Rechenexempel dartut, wie riesig die Bevölkerungszunahme sein muß. Allmählich entstehen nun auch geflügelte Weibchen (Abb. 70), wohl befähigt, als Kolonisatoren sich an einer anderen Pflanze einzunisten. Auch sie zeichnen sich durch übergroße Fruchtbarkeit aus. Naht endlich der Herbst, der den gegen Kälte sehr empfindlichen Schmarotzern den Untergang bereitet, so tritt eine neue Form der Läuse auf, Männchen und Weibchen. Letztere legen befruchtete Eier, die überwintern. Aus ihnen schlüpfen im nächsten Frühjahre wieder lebendig gebärende Weibchen aus. „Generationswechsel" nennt die Wissenschaft diese auffallende Erscheinung.

Wie der Rain so ist auch das benachbarte, jetzt mit reifen Ähren geschmückte Feld der Tummelplatz einer großen Zahl verschiedener Wesen, die größtenteils als arge Verwüster auftreten. Die schlimmsten treiben recht heimlich und verborgen ihr Wesen. So der Saatschnellkäfer (Agriotes lineatus, Schlußbild S. 157, 8 a u. b), dessen Flügel durch Längsfurchen gezeichnet sind. Er klettert an den Halmen umher; fällt er aber auf die Erde, so weiß er sich bald zu helfen. Er schnellt sich, auf dem Rücken liegend, ein tüchtiges Ende empor. Legt man sich ein solches Tier auf die flache Hand, so kann man leicht beobachten, wie es seine Sprünge ausführt. Es macht den Rücken hohl, indem es einen Stachel der Vorderbrust gegen die Mittelbrust stemmt. Schnellt nun der Stachel in das für ihn bestimmte Lager zurück, so springt der Käfer mit einem Knips empor, indem der wieder gestreckte Rücken heftig gegen die Unterlage schlägt. Die Larven dieser Käfer sind die der jungen Saat besonders gefährlichen Drahtwürmer (Schlußbild 8 c). An den Wurzeln des Getreides zehren sie, und man kann sie auffinden, wenn man eine Staude ausreißt. Ihr drehrunder, gelblich oder bräunlich gefärbter Leib ist glatt, sehr hart und an der Brust mit drei starren, ganz kurzen Beinchen versehen.

Versteckt im Halme lebt ein äußerst schädliches Tier, die fußlose, wulstige Larve der schwarzen, gelb geringelten Halmwespe (Cephus pygmaeus, Schlußbild S. 157 4 u. 4 a). Wir finden sie, z. T. schon verpuppt, im untersten Ende des Halmes. So kann sie die Sense des Schnitters nicht vom Felde entfernen, und die aus ihr entstehenden Wespen können im nächsten Jahre neuen Schaden verursachen, wenn der Landmann nicht die Stoppeln eines solchen Feldes vernichtet. Die Larve hat den ganzen Halm von oben, wohin das Ei abgelegt war, bis unten hin aufgefressen und damit der Pflanze so viel Kraft entzogen, daß die Ähre taub geblieben ist. — Fußlose, gelbe Maden sitzen hinter den Blattscheiden, wo sie sich auch verpuppen. Sie nagen äußerlich Furchen in den Halm und bringen knotige Verkrüpplungen, die sog. Gicht, hervor, so daß die Ähre oft gar nicht hervortreten kann. Es sind Maden einer winzigen Fliegenart mit grünen Augen (Chlorops, Schlußbild 1 a). Das Insekt (1) erscheint zweimal im Jahre, im Mai und August. Während die erste Generation ihre Eier an die jungen Getreidepflanzen legt, setzt die zweite sie an Wiesengräsern oder an der Wintersaat ab. In beiden Fällen wird der Brut ungestörtes Gedeihen gesichert. — Noch schlimmere Gäste sind die Maden der sammetschwarzen, blutrot gefleckten, grauflügligen Hessenfliege (Cecidomyia destructor, 3 und 3 a), eine Gallmücke. Weiße, kleine, fußlose Tierchen sitzen sie gleichfalls hinter der Blattscheide und bringen durch Saugen und Benagen eine Verletzung des Halmes oberhalb eines Knotens hervor, so daß der Stengel an der verletzten Stelle bricht. Auch die Hessenfliege tritt in zwei Generationen auf. Die zweite auf dem Stoppelfelde auskommende legt ihre Eier an die Wintersaaten. — An den Blättern finden wir eine eigentümliche, schneckenartige Käferlarve, die des Getreidehähnchens (6 das blaue, 7 das rothalsige Getreidehähnchen), eines blauen Blattkäferchens von nur 6 mm Länge. Die Larve, welche sich durch einen Kot- und Schleimüberzug schlüpfrig macht, frißt die Blätter fensterartig aus.

Eine Menge Feinde hat die Ähre. Kleine Maikäferarten (5) fressen an ihr, auch eine Blattlaus bringt zuweilen durch ihr Saugen Absterben hervor. Im Innern finden wir ausgebildete Larven einer Gallmücke (Cecidomyia tritici, 2 und 2 a). Das Muttertier hat kurz vor der Blütezeit seine Eier hineingelegt, und die jungen Tiere haben Staubgefäße und Stempel abgefressen und so großen Schaden angerichtet. Jetzt warten die Larven auf einen Regen, um die Ähre zu verlassen und sich im Boden zu verpuppen. Tritt kein Regen ein, so kommen sie mit in die Scheune und finden sich dann im Drescherstaube. — Auch kleine Blasenfüße (9), an ihren lang bewimperten Flügeln kenntlich, beteiligen sich an dem Schmause. Zwergzikaden (Jassus sexnotatus), kleine, heuschreckenartig springende und durch die dachartige Flügellage auch an Heuschrecken erinnernde Verwandte der Schaumzikade (vgl. S. 45 u. 119), treten in trocknen Frühlingen zuweilen in großen Scharen auf. Wie die Wanzen (S. 108) und Blattläuse haben sie Mundteile, die zu einem Saugapparat, dem sog. Schnabel, umgewandelt sind. Diese Ordnung der Insekten wird daher als Ordnung der „Schnabelkerfe" bezeichnet. Die Verwandlung dieser Insekten ist eine „unvollkommene" (vgl. S. 78): aus der Larve entsteht nach mehrfachen Häutungen ohne wesentliche Gestaltänderungen gleich das fertige Insekt. Durch ihr Saugen an den Blättern schädigen im Frühjahr die flügellosen, sonst aber den alten Tieren ähnlichen Larven der Zwergzikaden die Hafer- und Gerstenfelder; im Herbst bewirken die erwachsenen Tiere nicht selten das Vergilben der Wintersaat. — In vielen verkrüppelten Körnchen endlich hausen winzige Würmchen, die sog. Getreideälchen (10). Wird solch ein Korn, das, leichter als seine Genossen, auf dem Wasser schwimmt, mit ausgesät, so schlüpfen die Würmchen aus, bohren sich im Halme einer keimenden Pflanze empor bis zur Ähre und legen dort in die jungen Körner ihre Eier.

Abb. 71. Puppen einer Schlupfwespe auf einer sterbenden Raupe des Ligusterschwärmers, welche die Schlupfwespenlarven („Maden") ausgefressen haben. Natürliche Größe

Auch an größeren Raupen fehlt es dem Getreidefelde nicht. Eine große Anzahl von Feinden macht dem Menschen die Ernte streitig. Zwar wenn in günstigen Jahren der Mai kalt und feucht ist, gehen Millionen zugrunde, aber oft genug bleiben sie in so großen Massen erhalten, daß die Ernte völlig vernichtet wird. Einen Beistand hat der Mensch in seinem Kampf gegen dieses Ungeziefer in den Schlupfwespen. Doch sind diese auf dem Getreidefelde für unser Wohl tätigen so klein von Gestalt, daß ihre Beobachtung schwierig ist. Um diese Tiere bei ihrer nützlichen Tätigkeit zu belauschen, müssen wir das Kohlfeld aufsuchen, das unsere Mauer abschließt. Auf den Blättern und Köpfen des Kohls sitzen viel bläulich grüne, schwarz punktierte, mit gelben Rückenstreifen gezeichnete Raupen des bekannten Kohlweißlings (Pieris brassicae), dem Kohl durch ihre Färbung so ähnlich, daß sie trotz ihrer Größe nur schwer auf ihm zu entdecken sind. Sie haben die Blätter in großer Ausdehnung angenagt. Unter diesen massenhaft auftretenden Verwüstern des Kohlfeldes finden wir bald abgestorbene Exemplare, unter denen ein Häufchen weißlicher „Eier" lagert. Eier nennt man sie fälschlicherweise, indem man annimmt, die Raupe habe sie abgelegt, und es würden neue Raupen daraus entstehen. Hier und da fliegen über den Raupen kleine, verhältnismäßig großflüglige Insekten, deren auffällig kurzer Hinterleib mit einem Stachel endigt. Es sind Schlupfwespen aus der Gattung Microgaster (M. glomeratus). Dort setzt sich gerade eine solche Wespe auf eine Raupe, betastet sie längere Zeit mit den Fühlern und sticht sie dann an. Die auskriechenden Larven („Maden") zehren im Innern der Raupe, zuerst an deren Fettkörper, dann aber auch an den zum Leben notwendigen Organen. So ist dem befallenen Tiere zunächst nichts anzumerken. Es schmaust scheinbar bei völliger Gesundheit weiter. Wenn wir aber eine Anzahl in Spiritus töten und dann mit einer kleinen, scharfen Schere aufschneiden, so finden wir nicht wenige mit den Schlupfwespenmaden besetzt. Je älter diese werden, desto matter werden die Raupen, bis sie schließlich, noch vor der Verpuppung der Schlupfwespenmaden, absterben. Die Maden brechen dann aus dem ganz ausgehöhlten Tiere hervor und verpuppen sich an seiner Oberfläche (Abb. 71), so daß es wirklich den Anschein hat, als habe die Raupe Eier gelegt. So sind die Schlupfwespen äußerst nützliche Geschöpfe, weil sie einer Menge von Ungeziefer den Garaus machen. Denn wie die Kohlraupe haben auch die meisten anderen Raupen und eine unendlich große Anzahl anderweitiger Insektenlarven schmarotzenden Schlupfwespenmaden.

Eigentlich könnnten wir mit der reichen Ausbeute des heutigen Tages zufrieden sein. Doch wollen wir noch die Bekanntschaft einiger Pflanzen machen, die mit ihrem Blühen nicht auf uns warten, und die wir nach einem Monat vergebens suchen würden. Wir müssen unseren Weg über jenes mit Kiefern bestandene Moor nehmen. Es ist ein sog. Hochmoor. Im Gegensatz zu den ebenen, nach den verschiedenen Jahreszeiten verschieden grünen, immer aber, von ferne gesehen, an Wiesenstrecken erinnernden Wiesenmooren, die wir im vorigen Monat kennen lernten, ist es in der Mitte etwas erhöht, hebt sich also flach kuppelförmig aus der Ebene empor und weist, als Gesamtbild betrachtet, bräunlich-rötliche Töne in der Bodendecke auf. Beide kennzeichnenden Eigenschaften erhält das Hochmoor durch seine vorherrschenden Pflanzen, die Torfmoose (Sphagnum). Die oberen Stengelspitzen dieser Pflanzen verfärben sich rötlich oder bleichen auch bei längerer Lufttrockenheit weiß aus. In den tieferen Schichten der mächtigen Polster aber verwandeln sich die langen, unten absterbenden Sphagnum-Stengel in braunen Torf (Moortorf), noch tiefer unten schließlich in schwarze Moorerde. So kann sich der mittlere, älteste Teil eines großen Hoochmoores gegen 4 m über den Rand erheben, und da auch dieser immer noch eine beträchtliche Lage von Moorerde aufweist, so haben in unseren bedeutendsten Hochmooren die Torferdeschichten der Mitte eine Mächtigkeit von 9 m. Unser Moor hier ist allerdings, weil jünger und kleiner, weit weniger tief. Ein schmaler Fußpfad führt, sich dunkelbraun von der helleren Moosdecke abhebend, über das Moor, später einem teilweise mit kaffeebraunem Wasser erfüllten Graben entlang. Großenteils ist dieser aber jetzt ohne Wasser, und die oberflächlich getrocknete Schlammkruste seines Grundes zeigt eine verhängnisvolle Ähnlichkeit mit unserem Fußwege. Geht achtsam! Einige Schritte vom schmalen Pfade seitwärts können euch auf schwanken Boden führen, dessen dünne Decke unter den Füßen nachgibt. Darunter liegt flüssiger, schwarzer Moorschlamm, in den einzusinken auch hier gefährlich sein dürfte. Das dichte, niedrige Gebüsch der schon früher blühenden, jetzt mit unreifen Früchten besetzten Rauschbeeren, Blau- und Preiselbeersträucher (Vaccinium uliginosum, myrtillus, vitis idaea, Abb. 72 a bis c) und des scharf

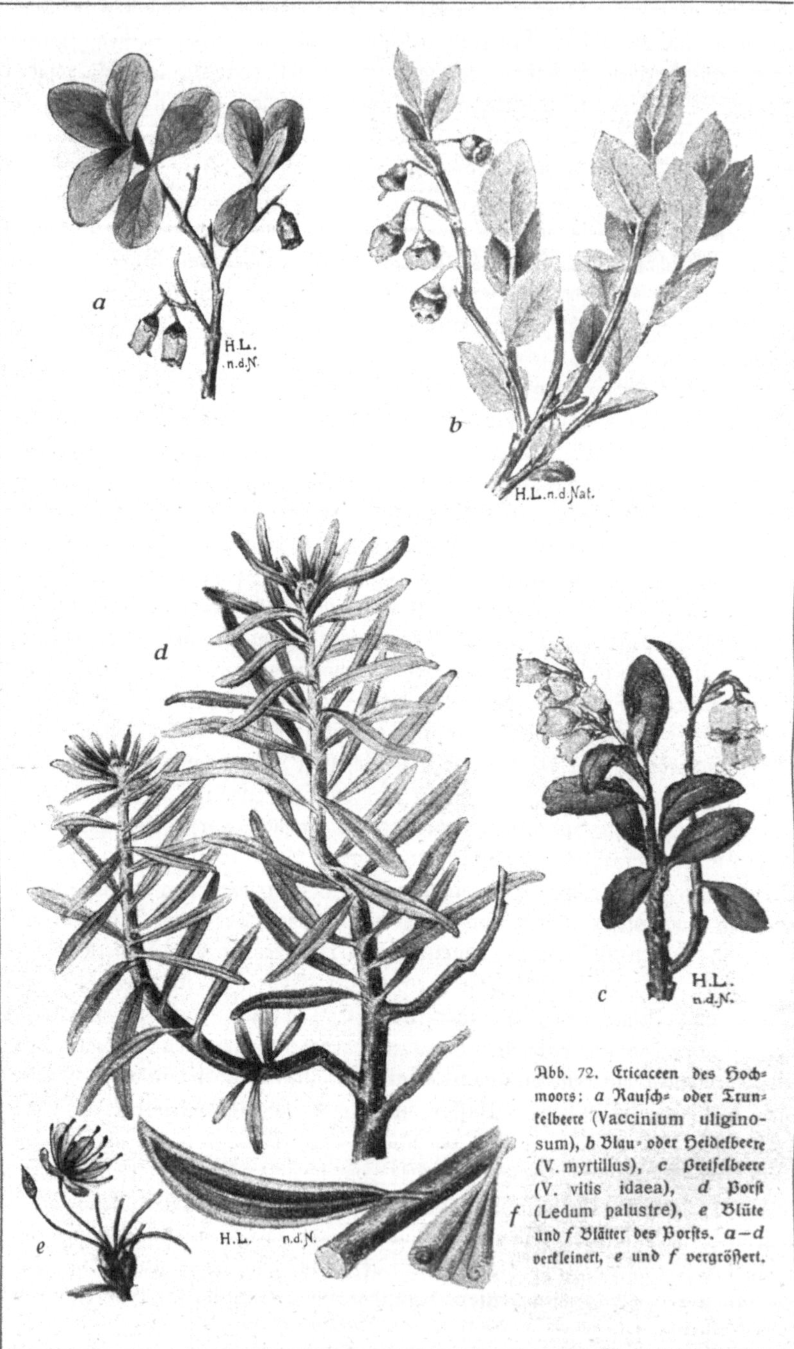

Abb. 72. Ericaceen des Hochmoors: *a* Rausch- oder Trunkelbeere (Vaccinium uliginosum), *b* Blau- oder Heidelbeere (V. myrtillus), *c* Preiselbeere (V. vitis idaea), *d* Porst (Ledum palustre), *e* Blüte und *f* Blätter des Porsts. *a*–*d* verkleinert, *e* und *f* vergrößert.

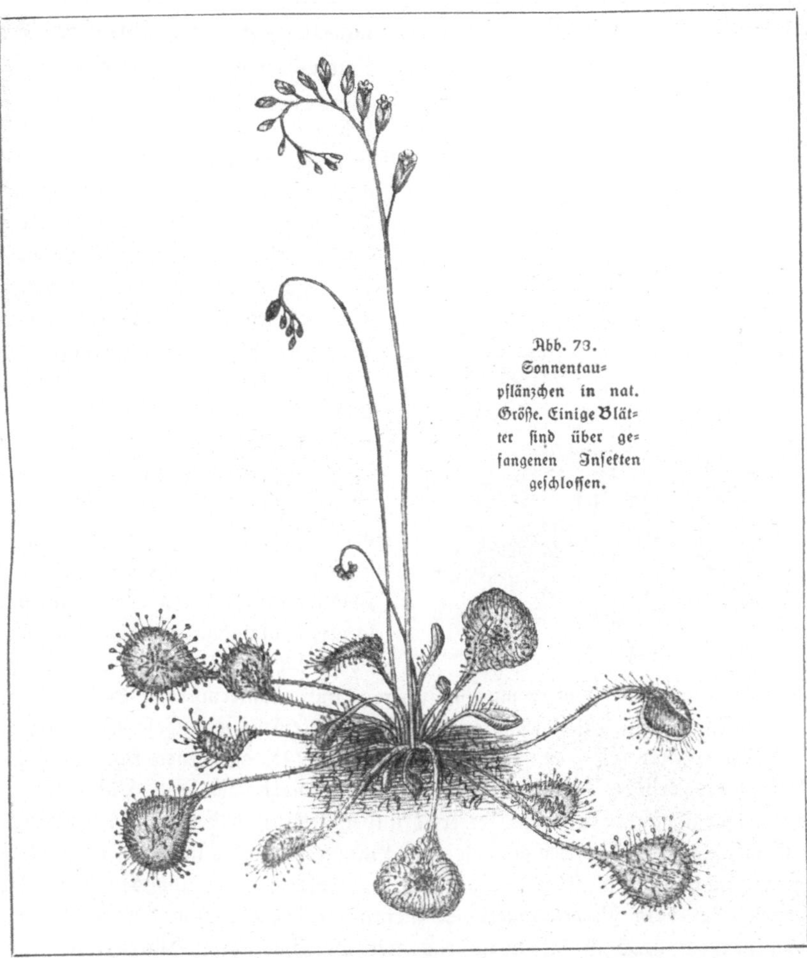

Abb. 73. Sonnentaupflänzchen in nat. Größe. Einige Blätter sind über gefangenen Insekten geschlossen.

duftenden Sumpfporst (Ledum palustre, Abb. 72d bis f) beherbergt Kreuzottern! Unachtsames Eindringen in das Buschwerk könnte die giftigen Reptile reizen. (Erkennungsmerkmal: dunkler, fortlaufender Zickzackstreifen längs des Rückens!)

Unser Bild zeigt (f) die für Ledum und zahlreiche andere Ericaceen (Heidekraut, vgl. S. 98) charakteristischen Rollblätter: die Blattränder sind umgerollt, so daß auf der Blattunterseite eine windgeschützte Längsfurche entsteht, in welcher die Spaltöffnungen liegen. Dieser Verdunstungsschutz ist hier nicht überflüssig. Der Moorboden ist zwar für unsere Stiefel sehr feucht, nicht aber für die Pflanze. Denn nicht immer vermögen die Pflanzen das Wasser, das sich im Boden befindet, auch wirklich aufzunehmen. Der Moorboden ist „kaltgründig", d. h. die Sonne vermag ihn gerade wegen der vielen Wärme, nur ungenügend zu erwärmen, zudem enthält er Humussäuren (S. 43). Kälte lähmt aber die Tätigkeit der Saug-

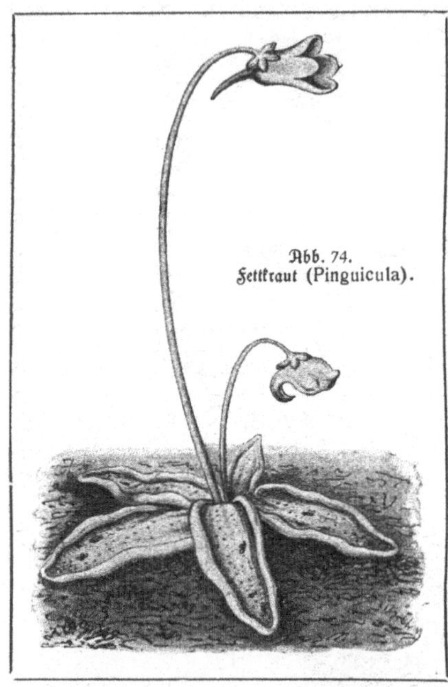
Abb. 74. Fettkraut (Pinguicula).

wurzeln, und Bodenwasser, das viel Humussäuren enthält, wird nur sehr schwer aufgenommen. So erklärt es sich, woher Heidekraut und Porst und in etwas geringerem Grade auch jene andern Pflanzen des Moores denselben Eindruck machen wie manche Gewächse trockener, nahrungsarmer Standorte. Trockenpflanzen mit hartem, häufig immergrünem Laub, das nur wenig Wasser abgibt, sind eine kennzeichnende Erscheinung nicht nur unserer Felsenfluren, sondern auch der Moore.

Wir wollen eilen, den tückischen, mit mancherlei Gefahren drohenden Boden zu verlassen. Aber eine lichtgrüne Oase auf dem braunschwarzen, sonst pflanzenleeren Moorgrund lockt zu längerem Verweilen. Da breiten sich lange, dunkelgrüne Ranken einer anderen Ericacee, der Moorbeere (Oxycoccus palustre) aus, besetzt mit rosafarbenen Blüten, später mit roten Beeren. Dazwischen finden sich die zierlich aus langgestielten Blättern zusammengesetzten Rosetten des Sonnentaus (Drosera rotundifolia, Abb. 73), aus denen sich der hohe Blütenstand erhebt, besetzt mit weißen, unscheinbaren Blütchen. Lichtgrün ist die ein wenig vertiefte Fläche der kreisrunden Blätter, und strahlenartig stehen auf ihr dicke, mit Köpfchen gekrönte, rote Haare. Ein jedes trägt ein im grellen Sonnenlichte schimmerndes und blitzendes Tröpfchen. Tau trotz der Hitze, die schwül über dem Moore brütet? Sonnentau, richtiger Sindau, d. h. Immertau, nennen deshalb die Leute das zierliche Pflänzchen. Die Haare sind an vielen Blättchen nach der Mitte hin geschlossen, und zwischen ihnen haften die Leichen verschiedener Insekten, besonders der kleinen, stechlustigen, schwarz behaarten Mücken, die uns in dichten Schwärmen umsummen. Die Tiere sind von dem Sonnentau gefangen! Legen wir ein kleines Insekt auf ein Blatt mit strahlenartig ausgebreiteten Haaren, so bleibt es an den „Tautröpfchen", die aus einem zähklebrigen Saft bestehen, hängen. Erst nur an zwei oder dreien. Während es aber zappelt, um sich zu befreien, kommt es mit immer mehr Drüsen in Berührung, bis schließlich sein ganzer Leib in Schleimfäden gehüllt ist. Und da beginnt nun auch eine merkwürdige Bewegung am Blatte selbst: die Haare krümmen sich allmählich gegen die Mitte des Blattes und halten das zuckende Opfer wie mit Krallen fest. In der Mitte der Blattspreite stehen kurze, gestielte Drüsen. Diese haben inzwischen

große Mengen einer dem Magensaft ähnlichen Flüssigkeit abgeschieden, welche sich auf der leicht ausgehöhlten Blattspreite ansammelt. Dieser Saft löst nun die Weichteile des Tieres auf, und nach und nach wird alles Gelöste vom Blatt aufgesaugt, worauf die Fangarme sich langsam öffnen, um nur das leere Chitinskelett des Insekts wieder freizugeben, das der leiseste Windhauch entführt. Die Härchen schmücken sich hierauf mit neuen „Tautröpfchen", um neue, nach süßem Saft lüsterne Insekten anzulocken.

Eine insektenfressende Pflanze ist auch der uns (S. 111) schon bekannte Wasserschlauch (Utricularia). Dort in jenen Torftümpeln werden wir ihn sicher finden. Auch das Fettkraut (Pinguicula Abb. 74) kommt namentlich auf Torfmooren vor. Hier rollen sich die ganzen Blattränder während des Verdauungsgeschäftes um und umschließen so allmählich die schon vorher festgeklebte Beute.

Die heutige Wanderung hat unser Verständnis für die Abhängigkeit der Pflanzen von ihrer Umgebung und für die gegenseitigen Beziehungen zwischen Tieren und Pflanzen erweitert. Besonders überraschend war uns der Formenreichtum, der uns in jener Gesellschaft von Getreideschädlingen aus der Klasse der Insekten entgegentrat. Beobachtungen der freilebenden Insekten bieten wegen der Feinheit und Zweckmäßigkeit der Körperausrüstung dieser Tiere einen ganz besonderen Reiz. Dazu kommt die auch für uns Menschen bedeutsame Rolle, die diese Vielfresser im Haushalte der Natur spielen. Darum sei das erste Ziel unserer nächsten Wanderung eine genauere Kenntnis dieser Lebewesen!

IX. Feinde der Pflanzenwelt. Erntesegen.

Auch diesmal wollen wir vor Antritt unserer Wanderung einen Gang durch unseren Garten machen. Es ist, als ob die Pflanzen den nahenden Herbst vorausahnten und nun nochmals ihre ganze Blumenfülle zu einer herrlichen Farbensymphonie vereinigen wollten. Die Beete prangen im Schmuck der letzten Sommergewächse, der Lobelien und Funkien, des Phlox und der Kapuzinerkresse. Als Beeteinfassung haben wir die bunte Salbei (Salvia splendens) angepflanzt, deren grellrote Kelche weithin leuchten. Auch die ersten Herbstblüten beginnen sich zu entfalten: Astern und Georginen und die schönen Malvengewächse: die Stockrosen (Althaea rosea) und Lavateren.

Unser Garten ist nicht modisch zurechtgeputzt, er gleicht eher einem altväterischen Bauerngarten. Sogar Sonnenblumen (Helianthus annuus) haben wir ausgesät. Weithin leuchten die großen, unter ihrem Gewicht leicht geneigten Blumenkörbe. Hunderte von Blütchen sind hier zu einem mächtigen Blütenstand vereinigt. Schon dieses Zusammenleben zahlreicher Einzelblüten ist in höchstem Grade zweckmäßig, weil dadurch die Augenfälligkeit und damit die Anziehungskraft auf die Insekten sehr gesteigert wird. Grabt mit einer feinen Klinge eines Taschenmessers ein Blütchen aus der „Scheibe“ des Korbes heraus, betrachtet das kleine Ding und überlegt euch,

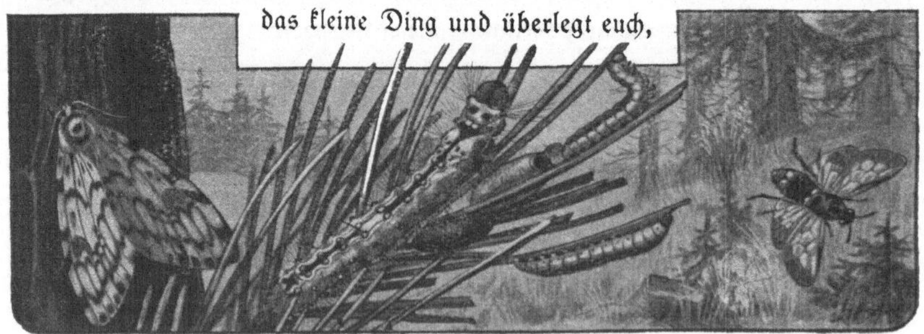

wie schwer es den Insekten auffindbar wäre, wenn es allein im Grün des Blattwerks stände! Dazu kommt nun noch, daß infolge dieses Zusammenstehens zahlreicher Blüten gewöhnlich viele von ihnen durch ein einziges auf der Scheibe herumspazierendes Insekt bestäubt werden. Als besonders vollkommen eingerichtet erscheinen uns aber die Blütenstände derjenigen Korbblütler, die, wie die Sonnenblume, eine Arbeitsteilung zwischen den kleineren inneren, den sog. Scheibenblüten, und den weniger zahlreichen Randblüten erkennen lassen. Die letzteren sind größer und besitzen bei der Sonnenblume und ihren Verwandten eine lange, nur einseitig entwickelte, zungenförmige Krone. Man nennt sie darum auch „Zungen-“ oder „Strahlblüten“. Betrachtet eine solche Blüte genauer! Ihre Stempel sind vollständig verkümmert und gänzlich unfruchtbar. Diese Blüten haben also die Fruchtbildung, die sonst der Lebenszweck jeder Blüte ist, ganz aufgegeben, um alle ihre Stoffe zur Ausbildung möglichst großer Kronen zu verwenden. Die wenigen Randblüten genügen nun aber auch als „Schauapparat“ für den ganzen Korb mit den sämtlichen viel zahlreicheren Scheibenblüten, die nun ihrerseits fast die ganze Nahrung, die ihnen die Pflanze liefert, den Staubblättern und dem Stempel zuwenden können. Kein Wunder, daß die Fruchtknoten dieser Blüten so außerordentlich mächtig entwickelt sind (vgl. Abb. 75).

Zum Teil gerade wegen dieser Arbeitsteilung, zum Teil auch wegen der bereits geschilderten Zweckmäßigkeit des Zusammenhausens so zahlreicher Blumen, endlich auch wegen der äußerst vollkommenen Einrichtung der Einzelblüten betrachtet man die Korbblütler vielfach als die höchstentwickelten (S. 24) Blütenpflanzen. Sie bilden darum auch den Abschluß der kurzen Systemübersicht am Schlusse dieses Büchleins. Die Korbblütler gehören auch zu den „modernsten“ Pflanzen, d. h. sie sind erst in verhältnismäßig späten Perioden der Entwicklungsgeschichte der Flora entstanden. Darum gibt es heute eine enorme Zahl von Gattungen und Arten dieser Familie, während sich von manchen niedrig entwickelten und frühzeitig entstandenen Familien nur noch wenige Formen bis in unsere Tage erhalten haben. Die Korbblütler werden sich wohl in den zukünftigen Perioden der Florenentwicklung durch Spaltung in noch zahlreichere Gruppen immer noch reicher entwickeln.

Daß auch die Scheibenblüte höchst zweckmäßig eingerichtet ist, wurde bereits angedeutet. Unsere Sonnenblume bietet willkommene Gelegenheit, auch dies durch eigenen Augenschein festzustellen, denn bei ihr sind die Blütchen noch so groß, daß alle Einzelheiten mit bloßem Auge oder mit Hilfe einer schwachen Lupe leicht zu sehen sind, während die Beobachtung der Einzelblüten anderer Kompositen, z. B. des Gänseblümchens, wegen ihrer Kleinheit sehr schwierig ist. — Wunderbar ist vor allem der Bestäubungsmechanismus dieser Blütchen (Abb. 75). Mit den fünf kurzen, spitzen Zipfeln der verwachsenblättrigen Krone wechseln die fünf Staubblätter ab. Die verhältnismäßig sehr großen Beutel liegen, ähnlich wie bei der Glockenblume (Abb. 64 S. 142), dicht aneinander. Versuchen wir aber, sie voneinander loszutrennen, so spüren wir, daß sie sogar

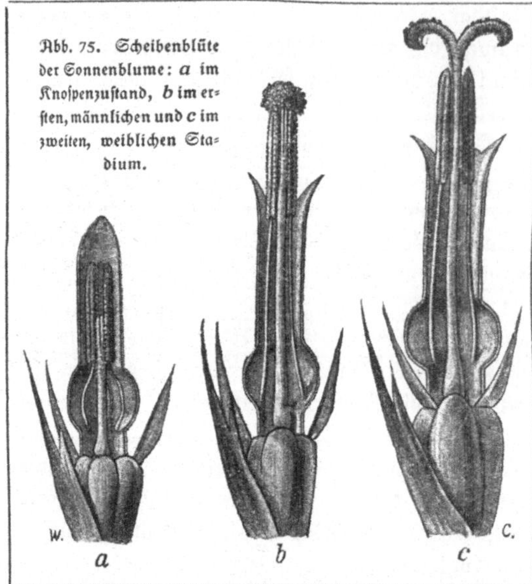

Abb. 75. Scheibenblüte der Sonnenblume: *a* im Knospenzustand, *b* im ersten, männlichen und *c* im zweiten, weiblichen Stadium.

fest miteinander zu einem Zylinder oder einer Röhre verwachsen sind. Sie fallen darum auch niemals auseinander wie bei den Glockenblumen. In dieser Staubbeutelröhre steckt nun der Griffel. Zur Knospenzeit ist er noch kurz, aber, wie bei den Glockenblumen, schon mit starken schief aufwärts gerichteten Haaren besetzt. Auch hier entleeren die Beutel ihren Staub schon vor dem Öffnen der Krone, und zwar ebenfalls nach innen. Der bisher noch kurze Griffel fängt erst jetzt an, sich stark zu verlängern. Dabei hebt er allmählich die Röhre der Staubbeutel immer höher hinauf, so daß die anfangs schlaffen Staubfäden im Blütengrund sich immer mehr strecken. Um diese Zeit öffnet sich die Krone, förmlich aufgestoßen von der heraustretenden Beutelröhre, und der immer noch weiter wachsende Griffel schiebt nun ein ganzes Häufchen Staub vor sich her und pumpt es oben aus dem Staubbeutelzylinder heraus (Abb. 75). Hier kann nun der Pollen von den Insekten abgeholt werden. Während dies geschieht, streckt sich der Griffel immer noch weiter, und erst wenn die Besucher allen Staub weggeholt haben, biegen sich zu oberst die beiden Narbenäste auseinander und leiten dadurch das weibliche Stadium dieser stark staubgefäßvorreifen Blüte ein (74 c).

Mit der Sonnenblume sind zahlreiche uns längst bekannte Korbblütler verwandt: die Schafgarben, Gänseblümchen, Wucherblumen (die gemeine W., Chrysanthemum leucanthemum und die S. 137 erwähnte Saatwucherblume, Chr. segetum) und Kamillen, der Huflattich, der Zweizahn (Bidens) und die Dürrwurz (Erigeron canadense). Es gibt aber eine zweite Gruppe von Kompositen, deren Körbchen aus lauter röhrenförmigen Blüten bestehen. Hierher gehören die sämtlichen Disteln und die Flockenblumen und Kornblumen. Die randständigen Blüten sind zwar bei der Kornblume auch größer als die weiter innen stehenden (vgl. Abb. 76), und ebenfalls unfruchtbar, aber sie haben nie jene Zungenform. Die inneren, fruchtbaren Blüten sind hier noch merkwürdiger eingerichtet als bei der Sonnenblume. Aus dem oberen, glockenförmigen Teil der Krone ragt ein sichelförmig gekrümmtes, schwach geripptes, dunkelviolettes Säulchen hervor, daß in das Blüteninnere mit fünf feinen

Fäden verläuft: es sind die fünf Staubblätter, deren Beutel auch hier miteinander verwachsen sind. Inmitten der so gebildeten Röhre steckt der dünne, doch steife Griffel. Berühre ich nun die Staubfäden im Innern der Glocke mit einem feinen Grashalm, so erscheint an der sich öffnenden Mündung der Beutelröhre bald ein Klümpchen weißlichen Staubes. Die Fäden sind nämlich reizbar, ähnlich wie die der Berberitze (S. 117 und Abb. 52), sie knicken bei jeder leichten Berührung ein und bewirken, daß der starre Griffel einen Stoß nach oben vollführt. Der in der Röhre befindliche Blütenstaub wird durch den Stoß nach außen befördert, herausgepumpt. Es versteht sich von selbst, daß Insekten die Bestäubung besorgen, indem sie in dem Körbchen, Honig suchend, umherkrabbeln und durch Berührung der Fäden die Staubauspumpung bewirken. Weiter kriechend nach den äußeren, älteren Blütchen, die schon ihren Staub entleert haben und in das weibliche Stadium getreten sind, oder auch in anderen Blütenständen, die sie anfliegen, streifen sie den an ihrem Körper hängengebliebenen Staub an den Narben ab.

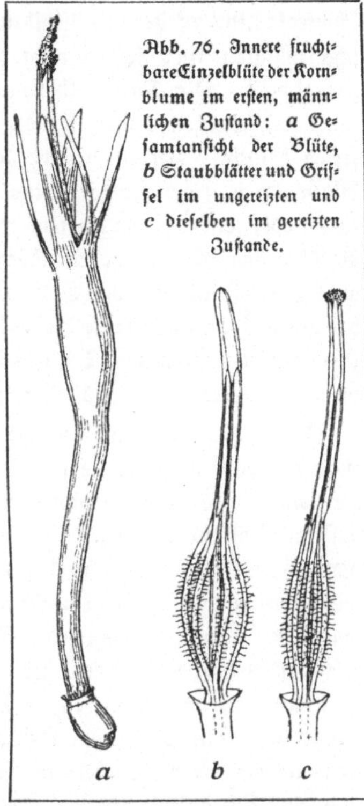

Abb. 76. Innere fruchtbare Einzelblüte der Kornblume im ersten, männlichen Zustand: *a* Gesamtansicht der Blüte, *b* Staubblätter und Griffel im ungereizten und *c* dieselben im gereizten Zustande.

Es gibt dann endlich noch eine dritte Gruppe von Korbblütlern, die lauter zungenförmige Blütchen besitzen, die alle, die äußeren wie die inneren, fruchtbar sind. Hierher gehört der Löwenzahn, die blaue Wegwarte (Cichorium), aus deren tiefgehenden Pfahlwurzeln bekanntlich ein Kaffee-Ersatz bereitet wird, der gewöhnliche Gartensalat, der dunkelgelb blühende Wiesenbocksbart und die außerordentlich formenreiche Gattung Hieracium oder Habichtskraut.

Nicht allzufern von unserem Garten liegt ein kleiner Kartoffelacker. Die Kartoffel oder der knollige Nachtschatten (Solanum tuberosum) ist ein Vertreter der Familie der Nachtschattengewächse, die verschiedene Gemüsepflanzen (Tomate) und zahlreiche, wichtige Medikamente oder Genußmittel liefernde Giftpflanzen — Tollkirsche, Stechapfel, Tabak, Bilsenkraut, schwarzen Nachtschatten (Solanum nigrum) und bittersüßen Nachtschatten (Solanum dulcamara, vgl. Abb. 88 S. 178) — umfaßt, und also schon aus diesem Grunde unserer Aufmerksamkeit wert ist. Jetzt ist der Kartoffelacker gerade mit den weißen und hellvioletten Blüten bedeckt. Die Krone ist stark verwachsen und fünfzählig gebaut, der Stempel aber ist zweiteilig (vgl. Diagrammtafel Nr. 14, S. 224). Dadurch verrät uns die Blüte die nahe Verwandtschaft der Nachtschattenfamilie zu der uns wohlbekannten Familie der Maskenblütler. Die Nachtschattenblüten sind jedoch nicht hälftig, sondern strahlig gebaut und niemals „maskiert“. Die Kartoffelblüten besitzen keinen Honig und nur wenig Blütenstaub und werden daher, trotzdem sie ziemlich auffällig sind, fast nie von Insekten besucht. An der Spitze der zu einem Kegel vereinigten großen Beutel bilden sich je zwei Löcher. Aus diesen sickert der Staub, da die Blüten meist schräg oder senkrecht nach unten gerichtet sind, unmittelbar auf die eigene Narbe, die über dem Kegel der Staubbeutel liegt. Die Kartoffelblüten sind also ganz auf Selbstbestäubung (vgl. S. 25 u. 26) eingerichtet. Es gibt auch Kartoffelsorten, bei denen überhaupt keine Bestäubung stattfindet, die also unter der Pflege des Menschen, der auf andere Weise, nämlich durch „Stecken“ der Knollen, für die Vermehrung überreich sorgt, die Fortpflanzung durch Früchte ganz aufgegeben haben.

Dies führt uns auf die unterirdischen Lebensvorgänge der Kartoffel, die nicht nur darum, weil sie uns die schmackhaften Knollen liefert, sondern auch aus wissenschaftlichen Gründen unser Interesse verdient. Die Knolle der Kartoffel ist nicht ein Wurzelknolle wie die des Scharbockskrautes (S. 31 u. Abb. 9 b), sondern eine Stengelknolle, d. h. ein verdickter Stengelteil. Das klingt zunächst wenig glaubhaft. Und doch verraten schon die sog. „Augen“ die Stengelnatur der Knolle. Denn jedes Auge ist ein schlafender Sproß, der, wenn wir die Kartoffel oder auch nur ein Stück von ihr mit einem oder mehreren solcher „Augen“ wieder in die feuchte Erde legen, zu einem langen beblätterten Zweig auswächst. Ein Ding, das Zweige mit Blättern trägt, kann aber nichts anderes sein als ein Stengel oder ein Seitenast eines Stengels. Daß die Knolle wirklich ein Stengelteil ist, geht vollends deutlich aus ihrer Entstehung hervor. Der im Boden befindliche Teil der Kartoffelpflanze ist nämlich nicht eine einfache Wurzel, sondern ein unterirdischer Stengel mit zahlreichen Seitenzweigen. Diese unterirdischen Stengelteile tragen auch, genau wie oberirdische, Blätter, nur sind diese Blätter, da sie hier im Boden drin ihren eigentlichen Zweck nicht erfüllen können, zu kleinen Schüppchen (Abb. 77) umgewandelt, die bald ganz absterben. In den Achseln dieser Blättchen entspringen, wiederum ganz genau wie bei ober-

Abb. 77. Die unterirdischen Teile der Kartoffel.

irdischen Stengeln, die Seitenzweige, und auch die eigentlichen, faserigen Wurzeln brechen an diesen Stellen hervor. Die freien Enden dieser zahlreichen unterirdischen Zweige schwellen nun zu den bekannten Knollen an. Die Kartoffelknolle ist also tatsächlich ein stark verdickter Zweig- oder Stengelteil, eine Stengelknolle. Im Herbste zerfallen die unterirdischen Stengel und Seitenzweige, und die Knollen bleiben, voneinander getrennt und in ziemlich weitem Umkreis im Boden verteilt, um, falls sie vom Menschen nicht eingesammelt werden, im nächsten Frühjahr aus den in ihnen enthaltenen Stärke- und Eiweißvorräten neue Pflanzen zu bilden.

Abb. 78. Rottannenzweig mit Gallen der Fichtenlaus (eine davon durchschnitten). Links unten eine Schildlaus. Vorderer Zweig nat. Größe.

Unsere wertvollen Kartoffeln werden von verschiedenen Feinden heimgesucht. Namentlich Pilze schmarotzen auf ihnen. Der gefährlichste ist der Kartoffelpilz (Phytophthora infestans), der die gefürchtete Kartoffelfäule hervorruft. Die befallenen Pflanzen sind an den schwarzbraunen Blattflecken erkennbar. Wenn die Krankheit überhandnimmt, so sterben alle oberirdischen Teile ab, und die Knollen verwandeln sich in eine übelriechende, bald jauchige, bald bröcklige Masse. Die Pilze wuchern im Blattgewebe und in den Knollen. Einzelne Pilzfäden brechen aus den Spaltöffnungen hervor, überziehen die Blattunterseite mit einem feinen grauweißen Schimmel und bilden nun hier die Sporen aus, die dann vom Winde verweht werden und die Krankheit rasch über das ganze Feld verbreiten. Als die Krankheit in den vierziger Jahren des vorigen Jahrhunderts zum erstenmal auftrat, schien unser ganzer Kartoffelbau durch sie in Frage gestellt zu sein. Glücklicherweise gelang es aber bald, durch Verwendung vollkommen gesunder Knollen zum „Stecken“ und durch sorgfältiges Vernichten der befallenen Stöcke die Krankheit einzuschränken.

Jetzt sollen uns andere Untersuchungen beschäftigen. Die Fichtenhecke am Uferweg, den wir nun betreten, ist strichweise mit kleinen, grünen Zäpfchen bedeckt. Das können unmöglich die Samenzapfen sein; dafür sind sie viel zu klein, auch stehen sie am Grunde der Triebe. Gleiche, aber braun gefärbte Zäpfchen sitzen an vertrockneten Zweigen. Sie sind über und über mit Löchern bedeckt,

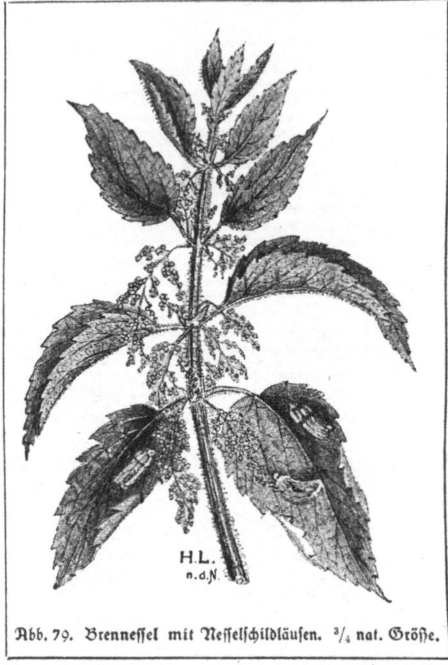

Abb. 79. Brennessel mit Nesselschildläusen. $^3/_4$ nat. Größe.

so daß sie aus vielen, von holzigen, verwachsenen Schuppen zusammengesetzten Kammern bestehen. Schneiden wir einen grünen Zapfen durch, so finden wir solche Kämmerchen auch in ihm, die sich nur noch nicht nach außen geöffnet haben. In den Kämmerchen wohnt eine ganze Kolonie von Fichtenläusen (Chermes abietis, Abb. 78), kleinen, schmierig weißen Pflanzenläusen, die durch ihr Saugen und durch Absonderung reizender Stoffe Wucherungen, die demnach als Gallen bezeichnet werden müssen, bewirken. Einige dicke Läuse (in der Abbildung auf dem unteren Zweige links) überwintern in Rindenfurchen, dicht unter den Fichtenknospen. Im Frühjahr wird jede die Stammutter einer Kolonie von Läusen und so die Schöpferin einer neuen Galle. Die von vielen Gallen besetzten Zweige trocknen ab. Schließlich muß der ganze Baum eingehen, wenn ein Übermaß von Gallen auf ihm sitzt.

Da fällt uns eine Kolonie großer Nesseln in die Augen, die aussieht, als hätte sie jemand mit einem Kalkpinsel besprengt. Scharen der Nesselschildlaus (Dorthesia urticae, Abb. 79) hausen darauf. Der Hinterleib einer jeden ist bedeckt mit zierlichen, weißen, langen Wachstäfelchen, die über das Hinterleibsende hervor-, meistens auch etwas emporragen. Äußerst wenig beweglich sind alle diese Tiere. Sie haben ihre Schnäbel in die Stengel gebohrt und saugen den Pflanzen den Saft aus. Einige sitzen besonders fest angeklammert; man kann sie nur mit einiger Gewalt entfernen. Sie sind bewegungslos. Es sind Weibchen, die ihren Körper zur schützenden Glocke für ihre Jungen hergegeben haben, die hier aus den Eiern kriechen und einige Zeit, bis sie selbständiger geworden sind, verharren. Noch besser können wir diese Beobachtung an jenen hellbräunlichen echten Schildläusen machen, die gerne auf Stubenpflanzen, besonders Oleanderbäumen, schmarotzen und dort als schwer zu entdeckende kleine Schildchen festsitzen.

Die Blattläuse machen recht viel Schaden, so daß wir ihren Feinden für ihre Tätigkeit dankbar sein müssen. Die beiden erfolgreichsten sind die Larve des Marienkäferchens (Coccinella) und die der Florfliege (Chrysops perla), der sog. Blattlauslöwe (Abb. 80). Die erstere, sammetgrau gefärbt und mit leuch-

Abb. 80. Freunde und Feinde der Rose: 1 *a* Marienkäferchen, 1 *b* dessen Larve; 2 *a* und *b* die Florfliege, 2 *c* die Eier, 2 *d* die Larve derselben, der sog. Blattlauslöwe; 3 Rosenblattlaus, *a* geflügelte, *b* ungeflügelte Generation. Etwa nat. Größe.

tend roten Pünktchen verziert, finden wir in vielen Blattlauskolonien. Doch die Vermehrung der Läuse ist so stark, daß trotz des guten Appetits unseres Freundes oft wenig genug von seiner Tätigkeit zu spüren ist. Ebenso verbreitet ist der Blattlauslöwe. Dieses graue, mit etwas lichteren Längsstreifen gezeichnete Tier hat die wunderliche Gewohnheit, seinen Leib mit den ausgesogenen Bälgen der Blattläuse zu bedecken. Dieser merkwürdige Schmuck dient ihm wohl als Mittel, durch das es seine Annäherung dem Feinde verbirgt. Wir sehen es daher auch unbeachtet von den Blattläusen in ihren dichtesten Scharen ein Opfer nach dem anderen erwürgen. Die aus dem Blattlauslöwen entstehende Florfliege ist allbekannt. Leicht finden wir sie an schattigen Orten. Denn sie ist ein Dämmerungstier. Goldig glänzen die Augen des Insekts, weshalb es auch „Goldperlauge" genannt wird, und wunderhübsch sehen die dachartig getragenen, einem zarten, grünlichen oder bläulichen Florgewebe ähnlichen Flügel aus. Wenn ihr abends bei offenen Fenstern an der Lampe sitzt, kommen häufig die durch das Licht geblendeten Tiere herbeigeflogen und umschwirren die Flamme, bis sie mit versengten Flügeln niederfallen. Winterüber erscheinen einzelne Exemplare in unseren Wohnräumen, wo sie kärglich ihr Leben fristen. Noch häufiger überdauern sie die kalte Jahreszeit in Schuppen, Scheunen und Ställen. Sobald im Frühjahr die ersten Blattläuse erscheinen, ist auch die Larve der Florfliege da. Das Insekt hat gleich nach überdauerter Winterruhe seine Eier an Pflanzen abgesetzt, auf denen Blattläuse schmarotzen. Auch jetzt noch finden wir sie. Denn auch diese Tiere erscheinen sommerüber in mehreren Generationen. Eigenartig sehen die

Eier aus. Auf langen Fäden sitzen sie zu 20 und mehr vereint auf den Blättern mancher Pflanzen, besonders der Rosen. — Auch die Marienkäferchen kommen gern zum Überwintern in die Wohnräume der Menschen. Bald merken sie sich den Platz, auf dem man ihnen Schälchen mit gelöstem Zucker aufstellt, und halten sich bei guter Behandlung durch viele Generationen Jahre hindurch im Zimmer. Ihre Larven ersparen den Blumenfreunden die Mühe eigenhändiger Blattlausjagd.

Aber Mutter Natur hat auch die unansehnlichsten ihrer Kinder nicht gänzlich wehrlos gelassen. Einige Blattlausarten, so besonders die Rosenblattlaus (Aphis rosae, Abb. 80, 3), haben auf dem Hinterleibe zwei feine Röhrchen, aus denen eine zähe, klebrige, schnell erhärtende, wachsartige Masse ausgeschieden wird. Gelangt sie einem der Blattlausfeinde zwischen die Freßzangen, so verklebt sie diese so vollständig, daß den Tieren für lange Zeit der Nahrungserwerb unmöglich gemacht ist. Ähnliche Schutzwaffen der Blattläuse sind auch jene schmierigen, weißen Fäden, die in Büscheln den Hinterleib der Wollblattläuse bedecken, die zierlichen, weißen Wachstäfelchen auf dem Körper der Nesselschildlaus und die festen Schilder der echten Schildläuse.

Die Larven des Marienkäferchens und der Florfliege dringen nicht in die schmutzigen Höhlen ihrer Beutetiere ein und verschonen die mit schmierigen Ekelrüstungen versehenen Läuse. Doch gibt es andere Bundesgenossen des Menschen, die gerade diesen Blattlausarten nachstellen: die egelartigen Larven der Schwebfliegengattung Syrphus. Hier entdecken wir eines dieser häufigsten, aber äußerst schwer auffindbaren Tiere. Der wurmartige, deutlich geringelte Körper entbehrt der Gliedmaßen, ja sogar eines deutlich abgesetzten Kopfes und der Kieferzangen. Das Vorderende ist tütenartig zugespitzt, das Hinterende trägt zuweilen stielartige Anhängsel als bescheidenen Schmuck. Die Bewegung ist einfach genug. Es ist, als ob sich die Eingeweidemasse des Tieres rhythmisch von hinten nach vorne wälzte, wobei sich der Körper nur wenig zusammenzieht. So gleitet das Tier schneckenartig weiter, eine schleimige Spur hinterlassend. Schnelligkeit ist nicht seine hervorragendste Eigenschaft, gegen seine Feinde aber auch von geringerem Wert als die negative Tugend, sich vor nichts zu ekeln. Das Maul, jeder Bewaffnung bar, ein einfacher Saugmund, wie der der meisten Fliegenmaden, genügt vollständig zur Bewältigung der weichen, beinahe ungepanzerten Blattläuse. Die Schwebfliegen selbst könnt ihr jetzt, im August, leicht beobachten. Sie schießen in schnellem, scharf lenkendem Zickzackfluge hin und her oder schweben noch häufiger unbeweglich an einer Stelle. So unglaublich rasch zittern dann die matt glasartigen Flügel auf und ab, daß man die Bewegung nicht mehr verfolgen kann, sondern den Eindruck erhält, als stünden die wespenähnlichen Insekten in der Luft. So halten sie sich oft lange Zeit, dann plötzlich ein scharfer, seitlich oder aufwärts schnellender Ruck, und das Tier steht unbeweglich an einer anderen Stelle. Die Betrachtung eines so in der Luft festgenagelten Insekts bietet einen eigenen Reiz und vermag vielleicht künftigen Erfindern in der Flugtechnik Anregung zu geben. Noch schöner kann dieses Schweben auf einem Fleck bei Schwärmern während ihres Bestäubungsgeschäftes an Nachtblumen beobachtet werden. Der Insektenflug ist doch eigentlich die vollkommenste Art der „Beherrschung der Luft“, denn erstaunlich sind nicht nur dieses Stillstehen und die gewandten Drehungen, sondern auch die im Verhältnis zu dem kleinen Körper außerordentlich großen Geschwindigkeiten.

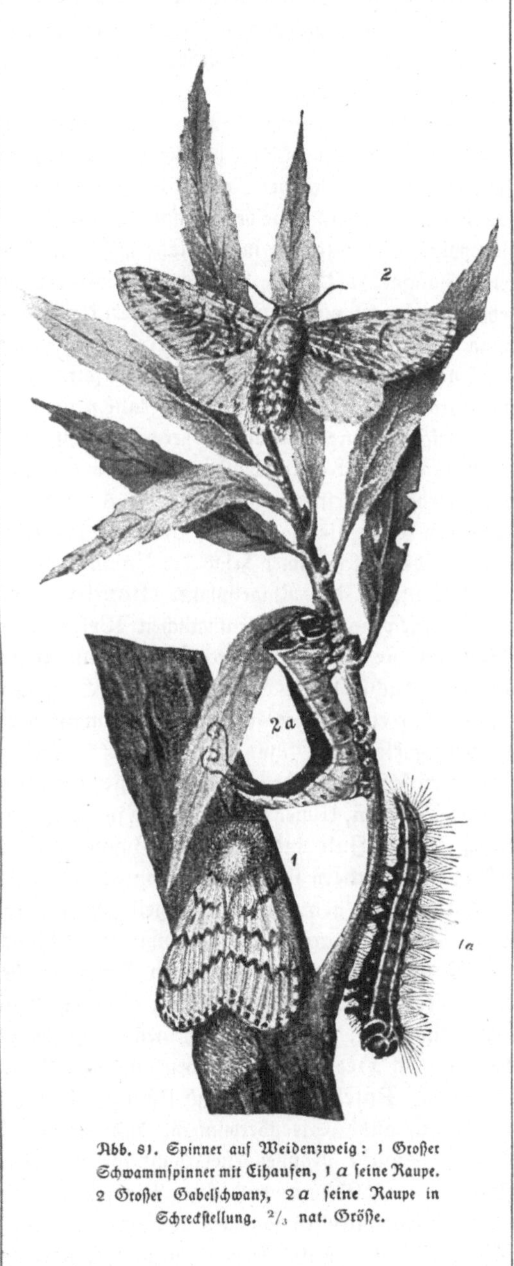

Abb. 81. Spinner auf Weidenzweig: 1 Großer Schwammspinner mit Eihaufen, 1 a seine Raupe. 2 Großer Gabelschwanz, 2 a seine Raupe in Schreckstellung. 2/3 nat. Größe.

An den Pappeln und Weiden längs der Uferstraße fallen uns große, weißliche, dickleibige Schmetterlinge auf, Dickkopf- oder Schwammspinner (Lymantria [Bombyx] dispar, Abb. 81, 1 und 1 a). Die schwarzen Puppenhüllen, aus denen sie gekrochen, sehen wir oft noch über ihnen hängen. An dem Stamme in nächster Nähe des Schmetterlings finden wir längliche, mit grauem Filz überzogene Kuchen: die Eier der Dickköpfe. Das Weibchen, das doppelt so groß ist als das schlankere, dunklere Männchen, legt erst eine Schicht Eier ab, die dann mit zähem Schleim und den Afterhaaren des eigenen Körpers überklebt wird. Darauf folgt wieder eine Schicht Eier, eine Schleim- und Haarschicht und so weiter fort, solange der Vorrat reichen will. Dann stirbt das Tier ab. Aber aus den graulichen Klumpen („Schwämmen") wird den armen Weiden- und Pappelbäumen eine Schar grimmiger Feinde geboren. Im nächsten Frühjahre kriechen die Raupen aus, die auf den fünf vorderen Leibesringen blaue, auf den sechs hinteren rote Paare langbehaarter Knopfwarzen tragen. Der dichte Filz, gewoben aus dem mütterlichen Haarkleide, hat die Eier winterüber vor dem Erfrieren geschützt. Nun beginnt sogleich der Raupen Zerstörungswerk. Nichts ist vor ihrer Freßgier sicher: Rosen-, Weiden-, Pappel-, Eichen-, Obstbaumblätter sagen ihnen gleichmäßig zu. Ist aber in der Nähe nichts mehr zu finden, so fallen die Raupen verhungert zu Boden. Denn weite Wanderungen vermögen sie nicht zu unternehmen. Da ist ein Baum, der den Dickköpfen zum Opfer gefallen ist, übel daran. Kein Blättchen lassen sie darauf. Seht nur! Wie kümmerlich sieht jetzt noch jene arme Weide aus, obwohl schon seit dem Juli die Raupen sie verlassen und sich verpuppt haben. Winterlich kahl sind ihre Äste. Nur hier und da sproßt ein winziges, junges Blättchen hervor, scheu auslugend, ob die argen Plagegeister nun wirklich verschwunden sind. Ob der Baum gerettet ist, ob nicht schon im Absterben begriffen? Im Jahre 1818 sind in Frankreich große Wälder von Korkeichen durch die Raupen des Dickkopfspinners vollständig vernichtet worden.

Ein ebenso schlimmer Feind der Bäume, der ebenso weit verbreitet ist wie der Dickkopf, ist der Ringelspinner (Bombyx neustria, Titelbild, oben), der seinen Namen nach der eigentümlichen Weise trägt, in der er seine Eier ablegt. Wir finden sie in harten, festen Ringen um allerlei Zweige gelegt. (Titelbild über dem Buchstaben g.) Da liegen die Eier, gegen die Kälte wohlverwahrt, eingepackt in einer festen Kittmasse. Die meisten Ringe sind auf der Oberfläche von winzig kleinen Öffnungen durchbohrt: Sie haben schon im Frühjahre die Raupen entlassen, die den ganzen Sommer hindurch Zeit gehabt haben, an Obstbäumen, Pappeln, Ulmen und Himbeeren ihr Zerstörungswerk zu tun. Den Schmetterling, der im Juli und August die Puppenhülle verläßt, finden wir auch versteckt in Baumlöchern sitzen. Er ist kenntlich an seinen braungrauen Flügeln. Über die Vorderflügel geht ein dunkler, hell gesäumter, breiter Streifen. Auch hier ist das Weibchen größer als das dunklere Männchen.

Und nun noch einen dritten argen Verwüster der Pflanzenwelt! Dort fliegt er, der ziemlich große Baumweißling (Pieris crataegi, Abb. 82), von dessen wenig bestäubten, weißen, durchscheinenden Flügeln sich die dunkeln Adern scharf abheben. Im Herbste noch kriechen aus den Eiern, die der Schmetterling an Weißdorn-, Äpfel-, Birnen- und Pflaumenbäumen in Häufchen abgelegt hat, die Raupen aus. Sie überwintern, dicht aneinandergedrängt, in einem zähen Gespinst. Solche Raupennester könnt ihr zur Winterszeit in den oberen Astwinkeln der Obstbäume entdecken. Die solltet ihr dann mit langen, oben mit Teerlappen bewickelten Stangen abstoßen oder auch wegbrennen. Denn sowie im Frühjahre das erste Grün hervorsprießt, verteilen sich die Raupen über den ganzen Baum und fressen unbarmherzig alles kahl. Da das Tier sehr gründlich verfolgt worden ist, ist der Schmetterling jetzt in Deutschland ziemlich selten geworden.

Abb. 82 Baumweißling (Pieris crataegi) auf einem Weißdornzweig (Crataegus). 1 Eier, 2 Raupe, 3 Puppe, 4 Schmetterling. 2/3 nat. Größe.

Auf einem Pappelbaume habt ihr eine wunderlich aussehende Raupe entdeckt, einen Gabelschwanz (Dicranura vinula, Abb. 81, 2 und 2a). Die lichtgrüne Raupe trägt einen violetten, weiß eingefaßten Sattelfleck auf dem Rücken und am letzten Leibesringe zwei aufrechtstehende Warzen, aus denen sie jetzt, wo sie gereizt ist, zwei rote, dünne, peitschenartige Fäden hervorschießt. Das Tier sieht ordentlich bösartig aus, mag wohl auch durch seinen unheimlichen Schmuck manches zartnervige Vögelchen zurückschrecken, kann uns aber nichts tun, ist auch lange nicht so schädlich wie die vorher besprochenen Raupen, da es immer nur vereinzelt vorkommt.

Unser Weg führt um einen „Fichtenort", in dem wir in diesem Jahre Gelegenheit haben, den schlimmsten Feind unserer Wirtschaftswälder näher kennen zu lernen, die Nonne (Lymantria [= Verwüsterin] monacha, Titelbild unten links). Das eiertragende, daher trägere, meist nur nachts bewegliche Weibchen (Titelbild) ist, wie bei den beiden andern Spinnern, die wir kennen lernten, größer als das viel lebhaftere, gelegentlich auch am Tage fliegende Männchen. Jenes Fühler sind fast fadenförmig, bei diesem stark gekämmt, dort endet der dicke Hinterleib in eine spitze Legeröhre, hier in einen breit gezogenen Haarbusch. Bei beiden Geschlechtern erscheinen die Vorderflügel weiß mit zahlreichen quergestellten, schwarzen Zickzackstreifen, die Hinterflügel einförmig gräulich. Der zebrastreifige Leib ist gegen Ende hin, namentlich beim Weibchen, schön rosenrot gefärbt. Insbesondere beim Männchen kommen oft dunkle Formen vor (Melanismus). Die zahlreichen Eier werden in Borkenrisse geschoben und daher meist auf die unteren, rauheren Stammteile abgelegt, mit Vorliebe an Fichten, gern auch an Kiefern, aber auch an anderen Nadelhölzern und an allen möglichen Laubbäumen. Anfangs sind die Eier gegen trockene Hitze bis zum Absterben empfindlich, später

Abb. 83.
Massenhaftes Auftreten von Nonnenschmetterlingen an Fichtenstämmen in Oberbayern.

erweisen sie sich gegen Witterungseinflüsse äußerst zäh. Die in der Mitte des nächsten Frühjahrs aus den Eiern schlüpfenden hellen Räupchen bleiben eine Zeitlang in sog. „Spiegeln" beisammen am Stamm, dann zerstreuen sie sich in der Krone und beginnen zu fressen und zu wachsen. Ortsveränderungen werden, solange die Raupen klein sind, vielfach durch „Abspinnen" bewirkt, später nur durch Wanderung. Nach mehrmaliger Häutung und etwa zweimonatiger Fraßzeit sind die 16beinigen, dicken Raupen erwachsen, bis 5 cm lang, grau und schwarzfleckig; ein dunkler Rückenstreifen wird auf dem siebenten und achten Leibesring durch einen breiten, hellen Fleck unterbrochen (Titelbild). Jeder Leibesring trägt sechs bläuliche, mit langen Haaren besetzte Knopfwarzen. Die Nadeln der Fichte werden von der Raupe zumeist ganz verzehrt, Kiefernadeln werden in der Mitte durchbissen, so daß die obere Hälfte zu Boden fällt, ähnlich verfahren die Tiere bei Laubbäumen (Kennzeichen für Nonnenfraß). Eine Raupe frißt bis 1400 Fichtennadeln; etwa 3000 Raupen vermögen eine mittlere Fichte kahl zu fressen, die dann eingehen muß. Die Verpuppung erfolgt meist Anfang Juli; die dunkelbraunen, goldig glänzenden, mit spärlichen Haarbüscheln besetzten Puppen hängen in einige Gespinstfäden eingesponnen oben oder auch unten am Fraßbaum, sogar auch in dessen Nachbarschaft. Die Nonnenplage (Abb. 83!) wird bekämpft durch Zerdrücken der Spiegelräupchen („Spiegeln"), durch Leimringe, die das Aufkriechen der Raupen jedenfalls erschweren, durch Sammeln und Töten der Schmetterlinge und Puppen, durch Schonen der natürlichen Feinde (Fledermäuse und allerlei Vögel, Raubinsekten, parasitische Insekten, insbesondere Schlupfwespen und Raupenfliegen, deren Zahl mit der wachsenden Vermehrung der Nonnenraupen zuzunehmen pflegt). Schließlich setzen epidemische Krankheiten, die die Raupen gerade dann zu befallen pflegen, wenn sie in Massen auftreten, der weiteren Vermehrung ein Ziel. Die Raupen sammeln sich dann in den Wipfeln der befallenen Bäume an und sterben dort ab („Wipfelkrankheit").

Hier sitzt die Rinde eines Fichtenbaumes locker auf. Wir reißen sie ab, um zu entdecken, was darunter ist. Da krabbeln allerlei kleine Tiere. Vor allem fällt uns aber die eigentümliche Zeichnung im Holze dicht unter der Rinde und in ihr selbst auf. Krause, mit lockerem, körnigem Staube, dem sog. Wurmmehl, angefüllte Gänge setzen ein an Druckbuchstaben gemahnendes oder, besser gesagt, baumförmiges Gebilde zusammen. Die mittlere, stärkere Röhre nennt man den Muttergang. Von ihm gehen die schmäleren Larvengänge aus, die, am Anfange enge, sich immer mehr erweitern und in ihrem geschlossenen Ende eine weiße Larve beherbergen. Wir haben eine Kolonie des großen Fichtenborkenkäfers (Tomicus typographus, Abb. 84) entdeckt. Die rötlich gefärbten, welken Nadeln des von ihnen befallenen Baumes zeigen den Schaden an, den die Käfer gestiftet haben. Der Baum wird eingehen, da er, seines Bastes und zum Teil des Jungholzes beraubt, sich nicht ernähren kann. Man tut gut, ihn bald zu fällen, seine Rinde abzuschälen und sie mit der Innenseite dem Lichte zugekehrt auszubreiten. Dann gehen die Larven ein. Tut man das nicht, so überwintern die Schädlinge

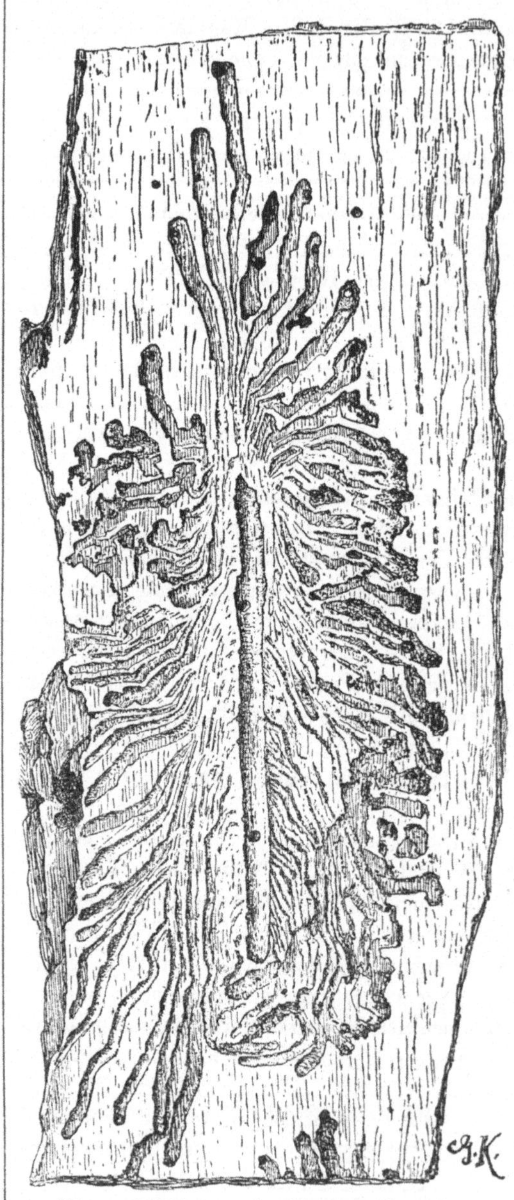

Abb. 84. Fraßbild des großen Fichtenborkenkäfers (oder „Buchdruckers") in Fichtenrinde. Nat. Größe.

in dem Baume (zuweilen auch außerhalb desselben), und im nächsten Jahre entstehen aus den Puppen die walzigen, mit vielgliedrigen, keulenartigen Fühlern versehenen, nur etwa 5 mm langen Käfer (Abb. 85a). Nach kurzer Schwarmzeit bohrt sich das Weibchen in die Rinde eines anderen Baumes, nagt den weiten Muttergang aus und klebt in seichten Gruben an den Seiten einzeln ihre Eier an. Die aus diesen schlüpfenden Larven nagen die Seitengänge. Die Borkenkäfer befallen übrigens nur Bäume, die schon durch Raupenfraß oder Blattlausschaden kränklich geworden sind, sehr gerne auch gefällte Stämme. Dieser letztere Umstand erleichtert dem Forstmann den Kampf gegen die Schädlinge: er legt zur Schwarmzeit der Käfer sog. Fangbäume aus, die von den Weibchen der Borkenkäfer reichlich besucht werden, und vernichtet dann später durch Abschälen der Rinde die junge Brut.

In der Nähe ist ein Kiefernstamm vielfach angefressen und dicht über der Wurzel mit einer Menge von schwärzlichen Kammern durchsetzt, welche Ameisen in das Holz ge-

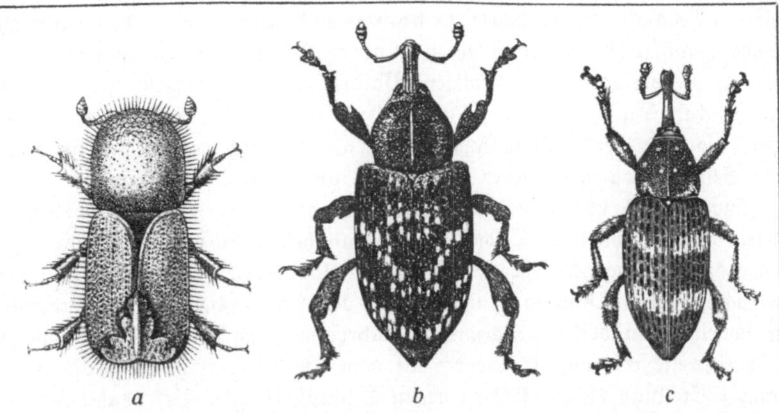

Abb. 85. a Ein Borkenkäfer: der große Fichtenborkenkäfer (Tomicus typographicus); kennzeichnend für die Art sind je zwei Zähne am Hinterende jeder Flügeldecke). b und c Rüsselkäfer: b der große braune Rüsselkäfer (Hylobius abietis), c der Weißpunktrüsselkäfer (Pissodes notatus). a ist 6fach, b 3fach und c 4fach vergrößert.

fressen haben und als Wohnung benutzen. Die geschwärzten Stellen des Stammes, wo das Harz durch die Ameisensäure der Insekten verkohlt ist, zeigen an, wie gern die Unermüdlichen den Baum besteigen, um irgend Brauchbares fortzuschleppen. Man tut gut, Ameisenhaufen von den Bäumen zu entfernen. Doch wird immerhin Schaden von diesen Tieren nicht so besonders häufig gestiftet. Sie können das Holz nur annagen, wenn es der schützenden Rinde beraubt ist, etwa durch einen Blitzstrahl oder — durch den Übermut eines dummen Jungen, der den Baum als Stammbuch zur „Verewigung seiner Gefühle“ benutzt hat. Das Harz in der Rinde gesunder Bäume ist der beste Schutz, wie gegen die Angriffe der Borkenkäfer so auch gegen den der Ameisen. Außerdem nützen die Ameisen, indem sie dem Baum als Garde dienen, die, immer freß- und angriffslustig, viele Schädlinge fernhält.

Einen Schädling fangen wir in einem Graben mit senkrechten Wänden. Es ist der große braune Rüsselkäfer (Hylobius abietis, Abb. 85 b), an dessen hartem Panzer ihr wohl schon manche Nadel krumm gebogen habt, wenn ihr ihn eurer Insektensammlung einverleiben wolltet. Die Gräben hat der Förster zum Fange der Käfer ziehen lassen. Denn diese stiften durch Benagen der Rinde junger Bäumchen viel Schaden. Ihre fußlosen, wurstförmigen Larven sind allerdings ungefährlich. Ein anderer Rüsselkäfer, der bedeutend kleinere, gelb- oder rotbraune, mit weißlichen Querbinden auf den Flügeln gezeichnete Pissodes notatus (Abb. 85 c) schadet dagegen hauptsächlich im Larvenzustand. Und so lebt im Walde noch viel schädliches Insektenvolk, auf das der Forstmann fortwährend zu achten hat, will er seine Pfleglinge gesund erhalten.

Jetzt aber wird bald der Winter die Tätigkeit der Feinde des Waldes unterbrechen, wie auch das Pflanzenleben dann eine Ruhezeit durchmacht. Beginnt im Frühjahre neues Leben, so beginnt auch neuer Kampf. Aber auch die Bundesgenossen des Menschen kehren zu neuer Arbeit zurück: die unermüdlichen Spechte, die vielen anderen tüchtigen Waldwärter der Vogelwelt, nicht minder die nützlichen Schlupfwespen, die jagdfrohen Libellen, die schnellfüßigen Laufkäfer. So mag der Wald in Ruhe versinken, hinüberschlummern zu neuem Leben. Sein Erwachen im neuen Jahre wird uns neue Freuden bringen.

Nun geht es über eine offene, sandige Höhe, auf der ein paar vereinzelte Kiefern erhalten blieben. Schon beim Herannahen fallen uns an ihnen fadenförmig dünne hängende Nadeln auf. In der Nähe sehen wir ganze Gesellschaften nackter, grüner Raupen an ihnen tätig, deren Fraß zunächst die Mittelrippe der Nadeln so sonderbar verschonte. Berühren wir von ihnen besetzte Zweige, so schnellen sie wie auf Kommando mit dem Vorderkörper in die Höhe zu S-förmiger Stellung (Schreckstellung gegen Schlupfwespen!). Bei genauerer Betrachtung finden wir, daß sie Beine an sämtlichen Leibesringen tragen, es sind also keine Schmetterlingsraupen, sondern sog. Afterraupen, die Larven der Kiefernblattwespe (Lophyrus pini, Titelbild unten, rechts), die gelegentlich in Massen auftritt und dann recht schädlich werden kann. Die Larven gehen nach mehrmaliger Häutung — wobei die abgestreifte Haut ringförmig um eine Nadel geklebt hängen bleibt — herab in den Erdboden und umspinnen sich mit einem dunkelbraunen, lederartigen Kokon, in dem sie sich erst im März des folgenden Jahres verpuppen. Die im April bis Mai schwärmenden Wespen sind als Hautflügler kenntlich an den zwei Paar häutigen, mit verhältnismäßig wenig Adern versehenen Flügeln, als Blattwespen daran, daß der plumpe Hinterleib in ganzer Breite der Brust ansitzt. Die trägen, größeren Weibchen, die an Zahl die beweglichen Männchen um das Doppelte zu übertreffen pflegen, schneiden mit sägeartigem Legebohrer die Kanten von Kiefernadeln an, um in die entstehende Rinne ihre Eier abzulegen. Die nach wenig Wochen erscheinenden Afterraupen sind Anfang Juli verpuppungsreif. Ihre Kokons bringen sie zwischen den Nadeln oder in Rindenritzen der Kiefer an. Die Ende Juli entschlüpfende Wespe schneidet ein kleines Deckelchen der Kokons ab und liefert im August eine zweite Brut, deren Larven wir in Tätigkeit fanden.

Wir wandern weiter, den jenseitigen Abhang der Anhöhe hinunter, dann ins offene Feld. Ein verspäteter Erntewagen nötigt uns, anzuhalten. Rotbäckige Kinder trippeln hinterher, mit lachenden Augen gefüllte Beerenkörbe vorzeigend. Bald folgt auch ein bescheidenes Pferdefuhrwerk, mit Frühäpfeln beladen, deren herrlichen Duft wir schon von weitem wahrnehmen. — Erntesegen! Wie schön ist dieser Anblick nach den Bildern der Zerstörung, die wir eben sahen. So hast du doch gesiegt, liebliche Flora, trotz der tückischen Feinde, die dich rings umgeben! — Nutzen wir den Rest des Tages, um noch einen Einblick in den herbstlichen Reichtum der Natur zu gewinnen. Bedenken wir aber, daß nicht in erster Linie wir Menschen zur Ernte berufen sind; die Pflanze lebt und leidet, blüht und fruchtet, um ihrer selbst und der Erhaltung ihres Geschlechts willen.

Hier sind wir an ein großes Erdbeerfeld gelangt. Vergebens sucht ihr nach den schmackhaften Früchten. Einige wenige zwar finden sich noch unter den Blättern versteckt, die meisten sind schon fort, abgeerntet, von Kindern aufgegessen, von Drosseln, Schnecken und Mäusen gefressen. Wie zierlich sieht ein Erdbeerfrüchtchen aus! Auf den ausgebreiteten Kelchblättern liegt es wie auf einem Teller. Die Erdbeere will sich also fressen lassen, so scheint es, und das kommt euch wunderbar vor. Auf der Beere aber sitzen schwarze Körnchen. Das sind die eigentlichen Früchte, die in ihrer derben, nicht aufspringenden Schale je einen Samen enthalten (S. 92 und Abb. 39b). Sie können nicht verdaut werden und gelangen aus dem Darme der Tiere, welche die Beere verzehrt haben, unversehrt wieder hinaus. Dann entsteht an einer weit entlegenen Stelle eine neue Erdbeeranpflanzung. — Noch auf andere Art verbreitet sich die Pflanze. Sie entsendet lange, dünne, niederliegende Äste, sog. Ausläufer. An ihren Knoten bilden sich „Schößlinge", die, durch Verkürzung von abwärts in die Erde entsendeten Wurzelfasern eingepflanzt, zu neuen Stauden auswachsen, während die Ausläufer selbst nach und nach zugrunde gehen.

Sehr viele Pflanzen vermehren sich durch Ausläuferbildung. Oft sind diese oberirdisch, wie bei der Erdbeere, oft unterirdisch, wie bei der rundblättrigen Glockenblume, die wir im vorigen Monat kennen lernten, und wie die unterirdischen Seitenzweige der Kartoffel, die wir, da sie an ihren Enden durch Vermittlung der Knollen ebenfalls neue Stöcke erzeugen, auch als unterirdische Ausläufer bezeichnen dürfen.

Auch die sog. Wurzelstöcke, das sind mehr oder weniger horizontal im Boden steckende unterirdische Stengel, dienen zur Vermehrung der Pflanzen. Der hellbraune Wurzelstock der Anemone wächst jedes Jahr ein Stück weiter, während das hintere Ende allmählich abfault. Da im Frühling immer nur an dem weiterwachsendem Vorderende ein neuer Blütensproß entsteht, so scheint es dem aufmerksamen Beobachter, als ob die Pflanze von Jahr zu Jahr weiterwandere.

Ähnlich macht es auch das Maiglöckchen, das aber seine Erdstengel nach allen Seiten verzweigt, indem an jeder Spitze zwei neue Äste entstehen. Da immer nur die dreijährigen Sprosse Blüten treiben, an den anderen nur noch Blätter entstehen, so sind nach einigen Jahren die herrlich duftenden Glöckchen von den Beeten, auf die man sie gepflanzt hat, verschwunden. Sie sind in die Gänge und auf andere Beete „gekrochen". Daher muß man ein Maiglöckchenbeet von Zeit zu Zeit „umlegen", d. h. nur die dreijährigen Äste des weitverzweigten unterirdischen Stengelgeflechts wieder einpflanzen.

Die hier beschriebenen Arten der Vermehrung nennt man, im Gegensatz zu der gewöhnlichen, durch Befruchtung und Samenbildung erfolgenden, ungeschlechtliche oder vegetative Vermehrung. Eine besonders merkwürdige Form der vegetativen Vermehrung kommt beim Scharbockskraut (Ranunculus ficaria) vor. Dieses Pflänzchen, das uns im Frühjahr mit seinen gold-

Abb. 86. Bovist.

gelben Blüten erfreute, ist jetzt verwelkt. An den trockenen Ästen sitzen Körnchen von der ungefähren Größe und Farbe eines Weizenkornes. Sie haben sich in den Winkeln der Blattstiele gebildet und sind eigentümliche Knospen, sog. Brutknospen, die sich von der Pflanze loslösen. Dort liegen sie auf der Erde verstreut, als hätte jemand Getreide verschüttet. Durch solche Erscheinungen ist die Fabel vom Getreideregen entstanden. Für uns Menschen hat dieser Erntesegen keinerlei Bedeutung. Doch enstehen aus all diesen Knospen, bei genügender Feuchtigkeit neue Scharbockspflänzchen. Dadurch, daß die Mutterpflanze ihre Äste weit über den Boden hinschiebt, verbreitet sie ihre Nachkommenschaft über ein größeres Gebiet. Hier und da können wir ihr in ihrem Vorhaben behilflich sein, indem wir zu dicht liegende Knospen verteilen. Dieses Geschäft besorgen in der Natur heftige Regengüsse. — Die Knollen der Wurzeln strotzen jetzt von Saft, den die Pflanze in den guten Tagen der Nachblütezeit aufgespeichert hat. Aus jeder von ihnen kann gleichfalls im Frühjahre, wenn ein Zufall sie abgetrennt hat, eine neue Pflanze entstehen, die durch ihren Reichtum an Nahrungssaft mehr noch als jene Brutknospen-Nachkommenschaft befähigt ist, in kurzer Zeit heranzuwachsen. Diese Pflanzen blühen und tragen Frucht schon im ersten Lebensjahre, jene erst im zweiten oder dritten.

Noch interessanter ist die vegetative Vermehrung des Wiesenschaumkrautes (Cardamine pratensis). Wenn ein von der Mutterpflanze gelöstes Blatt der grundständigen Blattrosette (vgl. Abb. 18, S. 48) auf sumpfigen oder etwas überschwemmten Standort kommt, so entwickeln sich an den Ansatzstellen der Fiederblättchen Knöspchen, aus denen dann kleine Sprosse hervorgehen, die sich bald bewurzeln und zu einer neuen Pflanze heranwachsen.

Was sind das für weißliche Kugeln hier im Grase? Sie sehen ganz appetitlich aus. Du kannst auch ruhig hineinbeißen; es sind junge Boviste (Gattung Bovista und Lycoperdon (Abb. 86), die ohne Ausnahme eßbar sind. Das Innere besteht aus einem weichen, etwas mehligen Gewebe. Später verwandelt sich dieses in ein braunes Pulver, die Hülle platzt zu oberst auf, so daß das Pulver nach und nach vom Wind verweht werden kann. Die Millionen einzelner feinster Körnchen, aus denen das Pulver besteht, sind die Sporen, die Fortpflanzungskörper des Pilzes. Auch hier haben wir eine Form der ungeschlechtlichen Vermehrung vor uns: Ein Teil der Pflanze löst sich los und wächst nach kürzerer oder längerer Wanderung wieder zu einer neuen Pflanze heran. Nur ist hier dieser sich ablösende Teil nicht eine Knolle, Brutknospe oder dergleichen, sondern ein viel kleinerer Teil der Mutterpflanze, nämlich nur eine einzige Zelle, eben die Spore. Da diese sehr leicht ist, so erreicht die Natur hier außer der Vermehrung der Zahl der Individuen noch einen andern Zweck: eine sehr weite Verbreitung. Die rundlichen Gebilde, die wir da sehen, sind nur die Vermehrungsorgane dieser eigenartigen Pflanzen, der Pilz selbst durchzieht als ein Geflecht zarter Fäden, ähnlich den Pilzfäden, die sich etwa auf alten Speiseresten bilden, in weitem Umkreis dem Boden. — Bei andern „Hutpilzen", so bei dem als Eßpilz besonders geschätzten Champignon (Agaricus campestris), hat der Vermehrungskörper noch mehr Hutform als beim Bovist. Noch eher könnte man ihn mit einem ausgespannten Schirm vergleichen. Auf der Unterseite finden sich radiär gestellte Blätter, an deren Wänden das Sporenpulver entsteht. Läßt man einen solchen reifen Hut einige Zeit auf einem Blatt Papier liegen und hebt ihn dann sorgfältig ab, so erhält man einen schönen „Naturselbstdruck": das heruntergefallene Sporenpulver zeichnet den Blätterbau der Hutunterseite auf dem Papier sehr deutlich ab. Bei anderen Verwandten, so bei dem bekannten, ebenfalls eßbaren Steinpilz (Boletus edulis), finden sich auf der Unterseite des Hutes nicht Blätter, sondern senkrecht stehende Röhrchen, deren Wände ebenfalls mit Sporen ausgekleidet sind. — Wer Eßpilze sammeln will, vertraue niemals jenen allgemeinen Regeln zur Unterscheidung von eßbaren und giftigen Pilzen, die oft herumgeboten werden

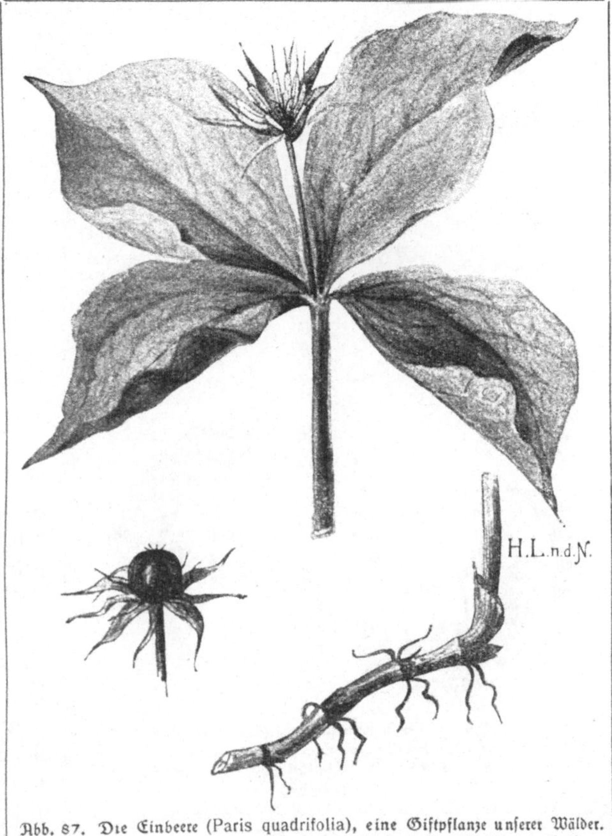

Abb. 87. Die Einbeere (Paris quadrifolia), eine Giftpflanze unserer Wälder. Beachte die großen dünnen „Schattenblätter" (vgl. S. 62). 2/3 nat. Größe.

Abb. 88. Zweigspitze des kletternden bittersüßen Nachtschattens mit Blüten (beachte die Ähnlichkeit mit Kartoffelblüten, vgl. S. 161) und Früchten. Häufige Giftpflanze unter Gebüsch und feuchten Hecken. $^3/_4$ nat. Größe.

Nur eine wirkliche Kenntnis der einheimischen Pilze kann vor verhängnisvollen Fehlgriffen bewahren. Zur ersten Einführung hat sich das vom Berliner Gesundheitsamt herausgegebene Pilzmerkblatt gut bewährt, für eindringendere Studien benutze man eines der zahlreichen illustrierten Spezialwerke.

Die letzten Beobachtungen und Betrachtungen haben uns von unserem Erdbeerfeld weit entfernt. Kehren wir zu ihm zurück! Dicht neben dem Erdbeerfeld stehen auch Himbeeren, die jetzt gerade reif sind und herrlich munden. Wie aus lauter winzig kleinen Kirschen zusammengesetzt bedeckt ein Hohlkegel den weißlichen Zapfen, der sich auf dem Blütenboden erhebt, und den man leicht herausziehen kann. Vögel allerlei Art: Sperlinge, Finken, Drosseln und Schwarzköpfe schlüpfen in dem Gebüsch umher, verzehren die Früchte und verbreiten die unverdaulichen Samen.

Ferner wächst neben den Erdbeeren, durch ihre Ähnlichkeit mit diesen häufig irreführend, eine kleinere Himbeerart, die schöne, krautartige Felsbeere (Rubus saxatilis). An ihren Früchten findet man nicht viel Genuß, doch sind sie ganz unschädlich. Verlockend schön sind manche Giftbeeren. Hier die wunderschön roten Beeren des Seidelbasts (Abb. 8, S. 21), die mit ihrer leuchtenden Scharlachfarbe unter dem büschelförmigen Laube vielversprechend hervorgucken. Die Beere ist der schädlichste Teil dieser argen Giftpflanze. Ein Tröpfchen ihres Safts bringt Blasen auf der Zunge hervor, und der Genuß mehrerer wirkt tödlich. Aber wie merkwürdig: an dieser Pflanze weiden mancherlei Räupchen, und von Vögeln werden auch die Beeren ohne Schaden gefressen. Derselbe Giftstoff, der die einen Geschöpfe tötet, ist also für andere, nämlich für

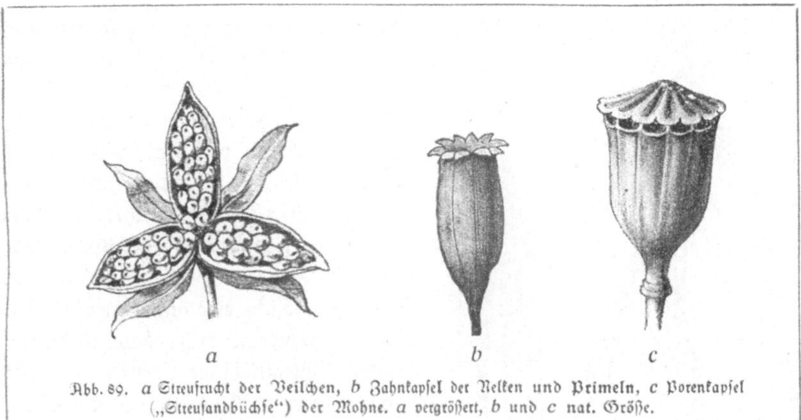

Abb. 89. *a* Streufrucht der Veilchen, *b* Zahnkapsel der Nelken und Primeln, *c* Porenkapsel („Streusandbüchse") der Mohne. *a* vergrößert, *b* und *c* nat. Größe.

die, welche zur Verbreitung der betreffenden Pflanze „bestimmt" sind, unschädlich. Im Schatten wächst die Einbeere (Abb. 87), mit ihren vier übers Kreuz gestellten Laubblättern, in deren Mittelpunkt die dicke, violettschwarze Beere an dünnem Stiele sitzt. Im dichten Gebüsch, besonders gern an Graben- oder Flußrändern, steigt der bittersüße Nachtschatten (Solanum dulcamara, Abb. 88) empor, mit seinen zierlichen, dunkelvioletten Blüten, von denen sich der zierliche kleine Kegel der fünf Staubgefäße leuchtend gelb abhebt, und seinen scharlachroten, länglichen Beeren eine prächtige Zierde dieser schattigen Standorte. Die Einbeere ist gleichfalls eine böse Giftpflanze, und auch das Kraut des Bittersüß ist giftig, wogegen die Beeren allerdings hier und da gegessen werden sollen.

Unschädlich, doch nicht zum Genuß zu empfehlen, sind die weithin leuchtenden, immer paarweise stehenden, scharlachroten Beeren des wilden Geißblatts (Lonicera xylosteum), wie die weißen des schwarzen Hartriegels oder Hornstrauchs (Cornus sanguinea). An allen Sträuchern sitzen die unreifen Früchte versteckt im Laube, die reifen dagegen sind weithin sichtbar. Nur diese werden daher von den Vögeln gefressen und ihre Samen verbreitet. Geschähe das schon mit den unreifen Früchten, so würden ihre Samen zwecklos vergeudet. Sind aber die Samen reif, d. h. fähig, zu keimen, so sind leuchtende Farben und angenehmer Geschmack der sie bergenden Früchte nützliche Eigenschaften.

Aber auch trockene Früchte, die nicht von Tieren gefressen werden können, finden wir in großer Zahl. Gleich hier nebenbei können wir Kapseln eines im Walde verbreiteten duftlosen Veilchens finden. Sie leisten der Pflanze, wenn auch in anderer Weise, denselben Dienst wie Beeren und saftige Früchte. Nebeneinander stehen eine unreife Kapsel, die, ganz geschlossen, ihre Spitze nach oben richtet, eine andere, die sich in drei Klappen gespaltet hat (Abb. 89 a) und bräunliche Samen zeigt, die noch nicht völlig reif sind, endlich eine dritte, die sich umgedreht hat, so daß die nun ausgereiften Samen wie durch die Hand des Sämannes verstreut werden. Das Pflänzchen sorgt selbst für seine Ver-

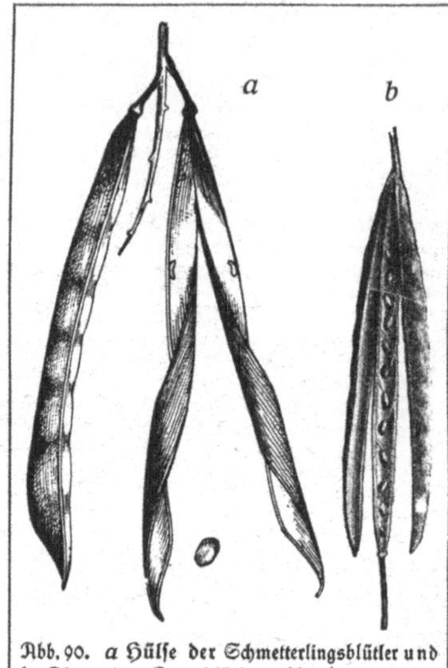

Abb. 90. *a* Hülse der Schmetterlingsblütler und *b* Schote der Kreuzblütler. Beachte auch die Stellung der beiden Fruchtformen.

breitung. Das bekannte Stiefmütterchen ist dem Veilchen wie in den meisten anderen Dingen so auch in der Samverbreitung sehr ähnlich; es drückt aber die Ränder der drei Kapselklappen so gegeneinander, daß die dazwischengefaßten glatten Samenkörnchen wie von schnippenden Fingern fortgeschnellt werden. Und unser geliebtes duftendes Veilchen endlich, eine andere nahe Verwandte, bohrt mit Hilfe des nachwachsenden Blütenstiels die Samenkapseln in die Erde hinein. Ganz ähnlich wie Stiefmütterchen und Waldveilchen machen es die meisten Gewächse, die trockene Früchte besitzen. Die Vogelmiere hat ihre Äste weit verzweigt. An ihnen sitzen gelbliche Kapseln mit bräunlichem Samen, den die Pflanze so in einfacher Weise über weite Strecken verbreitet. Daher wird sie in Gärten ein lästiges Unkraut. Auch die Nelken und Primeln (Abb. 89 b) und die zahlreichen Schmetterlingsfrüchtler haben ähnliche Ausstreuvorrichtungen. Ihre beiden Hülsenhälften haben sich lockenförmig gedreht, so daß jeder einzelne Samen in einer gesonderten Rinne von der Mutterpflanze fortrollen muß. Ja oftmals findet das Aufdrehen der Klappen so heftig und gewaltsam statt, daß dadurch die Samen nach verschiedenen Richtungen fortgeschleudert werden.

Oft werden Schote und Hülse verwechselt. Unsere Abbildung 90 zeigt den Unterschied sehr deutlich: die Schote besitzt eine zarte Mittelwand, an welcher die Samen, wenn die beiden Klappen sich loslösen, sitzen bleiben, bei der Hülse dagegen fehlt eine solche Mittelwand, so daß die Samen unmittelbar an den Rändern der Klappen sitzen. Die Hülse ist die allgemeine Fruchtform der Schmetterlingsblütler, weshalb diese oft auch Hülsenfrüchtler (Leguminosen) genannt werden, die Schote dagegen kommt bei den Kreuzblütlern, also beim Wiesenschaumkraut, bei den Levkoien, beim Raps, Rettich und bei den Kohlarten vor. Bei manchen Kreuzblütlern sind die Schoten sehr kurz, nicht oder nicht wesentlich länger als breit. Dann spricht man von „Schötchen", und man teilt danach die Kreuzblütler geradezu in Schoten- und Schötchenfrüchtler ein. Zu den schötchenfrüchtigen Cruciferen gehört das Hirtentäschelkraut, das auf allen Schuttplätzen so häufig vorkommt.

An der Mohnkapsel (Abb. 89 c) hat sich die krönende, flache Narbenscheibe am Rande aufwärts gekrümmt und dadurch ringsherum zahlreiche kleine Löcher aufgerissen, jedes gleich einer kleinen Falltür. Nur aus diesen können die feinen Samen herausfallen, wenn der Wind die steifen, aber doch elastischen Stengel hin und her schüttelt. Diese „Streusandbüchsenfrucht" ermöglicht ein langsames Ausstreuen der Samen und damit eine bessere Verbreitung als einfaches Entleeren aus einer gänzlich aufreißenden Frucht.

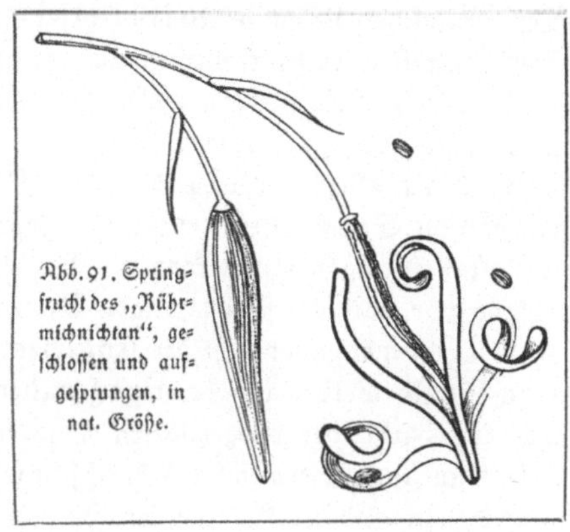
Abb. 91. Springfrucht des „Rührmichnichtan", geschlossen und aufgesprungen, in nat. Größe.

Auf noch ausgedehntere Reisen schicken andere Gewächse ihre Sprößlinge. Diese über 1 m hohe Pflanze, deren Stengel beblätterten Weidenzweigen ähneln, aber schöne hellviolette Blüten tragen, ist das Weidenröschen (Epilobium angustifolium). Ihre länglichen, schotenähnlichen, aber vierspaltigen Kapseln sind aufgesprungen, indem die Klappen sich bogenförmig aufgerollt haben. Sie entlassen stark behaarte Samen, die von jedem Windhauch fortgetragen werden. Da muß der Wind Postillion sein und der Reiselust der Pflanze dienen. Ähnlich ist es mit den Früchten des Löwenzahns (Taraxacum officinale), vieler Disteln und ähnlicher Pflanzen. Sie tragen auf zierlichen, feinen Stielen strahlenartig angeordnete, starre Haare wie ein kleines Schirmchen. Das ist ihr Flugapparat. Sowie sie reif sind, lösen sich die Früchtchen von der kugligen Scheibe ab, auf der sie stehen, und werden durch den Wind fortgetragen, oft auf unzugängliche Stellen, alte Mauern und Türme, wo dann lustig die Pflanzen keimen. Viele Bäume haben geflügelte, d. h. mit dünnhäutigen Anhängseln versehene Samen oder Früchte, so die Fichte und Kiefer, die Ulme (Schlußbild links), Birke, Erle, Esche (rechts), der Ahorn (oben, verkehrt) u. a. Bei der Linde wird sogar der ganze, aus mehreren Früchten zusammengesetzte Fruchtstand durch ein einziges flügelartiges Blatt oft ziemlich weite Strecken fortgetragen. Bei der Hainbuche (Schlußbild unten) ordnet sich eine ganze Anzahl solcher flügelartigen Deckblätter um die Fruchttraube. Weiden und Pappeln entlassen aus ihren mit zwei Klappen aufspringenden Kapseln gleich dem Weidenröschen stark behaarte Samen.

Wandern wir zuletzt noch hinunter zu dem mit Buschwerk bestandenen Flußufer, so fällt uns bald eine stattliche Pflanze in die Augen, die in dichten Beständen die schattig sumpfigen Stellen des Tales besiedelt hat. Saftiggrüne Blätter breiten sich schirmartig über die an dünnen Stielen hängenden und nickenden, gelben, trompetenartigen Blüten. Es ist das gemeine Springkraut, Impatiens noli tangere. Noli tangere! Rühr mich nicht an! Worauf zielt der wunderbare Name? Die Pflanze brennt und sticht doch nicht. Kaum hat man aber eine der reifen, schotenartigen, aber aus fünf Teilen zusammengesetzten Kapselfrüchte mit dem Finger berührt, so schleudert sie heftig ihre Samenkörnchen um sich. Die fünf Klappen haben sich spiralig aufgerollt (Abb. 91).

Wir vergleichen sie am besten mit Uhrfedern, die durch dünne Fäden längs einem Stöckchen gestreckt erhalten werden. Wie es bei diesen geschehen würde, so genügt auch hier die leiseste Erschütterung, um die zarten Fäden, welche die Klappen am Zusammenrollen hindern, zu sprengen. Wenn der Wind die Pflanzen durcheinander schüttelt, wenn ein Mensch oder Tier durch das Dickicht hindurchgeht, knallen die Früchte auf, und die Samen werden weit umhergeschleudert, so daß sie an anderen Stellen neue Ansiedlungen bilden können. Es liegt also hier eine ganz ähnliche Einrichtung vor, wie wir sie im vorigen Monat beim Storchschnabel kennen lernten.

Die Samenbildung ist der Endzweck jedes Pflanzenlebens! Alle verfügbaren Stoffe werden den heranwachsenden Samen zugeführt. Darum ist denn auch die Zahl der ausgebildeten Samen meist eine erstaunlich große. Ein Bilsenkrautstock erzeugt jährlich durchschnittlich 10000, das kleine Hirtentäschel 60000, ein anderer Kreuzblütler, der feinblättrige Raukensenf (Sisymbrium sophia), sogar 70000 Samen! Da das gesamte Festland der Erde rund 135 Billionen Quadratmeter umfaßt und auf einem Quadratmeter etwa 70 junge Bilsenkrautstöcke Platz haben, so müßte, wenn wirklich alle Pflanzen zur Entwicklung gelangten, in fünf Jahren die ganze Erdoberfläche mit Bilsenkrautstöcken bedeckt sein. Aber nicht nur Meere und klimatische Unterschiede verhindern eine so starke Ausbreitung der Pflanze, sondern auch die Beschaffenheit des Bodens, denn jede Pflanze stellt, wie wir wissen, bestimmte Ansprüche an diese und geht, wenn sie ihr nicht gewährt werden, bald zugrunde. Vor allem aber ist es der Daseinskampf, den die jungen Pflänzchen alsbald zu bestehen haben, der ihrer Ausbreitung Grenzen setzt. Fast jedes Bodenfleckchen, auf das ein Samenkorn fällt, ist ja bereits von anderen Pflanzen in Besitz genommen! Die meisten Keimlinge müssen daher zugrunde gehen. Aber gerade darum ist jene reichliche Samenproduktion, die uns anfänglich nur als überflüssige Stoffvergeudung erscheinen wollte, notwendig, wenn die Pflanze im Kampfe gegen ihre eigenen Artgenossen und die übrigen lebensfreudigen Kinder Floras nicht unterliegen und allmählich aussterben soll.

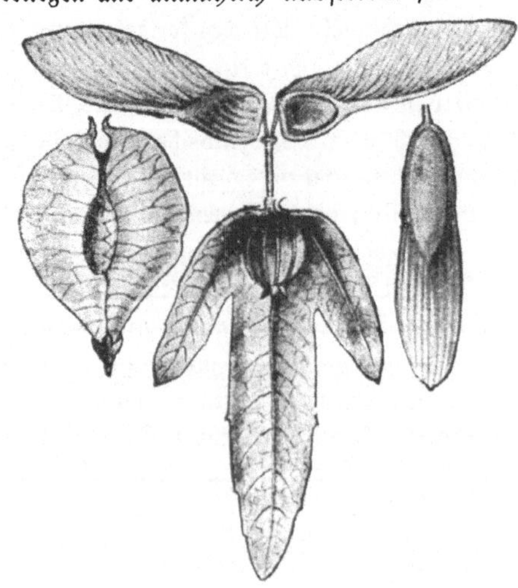

X. Herbststimmung.

Klare Luft, heiterer Sonnenschein, da läßt sich's gut marschieren! Die Wiesen zeigen jetzt nicht mehr den üppigen Graswuchs des Vorsommers. Die zweite Heuernte ist vorbei. Besonders gut gedüngte Wiesen im Talgrunde haben dank der reichlichen Regenmenge, die uns der verflossene Sommer brachte, sogar noch einen dritten „Schnitt" geliefert. In der niedrigen, da und dort schon etwas fahlgrün gefärbten Grasdecke sind nur noch spärlich Blumen eingestreut: einige Schafgarben und die kleinen halbparasitischen Augentrostarten, hier und da auch noch einzelne Braunellen. Eine Pflanze aber beginnt überhaupt erst jetzt zu blühen, die Herbstzeitlose. „Zeitlos" ist sie wirklich; denn sie kehrt sich nicht an die übliche jahreszeitliche Entwicklung der Mehrzahl unserer einheimischen Blütenpflanzen, die im Frühling blühen und im Herbst fruchten; erst wenn die Tage schon merklich kurz geworden sind und feuchte Nebel im Talgrunde lagern, beginnt die Zeit ihres Blütenlebens. Die Früchte jedoch entwickelt sie im nächsten Jahre, und zwar im Vorsommer!

Die Pflanze kann ihre Blüten nicht höher als etwa 20 cm über den Erdboden erheben. Daher ist sie, wenn sie von Insekten gesehen und befruchtet werden will, ähnlich wie die Pflanzen des Vorfrühlings (vgl. S. 34) auf eine Zeit angewiesen, in welcher die sie umgebenden anderen Kräuter und die Gräser niedrig sind. Eine solche Zeit ist aber nicht nur der Vorfrühling, sondern auch der Herbst, und es ist recht „schlau" von unserer Pflanze, daß sie gerade diese Zeit ausgesucht hat; denn jetzt ist sie fast die einzige noch blühende Pflanze und hat also kaum mehr „Konkurrenten", welche die Aufmerksamkeit der honigsuchenden Insekten von ihr ablenken könnten.

Ein einziger Blick ins Blumengesichtchen der Herbstzeitlose zeigt uns sofort ihre Zugehörigkeit zu den Monokotylen. Drei, zu oberst bogig gekrümmte Griffel sind von sechs Staubgefäßen umgeben. Diese sind zuerst bedeutend kürzer als die Griffel und wenden die stäubenden Flächen ihrer Beutel nach außen. Alle Blütenteile wachsen aber während des Blühens noch stark, insbesondere die Staubfäden. Dies hat zur Folge, daß die Beutel nach und nach bis zur Höhe der Griffelspitzen gehoben werden. Gleichzeitig drehen sich nun auch die Beutel, bis sie ihre stäubenden Flächen nach innen wenden, so daß erst jetzt, also am Schluß der Blütezeit (vgl. S. 26), Selbstbefruchtung begünstigt ist. Am Anfang des Blühens ist Selbstbestäubung übrigens nicht nur durch den erwähnten Längenunterschied zwischen den Griffeln und den Staubblättern, sondern namentlich durch die stark ausgeprägte Protogynie der Blume ausgeschlossen: die Griffelenden bedecken sich nämlich erst dann mit Papillen, wenn die Beutel durch die beschriebene Streckung der Fäden bis zu ihnen hinauf gehoben worden sind.

Außen an der Wurzel jedes Staubfadens bemerken wir eine orangegelbe Verdickung. Hier wird der Nektar ausgeschieden. Er sammelt sich in den kleinen röhrenförmigen Vertiefungen am Grunde der Blüte, die von wolligen Haaren gegen Durchnässung geschützt sind. Der Duft der Blüten ist für unsere Nase nicht sehr stark. Wer sagt uns aber, daß die Insekten Düfte in gleicher Weise wahrnehmen wie wir? Jedenfalls finden sich bei windstillem Wetter oft ziemlich zahlreich Insekten bei den Blütenbechern der Herbstzeitlose ein. Hummel und namentlich Bienen sind die hauptsächlichsten Besucher, aber auch verschiedene andere Insekten, besonders Schwebfliegen und Falter, können wir gelegentlich beobachten.

Solange die Blütenteile wachsen, besitzt die Blume die Fähigkeit, sich zu öffnen und zu schließen. Bei regnerischem und kaltem Wetter finden wir die Blütentrichter der Herbstzeitlose immer mehr oder weniger geschlossen. Kein Zweifel, daß diese Vorrichtung ein wirksames Schutzmittel gegen Durchnässung des Pollens durch Regen und Herbstnebel und gegen allzu starke Abkühlung der zarten Innenteile der Blüten darstellt. Ist doch beobachtet worden, daß die Temperatur in geschlossenen Blüten oft um mehrere Grad höher ist als in der nächsten Umgebung.

Vergeblich suchen wir nach einem Fruchtknoten. Er steckt in der Erde — das ist kein Scherz! —, und was wir als Stengel der Pflanze ansahen, ist gar nicht das, sondern eine lange Blütenröhre! Graben wir eine ganze Pflanze aus dem Boden heraus, so werden wir gleich sehen, daß diese Behauptungen zutreffen. Da finden wir zunächst eine Knolle. Sie hat eine braune runzlige Schale, welche sich noch ein Stück weit nach oben fortsetzt (S in Abb. 92). Diese Schale besteht aus den Resten der Blätter des vorigen Jahres. Die Knolle steckt gerade so tief in der Erde, daß sie vom Froste nicht erreicht wird, in verschiedenen Gegenden daher ungleich tief. An einem kurzen Seitenstengel der Knolle (St in Abb. 92) sitzt nun in der Tat ein kleiner dreiteiliger Fruchtknoten, und von diesem aus steigen die drei dünnen Griffel durch die ganze Blütenröhre empor bis hinauf zur Blüte! Aus der braunen Schale treten übrigens zu oberst (B) fahlgrüne, aber saftige zarte Blätter hervor, die gerade noch ein bißchen aus der Erde herausgucken. Das sind die eigentlichen Blätter der Pflanze, die sich aber erst im nächsten Frühjahr weiterentwickeln werden. Nach Eintritt der Befruchtung welkt die Blüte und mit ihr die lange Blütenröhre ab, so daß von der Pflanze über der Erde gar nichts übrigbleibt. Nach einer Ruhepause fängt aber nun der Fruchtknoten an zu schwellen, und im Frühjahr verlängert sich dann der kurze Seitenstengel, auf welchem er steht, so rasch, daß die Frucht bald aus dem Boden herausgehoben wird. Im Juni ist sie reif und öffnet sich in drei Klappen. Die herausfallenden Samen besitzen weißliche Anhänge, die bei Befeuchtung klebrig werden und infolgedessen an den Hufen vorbeigehender Weidetiere festhaften. So verbreitet sich die Pflanze. Daß diese Verbreitungseinrichtung sich bewährt, zeigt ein Blick auf die Wiesen des Talgrundes, die jetzt an einzelnen Stellen vollständig hellviolett gefärbt sind. Aber nicht nur der anfangs sehr kurze Stengel, sondern auch die Blätter wachsen im Frühjahr sehr stark und breiten sich weit aus. Es ist auch dringend nötig, daß der Pflanze durch Assimilation neue Nahrung zugeführtwird; denn die Knolle ist durch das Blühen und Fruchten vollständig „abgemagert“. Sie zerfällt schließlich ganz. Die Nahrungsvorräte, welche die großen Blätter durch Assimilation beschaffen, müssen aber wieder irgendwo aufgespeichert werden. Es schwillt jetzt in der Tat das unterste Stück des nun verlängerten Stengels allmählich zu einer neuen Knolle an. Die Knolle der Herbstzeitlose ist also eine sog. Stengelknolle wie die der Kartoffel, welche wir im vorigen Monat genauer betrachteten. Wenn die Herbstzeitlose ihre Samen ausgestreut hat, und ihre Blätter schließlich dann verwelken, so ist die neue Knolle prall gefüllt mit Nährstoffen für die neuen Blüten im Herbst desselben Jahres. — Nun aber weiter! Schon stehen die Felder kahl. Nur die Kartoffeln sind noch ziemlich grün, fangen aber auch schon an, sich bräunlich zu färben, und zeigen dadurch an, daß auch für sie die Zeit der Ernte bald gekommen ist.

Jetzt ist gute Zeit für uns! Wir können die Wege verlassen und beliebig über die weiten Stoppelfelder wandern. Ob wir aber auch finden werden, was der Beachtung wert ist? Wir spähen zunächst nach Zeichen von Tierleben auf dem Boden. Eine Menge Mäuselöcher entdecken wir da. Riesig haben sich die Feldmäuse bei gutem Futter im Sommer vermehrt. Nicht lange dauert es, da hat unser Fuß eines der Tiere auf-

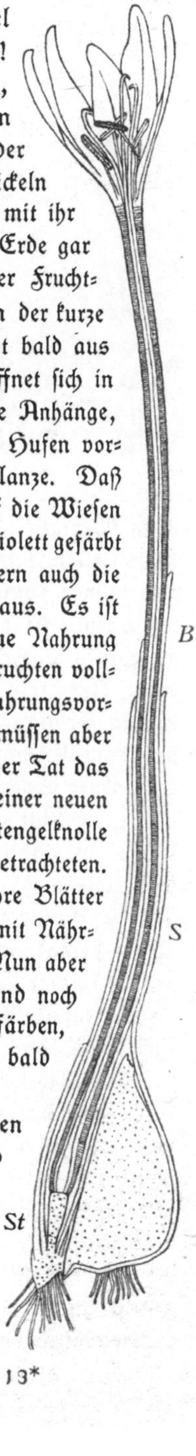

B

S

St

Abb. 92. Blühende Herbstzeitlose in nat. Größe.

Abb. 93. Zirpende Grasheuschrecke. Nat. Größe.

gestört, das nun mit Hast nach einem Schlupfwinkel sucht. Bald wird Mangel die Plagegeister von den Feldern verscheuchen. Die im Freien errichteten Getreidehaufen, ja die Scheunen sogar werden dann von ihnen überfallen. Da werden sie erst zu einer wahren Plage. Iltis, Igel und Fuchs stellen ihnen dort nach und vertilgen sie in großen Mengen. Doch bleiben noch immer zuviel übrig.

Darum ist der Anblick, der uns dort auf dem trennenden Wiesenstreifen wird, aufs äußerste zu beklagen: in einer Drahtschlinge hängt da ein toter Maulwurf. Der diese Maulwurfsfalle gestellt hat, weil er sich über die aufgestoßenen, lockeren Erdhaufen ärgerte, hat sich eines seiner leistungsfähigsten Bundesgenossen im Kampfe gegen die Feldmäuse, wie gegen Engerlinge, Drahtwürmer und andere Schädlinge des Ackers beraubt. Gewiß, der „Moltwerf", der Erdwerfer, vertilgt auch Regenwürmer in Mengen, und diese sind uns als Bodenlockerer in ähnlicher Richtung nützlich wie der Maulwurf selber. Wer aber weiß, wie groß die Menge der im Boden lebenden Würmer ist, und wie der Maulwurf nur immer eine verhältnismäßig kurze Zeitspanne einen bestimmten Bezirk bejagt, wird ihm über dem großen Nutzen, den er stiftet, nachsehen, daß er, der immer Tätige und immer Hungrige, der in einem Tag mit seinem besonders zahnreichen, nadelscharfen Gebiß beträchtlich mehr verzehrt, als er wiegt, frißt, was ihm Freßbares vors Maul kommt und dabei gelegentlich auch uns nützliches Tierleben vernichtet. Aber der „Dunkelmann", der wie ein Erdtorpedo durch seine unterirdischen Jagdgründe saust, hat vielen etwas Abstoßendes und wird erschlagen. Und wie prachtvoll ist doch die „Anpassung" dieses Tieres an seine unterirdische, grabende Lebensweise! Der walzenrunde, dicht am Boden getragene Leib ist von einem kurzen, dicht schließenden, glatten, schwarzen Fell bedeckt. Ganz allmählich, ohne äußerlich sichtbaren Halseinschnitt geht er in die spitze Wühlschnauze über, die durch einen besondern, elastischen Knorpelstab gesteift wird. Eine nackte Rüsselscheibe, die beim Wühlen der Quere nach zusammengefaltet wird, so daß die nach vorn sich öffnenden Nasenlöcher verschwinden,

Abb. 94. Musizierende Feldgrille vor ihrem Loch. Nat. Größe.

beschließt das äußerstempfindliche Geruchsorgan. Die Öffnungen des sehr feinen Gehörorgans liegen als kleine, durch Hautfalten verschließbare Löcher weit hinten an den Seiten des Kopfes unter dem Fell verborgen. Ohrmuscheln fehlen. Ebenso versteckt und für gewöhnlich gedeckt sind die winzig kleinen, schwachen Augen und werden nur bei Bedarf, beim Laufen an der Erdoberfläche, beim Schwimmen, hervorgedrückt. Die Vordergliedmaßen sind besonders kräftige, stark gestützte, kurze Grabwerkzeuge; ihre fünfzehigen, breiten nackten Hände, die wie kleine Menschenhände aussehen, tragen lange, breite Grabnägel und auf der beim Graben abwärts gerichteten Daumenseite noch eine besondere Scharrkralle. Die schwachen Hinterbeine, die das Laufen besorgen, treten mit der ganzen fünfzehigen Sohle auf. Der Schwanz ist unnütz und daher sehr klein.

Noch reicheres Tierleben regt sich unter unsern Füßen. Da zirpt es in allen Tönen. In der Nähe sind die Laute schrill und scharf, in einiger Entfernung aber verklingen sie zu einem angenehmen, hellen Gesumme. Feldheuschrecken sind die Künstlerinnen. Vor jedem unserer Schritte gehen große Scharen von ihnen auf, die sich mit weiten Sprüngen retten. Ihnen sind jetzt die Flügel gewachsen, die im Juni noch klein waren. Sie ausbreitend, schnellen sie sich empor und dehnen schwirrend ihre Sprünge viele Meter weit aus. Wenn wir uns langsam und vorsichtig einer zirpenden Heuschrecke nähern, erkennen wir, daß sie in großer Geschwindigkeit mit den Schenkeln der langen Springbeine auf- und abwärts über die Flügel fährt (Abb. 93), als streiche sie in rasendem Tempo eine Geige. Dadurch wird der starke Rand der Vorderflügel in Schwingungen versetzt, und diese Schwingungen verlaufen mit so großer Geschwindigkeit, daß ein lang anhaltender schwirrender Klang entsteht, denn jede Bewegung erzeugt bekanntlich, sobald sie nur hinreichend schnell wird, in der Luft Schallwellen, die sich zu unserem Ohr fortpflanzen und wahrgenommen werden. Etwas anders sind die „Musikinstrumente“ der Grillen beschaffen (Abb. 94). An der Basis des linken Flügels, der oben, d. h. über dem rechten liegt, bemerken wir eine besonders starke Ader. Diese ist unten mit zähnchen-

Abb. 95. Netz einer Trichterspinne im Gras ausgespannt. Nat. Größe.

artigen Zirpplatten besetzt und wird nun über eine ähnliche starke Kante des unten liegenden rechten Flügels hin und her gestrichen, Dabei bewegt sich der untere Flügel in entgegengesetzter Richtung, und da jeder Flügel in der Sekunde 6- bis 10mal hin und zurück fährt, entsteht eine so hohe Bewegungsgeschwindigkeit zwischen den beiden Flügeln, daß wiederum ein Klang entsteht. Sowohl bei den Heuschrecken wie bei den Grillen sind nur die Männchen Musikanten. Dasselbe gilt auch von den Singzikaden. Diese blasen starke Luftstöße aus ihren mit Stimmbändern ausgestatteten Atemlöchern (S. 78) aus.

Über das Stoppelfeld haben Spinnen ihre Netze gezogen, die wir an den Stellen besonders deutlich erkennen können, wo noch der Tau der verwichenen Nacht in kleinen, funkelnden Tröpfchen hängen geblieben ist. In diesen Netzen fangen sich Hunderte kleiner Insekten, die zwischen den Stoppeln hüpfend und schwirrend ihr Wesen treiben. Aber nicht nur Netze, sondern auch regellose Fäden sind dicht über der Pflanzendecke ausgespannt, die jungen Tieren der Agalena labyrinthica angehören. Diese hängemattenartig aufgehängten, nach der Mitte vertieften Gespinste (Abb. 95) gehören den erwachsenen Individuen der Agalena an. Zuweilen sind sie trichterartig vertieft und endigen in eine Röhre. Auf dem Grunde sitzt seine Bewohnerin und lauert auf etwa anfliegende oder ankriechende Insekten. Diese erhascht sie, raubtierartig aus dem Schlupfwinkel hervorspringend. An manchen Sträuchern finden wir, ebenso wie an größeren Stauden, zusammengerollte und versponnene Blätter. Es sind Kinderzimmer von Spinnen verschiedener Art. Da hausen die noch meistens farblosen jungen Tierchen, oft noch behütet von der lebhaft gefärbten Mutter. Dort läuft ein anderes Exemplar dieser achtbeinigen, arten- und gestaltenreichen Klasse der Gliedertiere, eine Wolfsspinnenart, Lycosa. Sie schleppt zwischen den Hinterbeinen einen mächtigen Sack, der eine Menge Eier enthält.

Abb. 96. Ein Zweig der Rosette des Vogelknöterichs. Nat. Größe.

Doch nicht nur Stoppeln bedecken den Boden. Da grünt noch und blüht manch ein Pflänzchen, das, sich duckend und ausweichend, der Sense des Schnitters entgangen ist. Hier steht mit zarten, hellblauen Blüten das graublättrige Ackervergißmeinnicht. Vogelmiere und Hornkraut kriechen dicht am Boden, ebenso die dickstengligeren Malven, wohl auch Käsepappeln genannt nach ihren an Käse erinnernden Früchtchen. Stauden einer niedrigen Reiherschnabelart (Erodium cicutarium) breiten ihre teilweise schon herbstlich bunt gefärbten Blätter zu dichten kleinen Polstern aus. Innerhalb dieser erheben sich auf kurzen Stielen die rötlichen, kleinen Blütchen und die eigentümlichen, an Storchköpfe erinnernden Früchte. Der zartstenglige, spitzblättrige Feldampfer (Rumex acetosella), meist nur 15 bis 20 cm hoch, wächst dazwischen, auf einigen Äckern reichlich, auf anderen zu den Seltenheiten gehörend. Seine leuchtend rote Farbe läßt ihn auf weite Entfernung erkennen. An den Wegerändern liegen weit verzweigte dicke Polster des dunkelgrünen Vogelknöterichs (Abb. 96). Einige sind auch in die Felder gekrochen. Ja, auf jenem Felde, das man nach hin und wieder noch beliebter Methode im vergangenen Jahre hat „brach", d. h. unbeackert liegen lassen, hat der Vogelknöterich alle andern Pflanzen überwuchert.

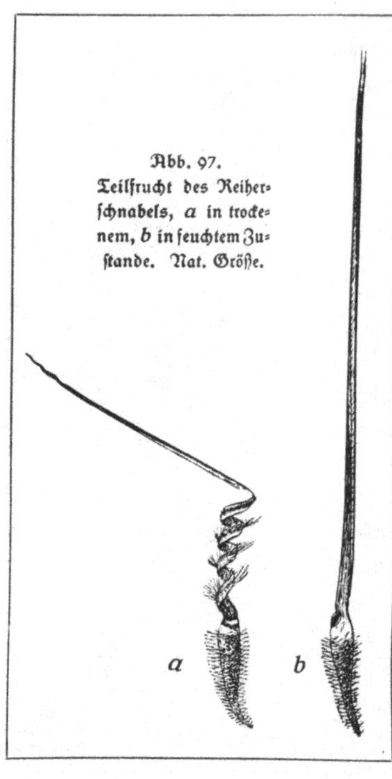

Abb. 97. Teilfrucht des Reiherschnabels, *a* in trockenem, *b* in feuchtem Zustande. Nat. Größe.

Für alle diese Gewächse ist jetzt die Zeit der Aussaat gekommen. Sie sorgen in sehr verschiedener Weise für die Erhaltung ihrer Art. Der Vogelknöterich hat sehr zahlreiche dreikantige, mit feinnarbiger Oberfläche versehene Früchte, die leicht anhaften, sich an die Füße Vorüberwandernder hängen und von ihnen oft weit verschleppt werden. Deshalb sahen wir die Pflanze besonders in der Nähe der Fußwege verbreitet und auch das oft betretene Brachland von ihr besetzt. Auf ähnliche Weise breitet sie sich, wahrscheinlich mit Getreidesamen nach Nordamerika verschleppt, dort, immer den Wanderungen der Europäer folgend, weiter und weiter in unzivilisierte Striche aus. Der staunende Indianer nannte den Fremdling bezeichnend „Fußtritt der Weißen". Der althochdeutsche Name unserer Pflanze sporigras, d. i. Spurgras, beweist, daß schon unseren Vorfahren ihre eigentümliche Verbreitungsart auffiel.

Ganz anders wieder sorgt der Reiherschnabel für das Fortkommen seiner Kinder. Seine Früchte bestehen aus fünf Teilfrüchten. Jedes derselben umhüllt den schwärzlichen Samen nur von drei Seiten. Die vierte, innerste Seite ist offen, doch kann der Same nicht herausfallen, weil die fehlende Wand durch die Mittelsäule ersetzt wird, an der alle fünf Früchtchen in besonderen Klausen angewachsen sind. Ähnlich wie bei den übrigen Storchschnabelgewächsen (S. 146 u. Abb. 67) besitzt jedes Teilfrüchtchen eine lange Granne, die gleichfalls der Länge nach an der Mittelsäule befestigt ist. Bei der Reife löst sich von unten her der Zusammenhang zwischen Teilfrüchten und Mittelsäule. Die Samenhüllen lösen sich zuerst los, die Grannen biegen sich bogenförmig empor, so daß jetzt die Gesamtheit der Früchte einem Armleuchter ähnlich sieht. Dieser Vorgang verläuft jedoch nur langsam, so daß ein Wegschleudern der Teilfrüchte, wie bei den Storchschnäbeln, hier nicht stattfindet. Der Same kann auch hier aus der Hülle nicht herausfallen, weil die drei vorhandenen Wände eng zusammenschließen und so die fehlende vierte ersetzen. Die Spitze der Granne haftet am festesten an der Mittelsäule, der Teil aber über dem Früchtchen windet sich spiralig auf. Das Einzelfrüchtchen trägt nun auf seinem Scheitel eine propfenzieherartig gedrehte Borste, deren äußerstes Ende horizontal absteht. Befeuchtet man sie mit einem Tropfen Wasser, so dreht sich die Spirale immer mehr auf (Abb. 97b), setzt man das Früchtchen großer Trockenheit aus, so dreht sie sich zusammen (Abb. 97a). Ja, so empfindlich ist sie, daß schon die Feuchtigkeit, die wir ihr durch den Hauch unseres Mundes zuführen, genügt, ein Aufdrehen zu bewirken. Halten wir die Granne eines befeuchteten Früchtchens fest, so vollführt es eine bohrende Bewegung, welche durch das Aufwickeln der Spirale hervorgerufen wird. Nun erkennen wir auch den Zweck, den die Empfindlichkeit der Granne gegen Feuchtigkeit für das Leben der Pflanze besitzt. Das losgelöste Früchtchen bohrt sich, mit dem geraden Ende der Borste gegen Stoppeln und Kräuter gestemmt, wie ein kleiner Bohrer in den Ackerboden hinein, wenn Regen oder feuchtes Wetter eintritt. — Übrigens benutzt man diese Eigenschaft der Storchschnabelfrüchte zur kostenlosen Herstellung von Hygrometern, d. h. Messern der Luftfeuchtigkeit. Man bringt auf einer kreisrunden Pappscheibe eine Skala an, auf die man, wenn man will, auch die Aufschriften: „Trocken, Feucht, Sehr feucht" usw. setzen kann. In den Mittelpunkt des Kreises steckt man ein Reiherschnabelfrüchtchen. Ist die Luft trocken, so dreht sich die Spirale der Granne zusammen, ihre Spitze wandert langsam über die Scheibe, entgegen der Bewegung der Uhrzeiger. Bei feuchtem Wetter tritt ein Aufdrehen der Spirale, also eine Wanderung der Grannenspitze im Sinne der Zeigerbewegung ein. Nur auf die Richtung muß man achten. Ein längere Zeit währendes Aufdrehen bedeutet feuchte Luft, also drohenden Regen oder Schnee, ein Zudrehen trockene Luft, also anhaltend klares Wetter. Die Aufschrift, auf die in jedem Falle die Spitze der Granne deutet, tut man gut, ebensowenig zu beachten wie bei einem Quecksilberbarometer.

Auch über die Bestäubung des Ackerreiherschnabels können wir jetzt, im Herbst, noch Beobachtungen anstellen. Die Blüte ist ausgesprochen fünfzählig mit 10 Staubgefäßen. Fünf von diesen schlagen fehl, d. h. tragen keine Beutel, die fünf anderen, mit ihnen abwechselnden, sind fruchtbar. Im übrigen kommen sehr verschiedene Blütenformen vor: größere und kleinere, regelmäßig fünfstrahlige und hälftig symmetrische mit verlängerten unteren Kronblättern; solche mit gleichmäßig gefärbten Kronblättern und andere mit dunkleren Flecken, sogenannten Saftmalen auf den zwei, drei, vier oberen oder auf allen Kronblättern. Auch die Reihenfolge des Aufblühens der Befruchtungsorgane ist verschieden: bald sind sie zu gleicher Zeit reif, bald die Staubbeutel vor der Narbe, bald auch, doch seltener, die Narbe vor den Staubbeuteln. Naturgemäß hat man nach dem Zweck, dem Nutzen all dieser Abänderungen geforscht. Es lag nahe genug, die kleineren, regelmäßig fünfstrahligen Blüten gewissermaßen für die noch nicht der Insektenbestäubung angepaßte „Urform" zu halten, und so wurde behauptet, bei ihr käme immer nur Selbstbestäubung vor. Dementsprechend mußten die verlängerten unteren Kronblätter und die Saftmale für Abänderungen des Blütenbaus gelten, die unmittelbar entstanden waren, um den Insekten die Blüten sichtbarer zu machen, ihnen das Anfliegen zu erleichtern und den Weg zum Honig zu zeigen.

Wie steht's damit in Wirklichkeit? Selbstverständlich ist allein bestimmend für die Frage, ob Selbst-, ob Fremdbestäubung eintreten **kann**, die Gleichzeitigkeit oder Ungleichzeitigkeit der Befruchtungsorgane. Nun aber kommen bei **beiden** Formen Blüten vor mit gleichzeitig reifen Beuteln und Narben und vorausgehender Reife der ersteren, ja es gibt, wieder bei beiden Formen. eingeschlechtige Blüten, die selbstverständlich ganz auf Fremdbestäubung angewiesen sind. Läßt dieser Umstand ohne weiteres die angegebene scharfe Trennung der beiden Blütenformen hinfällig erscheinen, so gibt er uns gleichzeitig Hinweise, die Ausbildung gewisser Blüteneigentümlichkeiten, hier des „Sitzbretts“ und der „Saftmale“ nicht zu überschätzen. Gerade beim Ackerreiherschnabel hat man auch den experimentellen Nachweis erbracht, daß die sog. Saftmale nicht die einschneidende Bedeutung für die besuchenden Insekten haben, welche man ihnen vielfach noch immer zuschreibt. Blüten mit den schönsten Saftmalen wurden sorgfältig ihres Honigs beraubt und mit Schellack überzogen; nun wurden sie nur noch von vereinzelten Insekten besucht. Es ist also vor allem der Honigduft, der die Insekten anlockt, das „Saftmal“ hat eine weit untergeordnetere Bedeutung, wenn es auch gewiß die Blume sichtbarer macht. — Wozu nun aber diese ganze Untersuchung, die euch, so meint ihr wohl, an früher Erkanntem nur irre macht? Nun, zunächst neigt jeder Mensch zu vorschneller Verallgemeinerung, die gar zu leicht zu Irrtümern führt. Dann aber denkt einmal nach, ob nicht solche „kritischen“ Untersuchungen euch viel tiefer in das „Geheimnis der Natur“ einführen als vorschnelles Deuten? Wir Menschen neigen eben, weil wir selbst bewußt zweckmäßig handeln, nur gar zu sehr dazu, Zwecke und Ziele auch überall und sofort in der Natur zu sehen. Was kann uns vor Irrtümern bewahren? Nur der Zweifel, die Frage: „Stimmt das auch?“

Von den größeren Feldunkräutern haben einzelne, die der Sense des Schnitters nicht ausweichen und entgehen können, ihre Samen schon vor dem Schneiden des Getreides ausgestreut, so der Ackersteinsame, die Augentroste, der Feldklappertopf und der schmalblättrige Wachtelweizen. Samen aller dieser Pflanzen ruhen jetzt, unseren Augen durch ihre Kleinheit verborgen, auf dem Acker und schlummern ihrer Auferstehung entgegen. Die meisten Ackerunkräuter aber, später blühend, sind mit eben gereiftem oder noch reifendem Samen der Sense des Schnitters zum Opfer gefallen. Was wird aus ihnen? Einige Körnchen mögen diese Pflanzen wohl schon auf dem Felde ausstreuen, die meisten aber gelangen, noch in den Früchten eingeschlossen, mit in die Scheuern und nach dem Ausdreschen auf den Getreidespeicher. So muß der Landmann selbst sie wieder aussäen und ihnen ihren Platz bereiten. Zwar wird das Getreide in sog. Pulvermühlen sorgsam gereinigt, doch viele Samen der Unkräuter sind in Schwere und Umfang den Getreidekörnern so ähnlich, das es nicht gelingen will, sie zu entfernen.

Ist es nicht, als ob die Pflanzen einen zähen Kampf mit dem Menschen unternommen hätten und ihm das für sein Getreide beanspruchte Land streitig machen wollten? Was hilft es, daß der Landmann alljährlich Tausende von Disteln, von Trespen- (Bromus) und Queckenstöcken (Triticum repens) ausreißen und verbrennen läßt; Tausende erscheinen im nächsten Frühjahr wieder. Und nicht weniger spotten seiner Bemühungen die anderen Unkräuter. Ja, manche von ihnen verbreiten sich unter unseren Augen über immer größere Gebiete. So steht der Mensch ratlos vor den meisten der lästigen Unkräuter und muß dem Schaden zusehen, den sie stiften. Ganz ausrotten kann er sie nicht. Quecke und Trespe, Kornrade, Disteln und Wucherblumen treten oft so massenhaft auf, daß sie dem Getreide die Nahrung entziehen und es kümmerlich machen. Die mancherlei windenden Unkräuter verflechten außerdem die Halme miteinander, so daß sie niedergebeugt werden. So wird das Reifen der Körner hintangehalten und durch die ungleiche Reifezeit der Ertrag bedeutend herabgesetzt, da einzelne Halme mit noch unreifen Ähren geschnitten werden müssen.

Ein Umstand macht den Kampf mit den Feldunkräutern besonders schwierig: die meisten haben sehr langlebige Samen. Während nämlich z. B. der Samen der Weiden schon zwei Stunden nach Verlassen der Kapsel seine Keimkraft verliert, der vieler Kulturpflanzen nach ein oder zwei Jahren, können die Samen der Trespe zuweilen jahrelang im Boden liegen, wenn sie tief untergepflügt sind und nicht die nötige Menge Wärme, die sie zur Keimung brauchen, zu ihnen hinabdringt. In dieser langen Zeit verlieren sie ihre Keimkraft nicht. Wenn sie dann einmal wieder durch den Pflug in obere Schichten emporgebracht werden und die nötigen Existenzbedingungen, vor allem reichliche Feuchtigkeit, vorhanden sind, sieht man Trespen in Unmasse hervorschießen. — Dort ist im Frühjahr ein Entwässerungsgraben ausgeworfen worden. Seht nur, welch üppiger Pflanzenwuchs sich auf seinen Böschungen breitmacht! Da finden wir die meisten unserer Bekannten vom Stoppelfelde. Sie haben schon geblüht und Samen getragen, müssen also in diesem Frühjahre gekeimt sein. Wenn wir auch annehmen, daß einige Samen vom Winde herangeweht sind, so kann das doch wegen der weiten Entfernung der benachbarten Äcker nur bei sehr leichten Samen oder geflügelten Früchten zutreffen. Die meisten Pflanzen müssen aus Samen entstanden sein, der ungemein lange Zeit tatenlos, aber nicht abgestorben, im Schoße der Erde geruht und nun erst zu neuem Leben sich entwickelt hat, da die mächtige Erdschicht von ihm genommen ist, die sein Keimen verhinderte. Oft werden noch auffallendere Beispiele von langer Erhaltung der Keimfähigkeit von Samen erzählt, von denen allerdings manche mit Vorsicht aufgenommen werden müssen. Denn wie leicht können bei solchen Beobachtungen Fehler sich einschleichen. Sind doch die Gelehrten z. B. mit dem sog. „Mumienweizen" schnöde getäuscht worden. Als es sich nämlich darum handelte, Versuche über die Erhaltung der Keimkraft des Weizens anzustellen, verfiel man auf die Idee, jenen Weizen auszusäen, den man in den vielen Felsengräbern Ägyptens aufgefunden hatte und den vor Tausenden von

Jahren die frommen Ägypter ihren mumifizierten Toten mit in das Grab gegeben hatten. Die jetzigen Bewohner Ägyptens aber, die schlauen, betrügerischen Kopten, wußten bei der erhöhten Nachfrage nach Mumienweizen nichts Besseres zu tun, als frisches Getreide dunkel zu färben und als „tausendjähriges" zu verkaufen. Da wahr es fürwahr kein Wunder, daß dieses keimte. Bald genug allerdings wurde der Betrug aufgedeckt. Es scheint aber doch richtig zu sein, daß Weizen 50 bis 100 Jahre unter günstigen Bedingungen sich keimkräftig erhält. Ja noch für längere Zeiträume sind beglaubigte Beobachtungen vorhanden. Ebenso ist es auch über jeden Zweifel erhaben, daß die Samen vieler anderer Pflanzen, zu denen auch eine große Anzahl von Feldunkräutern gehört, gegen 100 Jahre lebensfähig bleiben. Man hat das oft erwiesen durch Aussäen von Samen aus alten Herbarien.

Jedenfalls liegt in der Lebenszähigkeit der Unkräuter eine große Gefahr für den Landmann. Denn wenn er auch durch tiefes Pflügen die Samen der lästigen Gäste seiner Getreidefelder mit dicken Erdschichten bedeckt und so unschädlich gemacht hat, wer steht ihm dafür, daß nicht nach einiger Zeit seine eigene eifrige Arbeit sie wieder zutage fördert? Trotzdem darf er in seinem Kampfe nicht ermatten. Man kann sehr wohl erkennen, auf welchen Äckern der Mensch den Kampf unermüdlich fortsetzt, auf welchen er die Waffen gestreckt hat. Nicht nur kann der Landmann durch Auseggen der Queckenstöcke, Verbrennen der Distelpflanzen, Unterpflügen der Samen die Überzahl der Unkräuter vermindern; nein, viele dieser Pflanzen machen sich überhaupt nur auf schlecht bearbeitetem Boden breit, der keine besondere Pflege erhält. Der spitzblättrige Ampfer erscheint z. B. nur auf Äckern, die arm an Humus sind, denen also nicht die genügende Menge Dung zugeführt wurde, oder die sich noch nicht lange genug in Kultur befanden. So ist es auch mit dem Stiefmütterchen u. a. Trespe und Wucherblume wachsen hauptsächlich auf „kaltgründigem", d. h. zu wasserreichem Boden (S. 119). Hätte der Landmann durch Dränage für Entwässerung gesorgt, so würde sein Kampf gegen diesen wie manchen anderen Feind aussichtsvoller sein.

Der Boden, den die Natur liefert, muß erst umgeschaffen werden, damit er den Ansprüchen der Kulturgewächse genügt. Hierüber laßt uns noch einige Beobachtungen anstellen, zu denen der tief die Felder durchschneidende Graben Gelegenheit gibt. Der sandreiche Acker hier hat wenig Getreide getragen. Das beweisen die weitläufig stehenden Stoppeln. Um so mehr machen sich die Unkräuter breit. Der Graben gibt einen senkrechten Durchschnitt durch die Äcker. Wir sehen bis zur Tiefe von einem Meter nichts weiter als leichten Sand mit sehr geringen Lehmbeimengungen. Dieser Boden wäre besser aufgeforstet worden; für den Ackerbau ist er schwer zu gewinnen. Allerdings kann man auch das erreichen, doch nur in langer Zeit und mit großen Kosten. Man muß dann Jahre hindurch immer wieder das unfruchtbare Feld mit den anspruchslosen, sandliebenden Lupinen bestellen, muß diese unterpflügen (S. 129), auch Dung dazu geben, um mit der Zeit aus den verwesenden Pflanzen und Tierresten eine Humusschicht zu gewinnen. Das ist sehr kostspielig, und man erhält schließlich immer nur Boden von nicht bedeutendem Wert, weil zuviel Sand in ihm enthalten und er deshalb zu trocken ist. — Erfreulicher ist das Bild, das jener tiefer gelegene Acker gewährt. Sein Durchschnitt zeigt Sand mit viel reichlicheren Lehmbeimengungen. Wenig schwarze Erde liegt in seiner oberen Schicht. Ein Beweis, daß der Acker nicht genügend gedüngt ist oder nicht lange genug sich in Kultur befindet. So sind auch die vorher genannten, schlechte Wirtschaft verratenden Unkräuter noch immer reichlich genug vertreten. — Was aber aus dem Boden gemacht werden kann, sehen wir an einem dritten Felde, das unser Graben durchzieht. Über der unteren Schicht, die ganz der des eben verlassenen Feldes gleicht, zeigt es oben eine mächtige Humuslage, die, durch langjährige Bewirtschaftung geschaffen, reichlich Früchte getragen hat. Dicht wie eine Bürste stehen die Roggenstoppeln, und vergebens suchen wir unter ihnen nach den schlimmen Eindringlingen. Denen ist dieser Boden zu feucht. Denn Humus saugt die Nässe wie ein Schwamm ein und speichert die im Wasser gelösten Nährsalze für seine Bewohner auf. — Wieder eine Strecke weiter gewahren wir ein ganz andres Bild. Eine Lehmschicht befindet sich hier dicht unter der Ackerkrume. Lehm ist nun, wenn er sich voll Wasser gesogen hat, für weiteres Wasser vollständig undurchlässig. So wird die obere Humusschicht zu feucht und sauer, weil die abgestorbenen Pflanzen nicht völlig verwesen können, sondern Humussäuren entwickeln. Die Wärme kann auch nicht genügend eindringen, so daß der Boden „kaltgründig" wird, und da unsere Getreidearten eine verhältnismäßig hohe Temperatur zum Keimen brauchen, entwickeln sie sich nicht zeitig genug, während die in dieser Beziehung anspruchslosen Trespen und Wucherblumen kräftig gedeihen, die junge Saat überwuchern und durch Abschneiden von Licht und Luft ersticken. Dem Acker könnte nur durch Dränage mit Abzugsgräben und Tonröhren geholfen werden. Die Tonröhren würden dann den Dienst leisten, welchen den anfangs von uns besuchten Äckern die durchlässige Sandschicht erwies: sie würden das überschüssige Wasser abführen. Dann würden die kaltgründigen Boden liebenden Pflanzen verschwinden und nützliche an ihre Stelle treten. — Reiner Lehm ist, wie wohl aus dem Vorstehenden klar wird, für die Bewirtschaftung am wenigsten geeignet. Bei feuchtem Wetter wird er zum zähen Brei, bei trockenem zur steinharten Kruste. So stellt er der Beackerung große Schwierigkeiten entgegen und bietet den Pflanzen ungünstige Lebensbedingungen. Den besten Acker kann man aus sandigem, daher lockerem Lehm gewinnen.

Dort sitzt eine große Schar Vögel von Sperlingsgröße, alle eifrig mit der Vertilgung von allerlei Samen beschäftigt. Bunte Stieglitze oder „Distelfinken" (vgl. Titelbild) haben sich an Distelköpfchen geklammert oder hacken in Mohnköpfe von unten her ein Loch und verzehren die wohlschmeckenden Samen. Zwischen ihnen erkennen wir Sperlinge, Buchfinken, Goldammern, Gründlinge und Zeisige. Sie alle, die zur Zeit des Sommers paarweise nisteten und mit der Pflege und Erziehung ihrer Jungen beschäftigt waren, haben jetzt Ferien. Da haben sich die früher einzeln lebenden zu großen Scharen vereinigt, die gemeinschaftlich dem Nahrungserwerbe nachgehen und sich an den letzten schönen Tagen des Herbstes erfreuen. Nun rauscht der Schwarm in die Luft und fliegt zu jenen Erlenbäumen am sumpfigen Wiesengraben. Ein Bad wird genommen, und dann geht es wieder fort auf neuen Körnererwerb. Man kann alle diese Finkenarten schon an ihrem eigentümlichen Fluge als Familiengenossen erkennen. Die Flugbahn ist wellenförmig. Man kann wohl erkennen, daß der Vogel vom Gipfel des Wellenbergs mit angezogenen Flügeln sich zum Wellental herabgleiten läßt. Erst wenn er in diesem angelangt ist, breitet er die Flügel aus, hemmt so die Abwärtsbewegung und gewinnt gleichzeitig durch seine Flügelstellung etwas Anstieg, so wie der nach vorn schräge gestellte Papierdrache durch den Wind gehoben wird. Nur den letzten Teil des Anstiegs zum neuen Wellenberg erlangt er durch wenige, aber äußerst schnelle Flügelschläge. Täte er das nicht, so würde er zwar auch vorankommen, aber jeder folgende Wellenberg würde niedriger sein als der vorangehende, die ganze Flugbahn würde sich zur Erde senken. Es hat lange genug gedauert, bis man den Vögeln hinter das Geheimnis ihrer Flugkunst gekommen ist. Unser Auge faßt nicht schnell genug auf, um die ganze rasche Aufeinanderfolge der Flügelhaltungen und -bewegungen zu erkennen. So hat erst die Momentphotographie die Grundlagen zum Studium des Vogelflugs gegeben. Wieviel Naturgesetze zeigen sich da wirksam! Wie ein Stein läßt sich der Vogel fallen und gewinnt damit an Geschwindigkeit auf Kosten der Höhe; wie ein Fallschirm und gleichzeitig wie ein Papierdrache wirken die gespreizten und zweckentsprechend gestellten Flügel, sie nutzen den Gegendruck der Luft aus, um das Herabgleiten in ein allmähliches Aufsteigen zu verwandeln; als Ruder wieder benutzt der Vogel seine Flügel, um aufs neue die Höhe zu gewinnen, die ihm eine Wiederholung des alten Spiels, also zunächst neuen Gewinn an Geschwindigkeit, ermöglicht. Wollte er immer nur mit Flügelschlag voranstreben, er hielte die unausgesetzte Muskel- und Herzanstrengung nicht lange aus. Aber so verschieden die Vögel sind, so vielfach verschieden in den Einzelheiten der Bewegungen sind auch ihre Flugarten.

Die meisten Finkenarten sind echte Zigeuner. Sie streichen winterüber durch das Land (daher „Strichvögel" genannt; S. 31). Später gesellen sich einige nordische Fremdlinge zu ihnen, die bereitwillig in die Genossenschaft aufgenommen werden. Nach den ersten Schneefällen allerdings scheiden wieder andere Mitglieder des Verbandes aus. Der Sperling entfernt sich am ehesten, schon wenn der Überfluß auf den Feldern im Abnehmen begriffen ist. Er ist zu faul, weite Streifzüge nach seinem Futter zu unternehmen. Da weiß er sich jetzt Besseres: in Dörfern an den Scheunentüren lauern, ob nicht Körnchen für ihn herausspringen, in den Städten den Getreide- und Kornwagen nachhüpfen.

Auch später im Winter ist seiner List genügendes Futter gewiß. Länger halten es Haubenlerchen (Titelbild) und Goldammern aus, die erst bei strengerer Kälte die Wohnstätten der Menschen aufsuchen. Da zerstreuen die Vögel den Dünger auf der Straße, um noch etwas Freßbares herauszufinden. Die Grünlinge und Buchfinken aber kommen auch bei strenger Kälte nur selten in Dörfer und Städte. Sie streifen oft weit umher, um bessere Lebensbedingungen zu finden. Ja schließlich ziehen die Buchfinken nach dem Süden. Zuerst die Weibchen, erst später die abgehärteteren Männchen, die auch im Frühjahr vor ihren Gattinnen und von diesen getrennt die nordische Heimat aufsuchen. Deshalb führt der Buchfink den lateinischen Namen Fringilla coelebs, der Ehelose, während man ihn beinahe mit mehr Recht einen sehr aufmerksamen Gatten nennen könnte, der vorausreist, seiner Frau das Haus zu bestellen. — Wie weit die einzelnen Vögel wandern, ob nicht auch vereinzelte Grünlinge schließlich bis Afrika oder Asien vordringen, ist schwer zu sagen, da viele unserer kleinen Sänger auch in anderen, südlicher gelegenen Ländern als Standvögel (S. 31) vorkommen.

Die verschiedenen Finkenarten bilden nicht die einzigen Vogelschwärme, die jetzt auf den Stoppelfeldern umherschweifen. Dort treibt sich eine Schar Stare umher, kenntlich an ihrem wackelnden Gange und der gedrungenen, kurzgeschwänzten Gestalt. Jetzt erheben sie sich schnurrend und fliegen schnurgerade, in schräger Richtung aufsteigend, auf einen benachbarten Baum, wo sie sich pfeifend und schmatzend niederlassen. Näher dem Waldrand bewegen sich, auf den Feldern hüpfend, Schwärme grauer Drosseln verschiedener Art. Sie ziehen gleich den Staren beinahe regelmäßig später im Jahre fort, allerdings nie zu einer bestimmten Zeit, sondern je nach der Witterung zu ganz verschiedenen Terminen. Vereinzelte Drosseln bleiben zuweilen auch hier, wenn sie reichliches Futter finden. Ähnliche Lebensgewohnheiten zeigen die stahlgrauen Dohlen und die violettschwarzen Saatkrähen. Dort sehen wir eine große Schar Dohlen auf einen frisch gepflügten Acker einfallen, wo sie an allerlei Engerlingen und Drahtwürmern erwünschte Nahrung finden. Die Saatkrähen gehen meistens vereinzelt hinter dem Pfluge des Landmanns gravitätisch (vgl. Schlußbild) einher und lesen die zutage geförderten Würmer und Larven auf. Oft erst im November machen sie Anstalt, uns zu verlassen.

Wie anders halten es die echten Zugvögel, die oft genau nach dem Datum ihre große Reise antreten und dann in einem Stück, nur unterbrochen durch kurze Ruhepausen, zurücklegen. Mauersegler und Kuckuck sind schon geraume Zeit fort. Auch Wachtel, Wiesenschnarre oder Wachtelkönig (Crex crex), deren Stimmen wir im Juni (S. 136) vernahmen, haben — wenn auch noch nicht lange — ihre Wanderung angetreten. Dort haben sich Hausschwalben in langer Reihe auf Telegraphendrähten niedergelassen. Sie gehören zu den Nachzüglern. Die meisten ihrer Schwestern sind schon lange fortgezogen. Gleichfalls zu Scharen vereinigt haben sich die Rauchschwalben, die geraume Zeit nach ihren Verwandten nächtlicherweile von dannen ziehen. Seht nur, wie unruhig sie auf den Drähten sitzen (vgl. Titelbild)! Zwitschernd drehen sie sich hin und her, als hielten sie lange Beratungen. Plötzlich fliegt der ganze Schwarm in reißendem Fluge davon, um dann ebenso plötzlich wieder zum alten Sitze zurückzukehren. Dabei ist unter den kleinen, niedlichen Tieren ein ewiges Schwatzen und Jubeln, als freuten sie sich auf die abenteuerreiche Reise. Zwar einige Tage bleiben sie noch und übernachten in der Nähe von wärmespendenden Gewässern. Dann aber sind sie plötzlich fort.

Was mag die Vögel zu ihrer Wanderung treiben? Nahrungsmangel und Kälte wie bei den Finken, Drosseln, Staren, Dohlen und Krähen kann es bei diesen echten Zugvögeln nicht sein. Denn aus den reichen Vorratskammern des Herbstes haben sich alle tüchtig herausgefüttert. Fetter sind sie als im Sommer, da die ewige Mühe und Sorge um ihre Kleinen sie abzehrte. Auch die Kälte treibt sie nicht von hinnen. Denn wir haben noch herrliches Wetter. Oft ist es viel kälter, wenn ihre Reise sie wieder heimwärts führt. Über diese Frage hat man sich schon vielfach den Kopf zerbrochen, ohne bis jetzt eine durchaus genügende Lösung zu finden. Recht einleuchtend erscheint die Annahme der Gebrüder Müller, daß Luftströmungen, die zur Zeit der Tag- und Nachtgleichen, der Hauptzugzeit der Wandervögel, sich erheben, die sehr scharf empfindenden kleinen Reisenden mahnen, daß ihre Zeit gekommen sei. Doch spricht hiergegen mancher Umstand, z. B. der, daß bei jung eingefangenen Zugvögeln sich der Wandertrieb zur bestimmten Zeit mit großer Heftigkeit einstellt.

Wir wünschen allen lieben Reisenden gute Fahrt. Möchte kein Räuber sie überfallen und töten! Ach! die Menschen sind ihre gefährlichsten Feinde. Griechen und Italiener vertilgen in jeder Zugzeit Millionen unserer lieblichen, wegemüden Sänger. Wie leicht kann ein Sturm sie in das Meer werfen und töten! Es ist anzunehmen, daß zumal von den jungen Vögeln, die von den alten getrennt ziehen, sehr viele zugrundegehen. Besonders auch deshalb, weil keineswegs so bestimmte Zugstraßen zu bestehen scheinen, wie man lange Zeit annahm, die Reisenden vielmehr nur allgemein die Richtung von Nordost nach Südwest verfolgen, also häufig genug Wege einschlagen, die wegen des Mangels von Ruheplätzen Tausenden der Schwächeren den Untergang bringen müssen. Um so herzlicher wollen wir die Heimkehrenden im Frühjahr empfangen. Hier in ihrer wahren Heimat, wo allein sie brüten und ihre Jungen erziehen, wo so viele von ihnen durch eifriges Insektenvertilgen sich nützlich machen und keine geringere Anzahl unser Ohr mit lieblichem Gesange, unser Auge durch zierliches, munteres Gebaren erfreut, hier wenigstens sollen sie vor Verfolgung sicher sein. Das wollen wir uns fest vornehmen und, was an uns ist, zum Schutze der Vögel beitragen. Aber es darf nicht verschwiegen werden, daß manche als notwendig erkannte oder wenigstens in bester Absicht getroffene Maßregel sich als schlimme Gefährdung der Singvögel erwiesen hat. Eine gute Ausnutzung unserer Forsten macht es notwendig, das Unterholz aus ihnen zu entfernen. Damit aber nimmt man vielen unserer kleinen Sänger die Nistgelegenheit, und immer ärmer an Stimmen wird das Frühlingskonzert in unseren Wäldern. Auch der Vogelschutz selber hat einmal fehlgegriffen. Wer im dunkeln Nadelwald, wenn der volle Mond nur eben die Spitzen der hochragenden Fichten versilbert, wenn alle andern Stimmen schweigen, den abwechslungsreichen Gesang der scheuen, schwarzen Amsel, dieses volltönende Flöten, die damit abwechselnden tiefen, rollenden Töne gehört hat, versteht es allerdings, daß man dem Vogel in Städten und Dörfern Nistgelegenheiten verschafft und jederlei Schutz bietet. Dadurch aber hat er, wenigstens in Mitteldeutschland, überhandgenommen, ist dreist und unverträglich geworden und hat, vielleicht durch die ihm gebotene Fleischkost verführt, mörderische Gelüste angenommen. Er vertreibt kleinere Vögel, plündert ihre Nester und herrscht jetzt zuweilen nur noch allein in den Parks und Gärten der Großstädte.

Unentwegt zieht jener Pflüger auf dem benachbarten Felde Furche um Furche durch die Stoppeln. Uns aber gemahnt der friedliche Klang des Abendglöckleins aus dem nahen Dorfe an die Heimkehr. — Welch prächtige Naturbilder zeigte uns das scheinbar so eintönige Stoppelfeld! Herbststimmung lag auf all diesen Bildern. Bald werden die rauhen Novemberstürme über diese Flächen dahinsausen, und hernach wird tiefer Schnee die Flächen, die jetzt noch Schauplätze regsten Lebens sind, bedecken. Wir aber wollen nicht rasten, sondern auch in den letzten Monaten des zu Ende gehenden Jahres hinausziehen, um miterleben, wie unsere Lieblinge aus der Tier- und Pflanzenwelt zur Ruhe gebettet werden.

Oktober-November

XI. Einwinterung.

Nichts geht über die Schönheit eines Herbsttages! Die Luft so klar, daß man glaubt, meilenweit sehen zu können, und so „hellhörig", daß man deutlich das Gespräch ferne vorüberwandernder Menschen vernimmt, das Bellen eines Hundes, das Schellengeläute der Kühe, die dort weit hinten am Waldrande weiden.

Der Wald strahlt in bunter Pracht. Viele Bäume sind schon teilweise entlaubt, und eine dicke Laubschicht liegt auf dem Boden und raschelt bei jedem unserer Schritte. Das abgeworfene Laub gewährt kleinen Gewächsen, abgefallenen Samen und Früchten Schutz vor der Winterkälte und im nächsten Frühjahre guten Dung. Erst bei genauerer Untersuchung der Laubdecke können wir den Reichtum an Früchten und Samen ermessen, der jetzt überall verstreut ist. Schon lange liegen die Früchte von Ahorn, Buchen, Roßkastanien, Nachtschatten, Winden, Nachtkerzen u. a. auf der Erde. Warum haben sie nicht längst gekeimt? Sie haben doch Feuchtigkeit und Wärme genug gehabt!

Die Schneeglöckchenzwiebeln ruhen sogar schon seit April untätig im Boden. Nässe und Wärme hatten sie in Menge. Doch keine einzige hat im Sommer neue Blüten gebracht! Und auch wenn wir sie jetzt ins warme Zimmer nehmen wollten, so würde unsere Haffnung, schon auf Weihnachten blühende Schneeglöckchen zu haben, uns noch immer arg betrügen. Dagegen schießen sie, wenn ihre Zeit gekommen ist, im Februar oder März, lustig empor und läuten oft genug mit ihren Glöckchen über Schnee und Eis. — So liegt auch die Kartoffelknolle unverändert den Winter über, und erst im Frühjahr, wenn erfahrungsgemäß die Keller gerade am kältesten sind, sendet sie ihre blassen, langen Sprosse zu dem dämmrigen Fenster empor, uns ihre Sehnsucht verratend, zu neuem Leben zu erwachen.

Diese Pflanzen brauchen also unbedingt eine Zeit der Winterruhe. Es gibt aber auch andere, die davon weniger abhängig sind. Stellt man z. B. Roßkastanien- oder Kirschzweige mit gut entwickelten Knospen im Herbst in Wasser ins warme Zimmer, so öffnen sich die Knospen und sogar die Blüten nach kurzer Zeit. Bei warmem Wetter kommt es ja manchmal vor, daß Roßkastanien- und Obstbäume diese Erscheinung der „Nachblüte" auch in der freien Natur zeigen. Auch zahlreiche Samen keimen, ohne den Eintritt des Frühjahrs abzuwarten, schon im Herbst, so die Vogelmiere, das Hornkraut und viele andre. Nicht alle diese Keimlinge wird die Winterkälte vernichten, viele werden wir im Winter steif wiederfinden und dann im nächsten Frühjahr munter weiterwachsen sehen. — Versucht man um diese Zeit einen abgeschnittenen Fliederzweig in gleicher Weise, wie wir dies vorhin für Roßkastanien- und Obstzweige beschrieben, zu „treiben", so hat man damit gar keinen Erfolg. Erst Ende Februar und im März läßt sich das Blühen dieser Zweige durch Treiben beschleunigen (S. 47 u. 84). Höchst merkwürdig ist nun aber demgegenüber folgender Versuch: Man pflücke im November oder Dezember einen Fliederzweig und stelle ihn ohne Wasser in ein hohes Glasgefäß, das dann oben mit einem Teller zugedeckt wird. In das Gefäß wird außerdem ein Holzstab gestellt; an dessen oberem Ende vorher ein kleines offenes Glasbecherchen oder -röhrchen festgebunden wurde. In dieses kommt gewöhnlicher Schwefeläther, der bekanntlich schon bei gewöhnlicher Temperatur sehr rasch verdunstet. Er wird zu mannigfachen Zwecken, unter anderem auch zu Narkosen verwendet und ist darum in jeder Apotheke billig zu haben. Der Teller muß oben dicht schließen, damit die (feuergefährlichen!) Ätherdämpfe nicht entweichen. Am besten wird dies dadurch bewirkt, daß man den oberen Rand des Glases und den darauf liegenden Tellerrand stark einfettet. Nun bleibt der Zweig drei- bis viermal 24 Stunden in diesem mit Ätherdämpfen gesättigten Raum. Stellt man ihn nachher in Wasser, so brechen im geheizten Zimmer die Blütenknospen schon nach wenigen Tagen auf! Die „Narkose", die der Ätherdampf bewirkte, hat also sozusagen die Winterruhe ersetzt. Offenbar entstehen in der freien Natur in den Zweigen des Flieders infolge der Winterruhe bestimmte Stoffe, deren Vorhandensein erst das Auf-

14*

brechen der Knospen ermöglicht, und es kann nun die Bildung dieser Stoffe auch künstlich durch andere Mittel, z. B. durch Äthernarkose, ausgelöst werden.

Über den Laubfall der Bäume haben wir uns bereits im Vorfrühling (S. 14) unterhalten. Wir betrachteten aber damals nur seinen Nutzen, nicht die Ursachen, die ihn hervorrufen.

Ursache und Nutzen oder Zweck bielogischer Vorgänge sind scharf voneinander zu unterscheiden. Den Zweck einer Erscheinung am pflanzlichen oder tierischen Körper erkennen wir meist leicht oder glauben wenigstens, und zwar oft nur allzu rasch, ihn erkannt zu haben. Die Ursachen aber sind meist nur durch langwierige experimentelle Untersuchung aufzufinden, oft bleiben sie unserm Blick auch dauernd verborgen, wie wir bereits am Beispiel des Saftsteigens (S. 57) feststellen mußten.

Wir wollen nun versuchen, die äußeren Ursachen des Laubfalles an Hand der einfachen Beobachtungen und Versuche, die wir selbst machen können, aufzufinden.

Sehen wir uns zunächst ein Blatt genauer an! Seine Verfärbung ist augenfällig genug. Wodurch aber ist das Blattgrün in ihm zerstört? Ganz ähnliche Verfärbungen kann man mitten in der Vegetationszeit an Pflanzen beobachten, die sehr intensiv von der Sonne bestrahlt werden. Demnach bringen die Sonnenstrahlen, welche doch die Blätter zum Wachsen angeregt und in ihnen (S. 21) die Bildung des Blattgrüns und seine Tätigkeit, die Assimilation, ausgelöst haben (S. 7), wenn sie zu lange und zu stark einwirken, wieder eine Umwandlung des Blattgrüns hervor und damit den Stillstand eben jener Tätigkeit. Dabei ist zu bedenken, daß die Herbstfärbung nur das scheinbar plötzlich eintretende äußere Kennzeichen und die Folgeerscheinung tiefgreifender Stoffumwandlungen darstellt, die sich allmählich schon seit langer Zeit in den Blättern abspielten. Sobald nun das Blattgrün verschwunden ist, hört die Ernährung des Blattes auf, alle als Baustoffe noch verwendbaren Bestandteile werden in das Holz des Stammes zurückgeführt, worauf sich der Blattstiel durch eine feine Zellschicht (S. 15) mehr und mehr vom Stengel trennt, um sich endlich an dieser Stelle ganz abzulösen.

Außer der andauernden Sonnenbestrahlung ist aber auch die Trockenheit der Luft schuld am Eintreten des Laubfalles. Je schöner Spätsommer und Herbst sind, je mehr wir uns an einer Reihe sonnig-klarer, damit aber auch trockener Tage erfreuen, um so eher tritt der Laubfall ein. Es ist also nicht die Kälte der Luft, sondern wirklich ihre Trockenheit, die durch allzu starke Verdunstung den Stillstand der Vegetation bewirkt. Zumal jene mehr oder minder heftigen Winde, die zur Zeit der Tag- und Nachtgleichen oft tagelang wehen, wirken mörderisch auf das Baumlaub. Darum hat manchmal lange andauernde Dürre auch mitten im Sommer einen vorzeitigen vollständigen Blattfall zur Folge, ja die Pappeln werfen bei solchen Gelegenheiten oft sogar ihre kleinen Zweige ab.

Nach unseren früheren Beobachtungen haben aber die Bäume doch einen reichlich spendenden Wasservorrat in den tieferen Bodenschichten zur Verfügung. Sollte der nicht auch einen durch stärkere Verdunstung bewirkten Wasserverlust zu decken imstande sein? Mangel an Bodenfeuchtigkeit kann in Wahrheit nicht vorliegen, denn wir hatten im August und September reichliche Niederschläge. Aber kann nicht der Baum trotzdem die Aufnahme neuen Wurzelsaftes und seine Zuleitung zu den Blättern aufgegeben haben? Sollte vielleicht die Tätigkeit der Saugwurzeln durch das allmähliche Sinken der Bodentemperatur behindert oder gehemmt werden, so daß wir in diesem Temperaturrückgang eine dritte Ursache des Laubfalles zu erblicken hätten? Dafür spricht folgende Erfahrung: Man kann eine in üppigster Vegetation stehende Stubenpflanze zum Abwerfen des Laubes veranlassen, wenn man ihren Topf längere Zeit in einen eisgefüllten Kübel setzt. Dieser Versuch ist ja sehr leicht anzustellen. Er zeigt, daß die Kälte des Bodens wirklich lähmend auf die Saugwurzeln wirkt. — Und der Erdboden hat sich ja in der Tat schon seit langem bedeutend abgekühlt. Schon im September, wenn die Nächte länger werden, strahlt er bei unbedecktem Himmel so viel Wärme über Nacht aus, daß die Erwärmung während der kürzeren Tageszeit nicht mehr ausreicht, den Verlust zu decken.

Doch jede der genannten äußeren Einwirkungen bewirkt in der freien Natur den Laubfall nicht für sich allein, sondern nur im Verein mit den anderen. Das gilt insbesondere von der Kälte des Bodens. Denn im Frühjahr, wenn der Boden doch kaum wärmer ist als jetzt, findet eine Lähmung der Saugwurzeln nicht statt, da ja, wie wir wissen, der sog. Wurzeldruck (S. 56), der den Saft in die Wurzeln und Stämme emportreibt, gerade dann am stärksten ist. Auch besteht in den am meisten polwärts gelegenen Teilen der gemäßigten Zone, z. B. im Gebiete des Amurlaufes, eine Schicht unterirdischen „ewigen" Eises, d. h. dort bleiben tiefere Schichten des Bodens jahrüber gefroren. Dennoch wachsen dort Bäume, deren Wurzeln zwar dem Eise selbst ausweichen, aber doch in einer Temperatur leben, die kaum höher sein kann als die des Erdbodens in unserem Klima in jetziger Zeit. Trotzdem blühen jene Bäume und tragen Frucht; erst „wenn ihre Zeit gekommen ist", tritt der Laubfall ein; erst dann stellen die Saugwurzeln ihre Tätigkeit ein.

Nach allem, was wir bis jetzt festgestellt haben, ist es jedenfalls nicht bloß eine Ursache, die den Laubabwurf bewirkt, sondern es wirken hier verschiedene Kräfte zusammen, außer den drei genannten sicherlich noch andere, die uns heute noch nicht genauer bekannt sind. Ja, es ist wahrscheinlich, daß nicht nur Kräfte der Umwelt, sondern noch andere, in der Pflanze selbst liegende, vererbte Anlagen an dem Vorgange mitbeteiligt sind.

Jetzt vermögen wir immerhin auch der Frage näherzutreten, wie es kommt, daß nicht alle Pflanzen periodisch ihr Laub abwerfen, manche vielmehr immergrün sind. In vielen Gegenden behält der Boden das Jahr über eine so hohe Temperatur und die Luft so viel Feuchtigkeit, daß bei der Mehrzahl der dort heimischen Gewächse der Saftumtrieb nie unterbrochen wird und deshalb auch die Blätter ihre Arbeit nie einstellen. In den tropischen immergrünen Regenwäldern wächst es, grünt, blüht und welkt immerfort, einen ausgesprochenen Wachstumsstillstand wie in unseren winterkahlen Wäldern gibt es dort für die Mehrzahl der Gewächse nicht. Von besonderem Interesse ist es nun, festzustellen, wie die Pflanzen solcher Gegenden sich verhalten, wenn sie in unser Klima versetzt werden, und wie umgekehrt unsere einheimischen Pflanzen, wenn sie in jene Zonen verpflanzt werden. Die einzelnen Arten zeigen ein ganz ungleiches Verhalten. Bei den einen ist die Macht der Vererbung so stark, daß auch sie in dem ganz anders gearteten Klima ihre alten Gewohnheiten beibehalten, bei den andern ist umgekehrt der Einfluß der äußeren Faktoren stärker, so daß sich diese Pflanzen rasch an die neuen Bedingungen „anzupassen" vermögen. So sind Kirsche und Pfirsich auf Ceylon zu immergrünen Gewächsen geworden; die Pfirsiche sollen dort sogar das ganze Jahr hindurch blühen und Früchte tragen. Anders die Eichen und Buchen. Sie bleiben laubwechselnde Bäume, auch wenn sie in ein Klima versetzt werden, wo sich der Erdboden niemals stark abkühlt wie bei uns im Herbste. Sie machen gerade wie bei uns eine Ruhezeit durch, in der alle Lebensfunktionen ruhen. Der Flieder ist in seiner Heimat am Schwarzen Meer ein immergrüner Strauch, bei uns aber ist er laubwechselnd geworden, während sein naher Verwandter, der Liguster, mancherorts noch immergrün ist. — Dieses ungleiche Verhalten zeigt uns deutlich, wie wenig die Pflanze mit einer von Menschenhand hergestellten Maschine verglichen werden darf, bei der einwirkende Kraft und Leistung sich stets genau entsprechen. Die Pflanze ist ein lebendes, anpassungsfähiges Wesen, ihre Organe handeln auf verschiedene „Reize" oft in derselben Weise, oft auch auf ein und denselben Reiz ganz verschiedenartig. — In scharfem Gegensatz zu den immergrünen Regenwäldern stehen die „trocken-kahlen" Wälder mancher Gebiete mit ausgesprochenen Trockenzeiten. Hier bewirkt, ähnlich wie bei uns der Winter, der regenlose Sommer Laubfall und Vegetationsstillstand; die den Laubfall auslösenden Ursachen können aber hier offenbar nur teilweise dieselben sein wie bei uns.

Bekanntlich ist aber auch das Aufhören der Vegetation nicht etwa eine allgemeine und notwendige Folgeerscheinung unseres Klimas; die Flechten und Moose entfalten gerade im Winter ihre bedeutsamste Lebenstätigkeit, das Gänseblümchen, die Nieswurz u. a. sind Beispiele winterblühender Gewächse (S. 23). Auch der Laubfall tritt bei uns nicht durchweg ein. Wir haben durchaus keinen Mangel an immergrünen Gewächsen. Die stachelspitzigen Blätter der Nadelbäume bleiben bis auf die der Lärche das Jahr über am Baum. Nur diejenigen Blätter lösen sich ab, die durch ihre Arbeit so umgestaltet sind, daß sie dem Baume nicht mehr nützen können. Und das geschieht zu ganz verschiedenen Jahreszeiten. Immerhin hat man die Vermutung ausgesprochen, daß die Nadelbäume ihre immergrüne Tracht als Anpassung an das wärmere Klima der Vorzeit erworben haben, uud daß sie ihnen in den jetzigen Verhältnissen nicht mehr durchweg nützlich ist.

Am Waldrande hat sich eine Menge von Fäden des „fliegenden Sommers“ festgesetzt, die uns unterwegs belästigen, indem sie an Händen und Gesicht hängen blieben. Auf diesen zarten Fäden finden wir kleine schwarze Spinnen. Sie haben sich das leichte Gespinst hergestellt, um von ihrem Sommeraufenthalt, dem Felde, über Berg und Tal hin in das Winterquartier überzusiedeln. Hier haben sie es erreicht. Im Moospolster des Waldes finden sie genügenden Schutz vor der Winterkälte.

Wir dringen tiefer in das Gehölz ein. Hier stehen Wurmfarnstauden. Diese Pflanzen gehören, wie die Algen und Bakterien, die Pilze und Flechten und die Moose (vgl. Register!) zu den „blütenlosen“ Pflanzen (Kryptogamen) oder Sporenpflanzen. Die Verbreitung wird hier durch die sog. Sporen (S. 176) besorgt, die noch viel leichter sind als die feinsten Samen der Samen- oder Blütenpflanzen (Phanerogamen) und darum vom Winde besonders weit verweht werden. Beim Wurmfarn sitzen diese Sporen in den kleinen braunen Häufchen, die wir auf der Unterseite älterer Blätter bemerken. — Jede Wurmfarnstaude ist einem schön geformten Becher vergleichbar, der aus den großen, doppelt gefiederten Blättern zusammengesetzt ist. Solch ein Blatt nehmen wir zur Hand, öffnen mit einem Messer der Länge nach den Blattstiel, die sog. Spindel, und entfernen sorgsam das lockere innere Gewebe. Da entdecken wir zwei zähe Stränge, die vom Wurzelstock an aufwärts durch die ganze Spindel verlaufen. An jedem Seitenfiederchen zweigt sich von dem Strang ein feiner Ast ab, der in dem Blättchen die Mittelrippe bildet. So sehen wir, daß das feine Netzwerk der Blattspreite mit den Strängen der Spindel und dadurch mit dem Wurzelstocke in Verbindung steht. Dieser Befund zeigt, daß wir hier die Gefäßbündel vor uns haben, welche die Säfte leiten und der Pflanze zugleich die nötige Festigkeit geben. Beim Wurmfarn sind die Gefäßbündel jedoch nicht im Kreise angeordnet wie bei den Dikotylen und auch nicht einzeln im Querschnitte des Stengels verteilt, wie bei den Monokotylen (S. 24, 71), sondern zu derben Strängen vereinigt, die schon dem bloßen Auge sehr leicht sichtbar sind. Unter den Kryptogamen besitzen nur die Farne sowie die beiden ihnen zunächst verwandten Klassen der Schachtelhalme und Bärlappgewächse noch Gefäßbündel, bei den Moosen wird dann die Saftbildung einfach durch aneinandergereihte Zellen besorgt, weshalb man jene drei Klassen als Gefäßkryptogamen bezeichnet. Die Systemübersicht am Schlusse dieses Buches (S. 222) gibt über die gegenseitige Stellung dieser Pflanzengruppen Aufschluß.

Dunkelgrüne Blattnester entdecken wir auf einem Pappelbaume. Wer holt eins herunter? Misteln schmarotzen da. Ihre sehr regelmäßig zu zwei und zwei verzweigten Äste tragen immergrüne lorbeerartige Blätter, die paarweise

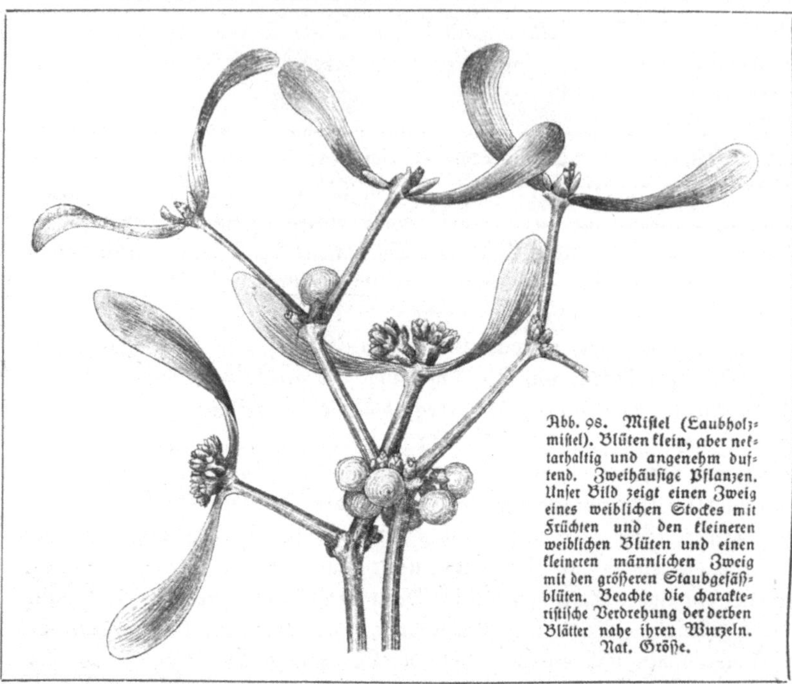

Abb. 98. Mistel (Laubholzmistel). Blüten klein, aber nektarhaltig und angenehm duftend. Zweihäusige Pflanzen. Unser Bild zeigt einen Zweig eines weiblichen Stockes mit Früchten und den kleineren weiblichen Blüten und einen kleineren männlichen Zweig mit den größeren Staubgefäßblüten. Beachte die charakteristische Verdrehung der derben Blätter nahe ihren Wurzeln. Nat. Größe.

einander gegenüberstehen (Abb. 98). Zwischen den Blättern erheben sich einzelne weiße Beeren, die einen klebrigen Saft enthalten und zur Herstellung des Vogelleims benutzt werden. Drosseln fressen sie gerne, besonders die nach ihrer Leibspeise benannte Misteldrossel. Der unverdauliche Same wird dann, von einem zähen, klebrigen Schleime, dem Verdauungsprodukt des Fruchtfleisches, umgeben, mit dem Kote ausgeschieden. Er bleibt an dem Aste eines Baumes kleben und keimt. Zwei Keimblätter, verhältnismäßig groß und dunkelgrün gefärbt, wenden sich zum Lichte, das Keimwürzelchen aber preßt sich an die Rinde des Astes und breitet sich zu einem flachen Kuchen aus. Von seiner Mitte geht ein sog. Senker lotrecht bis zum Holze des Astes, doch nicht in dieses hinein. Wenn aber das Holz sich verdickt, gelangt der Senker immer tiefer in den Baum, ohne doch selber hineinzuwachsen. Im nächsten Jahre bildet er einen neuen Senker oberhalb des frischen, saftigen Holzes, und so kommt es, daß jede Schicht des Astes ihren besonderen, aber nur die jüngste, im saftreichen Jungholz des Baumes steckende einen Nahrung raubenden Senker hat. Oft genug entstehen aus diesem verborgenen Wurzelgeflechte neue, an das Licht strebende, beblätterte Stengel, die schließlich den Ast dicht bedecken.

Wie still und öde ist es jetzt im Walde, wo im Frühjahr so viele lustige Vögel zwitscherten und sangen! Einige sind aber geblieben. Sie sind sogar leichter zu beobachten als die scheuen Sänger des Sommers. Dort fliegt eine

Schar Eichelhäher bei unserem Herannahen auf und begrüßt uns mit heiserem Gekrächz. Wie prächtig hebt sich von ihrem bräunlichen Gefieder der schillernd blaue Spiegel an den Flügeln ab! Die schönen Tiere sind aber arge Räuber. Manch Singvogelnest wird von ihnen geplündert. Nicht nur Eier, sondern auch junge Vögel fressen sie auf. So werden sie denn mit Recht, wo sie überhandnehmen, von den Forstbeamten für vogelfrei erklärt. Wir aber möchten dennoch den farbenprächtigen Vogel nicht ganz in unserem Walde missen. Gar lustig belebt er ihn durch seine „musikalischen Leistungen“, wenn das echte Waldkonzert schon verstummt ist. Er gehört zu den nachahmungssüchtigsten Tieren, wählt allerdings, entsprechend seiner Begabung, nicht immer die wohlklingendsten Wotive. Das Gackern eines Huhns, das Wetzen der Sense, das „tªlk; tªlk“ durcheinanderschreiender Dohlen, der kreischende Ruf eines Raubvogels sind zumeist die Laute, an deren Nachahmung er sich mit komischem Eifer vergnügt.

Auf den Kiefernbäumen erblickt ihr eine Menge kunstloser, großer Nester. Wir sind in die jetzt verlassene Brutkolonie von Saatkrähen geraten. Hier haben die allbekannten violettschwarzen Vögel ihre Jungen ausgebrütet und erzogen. Jetzt streifen sie auf dem Felde umher und machen eifrig Jagd auf Mäuse, Schnecken, Insektenlarven und allerlei Ungeziefer. Sie „bohren“ auch nach unterirdisch lebenden Insekten (vgl. Schlußbild S. 199). Dadurch werden die Schnabeldeckfedern abgestoßen, so daß die Schnabelwurzel der älteren Saatkrähen von einer weißen, schrundigen, schilfrigen Haut umgeben ist. Ohne Frage stiften die Vögel mancherlei Nutzen; dennoch sind sie besonders den Landwirten verhaßt. Das muß man begreiflich finden, wenn man nur einmal zur Brutzeit eine Brutkolonie der Saatkrähen besucht hat. Nicht im tiefen Wald liegt sie, sondern in nächster Nachbarschaft der Felder und Gehöfte in einem offenen Gehölz oder in einer Waldecke. Zu Hunderten und Tausenden stehen da die Nester neben- uud übereinander, und die Luft ist erfüllt von dem fürchterlichen Geschrei der um Niststätte und Nistmaterial zankenden Vögel. Dazu kommt später der Lärm der hungrigen Jungen. Der Boden bedeckt sich mit Kot und stinkenden Futterresten. Man kann den Wald nicht mehr betreten, ja die ganze Umgebung ist uns verleidet durch die schwarzen Wolken der Vögel, die die Felder überfallen. — Bekannter noch als die Saatkrähe ist uns Städtern die auf der Unterseite graue Nebelkrähe. Sie holt sich im Winter aus Hof und Garten mancherlei Abfälle, brütet im Frühjahr einzeln und ungesellig im Walde und vereinigt sich erst im Herbst mit anderen Krähenarten zu größeren Schwärmen.

Was ist das jetzt für ein gellender Schrei, ähnlich dem Miauen einer Katze? Den stößt der Mäusebussard aus. Dort über den Wipfeln der Bäume zieht er seine Kreise. Er reviert, d. h. fliegt sein Jagdgebiet ab und späht mit scharfen Augen, ob er etwas entdecke, das ihm zur Beute diene. Er sucht Frösche und Schlangen, zieht auch auf das Feld und stellt den schädlichen Feldmäusen nach.

Wo diese überhandnehmen, erscheinen Scharen von Bussarden, fliegen dicht über dem Erdboden hin und vertilgen Hunderte der kleinen Verwüster. Dieser nützliche Vogel wird sehr oft aus Unkenntnis gejagt. Und doch liefert der Bussard selber uns den Beweis seiner völligen Schuldlosigkeit. Hier finde ich ein graues Klümpchen. Es ist das sog. „Gewölle" des Vogels. Er schlingt nämlich seine Beute unzerkleinert hinunter. Die unverdaulichen Knochen und Haare würgt er dann, zu einem Klumpen zusammengeballt, wieder aus. Wir finden graue und bräunliche Härchen, die von Mäusen stammen, dazu die Knochen dieser Tiere, völlig vom Fleisch entblößt, so daß wir ein ganzes Skelett daraus zusammenstellen könnten, ferner Schlangen- und Froschknöchelchen.

Ein anderes Bild fesselt jetzt euer Auge: Die kleinen zierlichen Vögel, die so behende an dem Stamm und den Zweigen der Bäume umherklettern, sind Meisen. Bald hängen sie unter einem Zweige, bald laufen sie den Stamm in die Höhe. Wie niedlich der Haubenmeise ihr Schöpfchen steht, und wie hübsch sieht die Schwanzmeise aus mit ihrem langen, schmalen Schwanze! Doch auch die dickere Kohlmeise ist geschickt und munter. Ihr leises „Szie, Szie . ." klingt doch vernehmlich zu uns herunter. Der Volksmund übersetzt den neben diesen geflüsterten Unterhaltungslauten erklingenden Ruf mit „Sitzi da, sitzi da!" Wer sich aber durch lange Übung mit dem Gesang unserer Vögel vertraut macht, ist imstande, die einzelnen Vogelrufe und -gesänge in Notenschrift wiederzugeben und ihre Bedeutung, d. h. ihre Beziehung zu den augenblicklichen Bedürfnissen und der Gemütsstimmung des kleinen Sängers zu entschleiern. Wer sich in dieses reizende Sondergebiet der heimatlichen Naturfreunde einführen lassen will, benütze den kleinen „Führer durch unsere Vogelwelt" von Bernhard Hoffmann.

Die Meisen gehören zu unseren nützlichsten Singvögeln; unermüdlich kletternd holen sie Insekten, deren Larven und Eier aus ihren verborgensten Schlupfwinkeln hervor, unter der aufgehackten Baumrinde aus Ritzen und Spalten, aus den Baumknospen. In den Körper größerer Kerfe hacken sie mit ihrem harten, scharfrandigen und spitzen Schnäbelchen ein Loch, aus dem sie den Inhalt mit ihrer harten, an der abgestumpften Spitze mit vier Borstenbüscheln versehenen Zunge herauslecken. So kräftig ist der kleine Schnabel, daß die Vögelchen sogar dünnschalige Walnüsse damit aufzumeißeln vermögen. Hängt winters geöffnete Walnüsse oder Fruchtstände der Sonnenblume an eure Fenster, dann werdet ihr Besuch von den Meisen erhalten und sie weiter beobachten können! Manche Vogelfreunde locken sie mit Speckschwarten an. Zwar fressen sie auch diese in der Not des Winters, doch bei dem beschwerlichen Klettern auf den glatten, schlüpfrigen Streifen zerzausen und beschmutzen sie ihre Flügel und gehen dann, in ihren Bewegungen gehemmt, kläglich zugrunde.

Wie zu einem Auferstehungsfeste hat sich der Wald mit den verschiedensten leuchtenden Farben geschmückt. Wie schön heben sich die bunten Ahornblätter, das Schwefelgelb des Birkenlaubs von dem dunklen Tannengrün ab! Zart rosa bis purpurrot gefärbte Blätter sitzen an den dunkelgrünen Zweigen des Pfaffenhütchens. Wunderhübsch sind auch die Früchte dieses Strauches, die Leibspeise des Rotkehlchens. Eine dreizipflige, rosa gefärbte Kappe, die aufgesprungene Kapsel, wölbt sich über drei an weißen Fäden hangenden Samen. Diese sind bei der einen Art weiß, bei der anderen schwarz. Doch bedeckt der rote fleischige „Samenmantel" den Samen von Evonymus europaeus vollständig, den von E. verrucosa (Abb. 99) jedoch nur zur Hälfte, so daß dieser rot und schwarz erscheint. Das ist ein prächtiger Anblick! Und nun das bunte Blättergewirr der Walddecke! Die zierlich geformten rötlichen Blätter des Reiherschnabels, das grün und weiß gebänderte Laub der gelben Taubnessel, die blutroten Zweige der Heidelbeere, leuchtend grüne Moosblättchen und dunkle, immergrüne Preiselbeeräste.

Abb. 99. Warziges Pfaffenhütchen (Evonymus verrucosa), $^2/_3$ nat. Größe, und Einzelblüte, letztere etwas vergrößert.

An den Kleidern sind uns eine Menge **hakiger Früchte** hängen geblieben. Einige stammen noch aus dem Walde, so die kegelförmigen, oben mit Häkchen besetzten Früchte des Odermennigs (Agrimonia Eupatoria) und die viel kleineren, kugligen des klebrigen Labkrauts oder „Klebers" (Galium aparine), die kleinen, sehr fest haftenden Früchtchen des Wasserdosts (Bidens, Abb. 100a) und die mit langen, rauhen Schwänzen versehenen der Nelkenwurz haben wir aus dem Graben, den wir durchquerten, mitgenommen, am Feldweg, den wir zuletzt benutzten, gesellten sich dann noch die Früchtchen der Haftdolde (Caucalis daucoides, Abb. 100b) und des rauhen Schneckenklees (Medicago apiculata, Abb. 100c) hinzu. Beinahe der zehnte Teil aller Blütenpflanzen besitzt Früchte,

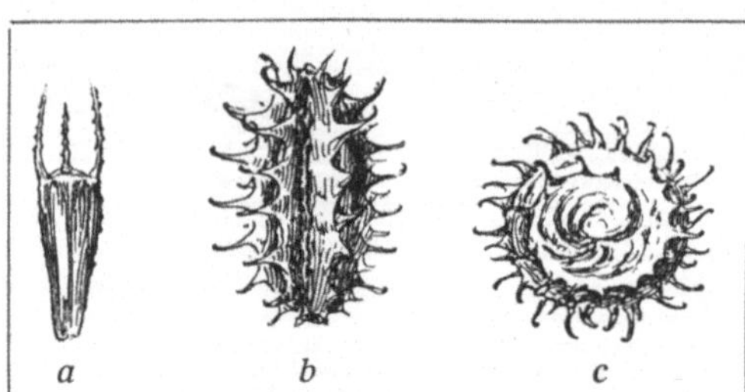

Abb. 100. Früchte mit Widerhaken, *a* vom Wasserdost (Bidens tripartitus), *b* von der Haftdolde (Caucalis daucoides) und *c* vom rauhen Schneckenklee (Medicago apiculata). Vergrößert.

die durch Widerhaken, mit denen sie an Tieren oder Menschen hängen bleiben, verbreitet werden. Oft haften sie so fest, daß sie mit Gewalt entfernt werden müssen. Je fester sie sich aber anhängen, desto weiter werden sie verschleppt.

Der Rückweg führt uns noch einmal am Seeufer vorbei. Viele im Wasser lebenden oder dort überwinternden Tiere tummeln sich noch munter umher. Denn dieses kühlt sich viel langsamer ab als die Luft, und seine Temperatur ist jetzt noch lange nicht so weit herabgegangen, daß sie das Erstarren seiner Bewohner bewirkte. Wir werfen ein Apfelscheibchen in das Wasser: bald kommt eine Schar Schnecken (S. 106) angeschwommen, um den Leckerbissen zu benagen. Sie müssen gute Geruchsorgane haben. Frösche stecken mitunter noch die Köpfe empor. Sie verlassen jetzt kaum je das Wasser. Noch können sie manches Insekt erhaschen. Tritt Nahrungsmangel und Kälte ein, so sinken sie auf den Grund des Gewässers und überwintern im Schlamm. Das ist wunderbar genug, denn die Frösche sind luftatmende Tiere: wie wir Menschen atmen sie durch Lungen. Und doch ertrinken sie nicht, obgleich sie den Winter über keine Luft schnappen können. In dem tiefen Winterschlafe, in den sie verfallen, genügt ihnen die Luftmenge, die sie durch die Poren ihrer Haut aus dem Wasser aufnehmen. Diese Hautatmung hört bei den Amphibien auch in der wärmeren Jahreszeit nicht auf, ja sie scheint für diese Tiere wichtiger zu sein als die Lungenatmung. Man hat Fröschen die Lungen weggenommen, und sie lebten weiter. Wenn man ihnen aber die Haut mit einer Lackschicht überzog, so starben sie in kurzer Zeit. Ein anderer Versuch ist für die uns beschäftigende Frage noch beweisender. Ein Naturforscher hielt Frösche in gut durchlüftetem Wasser so, daß sie verhindert waren, an die Oberfläche zu kommen. Die Frösche blieben so lange am Leben, daß er meinte, bei ihnen könnte dauernd die Lungenatmung durch die Hautatmung ersetzt werden. Doch wies ein anderer Forscher nach, daß die Fähigkeit, sich durch bloße Hautatmung zu erhalten, auch beim Frosche ihre Grenzen hat. Er zeigte, daß allerdings bei Temperaturen von 0^0 bis 13^0 C der Luftgehalt des Wassers zur Lebenserhaltung des Frosches für beliebig lange Zeit genügte. Erhöhte er aber die Wassertemperatur bis auf 19^0 C, so genügte die Hautatmung nicht mehr; der an der Aufnahme von Luft verhinderte Frosch starb dann in 36 Stunden, und eine Prüfung ergab, daß er den im Wasser des Behälters enthaltenen Sauerstoff aufgezehrt hatte. Mit einem Schlage wird uns klar, warum die Frösche und manche andere Lungenatmer ungeschädigt ihre Winterruhe auf dem

Grunde der Gewässer abhalten können, warum sie aber, sobald es wärmer wird, empor- und an das Land steigen müssen. Wir erinnern uns nun auch an verschiedene ähnliche Erscheinungen, die wir im Verlaufe unserer Streifzüge beobachteten. Unsere Molche (S. 80) mußten, sobald sie dauernd ins Trockene gerieten, umkommen, weil die Haut der Amphibien ihre starke Atmungstätigkeit nur besorgen kann, solange sie zart und weich bleibt. Sobald sie vertrocknet, muß das Tier ersticken, denn die schwach entwickelte Lunge reicht zur Atmung nicht aus. Darum sind die Amphibien an Wasser oder wenigstens an feuchte Aufenthaltsorte gebunden. Wir verstehen jetzt auch, warum Laich von Wassertieren zugrunde geht, wenn er an die trockene Luft kommt, und warum der Stichling (S. 81) seinen Eiern durch Schlagen mit den Flossen ständig frisches Wasser zuführt. Auch die sog. Darmatmung, die wir beim Schlammbeißer (S. 83) kennen lernten, erkennen wir nun als eine der Atmung durch die äußere Körperhaut im wesentlichen gleichartige Erscheinung. Wir erinnern uns endlich, daß auch die Pflanzen atmen (S. 32); bei den Landpflanzen erfolgt der Gasaustausch durch die Spaltöffnungen, bei den Wasserpflanzen aber durch die Haut der ganzen Körperoberfläche. Die Atmung ist eine allgemeine Erscheinung aller Lebewesen, sie entfernt (S. 4) die im Innern des Körpers entstehenden Abfallstoffe und erzeugt bei Pflanzen und Tieren die zum Lebenshaushalt nötige Betriebskraft und Körperwärme. Ob der Gasaustausch an der gesamten Körperoberfläche oder nur an den Kiemen oder an der Darmwand erfolgt, erscheint uns nun ganz unwesentlich, und in Lungen, Kiemen (S. 40f.) und Tracheen (S. 78) erblicken wir nun bloß noch Vorrichtungen, die dazu dienen, einen kräftigen Gasaustausch zu ermöglichen.

Am Seeufer können wir noch einige Beobachtungen über Einwinterung und Samenverbreitung der Wasserpflanzen machen. Als Beförderungsmittel der Früchte und Samen dient hier das Wasser. Da sehen wir ein beinahe walnußgroßes Gebilde über den Spiegel des Sees schiffen, sanft vom Winde vorwärtsgetrieben. Wir fischen es heraus. Es ist die Frucht einer Seerose. Durch einen luftgefüllten Mantel ist sie zum Schwimmen geeignet gemacht und treibt langsam auf dem Wasser umher, bis sie einen geeigneten Ansiedlungsplatz findet. Früchte der meisten Binsen, so auch der schönen Blumenbinsen (Butomus umbellatus), des Froschlöffels (Alisma plantago, Abb. 62 S. 135), des Schilfes, vieler Riedgräser befördert unser Netz heraus. Die Kapseln der in Bächen und am Ufersaume wachsende Ehrenpreisarten (Veronica Beccabunga und Anagallis) öffnen sich nur bei Regen, so daß die herabstürzende Flut die Samen auf sumpfigen Boden spült, wo sie keimen und die Pflanzen gedeihen können. Würden die Sumpf- und Wasserpflanzen ihre Samen zum Transport dem Winde überlassen, so könnten sie leicht auf Boden geraten, der ihnen ungünstige Existenzbedingungen gewährte.

Wie aber überdauern die Mutterpflanzen den Winter? Viele von ihnen sind wenig empfindlich gegen Kälte. Gräser, Riedgräser und Wasserehrenpreis überstehen, durch eine dünne Wasserschicht gedeckt oder auch steif gefrierend, ungefährdet die kalte Jahreszeit. Die Pflanzen, die Schwimmblätter oder sogar Luftblätter haben, lassen diese beizeiten absterben und ziehen sich in die tieferen, wärmeren Schichten des Wassers zurück. Die Mummeln geben ihre oft an meterlangen Stielen an die Wasseroberfläche geschickten, kreisrunden Blätter preis. Nur der dicke, schuppige Wurzelstock überwintert im Grunde. Ebenso machen es Blumenbinse, Froschlöffel und Pfeilkraut (Sagittaria). Auch der Wasserhahnenfuß (Batrachium aquatile) läßt seinen stattlicheren, an der Oberfläche schwimmenden Teil eingehen, und nur der unansehnliche, dünne, mit wenigen borstenförmigen Blättchen besetzte, im schlammigen Grunde wurzelnde Stengel bleibt erhalten. Ähnlich machen es manche Laichkräuter, während die zählebige Wasserpest zum größten Teil überwintert, ja ihre von Eisschollen losgerissenen Stengelstückchen noch als Sendlinge benutzt, um an anderen Stellen des Wassers neue Ansiedlungen zu bilden.

Interessant sind die Überwinterungseinrichtungen beim Froschbiß (Hydrocharis mortus ranae). Während des ganzen Sommers haben sich massenhaft Ausläufer mit neuen Blattrosetten gebildet. Eine solche zeigt unser Schlußbild. Im Herbst bilden sich nun an diesen Blattrosetten Brutknospen, die sich später loslösen und im Bodenschlamm überwintern. Im nächsten Frühjahr steigen diese Brutknospen aber infolge von Gasentwicklung in ihren Zellen empor und entfalten sich, an der Wasserfläche schwimmend, zu neuen Pflanzen. Diese schwimmen vollständig im Wasser, nur in ganz seichten Becken erreichen die Wurzeln den Bodenschlamm.

Auch Sumpfprimel und Wasserschlauch erzeugen ähnliche überwinternde Brutknospen. Diese stehen frei in ganzen Ballen zusammen und bleiben zunächst mit dem im Wasser schwebenden Stengel der Mutterpflanze verbunden. Mit Eintritt des Spätherbstes verwelkt und zerfällt jedoch der Stengel, sinkt in die Tiefe und zieht die Knospenballen mit sich hinab. Aber auch hier steigen die Knospen im Frühjahr wieder in die oberen Wasserschichten empor und entwickeln sich zu neuen Pflanzen.

Und wie entzieht sich unsere Wasserlinse den Gefahren der winterlichen Kälte? Ihre zarten, spiralig gedrehten Würzelchen gehen viel weniger tief ins Wasser hinein, so daß ihr ganzer Körper in den obersten, kältesten Wasserschichten schwebt. Die im Sommer so stattliche Gemeinde ist jetzt arg zusammengeschmolzen, die meisten Sprosse sind schmächtig und herbstlich verfärbt. Sie können im nächsten Jahre nicht mehr zu neuem Leben erstehen. Aber auch einzelne dunkler gefärbte Sprosse kommen vor. Sie hängen locker mit jenen zusammen und sind ihre auf ungeschlechtlichem Wege hervorgebrachten Nachkommen. Ein leichter Stoß genügt, sie von den verfärbten Sprossen zu trennen. Kaum aber ist das geschehen, so sinken die dunklen Sprosse zu Boden. Sie sind reich mit Stärke angefüllt und entbehren der Luftgänge, die ihren Genossen das Schwimmen ermöglichen: sie wurden von diesen getragen. Trennen die Stürme des Herbstes den Verband, so bleiben nur die schlecht genährten

Sprosse an der Oberfläche, wo sie der Kälte des Winters zum Opfer fallen. Die kräftigen, nahrungsreichen sinken auf den Grund, wo sie das sich nie unter 4° C abkühlende Wasser vor dem Erfrieren schützt. Die Wasserlinsen entwickeln also zwei verschiedene Generationen von Pflänzchen: leichte, luftgefüllte, schwimmende Sommersprosse und schwere, stärkereiche Wintersprosse. Nur aus diesen entsteht die junge Sommergeneration des nächsten Jahres.

Das krause Laichkraut (Potamogeton crispus), das in unserem See gleichfalls in mächtigen Beständen wächst und sich durch den stark gekrausten Rand seiner Blätter leicht von den flachblättrigen Arten (P. natans und fluitans) unterscheidet, schützt sich in ähnlicher Weise vor der Winterkälte, während doch der untere Teil der Pflanze an und für sich schon durch seinen Stand am Grunde der Gewässer vor dem Erfrieren bewahrt ist. Die Spitzen der einzelnen Exemplare zeigen jetzt im Herbste kleinere, dicht gedrängt stehende Blätter. Ein Stoß mit einem Stocke genügt, die Gipfeltriebe loszulösen, so daß sie, langsam sich drehend, zu Boden sinken. Das zugespitzte untere Ende des Sprosses bohrt sich in den weichen Schlammgrund ein. Dort überwintert der Ableger ungeschädigt und wächst im nächsten Frühjahr schnell zu einem neuen, großen Pflanzenstocke heran.

Die schwebenden Sprosse und Brutknospen der Wasserpflanzen dienen nicht bloß zur Überwinterung, sondern zugleich zur Verbreitung. Namentlich in fließendem Wasser werden sie oft stundenweit verschwemmt, so daß plötzlich Kolonien der betreffenden Pflanze an Stellen auftreten, an denen sie vordem nie zu sehen war. Aber schon der Wellenschlag unseres Sees genügt, diese „Wanderknospen“ und Sprosse fortzutreiben und so der Pflanze immer neue Teile der Uferzone zu erschließen.

Dezember

XII. Rückblick.

Wenn wir auf die hinter uns liegenden Streifzüge durch Wald und Flur zurückblicken, so erwacht in uns der Wunsch, das Beobachtete zu einem einheitlichen Gesamtbilde zu vereinigen. Dieses Streben nach Zusammenfassung nach großen allgemeinen Gesichtspunkten ist das eigentümlichste und edelste Kennzeichen menschlichen Denkens.

Nun stehen aber die beobachteten Einzelerscheinungen in verwirrender, beinahe beklemmender Fülle vor uns, so daß wir fast daran verzweifeln möchten, etwas wirklich allen Gemeinsames herauszufinden. Am besten wohl, wir versuchen zunächst einmal, alle diese zahllosen Einzeltatsachen aus unserer Erinnerung zu verdrängen. Dann bleibt uns schließlich nichts mehr als eben der Eindruck der ungeheuren Mannigfaltigkeit, der Vielgestaltigkeit der Naturformen. Und dann noch ein Zweites: der Eindruck ihrer Zweckmäßigkeit. Damit scheint zwar zunächst nicht viel gewonnen zu sein, denn die Vielgestaltigkeit ist doch wohl eine Erscheinung, die unserem Streben nach Einheitlichkeit gerade entgegenläuft, und die Zweckmäßigkeit kommt uns fast als etwas Selbstverständliches vor. Und doch hat uns unser Empfinden richtig geleitet, denn tatsächlich ist es möglich, auf diese beiden vorherrschenden Gesamteindrücke ein einheitliches Gesamtbild der organischen Natur aufzubauen.

Wenn man bedenkt, daß ein einfacher Mann unseres Volkes sein Leben mit etwa 3000 Wörtern seiner Sprache bestreitet, ein Höchstgebildeter wie Goethe mit etwa 10000 Wörtern, so will uns die Vielgestaltigkeit der Organismen fast unfaßbar groß erscheinen: Über 400000 Tierarten, also Formen, von denen keine der andern völlig gleicht, beleben unsere Erde! Die Zahl der bekannten Pflanzenarten ist zwar geringer, aber dafür sind die Unterschiede der einzelnen Individuen einer Art in Größe und Wuchs infolge der stärkeren Beeinflußbarkeit der Pflanzen durch die Zusammensetzung und Beschaffenheit des Bodens, durch Feuchtigkeit und Temperatur u. a. m. noch größer, so daß sich auch hier eine nicht minder große Mannigfaltigkeit der Formen darbietet. Alle diese Formen liegen in der freien Natur durcheinander, so wie es Zufall und Lebensbedürfnisse bedingen. Welch gewaltiger Geistesarbeit es bedurfte, um allmählich Ordnung in diese Mannigfaltigkeit zu bringen, d. h. alle diese Formen übersichtlich zu gruppieren, in ein sog. System zusammenzufassen, das kann nur der völlig ermessen, der die jahrhundertelange Geschichte der Systematik kennt.

Wenn ich eine Anzahl Dinge, natürliche oder künstliche, z. B. Briefmarken, übersichtlich gruppieren will, so muß ich zunächst darüber schlüssig werden, nach welchem Gesichtspunkt ich diese Ordnung vornehmen will. Jeder vernünftige Einteilungsgrund kann den Zweck, eine übersichtliche Anordnung zu erzielen, erfüllen. Aber nicht jede dieser Anordnungen wird dem inneren Wesen der gegebenen Dinge entsprechen. Wenn ich Briefmarken nur nach der Farbe ordnen wollte, alle grünen, blauen usw. zusammen, bekäme ich eine Anordnung farbiger Papierstückchen, die nicht Briefmarken zu sein brauchten. Um dies an natürlichen Dingen klarzumachen, greife ich z. B. eine Anzahl uns bekannter Tierarten heraus und ordne sie alphabetisch an:

Amsel, Biene, Buchfink, Eichhorn, Ente, Hausmaus,
Kammolch, Maikäfer, Neunauge, Pferd, Ringelnatter,
Sperling, Stichling, Teichmolch, Wanderratte.

Diese „Einteilung“ entspricht sicherlich dem Wesen der aufgeführten Tierarten durchaus nicht, denn ähnliche Formen werden durch sie auseinandergerissen und sehr verschiedenartige unmittelbar nebeneinandergerückt. Also wird es wohl, um gerade diesen Fehler zu vermeiden, am besten sein, die Formen unmittelbar nach dem Grade ihrer Ähnlichkeit zu gruppieren. Versuche dies einmal! Du wirst stets mehr oder weniger die folgende Gruppierung erhalten:

Biene, Maikäfer, Neunauge, Stichling, Kammolch,
Teichmolch, Ringelnatter, Sperling, Buchfink, Amsel,
Ente, Eichhorn, Hausmaus, Wanderratte, Pferd.

Diese Anordnung nennen wir das natürliche System der dargestellten Formen, denn wir haben das Gefühl, daß sie der Natur selbst, d. h. dem inneren Wesen der genannten Arten viel mehr gerecht wird, als die vorige Einteilung. Jene erste Gruppierung aber nennen wir ein künstliches System. Während, streng genommen, nur ein natürliches System denkbar ist, nämlich das, welches den Grad der Ähnlichkeit der geordneten Formen am deutlichsten zum Ausdruck bringt, bei dessen Aufbau also auch alle ihre Eigenschaften Berücksichtigung fanden, sind offenbar sehr viele künstliche Systeme möglich, denn, wie bereits bemerkt, kann jedes beliebige Einteilungsprinzip: Körperbedeckung, Art der Bewegung oder der Fortpflanzung, Zahl der Gliedmaßen usw., zur Grundlage eines solchen Systems gemacht werden. Der große schwedische Naturforscher Linné, derselbe, der die äußerst zweckmäßige doppelte Namengebung (S. 93) einführte und der eine wissenschaftliche Botanik und Zoologie durch die Entdeckung und Erforschung einer großen Zahl von Arten überhaupt erst ermöglichte, hat bekanntlich auch ein künstliches System der Pflanzen aufgestellt. In einzelnen Schulbüchern, namentlich aber in vielen Bestimmungsbüchern wird dieses System heute noch angewendet. Die treffliche illustrierte Flora von Garcke, die allen, die sich auf Grund der auf unseren Wanderungen erworbenen Kenntnisse nun eingehender mit Botanik beschäftigen möchten, in erster Linie zu empfehlen ist, verwendet das Linnésche System wenigstens noch zur Bestimmung der Gattungen, während die zur Artbestimmung dienenden Tapellen dann auf dem natürlichen System aufgebaut sind. Dieses hartnäckige Festhalten am künstlichen System Linnes hat seinen wohlberechtigten Grund: Linnés System zeichnet sich aus durch zweckmäßige Wahl des Einteilungsgrundes und infolgedessen durch große Übersichtlichkeit.

Indem nämlich Linné die Pflanzen nach den Eigenschaften ihrer Vermehrungsorgane einteilte, hatte er damit das wichtigste Pflanzenmerkmal überhaupt zum Einteilungsgrunde gewählt. Da durch Vermittelung von Staubgefäßen und Stempel der Samen entsteht und aus dem Samen die neue Pflanze, so kam es vielleicht, daß Pflanzen, die in Staubgefäßen und Stempel äußerst ähnlich waren, auch ähnliche Samen lieferten — in deren feineren Aufbau wir freilich nicht hineinsehen können —; und aus ähnlichen Samen entstanden dann wohl nicht nur in Staubgefäß und Stempel übereinstimmende, sondern überhaupt sehr ähnliche Pflanzen. Jedenfalls bildeten die nach dem künstlichen Linnéschen System geordneten Pflanzen nicht selten Gruppen, die stark an die des natürlichen Systems erinnerten. Aber freilich nicht immer! Vielfach reißt das Linnésche System wesensgleiche Formen auseinander und fügt dafür wieder gänzlich Verschiedenartiges zusammen. So muß die Salbei, streng nach Linné, weil sie nur zwei Staubgefäße hat, in eine ganz andere Klasse untergebracht werden als die übrigen Lippenblütler, die vier Staubgefäße besitzen. Die Rauhblättrigen, deren große Ähnlichkeit mit den Lippenblütlern wir klar erkannten (S. 145), werden weit von diesen fortgerückt und mit den ganz wesensfremden

Veilchen und Doldengewächsen vereinigt, nur weil sie wie diese fünf gleichlange Staubblätter besitzen. So sehr sich das Linnésche System durch Einfachheit und Übersichtlichkeit auszeichnet, so sehr es in dieser Beziehung sogar das natürliche System übertrifft, vom wissenschaftlichen Standpunkt aus muß es trotzdem verworfen werden, weil es der Natur vielfach Zwang antut.

Das natürliche System der 14 Tierformen, das wir vorhin aufstellten, hat aber noch einen großen Mangel: die Unterschiede oder Sprünge zwischen je zwei nacheinander aufgeschriebenen Arten sind offenbar sehr ungleich groß. Kammolch (Molge cristata) und Teichmolch (Molge vulgaris) sind, wie schon aus ihren wissenschaftlichen Namen hervorgeht, Arten ein und derselben Gattung, ebenso Hausmaus und Wanderratte (Mus musculus bzw. decumanus). Besonders deutlich ist die Ungleichheit der einzelnen Sprünge unseres Systems an den darin vorkommenden Vögeln zu ersehen. Die Vögel bilden im System eine sog. Klasse. Diesen Ausdruck und die Bezeichnungen der systematischen Gruppen überhaupt: Kreis, Klasse, Ordnung, Familie, Gattung, Art kennen wir bereits, da wir uns bei verschiedenen Gelegenheiten (S. 26, 27, 92, 93) damit befaßt haben. Die Klasse der Vögel nun zerfällt in eine Reihe von Ordnungen: Stelzvögel (Hühner und Tauben), Entenvögel, Segler, Singvögel, Spechte, Raubvögel u. a. Sperling, Buchfink und auch die Amsel gehören alle in dieselbe Ordnung, nämlich die der Singvögel, die Ente aber ist ein Vertreter einer ganz anderen Ordnung. Die Ordnung der Singvögel wird in mehrere Familien eingeteilt. Eine davon ist die Familie der Finken, und in diese gehören Sperling und Buchfink, eine andere ist die Drosselfamilie, und hierher gehört die Amsel. Nun sind wir so weit, daß wir das System unserer 14 willkürlich gewählten Tierformen dadurch vervollkommnen können, daß wir angeben, welchen systematischen Wert die Sprünge zwischen den einzelnen Formen besitzen. Gehören zwei Arten ein und derselben Gattung an, so wollen wir sie ohne irgendein Zwischenzeichen nebeneinandersetzen, zwei Gattungen derselben Familie wollen wir durch ein Komma trennen, ein Punkt soll Familien, ein Doppelpunkt Ordnungen, ein Strich Klassen und ein Doppelstrich ganze Kreise voneinander trennen. Dann sieht unser System so aus:

Biene : Maikäfer || Neunauge : Stichling | Kammolch
Teichmolch | Ringelnatter | Sperling , Buchfink . Amsel
: Ente | Eichhorn . Hausmaus Wanderratte : Pferd.

Wir haben vorhin schon betont, daß nur ein einziges natürliches System denkbar sei, nämlich das, welches die gegenseitige Ähnlichkeit der Formen am deutlichsten zum Ausdruck bringt. Die Feststellung dieser Ähnlichkeit ist nun aber keine so leichte Sache, wenn statt 14 Arten deren 400000 miteinander verglichen werden müssen! Die größten Forscher und Denker aller Zeiten haben sich an der Lösung dieser Aufgabe beteiligt. Immer wieder wurden, teils in fernen Zonen, neue Pflanzen und Tiere gefunden, deren Unterbringung im bisherigen System zu Umgestaltungen kleinerer oder größerer seiner Teile führte.

Von noch stärkerem Einfluß auf die Gestaltung des Systems aber war die **fortschreitende genauere Erforschung der längst bekannten Formen.** Indem die Wissenschaft den anatomischen Bau der Pflanzen und Tiere, ihre Fortpflanzung usw. immer mehr entschleierte, lehrte sie oft äußerlich verschieden gestaltete Formen als wesentlich gleichartig erkennen oder entdeckte so große Unterschiede scheinbar ähnlicher Formen, daß diese, die im System bisher unmittelbar nebeneinanderlagen, nun weit auseinandergerückt werden mußten. So kommt es, daß das, was wir heute das natürliche System der Pflanzen und Tiere nennen, dem, was man vor zwei Menschenaltern so nannte, kaum mehr gleicht. Das einzig mögliche, das vollkommene natürliche System, das die natürliche Ähnlichkeit der Formen restlos klarlegt, haben wir ganz sicher auch mit unserer heutigen Systematik noch nicht erreicht und werden es überhaupt niemals völlig erreichen. **Das natürliche System einer Zeit ist der Ausdruck des Standes der gesamten Forschung über die Mannigfaltigkeit der organischen Formen, welchen die betreffende Zeit erreicht hat.**

Die Gruppierung der Tiere, die wir nun folgen lassen, ist freilich nur eine vereinfachte Wiedergabe des heute geltenden zoologischen Systems. Aber sie genügt immerhin, um uns einen Überblick zu gewähren, auf Grund dessen dann jeder mit Hilfe der vorhandenen Lehrbücher (zu empfehlen sind z. B. die Leitfäden von Kraepelin oder von Graber-Altschul-Werner) leicht weiter in die Systematik des Tierreiches eindringen kann. — Wir gliedern das ganze Reich der Tiere zunächst in sieben Hauptgruppen, die sog. Tierkreise. Diese sind allerdings untereinander nicht völlig gleichwertig. Unterscheidet sich doch z. B. der erste Kreis von allen anderen dadurch, daß der meist mikroskopisch kleine Körper der hierher gehörigen Lebewesen (Aufgußtierchen oder Infusorien und Wurzelfüßer) nur aus einer einzigen Zelle besteht. — Die weitere Gliederung geht nun aus der nachfolgenden Zusammenstellung hervor:

I. **Kreis:** Urtiere.

II. **Kreis:** Pflanzentiere oder Hohltiere (hierher gehören die Quallen und Polypen, die ihr wohl in Meeraquarien schon gesehen habt, die Korallentiere und Schwämme).

III. **Kreis:** Stachelhäuter (hierher die Seegurken, Seeigel, Seelilien, Seesterne).

IV. **Kreis:** Würmer.
- 1. **Klasse:** Plattwürmer (hierher die Bandwürmer).
- 2. **Klasse:** Rundwürmer (hierher das Getreideälchen, das „Wasserkalb", die Trichinen und Spulwürmer).
- 3. **Klasse:** Ringelwürmer (Egel und Regenwurm).

V. **Kreis:** Weichtiere oder Mollusken.
- 1. **Klasse:** Muscheln (zwei Schalen).
- 2. **Klasse:** Schnecken (mit einer einfachen, meist gewundenen Schale, häufig aber auch schalenlos).
- 3. **Klasse:** Kopffüßer (so genannt, weil die langen, wie Beine aussehenden Fangarme am Kopf stehen; hierher die im Mittelmeer lebende Sepia, der „Tintenfisch").

VI. Kreis: Gliederfüßer.
1. Klasse: Tausendfüßer.
2. Klasse: Krebse.
3. Klasse: Spinnen.
4. Klasse: Insekten.

VII. Kreis: Wirbeltiere.
1. Klasse: Fische.
2. Klasse: Amphibien oder Lurche.
1. Ordnung: Molche (geschwänzt).
2. Ordnung: Frösche (in erwachsenem Zustande schwanzlos).
3. Klasse: Reptilien.
1. Ordnung: Krokodile.
2. Ordnung: Schildkröten.
3. Ordnung: Schlangen.
4. Ordnung: Eidechsen.
4. Klasse: Vögel.
5. Klasse: Säugetiere.

Die Reihenfolge, in welcher wir die Formen hier anordneten, entspricht einem Fortschreiten von niederen zu höheren Formen. Das Kennzeichen eines „höheren" Lebewesens ist, wie wir bereits wissen (S. 24, 49 und 53), größere Komplikation, zugleich aber auch strengere Regelmäßigkeit im Aufbau des Körpers. Gleichartige Organe werden bei den höheren Organismen nur noch in beschränkter Zahl, und zwar in einer festen, nicht mehr schwankenden Zahl angelegt. Das wichtigste Kennzeichen höherer Organisation ist aber die zunehmende Arbeitsteilung (S. 159). Bei den Urtieren verrichtet eine einzige Zelle noch alle Lebensfunktionen: Ernährung und Atmung, Fortpflanzung, Bewegung und Empfindung, während die vielzelligen Tiere für jede dieser Tätigkeiten besondere Organe besitzen, die schließlich bei den höchsten Tierkreisen, den Gliederfüßern und Wirbeltieren eine Kompliziertheit, Feinheit und Zweckmäßigkeit erlangen, die alles, was Menschen erschaffen oder auch nur erdenken können, bei weitem übertrifft. Aber auch innerhalb der höheren Tierkreise läßt sich das Fortschreiten der Arbeitsteilung zwischen den einzelnen Teilen des Körpers deutlich erkennen: die Tausendfüßer haben eine große Zahl unter sich annähernd gleichartiger Gliedmaßen, bei den Krebsen sind einzelne Gliedmaßen in Fühler verwandelt, andere dienen der Nahrungszerkleinerung, andere sind in Scherenbeine verwandelt und dienen nur noch zum Greifen, andere besorgen ausschließlich die Vorwärtsbewegung durch Gehen, Schwimmen usw. Zugleich wird von den Tausendfüßern zu den Krebsen, Spinnen und Insekten die Zahl der zum Gehen verwandten Gliedmaßen immer mehr verringert.

Die Zahl der Arten systematisch vollständig gleichwertiger Gruppen ist meist eine höchst ungleiche. Unter den Ordnungen der Säugetierklasse z. B. umfassen die Beuteltiere oder Wale sehr viel weniger Familien, Gattungen und Arten als etwa die Ordnungen der Paarzeher und der Unpaarzeher, der Nager, der Insektenfresser (Maulwurf, Igel, Spitzmaus) und der Raubtiere, ja in die

Ordnung der Rüsseltiere gehört nur eine einzige Familie und in diese wieder nur eine Gattung, nämlich die Gattung Elefant. Es ist also in der Natur nicht eingerichtet wie etwa beim Militär, wo ein Regiment stets eine bestimmte Anzahl von Bataillonen, ein Bataillon eine bestimmte feste Zahl von Kompagnien, eine Kompagnie wieder eine bestimmte Zahl von Zügen enthält. Die Insekten nehmen zwar im System nur den Rang einer Klasse ein, dennoch umfassen sie aber zwei Dritteile der sämtlichen Tierarten der Erde. Käferarten allein sind etwa 120000 bekannt! — Schon wegen dieser hohen Artenzahl, dann aber auch wegen der besonderen Bedeutung, die namentlich denjenigen Insekten zukommt, die als Schädlinge von Kulturpflanzen auftreten (Kap. VIII und IX), wollen wir uns das etwas vereinfachte System der Insekten gleich noch genauer ansehen. Wir stellen die Ordnungen, wiederum von den niederen zu den höheren fortschreitend, zusammen und nennen jeweils einige sehr bekannte Vertreter, oder solche, die wir auf unseren Streifzügen kennen gelernt haben. Wer die Stelle, wo die letzteren im voranstehenden Text beschrieben sind, rasch auffinden will, benutze das Register am Schlusse dieses Buches. Wer versuchen möchte, Insekten zu bestimmen, kann für den Anfang die hübsche, gut illustrierte kleine „Fauna von Deutschland" von P. Brohmer benutzen. Zu empfehlen ist, sich zunächst auf eine kleine Gruppe zu beschränken.

A. Insekten ohne Verwandlung.

1. **Ordnung: Urinsekten** (Springschwänze, Gletscherflöhe, Silberfischchen).

B. Insekten mit unvollkommener Verwandlung (S. 151).

2. **Ordnung: Schnabelkerfe.**
   1. Unterordnung: Tierläuse (Kopf- und Kleiderlaus).
   2. Unterordnung: Pflanzenläuse (Blatt- und Reblaus, Fichtenlaus; Schildläuse).
   3. Unterordnung: Zirpen oder Zikaden (Schaumzirpe).
   4. Unterordnung: Wanzen (Bettwanze, Rückenschwimmer, Wasserskorpion, Wasserläufer).
3. **Ordnung: Geradflügler.**
   a) laufende (Schaben und „Ohrwürmer").
   b) springende (Feld-, Laub- und Grabheuschrecken oder Grillen).
   c) schreitende (die ausländischen Fang- und Gespenstheuschrecken).
4. **Ordnung: Scheinnetzflügler** (Termiten, Eintagsfliegen und Libellen oder Wasserjungfern).

C. Insekten mit vollkommener Verwandlung (S. 29 und 78).

5. **Ordnung: Netz- und Pelzflügler** (Ameisenjungfer, Florfliege; Köcherfliegen).
6. **Ordnung: Schuppenflügler oder Schmetterlinge.**
   a) Kleinschmetterlinge (die sog. Wickler, deren Raupen das „Wurmigwerden" des Obstes verursachen, und die Motten).
   b) Großschmetterlinge.
      1. Unterordnung: Spanner (Frostspanner usw.)
      2. Unterordnung: Eulen (Ordensband, Gammaeule).

3. Unterordnung: Spinner (Seidenspinner, Ringelspinner, Nonne, Schwammspinner, Sackspinner, Gabelschwanz, Blutströpfchen oder Widderchen; Nachtpfauenauge).
4. Unterordnung: Schwärmer (Totenkopf, Abendpfauenauge, Ligusterschwärmer usw).
5. Unterordnung: Tagschmetterlinge oder Falter (Tagpfauenauge, die „Füchse", Admiral, Trauermantel; Kohl- und Baumweißling, Zitronenfalter, Apollo und Schwalbenschwanz; Bläulinge).

7. **Ordnung: Zweiflügler.**
1. Unterordnung: Flöhe.
2. Unterordnung: Mücken.
3. Unterordnung: Fliegen (Bremsen; Schwebfliegen; Stubenfliege, Stech- und Schmeißfliege usw.).

8. **Ordnung: Scheidenflügler oder Käfer.** Die wichtigsten Familien sind folgende: Marienkäfer, Bockkäfer, Borkenkäfer (hierher der große Fichtenborkenkäfer oder „Buchdrucker"), Rüsselkäfer, die sog. Pflasterkäfer (hierher der „Maiwurm"), die Weichkäfer (Leucht- oder Johanniskäfer, Schneiderkäfer), Schnellkäfer (Saatschnellkäfer), Blatthornkäfer (S. 77, hierher Maikäfer, Roßkastanienmaikäfer, Junikäfer, Walker, Hirschkäfer usw.), die Stutzkäfer, Aaskäfer (Totengräber), Kurzflügler (Raubkäfer), Schwimmkäfer (Gelbrand, Kolbenwasserkäfer, Taumelkäfer), und die Laufkäfer (Goldlaufkäfer, Sandlaufkäfer usw.).

9. **Ordnung: Hautflügler.**
a) mit Legebohrer (Holz- und Blattwespen, z. B. Kiefernblattwespe; Gall- und Schlupfwespen).
b) mit Giftstachel (Ameisen; Wespen; Hummeln und Bienen).

Nun wollen wir auch noch eine natürliche Gruppierung der Pflanzen aufzustellen versuchen! Hier wollen wir aber auf Vollständigkeit erst recht verzichten, indem wir die weniger wichtigen Gruppen, die auch im voranstehenden Text dieses Buches nicht oder nur beiläufig erwähnt sind, weglassen. Wir wissen bereits (S. 93), daß die Ordnungen in der botanischen Systematik weniger verwendet werden; wir lassen sie darum ganz beiseite und gehen von den Klassen und Unterklassen gleich zu den hier sehr viel bekannteren Familien über. Die größten und im Blütenbau besonders charakteristischen Familien, die sozusagen Merksteine im System der Pflanzen bilden, sind durch Fettdruck hervorgehoben, und in der Abbildung auf Seite 224 sind die Diagramme der wichtigsten dieser Familien zusammengestellt.

A. Blütenlose oder Sporenpflanzen (Kryptogamen).

a) **Niedere Kryptogamen** (hierher die grünen Algen und die farblosen Pilze, sowie die Spaltpilze oder Bakterien, ferner die Flechten. Letztere bestehen je aus einer Alge und einem Pilz, die in einer Symbiose (S. 129) zusammenleben.

b) **Moose.**

c) **Gefäßkryptogamen** (S. 205).
I. Klasse: Bärlappe.
II. Klasse: Schachtelhalme.
III. Klasse: Farne.

B. Blüten- oder Samenpflanzen (Phanerogamen).

a) **Nacktsamige (hierher alle Nadelhölzer).**

b) **Bedecktsamige.**

I. Klasse: Einkeimblättrige oder Monokotylen.

Rohrkolbengewächse, Laichkräuter, Froschlöffelgewächse (hierher Froschlöffel, Pfeilkraut und Blumenbinse), Froschbißgewächse, **Gräser** (alle unsere „Süßgräser" und Getreidearten), **Riedgräser,** Palmen, Kalmusgewächse (Kalmus und Calla), Wasserlinsengewächse, Binsen, **Liliengewächse** (hierher Lilie, Tulpe, Hyazinthe, Lauche und Küchenzwiebel, Herbstzeitlose, Maiglöckchen, Schattenblume, Spargel, Einbeere), Narzissengewächse (Narzissen und Schneeglöckchen), **Schwertlilien- und Krokusgewächse, Orchideen.**

II. Klasse: Zweikeimblättrige oder Dikotylen.

1. Unterklasse: „Blumenblattlose" (Abb. 14, S. 45) und Freikronblättrige.

Weidengewächse (Weiden und Pappeln), Walnußgewächse, Birkengewächse (Birken und Erlen), **Becherfrüchtler** (Hasel, Eichen und Buchen, Kastanie), über diese Familien S. 35f., Nessel- und Hanfgewächse, Ulmen und Platanen, Osterluzeigewächse, Knöterichgewächse (Knöteriche und Buchweizen, Ampfer, Rhabarber), Gänsefußgewächse (Runkelrüben und Spinat, Melden), **Nelkengewächse,** Wasserrosen und Hornblatt, **Hahnenfußgewächse,** Sauerdorngewächse, **Mohngewächse** (hierher Mohn und Schöllkraut, Lerchensporn), **Kreuzblütler,** Sonnentaugewächse, Steinbreche, Dickblattgewächse, **rosenartige Gewächse, Schmetterlingsblütler, Storchschnäbel,** Sauerklee- und Leingewächse, Wolfsmilchgewächse, Ahorngewächse, Roßkastanien, Balsaminen („Rührmichnichtan"), Weinrebengewächse, Linden, Malven, Johanniskraut-, **Veilchen-,** Seidelbast-, **Nachtkerzengewächse** (Weidenröschen und Nachtkerze), Tausendblatt und Tannenwedel, **Doldengewächse,** Hornstrauchgewächse.

2. Unterklasse: Verwachsenkronblättrige.

Wintergrün- und Heidekrautgewächse, **Schlüsselblumen, Ölbaumgewächse** (Flieder, Liguster, Esche), Enziane, Winden, Phlox und Coboea, **Rauhblättrige, Lippenblütler, Nachtschattengewächse, Maskenblütler,** Kleewürger und Wasserschlauchgewächse, Wegeriche, Labkräuter, Geißblattgewächse (Geißblatt und Holunder), Baldriane, Kardengewächse (Skabiosen), Kürbisgewächse, **Glockenblumen,** Lobelien, **Korbblütler.**

So ist es uns nun immerhin gelungen, an die Stelle der bedrückenden Mannigfaltigkeit der Tier- und Pflanzenformen ein wohlgeordnetes System zu setzen. Aber die Tatsache der Mannigfaltigkeit selbst reizt trotzdem zu weiterem Nachdenken. Nicht, daß die Formen verschieden sind, ist das Wunderbare — das ist ja schließlich bei ihrer großen Zahl gar nicht anders möglich —, sondern die trotz aller Verschiedenheit immer wieder zutage tretende Ähnlichkeit, die uns ja eben zur Aufstellung des Systems geführt hat. Diese Ähnlichkeit nahm man früher als etwas Verständliches hin. Die bekannten Goetheschen Verse:

> Alle Gestalten sind ähnlich, doch gleichet keine der andern,
> Und so deutet der Chor auf ein geheimes Gesetz

zeigen aber, daß schon unser Dichterphilosoph begonnen hatte, über die Gründe dieser Ähnlichkeit nachzudenken. Es ist aber ganz gewiß, daß er diese

Gründe mehr in gedanklichen Beziehungen und abstrakten, symbolischen Vergleichen als in der realen Welt der Natur selbst suchte. Nur aus dem Geiste eines reinen Naturforschers konnte der Gedanke entspringen, daß diese wunderbaren Ähnlichkeiten auf natürlichem Wege entstanden sein müssen, und daß ihre Entstehung darum auch mit den realen Vorstellungen der Naturwissenschaft muß begriffen werden können. Zwar beschäftigten sich am Anfange des vorigen Jahrhunderts verschiedene andere Gelehrte ähnlich wie Goethe mit dieser Frage und wiesen auf ihre Lösung hin, so Jean Jacques de Lamarck, mit dessen Erklärungsversuch wir uns weiter unten noch beschäftigen werden; der geniale Forscher jedoch, der jene Frage zuerst wirklich klar erkannte und sie mit realen Mitteln zu lösen versuchte, war Charles Darwin. Die Lehre dieses Mannes ist wohl bis heute die größte Tat in der Geschichte der biologischen Wissenschaften.

Die heutige Planzen- und Tierwelt war nicht von jeher, sie hat sich schrittweise aus einer andersartigen herausgebildet, sie hat sich allmählich entwickelt, so daß jede heute lebende Art von einer anderen abstammt, die in früheren Erdperioden lebte. Das ist im wesentlichen der Inhalt der von Darwin bis in alle Einzelheiten ausgebauten Entwicklungs- oder Abstammungs(Deszendenz-)lehre. Jetzt ist die wunderbare Ähnlichkeit der Formen „erklärt“: aus der Ähnlichkeit ist Blutsverwandtschaft geworden; wir wissen nun, daß sehr ähnliche Formen unmittelbar von gemeinsamen Vorfahren abstammen, und das natürliche System ist uns jetzt zugleich der Ausdruck dieser natürlichen Verwandtschaft.

Diese Auffassung erscheint uns heute so einleuchtend, beinahe selbstverständlich, daß wir uns fragen: Warum kam man nicht schon viel früher auf diesen erlösenden Gedanken? Kannte man denn nicht schon längst die Versteinerungen, die doch klar beweisen, daß die vorweltlichen Organismen anders beschaffen waren als die jetzt lebenden? Gewiß, man kannte Versteinerungen vorweltlicher Tiere, aber man wußte sie nicht zu deuten. Anfänglich hielt man sie für bloße Erzeugnisse eines Spieltriebs der Natur, die nie zum Leben erwacht seien, später für Zeugen großer Sintfluten, gewaltiger Revolutionen der Erdrinde, die, von Zeit zu Zeit hereinbrechend, jeweils alles Lebende vernichtet und die Natur gezwungen hätten, immer wieder „von vorne anzufangen“, d. h. durch Neuschöpfung ein neues, vom früheren vollständig unabhängiges Pflanzen- und Tierleben hervorzurufen. Aus dieser Blindheit den aufgefundenen Zeugen der Vorwelt gegenüber sehen wir erst recht deutlich, wie fern der Entwicklungsgedanke der damaligen Wissenschaft lag, und welcher Unvoreingenommenheit und Klarheit des Geistes es bedurfte, diesen Gedanken in jener Zeit zu erfassen und auszusprechen.

Durch diese Lehre wurde die systematische Forschung mächtig angeregt. War doch durch sie die Ähnlichkeit der Formen aus einer geheimnisvollen Erscheinung zu einer naturwissenschaftlich wohlverständlichen Tatsache geworden,

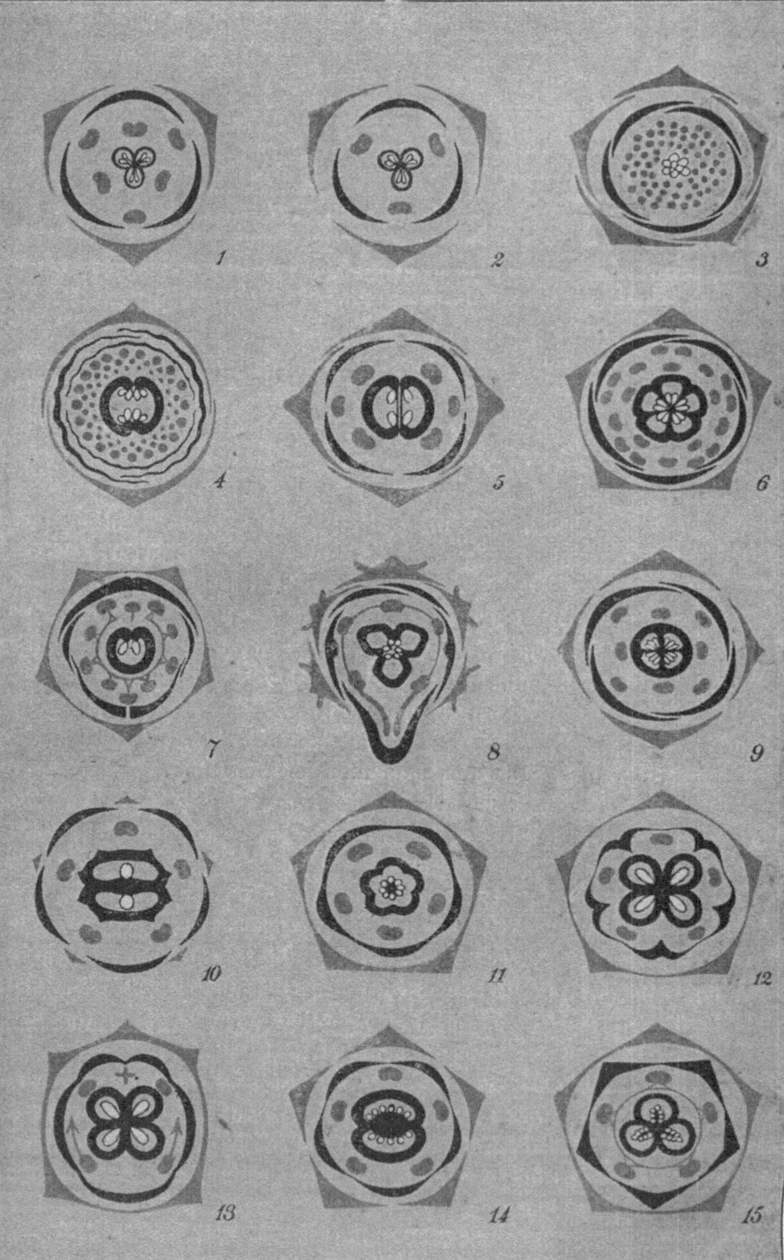
1
2
3
4
5
6
7
8
9
10
11
12
13
14
15

die man nun ohne Scheu auch weiterhin vollbewußt zur Grundlage des natürlichen Systems machen durfte. Auch die Versteinerungen konnten nun, da man ihre Bedeutung verstand, zur Prüfung und zum weiteren Ausbau des Systems angewendet werden. Immerhin darf der Nutzen, den die Versteinerungskunde der Systematik gebracht hat, nicht überschätzt werden. Es zeigte sich zwar, daß z. B. die niederen blütenlosen Pflanzen tatsächlich auch früher gelebt haben als die höheren Blütenpflanzen, daß nacktsamige Pflanzen schon zu einer Zeit existierten, als es noch keine Bedecktsamigen gab usw., aber das wesentliche Hilfsmittel für den Ausbau des Systems im einzelnen, der Systematik der Ordnungen, Familien und Gattungen, ist auch heute noch der genaue, durch alle Hilfsmittel der modernen Forschung immer mehr in die Tiefe greifende Vergleich der lebenden Formen.

Ebenso wunderbar wie die Vielgestaltigkeit ist die *Zweckmäßigkeit* der Organismen, ihre „Anpassung“ an die Umgebung. Erinnere dich an den Bau eines Wasserinsekts, eines Stichlings oder eines Maulwurfes, an die Bestäubungseinrichtung einer Veilchen- oder Primelblüte, an die Vorrichtungen, die zur Verbreitung der Früchte und Samen dienen!

Aber auch diese wunderbare Zweckmäßigkeit wurde in früheren Zeiten als etwas selbstverständlich Gegebenes hingenommen, und es war wiederum Darwin, der es wagte, auch diese Erscheinung mit realen, natürlichen Mitteln zu erklären.

Schon am Anfang dieses Kapitels wiesen wir darauf hin, daß namentlich bei den Pflanzen die Stöcke ein und derselben Art in den Einzelheiten ihrer Größe, ihrer Form und ihres Wuchses stets voneinander abweichen. Aber auch bei den Tieren sind diese „Variationen“ stets vorhanden. Dem flüchtigen Beobachter sieht zwar jeder Maikäfer aus wie der andere, wenn ihr aber genau aufpaßt, so werdet ihr auch unter 100 und mehr Käfern niemals zwei finden, die sich völlig gleichen. Diese *Variationen* sind zwar stets nur *gering*,

---

Abb. 101 (nebenstehend): Blütendiagramme der wichtigsten Familien der Blütenpflanzen. (Über Entwerfen der Diagramme S. 49, über Zahl und Stellung der Blütenteile S. 23 und 51.) Der äußerste (hellere) Kreis stellt die Kelchblätter, der zweite (schwarze) die Kronblätter dar, dann folgen ein bis drei Kreise von Staubblättern und in der Mitte (schwarz) der Stempel. Auch dieser besteht, wie die Staubblattkreise (S. 24) aus Blattorganen, den sog. Fruchtblättern; Zahl und Stellung derselben ist aus diesen Diagrammen ersichtlich, ebenso die Stellung der (weißen) Samenanlagen (S. 24) im Innern der Stempel. — 1 Liliengewächse, z. B. Tulpe (Abb. 12 S. 32), 2 Schwertlilien und Krokus (S. 24), 3 Hahnenfuß (S. 93; Staubblätter und die zahlreichen kleinen Stempel in spiraliger Anordnung, S. 24), 4 Mohn S. 147 und Abb. 89c auf S. 179; beachte auch die von der Knospenlage herrührende Fältelung der Kornblätter; irrtümlich ist in dieser Abb. 4 der Stempel zweiteilig angegeben, er soll vielteilig sein), 5 Kreuzblütler (beachte die zarte Scheidewand im Stempel und die charakteristische Anordnung der Staubblätter, S. 180 und 49), 6 Apfel- und Birnblüte (S. 91); drei Staubblattkreise, im äußersten steht an Stelle eines Staubblattes je ein Paar solcher), 7 Schmetterlingsblütler (zwei Kreise von Staubblättern, die aber bis hoch hinauf verwachsen sind, S. 127 und Abb. 56; beachte die Stellung und Deckung von Fahne, Flügeln und Schiffchen und vgl. betr. Fruchtknoten im Gegensatz zu den Kreuzblütlern S. 180), 8 Veilchen (S. 52, 53), 9 Nachtkerzengewächse (Abb. 63 *a*, S. 139), 10 Doldengewächse (S. 93, 94), Kelch verkümmert), 11 Schlüsselblumen (S. 51; hier zum erstenmal verwachsene Kronblätter!), 12 Rauhblättrige (S. 144); über die Einstülpungen der Kronblätter S. 145), 13 Lippenblütler (das obere Staubblatt fehlt, die beiden untern biegen sich nach oben, S. 54 und Abb. 21, ferner Abb. 66 *b* auf S. 145); von diesem Diagramm unterscheidet sich das der Maskenblütler nur durch das Vorkommen eines zweiteiligen Stempels wie 14 Nachtschattengewächse (S. 161), 15 Glockenblumen (Staubblätter am Grunde verbreitert und dicht nebeneinanderliegend, Krone scharf gefaltet, S. 142); gleiches Diagramm, nur mit einteiligem Stempel, haben die Korbblütler. — 7, 8 und 13 sind typische „hälftige“ Blüten (S. 59).

aber sie sind ganz allgemein vorhanden. Sie sind es, die den einen Ausgangspunkt Darwins bildeten. Der andere war die Vererbung. Die Merkmale, zwar nicht die im Leben erworbenen, z. B. Verstümmlungen usw., sondern die angeborenen, übertragen sich auf die Kinder. Auch jene kleinen Variationen, so lehrte Darwin, vererben sich. Erinnert euch daran, wie genau z. B. bei uns Menschen Feinheiten der Schädelform, des Gesichtsschnittes oder der Ohrform, ja sogar Eigentümlichkeiten in der Gangart oder in allerlei kleinen „Eigenheiten" übertragen werden.

Nun können wir verstehen, wie sich Darwin die Entstehung eines zweckmäßigen Merkmals dachte, wie er sich z. B. die Entstehung unseres dreistachligen Stichlings aus stachellosen Vorfahren erklärte. Kraft des Grundgesetzes der Variation mußten die Strahlen der Rücken- und Bauchflossen dieser Vorfahren nicht genau gleichstark entwickelt sein, bei einzelnen waren sie kürzer und weicher, bei anderen länger und härter. Diese letzteren waren nun fürs Leben besser ausgerüstet als ihre Artgenossen, weil sie sich mit Hilfe ihrer harten Flossenstrahlen gegen ihre Feinde zur Wehr setzen konnten. Diese Günstlinge des Schicksals wurden darum weniger häufig gefressen als ihre Artgenossen, sie konnten also ihre Eigenschaften, darunter auch jene etwas härtere und längere Ausbildung der Flossenstrahlen, häufiger vererben. Die meisten Nachkommen jener Begünstigten hatten, kraft des Gesetzes der Vererbung, wieder ebenso stark entwickelte Flossenstrahlen, wie sie die Eltern besaßen. Bei einzelnen jedoch waren die Strahlen infolge Variation wieder schwächer, bei anderen aber noch stärker als bei den Eltern. Diese letzteren waren unter ihren Geschwistern wieder am vorteilhaftesten gestellt, blieben erhalten und vererbten ihr Merkmal, während die Tiere mit kurzen und weichen Flossenstrahlen im Laufe der Generationen ausstarben. Dieser Vorgang des Überlebens der besser Ausgerüsteten im „Kampfe ums Dasein", den Darwin natürliche Auslese oder Selektion nannte, schien in der Tat die Entstehung der Zweckmäßigkeit auf ganz einfache, natürliche Vorgänge zurückzuführen. Jetzt konnte man sich auch erklären, warum einzelne Gruppen des natürlichen Systems sehr artenreich sind, während z. B. die Ordnung der Rüsseltiere, wie wir hörten, nur aus einer einzigen „isolierten" Gattung, der Gattung Elefant, besteht. Hier sind eben die sämtlichen anderen Gattungen im Kampfe ums Dasein allmählich untergegangen, und nur diese eine hat sich bis in unsere Tage herüberretten können. Wir sagten vorhin, als wir von dieser Erscheinung sprachen, das natürliche System dürfe nicht mit der Einteilung unserer Heere in Regimenter, Bataillone usw. verglichen werden. Jetzt finden wir diesen Vergleich doch nicht so ungeschickt. Er trifft das Wesen der Sache, sobald wir nicht an ein unversehrtes Friedensheer, sondern an ein aus der Schlacht zurückkehrendes denken. Genau wie hier einzelne Regimenter gänzlich unberührt geblieben sind, während andere bis auf einige Kompanien oder gar bis auf wenige Züge zusammenschmolzen, so erging es dem Heer der Organismen in dem Hunderttausende von Jahren dauernden Kampfe, den es bereits hinter sich hat. Wir verstehen jetzt auch, warum einzelne Gruppen des Systems allmählich ineinander übergehen (S. 147), während zwischen anderen die Verbindungsformen völlig fehlen.

Darwin war es gar nicht in erster Linie darum zu tun, mit seiner Selektionslehre die Zweckmäßigkeit der Organismen zu erklären, sondern er wollte damit vor allem die Entwicklungslehre begründen. Denn durch die natürliche Auslese ist ja wirklich aus der ursprünglichen unbewehrten Stichlingsart eine ganz neue, die heute lebende Art entstanden. Die Selektion war also für Darwin in erster Linie Ursache der Artbildung, und er hoffte, nun, da er auf diese reale Ursache hinweisen konnte, seinen Zeitgenossen die Entwicklungslehre viel leichter verständlich zu machen.

Diese Hoffnung hat ihn nicht getäuscht. Die Selektionslehre hat wirklich der Entwicklungslehre zum Durchbruch verholfen. Schon dadurch allein hat sie uns unberechenbaren Nutzen gebracht. Für die Folgezeit aber ist diese enge Verbindung von Entwicklung und Selektion, die überaus charakteristisch für Darwins Denken war, verhängnisvoll geworden. Denn sie hatte zur Folge, daß man sich lange Zeit Entwicklung ohne Selektion gar nicht denken konnte, und daß beide, oft sogar von den ersten Forschern, vermengt oder gar verwechselt wurden. Dadurch sind leider sehr viele Unklarheiten in die theoretische Biologie hereingekommen.

Heute beurteilen wir den Wert dieser Dinge ganz anders. Die Entwicklungslehre ist heute durch die steingewordenen Zeugen im Innern der Felsschichten unserer Berge und Täler, durch die Erforschung der Ähnlichkeit der heute lebenden Arten und durch andere neuere Errungenschaften der Wissenschaft felsenfest begründet, so daß es heute kaum mehr einen Forscher gibt, der an ihr zweifelt. Die Ursache der Artbildung aber kennen wir immer noch nicht, denn daß der Selektion jedenfalls nur eine ganz beschränkte Wirkung zukommt, wird jetzt fast allgemein anerkannt.

Es sei hier nur ganz kurz auf die wichtigsten Einwände gegen die Darwinsche Selektion hingewiesen. Zunächst werden durch Variation nur die bereits vorhandenen Merkmale verstärkt oder abgeschwächt, es kann also durch die auf der Variation beruhende Selektion nichts eigentlich Neues geschaffen werden. Wenn ferner auch die Flossenstrahlen jener Voreltern unseres Stichlings infolge von Variation etwas stärker waren als diejenigen ihrer Artgenossen, so waren sie gewiß noch nicht so kräftig gebaut, daß sie sich als Waffen gebrauchen ließen, die Selektion konnte also auf Grund dieser geringen Abänderung noch gar nicht angreifen. Und noch ein dritter, besonders wichtiger Einwand: Wenn die Selektion wirklich so „allmächtig" wäre, daß ihr allein die Entstehung neuer Arten zugeschrieben werden müßte, dann müßte Zweckmäßigkeit eine ganz allgemeine Erscheinung der belebten Natur sein, jedenfalls dürften zweckwidrige Dinge dann nirgends vorkommen. Wie steht es nun damit? — Man nahm oft an, jegliches Geschöpf müsse schon aus dem

Grunde, weil es eben leben könne, in allen seinen Teilen vollkommen zweckmäßig gebaut sein. Aber Lebensfähigkeit und Zweckmäßigkeit sind sehr verschiedene Dinge. Ein Tier oder eine Pflanze kann immer noch lebensfähig sein, auch wenn einzelne ihrer Merkmale zweckwidrig sind, also ihrem Träger direkt Schaden bringen. Unter unseren am Strande brütenden Vögeln gibt es viele, deren Nester schon von weitem sichtbar werden durch die in der Sonne blinkenden Eier. Auch die Eier des Bussards und der Eule besitzen keine „Schutzfarbe", sondern sind ganz weiß gefärbt. Daß sie dadurch den größten Gefahren ausgesetzt sind, ist selbstverständlich. Sogar die sonst so zweckmäßig gebauten Blüten zeigen bei genauerem Zusehen öfter geradezu zweckwidrige Merkmale: Honigdrüsen, die von Kelch und Krone nicht überdeckt werden und darum ihren Nektar durch Verdunstung sehr rasch verlieren, zweckwidrige Stellung der Staubblätter usw. Bei den Orchideen sind die Pollenkörner zu großen zusammenhängenden Paketchen vereinigt. Diese sind aber bei einzelnen Arten, so bei der bekannten Spinnenorchis, so fest mit der Blüte verbunden, daß sie von den Insekten kaum mehr losgelöst werden können, so daß nur noch ein ganz geringer Prozentsatz dieser Blüten überhaupt befruchtet wird. Wenn man nun einwendet, solche Arten werden wahrscheinlich auch nicht lange leben, sondern eben an der Unzweckmäßigkeit dieser Merkmale allmählich zugrunde gehen, so ist damit nichts bewiesen, denn Darwin behauptete ja nicht nur, daß vollendete Unzweckmäßigkeiten durch seine Selektion beseitigt würden, sondern nach ihm sollten alle Arten schon durch Selektion entstehen, es hätten also nach ihm solche offenbaren Zweckwidrigkeiten gar nicht erst entstehen können.

Es ist überhaupt sowohl von Philosophen wie von Naturforschern mit dem Zweckbegriff ein Unfug getrieben worden, wie vielleicht mit keinem anderen Naturbegriff. Was gleich auf den ersten Blick als zweckmäßig auffiel, wurde genau beschrieben und mußte nun dazu herhalten, die Vorstellung von der allgemeinen Zweckmäßigkeit der organischen Natur immer mehr zu festigen. Zwecklose oder gar zweckwidrige Dinge wurden einfach übersehen. Daß aber zweckwidrige Merkmale tatsächlich vorkommen, haben wir bereits gezeigt. Noch viel häufiger sind solche Merkmale, die wir als schlechthin zwecklos bezeichnen müssen, die also ihrem Träger weder Nutzen noch Schaden bringen. Bei vorurteilslosem Betrachten der Naturformen kommen wir sogar zu der Überzeugung, daß gerade diese Merkmale bei weitem am zahlreichsten sind. Hierher gehören alle Zahlenverhältnisse: die Dreiteiligkeit der Monokotylenblüte, die Fünfzähligkeit der Blüten der Rauhblättrigen, der Glockenblumen, der Korbblütler usw., die Fünfzahl im Bau der Gliedmaßen der Wirbeltiere, ferner die grundlegenden Formverhältnisse, z. B. die Gliederung des Körpers bei den Ringelwürmern, der „Gliederfuß" des sechsten Tierkreises, der allgemeine Bauplan des Säugetierkörpers, die Blattstellung und Blattform der Pflanzen. Was nutzt es jener Pflanze, daß sie gerade herzförmige, jener anderen, daß sie mehr pfeilförmige Blätter hat? Mit beiden läßt sich gleichgut assimilieren, und auch das Wasser kann von beiden gleichgut abgeleitet werden. Warum hat jene Pflanzengruppe ganzrandige, jene andere gesägte, gekerbte, gezähnte oder „doppelt gezähnte“ Blattränder?

Bei genauerem Überlegen finden wir leicht, daß diese „neutralen“, zwecklosen Merkmale nicht nur am zahlreichsten sind, sondern daß es sozusagen auch die wesentlichsten Merkmale des Tier- und Pflanzenkörpers sind, während die zweckmäßigen Merkmale, wie Schutzhaare gegen Trockenheit, Schutzfärbungen, Schreckvorrichtungen usw., wie sie für manche Insekten angegeben worden sind, Einzelheiten des Bestäubungsapparates, die Verbreitungsvorrichtungen usw., sofern wir nur die Pflanze bzw. das Tier nicht ausschließlich vom Gesichtspunkte der Zweckmäßigkeit betrachten, mehr als nebensächliche Merkmale erscheinen.

Diese zwecklosen Merkmale sind auch die, welche uns als Erkennungsmerkmale großer Gruppen des Systems, der Familien, Ordnungen und Klassen dienen. Gerade weil sie durch die besondere Form ihrer Ausbildung ihrem Träger keinerlei Nutzen brachten, waren sie der Selektion nie unterworfen und vermochten sich daher seit den frühesten Entwicklungszeiten der Lebewelt zu erhalten, so daß, wenn ein solches Merkmal einmal bei einer Art vorkam, es dann auch allen Arten, die aus dieser später entstanden, erhalten blieb, selbst dann, wenn schließlich ganze Familien und Ordnungen aus jener Stammart hervorgingen.

Aus diesen Darlegungen erkennen wir deutlich, daß die Kraft, welche den zweckmäßigen Bau einzelner Organe, ihre „Anpassung“ an den Gebrauch und an die Umgebung hervorgerufen hat, jedenfalls nicht identisch ist mit jener anderen Kraft, welche die neuen Arten und Varietäten und damit die ganze gewaltige Formenmannigfaltigkeit der organischen Natur schuf. Das Wesen dieser beiden Kräfte ist uns heute wieder so unklar wie je zuvor. Die Selektion hat nur ganz beschränkte Bedeutung. Mit der Kraft, welche die neuen Formen schafft, hat sie wahrscheinlich gar nichts zu tun. Aber sie genügt nach der Auffassung der meisten Naturforscher auch nicht einmal zur Erklärung der Entstehung der Zweckmäßigkeit. Denn sie wirkt nur ausmerzend, indem sie Zweckwidrigkeiten, sobald diese den Organismus merklich entscheidend zu schädigen beginnen, ausschaltet.

Die treibende Kraft der Artentstehung scheint vielmehr in dem, was Darwin Variation nannte, zu liegen. Aber diese Variation tritt nicht nur in Form jener kleinen Abänderungen auf, die, wie Darwin annahm, durch Selektion erst gesteigert werden müßten, sondern auch als sog. sprungweise Variation oder Mutation, die selbst unmittelbar Neues schafft. C. v. Nägeli, Korschinsky und in neuerer Zeit namentlich der Holländer Hugo de Vries haben diesen Vorgang beobachtet. Vor ungefähr einem Virteljahrhundert fand der letztgenannte Botaniker unter vielen auf einem Brachfeld bei Hilversum in Holland wachsenden Nachtkerzen zwei von den übrigen stark abweichende Stöcke, die nach allen vorliegenden Anzeichen aus den übrigen entstanden sein mußten. Sie erwiesen sich als „samenfest“, d. h. ihre Nachkommen behielten die abweichenden neuen Merkmale bei. Sie stellten also eine neue Art dar! Als de Vries später viele tausend Exemplare der ursprünglichen Nachtkerzen kultivierte, sah er aus diesen noch mehrmals andere neue Arten entstehen, die sich seither ebenfalls erhalten haben. In dieser Form der Variation erblicken jetzt die meisten Biologen die Kraft, welche neue Arten schafft. Über das Wesen und die tieferen Ursachen dieser Kraft wissen wir freilich sehr wenig oder nichts. Sicher ist nur, daß sie mit Anpassung und Zweckmäßigkeit gar nichts zu tun hat, denn die auf diese Weise entstehenden Formen sind im allgemeinen nicht mehr und nicht weniger zweckmäßig gebaut als ihre Stammformen, es können sogar auf diesem Wege auch zweckwidrige Merkmale entstehen, welche die Stammart nicht besaß.

Und wie die Artentstehung so ist auch die Zweckmäßigkeit heute wieder ein ungelöstes Problem. Ob es jemals gelöst werden wird, ob es mit den realen Hilfsmitteln der Naturwissenschaft überhaupt gelöst werden kann, ist ungewiß.

Wir wollen immerhin hier noch eines zweiten Versuches, die Zweckmäßigkeit zu erklären, gedenken, der, ähnlich wie der Darwinsche, bis in unsere Tage eine gewisse Bedeutung behalten hat. Es ist das die von Lamarck schon im Jahre 1809 veröffentlichte Lehre der „direkten Anpassung“. Lamarck hat seine Lehre nicht wie Darwin durch ein großes Tatsachenmaterial gestützt, sondern nach Art der damaligen sog. Naturphilosophen mehr gedanklich zu beweisen gesucht. Darum haben seine Anschauungen damals nicht den Einfluß auf die Forschung erlangt wie diejenigen Darwins, und erst in späterer Zeit wurden von einzelnen Forschern Lamarckistische Ideen wieder hervorgezogen und auf ihre Brauchbarkeit geprüft. Dabei zeigte sich etwa folgendes: Wenn ein Tier durch Auswanderung oder Klimawechsel in neue Umgebungseinflüsse versetzt wird, so wird es zur Erhaltung seines Lebens vor völlig neue Bedürfnisse gestellt. So entsteht beispielsweise durch Veränderung des Klimas im Sinne einer Temperaturerniedrigung das Bedürfnis nach stärkerer Körperbedeckung usw. Dieses Bedürfnis soll nun nach Lamarck im Körper des Tieres eine „Tendenz zur Befriedigung des Bedürfnisses“ hervorrufen. Schon die abstrakte Formulierung dieser Auffassung zeigt deutlich, daß Lamarck im Gegensatz zu Darwin, der mit rein realen Vorstellungen arbeitete, den Boden der realen Naturwissenschaft verläßt. Denn diese „Tendenz“ im Tierkörper ist eine Kraft, die wir mit realen Mitteln nicht nachweisen, ja mit realen Vorstellungen nicht einmal verstehen können, sie ist geradezu etwas Übernatürliches, Geistiges. Wir müssen also, wenn wir auf dem Boden realer Naturforschung bleiben wollen, solche Auffassungen ablehnen. In einem besonderen Fall scheint allerdings Lamarcks Anschauung zunächst den Tatsachen zu entsprechen. Wir meinen den Fall, wo infolge eines neu auftretenden Bedürfnisses ein bereits vorhandenes Organ stärker gebraucht wird. Wenn die noch kurzhalsigen Vorfahren unserer Giraffen aus einem baumlosen Steppengebiet in ein Waldland einwanderten, so entstand das Bedürfnis, die Blätter der Bäume als

Nahrung zu benützen. Infolgedessen wurde der Hals ständig gestreckt. Durch die andauernde Streckung verlängerte er sich und die Verlängerung übertrug sich, so nimmt Lamarck an, durch Vererbung auf die Nachkommen. Es muß nun ja in der Tat zugegeben werden, daß Organe durch Gebrauch verstärkt werden. Jeder Mensch, der eine Tätigkeit ausübt, die bestimmte Muskeln stark in Anspruch nimmt, entwickelt diese Muskeln in besonderem Maße. Denken wir nur an die oft so auffallende Verstärkung der rechten Armmuskeln bei Schmieden, an die Verschärfung der Sinnesorgane durch Übung, an die ungleiche Entwicklung der geistigen Eigenschaften bei Gebrauch und Nichtgebrauch. Man nennt solche Veränderungen Regulationen. Können nun aber solche Regulationen vererbt werden? Wir haben oben (S. 226) bereits betont, daß vor allem die angeborenen Merkmale vererbbar sind. Zwar ist nachgewiesen, daß auch Temperatur, Belichtungs- und Feuchtigkeitseinflüsse bei Tieren, namentlich bei Schmetterlingen, vererbt werden, sobald diese Einflüsse nicht nur den Körper, sondern auch die Fortpflanzungszellen, die Eier und die Spermatozoiden, treffen. Aber die Vererbung einer Regulation, einer durch Gebrauch oder Nichtgebrauch entstandenen Abänderung, hat bis jetzt in keinem einzigen Falle nachgewiesen werden können. Also fehlt auch dieser speziellen Form des Lamarckismus die tatsächliche Grundlage.

Was Lamarcks Theorie namentlich von derjenigen Darwins unterscheidet, ist ihre Auffassung von der „direkten" Entstehung der Zweckmäßigkeit. Während nach Darwin das Zweckmäßige durch Ausmerzung des Nichtzweckmäßigen, also auf indirektem Wege hervorgeht, läßt Lamarck das Zweckmäßige durch Gebrauch oder Nichtgebrauch direkt entstehen. Ein zweiter wesentlicher Unterschied liegt, wie bereits bemerkt darin, daß Lamarcks Lehre ein nichtreales, der Naturwissenschaft fremdes Erklärungsmoment benützt, während Darwins Erklärungsversuch durchaus auf dem realen Boden der Erfahrung bleibt.

In das Wesen und die Ursache der Zweckmäßigkeit vermögen wir immerhin noch etwas tiefer einzudringen, wenn wir uns erinnern, daß zahlreiche zweckmäßige Merkmale, darunter gerade die raffiniertesten Anpassungserscheinungen, gewissermaßen als „zufällige" Nebenerscheinungen entstehen können. Dies gilt z. B. von den Blütenfarben, die wohl als Nebenerscheinung der in der Pflanze bestehenden chemischen Stoffzusammensetzung entstanden sind. Sodann wurde schon bei der Besprechung der Umbelliferenblüte (S. 93) darauf hingewiesen, daß jene Umkrempelungen der Kronblattzipfel infolge des Druckes, den die Staubbeutel in den jungen Knospen auf die dann noch kleinen und sehr zarten Kronblättchen ausgeübt haben, entstanden sind. Solche Fältchen, Furchen und Röhren, Vorwölbungen und Einstülpungen in der Krone usw. sind es aber zum größten Teil, welche jene oft so wunderbar zweckmäßig erscheinenden, meist der Fremdbestäubung durch die besuchenden Insekten „angepaßten" Vorrichtungen, jene engen Blüteneingänge, Führungskanäle für den Insektenrüssel, Verschlüsse gegen unberufene Gäste, Honigsäcke und Sporne usw.

bilden. Es ist sicher, daß eine beträchtliche Zahl dieser scheinbar so äußerst zweckmäßigen Einrichtungen durch gegenseitigen Druck der Blütenteile in der dann noch fest geschlossenen Knospe entstehen, und daß dann nachher die Insekten es „einfach" verstehen, sich diese fertig gegebenen Gebilde zunutze zu machen. Die Arten aber, deren Blüten durch die in der Knospe wirkenden Druckkräfte direkt zweckwidrige Formen aufgeprägt wurden, mußten naturgemäß dann durch Selektion ausgemerzt werden. Daß wir gerade in diesen Feinheiten der Blüteneinrichtung verhältnismäßig wenig Zweckwidriges finden, kommt daher, weil hier die Auslese besonders wirksam sein mußte, da sie ja direkt die Blüte, d. h. den für die Vererbung der Merkmale allerwichtigsten Teil, den Fortpflanzungsapparat traf. Daß aber auch im Bereich dieser Blütenmechanismen Zweckwidriges nicht fehlt, haben wir bereits gezeigt.

Zu Darwins Zeiten schienen die Probleme der Vielgestaltigkeit und der Zweckmäßigkeit mit einem Schlage gelöst zu sein. Heute stehen beide wieder als große Rätsel vor uns. Das kann uns aber nicht entmutigen! Nichts ist gefährlicher als eine Scheinerklärung, die der Forschung keine weiteren Angriffspunkte mehr bietet, nichts fördernder als ein offenes Zugeständnis unseres Nichtwissens, das uns zur Sammlung neuer Tatsachen und zu neuem Nachdenken zwingt. Und dazu wollten auch diese Blätter Anregung geben.

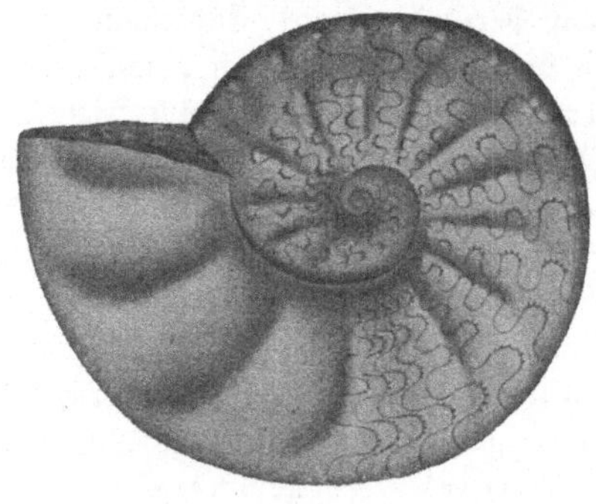

Register.

A

Aaskäfer 75*
Abstammungslehre 223 f.
Ackererde s. Boden
Ackerhornkraut 141. 201
Ackersteinsamen 141. 144
Ackerwinde s. Winde
Adern s. Gefäßbündel
Ahorne 5*. 12. 13. 14. 69. 70. 88. 89*. 181. 182*. 200
Ähre s. Blütenstand
Algen 84. 85. 111. 205
Ameisen 72. 144. 148. 149*. 172. 173
Ameisenjungfer 102
Ameisenlöwe 102. 115*
Amphibische Pflanzen 114
Amsel 199
Anemone s. Buschwindröschen
Anlockungsmittel der Blumen 21. 25. 34. 36, 44. 45. 159. 191. 192
Anpassung 48. 53. 115. 204. 2[illegible]5 f.
— direkte und indirekte 231
Apfelbaum 91
Aquarium 110
Arbeitsteilung 159. 219
Armleuchteralgen 85
Asseln 73*
Assimilation 5. 6. 7. 58. 69. 70. 87
— bei Wasserpflanzen 110. 111
Astern 158
Astmoos 136
Atemlöcher 78
Atmung 4. 7. 30. 210. 211
— Darmatmung 83. 210. 211
— der Eier 38. 82
— Hautatmung 210
— der Insekten 77. 78
— Kiemenatmung 33—41
— der Pflanzen 32. 211
— der Wasserinsekten 108. 109. 110
— der Wasserpflanzen 113. 114
Aufspeichern der Nahrung der Pflanzen 31 f. 162. 175. 176. 185
Augen, schlafende 63. 162
Augentrost 69. 122. 131. 183
Ausläufer 85. 175
Auslese 226
Autotomie s. Selbstamputation

B

Bachnelkenwurz s. Nelkenwurz
Bakterien 43. 120. 128. 129. 205
Bandasseln s. Skolopender
Bandwurm 81. 82
Bärenklau 121. 131
Bärentraube 98
Bast 56. 57
Baumweißling 168. 169*
Bazillen s. Bakterien
Bedecktsamige s. System
Befruchtung 24
Beifuß 96*. 97. 98. 141.
Berberitze 116. 117*
Bergahorn 5* s. auch Ahorn
Besenginster 97. 98
Besenheide s. Beifuß
Besenried 86
Bestäubung 24
Bestäubungseinrichtungen
— Berberitze 116, 117*
— Glockenblume 141. 142*
— Gräser 122* f.
— Günsel 55
— Hahnenfuße 23. 24
— Herbstzeitlose 183. 184. 185*
— Hornklee 126*. 127
— Kerbel 93. 94*. 95
— Kern- und Steinobstgewächse 91. 92*
— Kornblume 160. 161*
— Leinkraut 145*
— Natterkopf 144. 145*
— Osterluzei 118*. 119
— Primeln 51*. 52
— Reiherschnabel 190*. 191
— Sonnenblume 159. 160*
— Taubnessel 54*
— Veilchen 52*. 53
— Wegerich 95
— Weiden 44. 45
— Wiesenschaumkraut 48*. 49
Biene 27*. 28*. 29. 30. 44. 45
Bilsenkraut 161. 182
Binse 85. 135
Birke 66. 70. 181
Birnbaum 91*
Bitterklee 113
Bitterling 80. 81
Blasenfuß 151. 157*
Blätter als Ernährungsorgane 5. 6. 7. 21
— als Verdunstungsorgane 7. 8
— der Schattenpflanzen 62. 67
— der Wasserpflanzen 111. 112
— Dicken- u. Flächenwachstum 62
Blattgrün
— Bedeutung 7
— Entstehung 22
— Zersetzung 202
Blatthornkäfer 77
Blattlaus 149*. 150. 164. 165
Blattlauslarve s. Florfliege
Blattnarbe 12
Blattstellung 55
Blaubeere s. Heidelbeere
Blindschleiche 15
Blumenbinse 44
Blüten, ungeschlechtige und Zwillinge, männliche und weibliche 35
Blütenboden 91
Blütenfüllung 91
Blütenkreise s. Blütenteile
Blütenstand 45. 46*. 94. 95. 123. 144
Blütenstaub 24. 25. 51*. 52
Blütenteile, Zahl und Stellung 23. 24. 25. 51. 91*

Blutströpfchen 148*
Bockkäfer 74*
Boden
— Feuchtigkeit 69. 119. 135. 155. 156. 194. 195.
— Kälte 155. 156. 157. 194. 195
— Humus (Ackererde) 42. 98. 99. 136. 155. 156. 194. 195
— Lehm 97. 194. 195
— Sand 97. 99. 194. 195
— Ton 97
— Torfboden 157, s. auch Torf
Bodensalze 8. 120
Bohrfrüchte 190. 191*
Borkenkäfer s. Fichtenborkenkäfer
Braunelle 183
Brombeere 92
Bruchkraut 96*. 97
Brutknospen 176. 212
Brutpflege 82. 83
Brutzwiebeln 33
Buchdrucker s. Fichtenborkenkäfer
Buche s. Rot- u. Weißbuche
Buchfink s. Finken
Buschwindröschen 23. 66
Butterblume s. Löwenzahn

C

Chitin 26
Crocus s. Krokus

D

Darmatmung s. Atmung
Darwin 25. 26. 51. 55. 223 f.
Deszendenzlehre s. Abstammungslehre
Diagramme 49. 224*
Dickblättrige Pflanzen 97
Dickkopfspinner s. Schwammspinner
Dikotylen s. System
Distelfink s. Stieglitz
Disteln 160. 181. 183*. 193. 194. 195
Dohle 197. 198
Dolde s. Blütenstand
Doldengewächse 93. 94*. 119
Drahtwurm 150. 157*. 197
Dränage s. Entwässerung
Drossel 178. 197. 198
Druck der Blütenteile 93. 231. 232
Düngerfliehende u. -liebende Pflanzen 119. 120
Düngung 119. 120. 194. 195
Durchlüftung 87. 113. 114
Dürrwurz 93. 138. 160

E

Eberesche 98
Egel 133. 134
Ehrenpreis 121. 211
Eiche 10*. 12. 65*. 66. 70. 204
Eichelhäher 207
Eichhorn 18. 19. 30
Eidechse 15
Einbeere 67. 177*. 179
Eingeschlechtige Blüten s. Blüten
Einhäusige Pflanzen 45
Einkeimblättrige s. System
Eisenhut 95
Eisgang 41. 42
Eiweißstoffe 8. 120. 128. 129
Engerlinge 78. 79. 197
Ente 81. 82. 85
Entenflott s. Wasserlinse
Entwässerung 43. 135. 194
Entwicklung
— der Amphibien 40. 58* 79. 80
— der Insekten 78. 79. 151
— des Stichlings 82. 83
Entwicklungslehre s. Abstammungslehre
Erdbeere 92*. 175
Erle 13. 35. 36. 45. 69. 70. 181
Ernährungsorgane der Pflanzen s. Nahrung
Ersatzzwiebel s. Brutzwiebel
Erwärmung durch Sonne 8
Esche 10*. 13. 66. 69. 181. 182*
Esparsette 119. 127
Espe (Zitterpappel) s. Pappel
Eulen (Schmetterlinge) 131
Experimente 2—5. 6. 14. 15. 21. 25. 26. 31. 32. 37. 47. 56. 57. 58. 61. 64. 65. 88. 101. 105. 128. 155. 156. 161. 181. 191. 201. 202. 203. 210
— ihre Bedeutung 2. 202

F

Fadenwurm s. Wasserkalb
Fährten 17. 19*
Fallenblumen 118*. 119
Familien s. System
Farbe
— grüne, der Pflanzen s. Blattgrün
— rote, als Kälteschutz 22. 23
— Wechsel und Verwandtschaft der Blütenfarben 144
Farne 205
Faulbaum 11
Fäulnis 3. 45
Fäulnisbewohner 67. 68*. 69
Feldahorn 89*, s. auch Ahorne
Feldgrille 187*. 188
Feldmaus 185. 186
Felsbeere 178
Festigkeit
— auf Biegung 55. 112. 113
— auf Zug 112. 113
Fetthenne 97
Fettkraut 156*. 157
Fettpflanzen s. dickblättrige Pflanzen
Feuchtigkeits- und Trockenheitsliebende Pflanzen 119
Fichte 15. 63*. 66. 100. 181
Fichtenborkenkäfer 171. 172*. 173*
Fichtenkreuzschnabel 16*. 17
Fichtenlaus 163*. 164
Fichtenspargel 67. 68*
Fieberklee 86
Fingerkraut 97
Finken 178. 195. 196. 197
Flechten 99. 205. 221
Flieder 46*. 47. 48. 88. 201. 204
Flug
— der Insekten 76. 77. 166. 167
— der Vögel 196
Flockenblume 119. 132
Flohkrebse 134. 135
Florfliege 164. 165*
Flugfrüchte 99. 181. 182*
Fluß (Strömung, Eisgang, Abspülung, Verlagerung) 37. 44
Flußmuschel 40
Forelle 37. 38
Forsythie 34*
Fortpflanzung s. Befruchtung, vegetative Vermehrung
Frauenflachs s. Leinkraut
Frauenmantel s. Taumantel
Frei- und Verwachsenkronblättrige 47. 48. 54
Fremdbestäubung s. Selbstbestäubung

Frosch 40. 58*. 79. 80. 210
Froschbiß 58*. 113. 212. 213*
Froschlöffel 135*. 212
Frostspanner 143*. 144
Frucht 24. 71*, s. auch Verbreitung
— Sammelfrucht 92*
— Scheinfrucht 92*
— Teilfrucht 93
Fruchtknoten (unter-, mittel- und oberständige) 91*. 92
Fuchsschwanz s. Wiesenfuchsschwanz
Funkia 158

G

Gabelschwanz 167*. 169
Gallen 128. 163*. 164
Gallmücken 151. 157*
Gänseblümchen 22. 23. 121. 160. 204
Gärung 3. 43
Gattung s. System
Gebrauch und Nichtgebrauch s. Lamarck
Gefäßbündel 13. 56
Gefäßkryptogamen 205
Geißblatt 98. 179
Gelbrandkäfer 108. 109*
Generationswechsel 150
Georginen 158
Geschlechter
— Verschiedenheit derselben im Tierreich 80. 167f.
— Verteilung derselben im Pflanzenreich 35. 45
Geschwindigkeit eines Flusses 37. 44
Getreide 140
Getreideälchen 152. 153. 157*
Getreidehähnchen 151. 157*
Gewölle 208
Giftpflanzen 161. 179
Glaskraut 138
Glatthafer 124
Glockenblume 87. 141. 142*
Goethe 222. 223
Goldammer 195. 196. 197
Goldlaufkäfer 73
Goldregen 47*
Grabwespen 102. 103*
Grasblüte 122*. 123. 124
Gräser 42. 43. 122*. 123. 124. 125*. 126. 129. 130.
Grillen 133*
Grünauge 151. 157*
Gründüngung 129
Gundelrebe 55
Günsel 55

H

Haare der Pflanzen 97
Habichtskraut 87. 97. 141. 161
Haftdolde 209. 210*
Hahnenfußgewächse 22*. 24. 49. 50. 87. 93. 119. 130. 141
Hainbuche s. Weißbuche
Häkelfrüchte 209. 210*
Halbschmarotzer 68*. 69. 122
Halmwespe 150. 157*
Hartriegel 11
Hasel 13. 35*. 36. 37. 45. 63. 67. 69. 70. 88. 98
Haubenmeise s. Meise
Hauslauch 97
Hausschwalbe 197. 198
Hautatmung s. Atmung
Hefe 3
Heide 98. 99
Heidekraut 98. 101
Heidelbeere 98. 154. 155
Heidetorf 136
Heidewald 99
Herbstfärbung 202
Herbstzeitlose 183f. 185*
Hessenfliege 151. 157*
Heterostylie 51*. 52
Heuschrecken 186*. 187
Himbeere 92*. 178
Hirse 139*. 140
Hirtentäschel 180. 182
Höhere Organismen s. System
Hohlzahn 140. 141
Holzteil des Stammes 56f.
Honiggras 123. 125*
Honigtau 149. 150
Hopfenschneckenklee 116*. 127
Hornbaum s. Weißbuche
Hornblatt 85. 111
Hornklee 116* 126*. 127
Hornkraut s. Ackerhornkraut
Hornstrauch 11. 179
Hufeisenklee 116*. 127
Huflattich 22*. 23. 31. 33. 42. 160.
Hülse 180
Hülsenfrüchtler s. Schmetterlingsblütler
Humus s. Boden
Hundeschwanz s. Kammgras
Hundszunge 138. 144
Hyazinthe 23
Hygrometer 191

I

Igel 79. 186
Igelkolben 85
Iltis 186
Immergrüne Pflanzen 14. 203. 204
Insekten 27f.
— Anlockung durch die Blumen 25. 36
— Anpassung an die Blumen 48
— Bedeutung für die Blumen 25. 26
— Bestäubungsapparat 27*. 28*
— Bestäubungsgeschäft 27
— Beziehungen zu den Blumen 117. 118. 119. 126. 127
— blumenstete 48
— blumentüchtige 48
— Entwicklung 78. 79. 151
— Mundwerkzeuge 28*
— Staaten 20. 48
— Stellung im Tierreich 26. 27
— Zweckmäßigkeit ihres Körperbaues 157
Insektenblütler 36. 44
Insektenfressende Pflanzen 111*. 155*. 156*. 157
Insektenfresser 30. 219

J

Johanniskraut 137*. 141
Jüdchen s. Schneiderkäfer
Juliden 73. 74*. 76
Jungholz s. Holz

K

Kalmus 43. 134*. 135
Kaltblüter 30. 31
Kälte s. Schutzmittel
Kamille 137*. 160
Kammgras 123. 125
Kammolch 80
Kampf ums Dasein 42. 76. 82. 99. 121. 182. 226
Kapuzinerkresse 158
Kardendisteln 142. 143
Kartoffel 21. 161. 162*. 163. 175
Kartoffelpilz 163
Kätzchenblüter 36
Katzenpfötchen 97
Kaulquappen 40. 41. 58*. 79. 80

Keimpflanzen 69. 70*. 71*. 72
Kellerhals s. Seidelbast
Kerbel 93. 94*. 95. 119
Kernholz s. Holz
Kiefer 64. 66. 69. 99. 100. 101*. 181
Kiefernblattwespe 158*. 174
Kiemen 39. 40. 41
Kiemenblätter 111. 112
Kirschbaum 90*. 91*. 92. 204
Klappertopf 68*. 69. 122. 192
Klasse s. System
Kleber 209
Kleeseide 67. 68*. 121. 122
Kleeteufel s. Sommerwurz
Knäuel 96*. 97
Knaulgras 123. 125*. 131
Knollen
— Wurzelknollen 22*. 31. 176
— Stengelknollen 162*. 163. 184. 185*
Knöterich 114. 119
Knospen 10*. 12. 13. 63. 64
Köcherfliegen 104. 105. 106*
Kohlenmeiler 9*
Kohlensäure 2—7
Kohlenstoff 2—7
Kohlmeise s. Meise
Kohlweißling 131
Kolbenwasserkäfer 108. 109*
Königskerze 137*. 141
Korbblütler 22. 158. 159. 160*. 161*
Kornblume 141. 160. 161*
Kornelkirsche 34
Kornrade 141. 193
Kräfte, innere u. äußere 7. 8. 204
Kreise s. System
Kreuzblütler 48*. 49
Kreuzschnabel s. Fichtenkreuzschnabel
Kreuzung s. Selbstbestäubung
Krokus 20* 25. 31
Kronwicke 116*. 127
Kryptogamen 99. 205
Kuckuck 197
Kuckuckslichtnelke 119
Kuckucksspeichel 45. 119
Kultivierung des Bodens 195
Kurzflügler 74*

L

Labkraut 121. 146*. 208
Laich der Fische 83
— der Frösche 40
— der Schnecken u. Wasserinsekten 85. 104. 105
Laichkraut 58*. 85. 111. 134*. 135. 213
Lamarck 223. 230. 231
Lärche 59. 66. 204
Laubentfaltung 200*.
Laubfall 202. 203. 204
— Ursache 202—204
— Zweck 14—16
Laufkäfer 72*. 73
Lavatera 158
Lebensgemeinschaft 82. 115. 129
Leberblümchen 20*. 23. 25
Lehm 169, s. auch Boden
Leimringe 144
Leinkraut 95. 138. 145*f.
Lerche 23*. 31. 66
Lerchensporn 23*. 31. 66
Libelle s. Wasserjungfer
Licht, Bedeutung für die Pflanze (Lichtgenuß, Lichthunger, Lichtstärke, Lichtstellung, Lichttod) 5. 7. 9. 22. 61—67. 76. 202
Lichtnelke 95. 96. 119
Liguster 204
Liliengewächse 25
Linde 70. 88. 181
Linné 45. 93. 216
Linse 138. 139*
Lippenblütler 53. 54*. 55. 87. 144. 145*
Lobelien 158
Löwenmäulchen 67
Löwenzahn 89. 93. 95. 119. 161. 181
Lungenkraut 21. 23. 51. 144
Lupine 127. 128
Luzerne 127. 138

M

Maiglöckchen 66. 89
Maikäfer und Verwandte 76. 77*. 78. 79. 151. 157*
Maiwurm 132*
Malve 138
Marienkäfer 164. 165*. 166
Mark 56
Maskenblütler 67. 69. 122. 145*
Maßliebchen s. Gänseblümchen
Mauerleinkraut 145. 146
Mauerpfeffer 97*
Mauersegler 197
Maulwurf 79. 186. 187
Maulwurfsgrille 133*
Mäuse 185. 186
Mäusebussard 207. 208
Mäuseklee 97*
Mehltau 148
Meisen 20*. 208
Melanismus 169
Mieren s. Vogelmiere
Mistel 205. 206*
Mohn 141. 147. 179*. 180. 181
Möhre 131
Molche 80. 211. 219
Monokotylen s. Systematik
Moore 136. 153
— Hochmoor 153
— Wiesenmoor 136. 153
Moorboden (Torfboden) s. Boden
Moosbeere 156
Moose 43. 98. 205
Mordwespen s. Grabwespen
Mosaik der Blätter s. Licht (Lichtstellung)
Mummel 58*. 85. 113. 212
Muscheln 40. 81

N

Nachblüte 201
Nachtkerze 138. 139*. 201
Nachtschatten 178. 179*
Nachtschattengewächse 161. 162
Nacktsamige s. System
Nadelhölzer 14. 70*. 72. 204. 205
Nagetiere 30
Nährsalze s. Bodensalze
Nahrung d. Pflanze 8. 31f. 67f. 111f. 120. 128 129. 156. 157
Narkotisieren 201. 202
Narzisse 23. 31
Natterkopf 144. 145*
Naturschutz 50, s. auch Vogelschutz
Naturselbstdruck 177
Nebelkrähe 207
Nektarblumen 25
Nelken 96. 142. 143. 179*. 180
Nelkenwurz 87. 209
Nesselschildlaus 164*. 166

Nestwurz 67. 68*. 69
Neunauge 38. 39*
Niedere Organismen s. System
Nieswurz 20*. 23. 24. 204
Nonne 158*. 169. 170*. 171

O

Odermennig 209
Orchideen 25. 26. 69
Ordnung s. System
Organische Stoffe 3
Osterluzei 88. 118*. 119
Overton

P

Pappeln 6. 8. 10*. 66. 69. 88. 98. 181
Parasiten s. Schmarotzer
Parthenogenese 26
Pechnelke 142. 143
Pfefferhütchen 10*. 11. 209*
Pfeilkraut 135. 212
Pfirsich 204
Pflanzengenossenschaften 129. 141
Phlox 158
Pilze 69. 82. 101*. 205
Pilzwurzeln 101*
Pippau 119
Plankton 111
Poduren s. Springschwänze
Pollen s. Blütenstaub und Schutzmittel gegen Nässe
Pollenblumen 25
Porst 154*. 155
Preiselbeere 153. 154*
Protandrie 94. 95. 142. 159. 160
Protogynie 95. 118. 184

Q

Quecke 123. 125*. 193
Querder 39

R

Ranken 121
Raubkäfer 74*
Rauchschwalbe 183*. 197
Rauhblättrige 21. 144. 145*. 216 217
Raukensenf 182
Raupen 132. 152*. 153
Rauschbeere 153. 154*
Raygras, englisches 122. 131
— französisches 124. 131

Regen
— Ableitung 88. 89*
— als Verbreitungsmittel 148
— Verhalten der Blüten 87. 88
Regeneration
— bei Pflanzen 130. 131
— bei Tieren 15
Regenwälder 88. 204
Regenwurm 136
Regulationen 231
Reh 17. 18. 19*
Reiherschnabel 189. 190*. 191. 209
Reiz 7. 61. 62. 117. 161. 203. 204
Reservenahrung 31 f. 162. 163. 176. 185
Riedgräser 42. 43. 86. 135. 212
Riesensüßgras 86
Rinde 11. 56. 57
Ringelspinner 158*. 168
Ringelung von Zweigen 56. 57. 58
Rispe s. Blütenstand
Rispengras 123. 125*
Rohrglanzgras 86
Rohrkolben 43. 85. 134*. 135
Rollblätter 98. 99. 154*. 155
Rosenartige Gewächse 91. 92
Roßkastanie 13. 65. 66. 70. 200*. 201
Rotbuche 11. 59*. 60*. 61. 66. 70*. 200. 204
Rotfärbung von Pflanzenteilen 23. 33
Rotkehlchen 219
Rotklee 116*. 121. 131
Rottanne s. Fichte
Ruchgras 122. 125
Rückenschwimmer 107*. 108
Ruderwanze s. Rückenschwimmer
Rührmichnichtan s. Springkraut
Rupprechtskraut s. Storchschnabel
Rüsselkäfer 148. 173*
Rutengewächse 98

S

Saatkrähe 79. 197. 199*. 207
Saatschnellkäfer 150. 157*
Saftmal 192
Saftstrom u. -leitung 7. 8. 567 f.
Salat 161
Salbei s. Wiesensalbei
Same 24. 69. 70*. 71. 72, s. auch Verbreitung
Samen, langlebige 193
— Zahl derselben 182
Samenanlage 24
Sandwespe s. Grabwespe
Sandlaufkäfer 72*. 73
Saprophyten s. Fäulnisbewohner
Sauerampfer 119
Sauergräser s. Riedgräser
Sauerklee 66. 98
Sauerstoff 1—6
Säugetiere, Einteilung 219. 220
Schachtelhalme 42
Schädliche Insekten und ihre Bekämpfung 79. 150 f.
Schafgarben 119. 121. 131. 141. 160. 183
Scharbockskraut 22*. 23. 24. 31. 175. 176
Schattenblätter 62
Schattenblume 66
Schattenpflanzen 66
Schauapparat 159
Schaumzikade 45. 119
Schierling 113
Schildlaus 164*
Schilf 85. 86. 135. 211
Schimper 14
Schlammbeißer 39*. 83. 84
Schleuderfrüchte 146*. 181*. 182
Schließen der Blüten bei Regen s. Regen
Schlupfwespe 152*. 174
Schlüsselblume 23. 51*. 52
Schmarotzer
— der Pflanzen (s. auch Halbschmarotzer) 67. 68*. 121. 122. 205. 206
— Tiere 81. 82. 133. 134. 152*. 153
Schmetterlinge 131
Schmetterlingsblütler 126 f.
Schmiele 123. 125*
Schnecken 106. 107. 109*. 124. 133. 144
Schneckenklee 209. 210*, s. auch Hopfenschneckenklee
Schneebruch 10. 11*. 12*. 99
Schneeglöckchen 20*. 24. 31. 201

Schneekristalle 10. 11*
Schneiderkäfer 75. 148*
Schöllkraut 86. 147*
Schote 180*
Schuppenwurz 67. 68*. 122
Schuster s. Weberknecht
Schutzmittel
— der Insekten 132
— der Pflanzen
— — gegen Insekten („unberufene" Gäste, d. h. zu kleine und auskriechende, honigraubende) 48. 95. 96. 142. 143. 144. 145
— — gegen Kälte 22. 23. 59. 87. 88. 203
— — gegen Nässe 55. 87
— — gegen Schnecken 124. 144
— — gegen Schneebruch 14
— — gegen Sense 130
— — gegen Trockenheit 8. 16. 97f. 141. 155. 202f.
— — gegen Weidetiere 93. 130. 147
— — gegen Wind 100
Schwalben 183*. 197. 198
Schwammspinner 167*. 168
Schwanzmeise s. Meise
Schwarzkopf 178
Schwarzwild 18
Schwebfliegen 166
Schwertlilien 20. 25
Schwimmblätter 112f.
Schwimmen der Fische 37. 38
Schwimmkäfer 108. 109*
Schwimmsprosse 212. 213
Schwingel 123
Seerose 24. 43. 85. 113. 211
Seggen 42. 86
Seidelbast 20*. 21*. 34. 178
Selbstamputation (Selbstverstümmelung) 15
Selbstbestäubung und Fremdbestäubung (Kreuzung) 25. 26. 45. 52. 95. 127. 161. 191. 192
Selektion s. Auslese
Siebenstern 66
Simse 43
Skabiosen 143. 148*
Skolopender 73*
Sommerwurz 67. 68*. 121. 122
Sonne 7f. 22. 76. 202
Sonnenblume 158. 159. 160*
Sonnentau 155*. 156. 157
Spaltöffnungen 87. 112. 113
Spanischer Flieder s. Flieder
Spanner 132
Speicherung der Nährstoffe 31f. 162. 163. 176. 185
Sperling 178. 195. 196
Spindelbaum s. Pfaffenhütchen
Spinnen 109*. 110. 188. 189. 205
Spinner 158*. 167*. 168f.
Spitzengänger 17
Spitzklette 138
Spitzmaus 79. 136
Sporen 99. 190
Sprengel, Christian Konrad 25 26
Springkraut 138. 181*. 182
Springschwänze 102. 103
Spuren 18. 19*
Standvögel 31. 197
Star 79. 198
Stäuben, lange Dauer desselben 94
Stechapfel 161
Steinbeißer 39*. 40
Steinklee 141
Steinobstgewächse 90*. 91*. 92
Stempel s. Blütenteile
Stengelknollen s. Knollen
Sternmiere 87. 141
Stichling 81*. 82
Stickstoff 1. 8. 120
Stickstoffbakterien 120
Stickstoffmehrer und Stickstoffzehrer 129
Stiefmütterchen s. Veilchengewächse
Stieglitz 183*. 195
Stigmen s. Atemlöcher
Stimme
— bei Fischen 39. 83
— bei Insekten 186*. 187*. 188
— der Tiere der Wiese 136
Stockrose 158
Storchschnabel 87. 119. 131. 146*
Straußgras 124. 125*
Strichvögel 31. 196
Stutzkäfer 148*
Sumpfdotterblume 119
Sumpfprimel 111. 212
Symbiose 129. 221
Symmetrie der Blüten (kräftige und stachlige) 53
Syringe s. Flieder
Systematik 215f.
— Ähnlichkeit 216
— Bedeckt- u. Nacktsamige 72. 225
— Ein- u. Zweikeimblättrige (Mono- u. Dikotylen) 25. 56. 71*. 205. 206
— Familien mit einheitlichem Charakter 49. 55. 93
— Familienmerkmale 49. 55. 144. 145
— Frei- u Verwachsenkronblättrige 47. 48. 54
— Gefäßkryptogamen 205
— Gruppen (Art u. Gattung, Unterfamilie u. Familie, Ordnung, Klasse, Kreis) 27. 92. 93
— höhere u. niedere Pflanzen u. Tiere 24. 49. 53. 219
— Kryptogamen 99. 205
— Namengebung, doppelte 93
— natürliches und künstliches System 206f.
— Variation 225
— Vielgestaltigkeit 215
— Zwischenformen 144. 145. 147
— Wirbellose u. Wirbeltiere 26

T

Tannwedel 85. 111
Taubenkropf 96
Taubildung 86
Taubnessel 53. 54*. 55. 209
Taumantel (Taubecher, Frauenmantel) 121
Taumelkäfer 108
Taumellolch 123. 125*
Tausendblatt 85. 111
Tausendfüßer 73*. 74*
Tausendkorn s. Bruchkraut
Tautropfen 86
Teichläufer 104*
Teichmolch 80
Teichmuschel 81
Teichschnecken 106. 107. 109*
Thymian 97. 141. 145*
Timotheusgras 123. 125*. 131
Tollkirsche 161
Tomate 161
Torf 43
— Heidetorf 136
— Moortorf 153

Torf
— Wiesentorf 136
Torfliebende Pflanzen 119
Torfmoor s. Moor
Torfmoos 153
Totengräber 74. 75*
Tracheen 78
Träufelspitzen 88. 89*
Treiben 47. 84
Trespe 123. 125*. 193. 194
Trockenheit s. Boden und Schutzmittel gegen Verdunstung
Trockenheitsliebende Pflanzen 119
Trollblume 119
Trunkelbeere s. Rauschbeere
Tulpe 23. 31. 32*. 33. 89

U

Übergangsformen (Zwischenformen) s. System
Überwintern s. Winterruhe
Ulme 11. 12. 69. 181. 182*
Ungeschlechtliche Vermehrung s. vegetative Vermehrung
Unke 136
Unkräuter und ihre Bekämpfung 140. 141. 192f.
Ursache und Zweck 8. 14. 202. 203
Ursachen, zusammenwirkende 203. 204

V

Vegetative Vermehrung 162. 163. 175f. 190. 212
Veilchengewächse 22. 52*. 53. 141. 179*. 180
Verbreitung
— durch Ausläufer, Brutknospen, Brutzwiebeln s. vegetative Vermehrung
— durch Flugvorrichtungen 99. 181. 182*
— durch Hakenvorrichtungen 209. 210*
— durch Menschen 103. 104. 137f. 192
— durch Regen 148
— durch Schleudervorrichtungen 146*. 181*. 182
— durch Sporen 119. 205
— durch stehendes und flutendes Wasser 44. 84. 85. 211f.
Verbreitung
— durch Streuvorrichtungen 179*. 180
— durch Tierfraß 175. 177f. 206
— große Zahl von Samen 182
Verbrennung 1—3
Verdunstung 7. 8. 14. 15 s. auch Schutzmittel gegen Trockenheit
Verdunstungskälte 8
Vererbung 203. 226
Vergeilen 21. 22. 61. 62
Vergißmeinnicht 119
Verkohlen 2. 9*
Verlandung 85
Vermehrung s. Verbreitung, vegetative Vermehrung
— Zahl der Nachkommen 87
Versteinerungen 223f.
Verwandlung der Insekten
— unvollkommene 149*. 151
— vollkommene 29. 77*. 78. 108*. 115*. 132*. 158*. 165*. 167*. 169*
Verwesung s. Fäulnis
Vögel, Einteilung 207
— Gesang 208
Vogelknöterich 141. 189*. 190
Vogelmiere 95. 180. 201
Vogelschutz 198f. 208
Vogelzug s. Zugvögel
Vorblühende Pflanzen 33. 34. 36

W

Wacholder 98. 99
Wachs 147. 197
Wachtel 136. 197
Wachtelkönig 136. 197
Wachtelweizen 69. 192
Wald
— Ausdehnungsbestreben u. Entwaldung 99f.
— Einwirkung auf Klima 100
Waldnelke s. Lichtnelke
Waldstorchschnabel s. Storchschnabel
Walnuß 70*
Wanzen 131 s. auch Wasserwanzen, Ruderwanzen u. Wasserskorpion
Warmblüter 30
Wasserableitung 86. 88. 89*
Wasserdost 209. 210*
Wasserfeder s. Sumpfprimel
Wassergehalt der Pflanze 8
Wasserhahnenfuß 85 104. 212
Wasserjungfer (Libelle) 102. 107. 108*
Wasserkalb 134
Wasserläufer s. Teichläufer
Wasserlinse 58*. 84. 85. 111. 212
Wasserpest 6. 85. 103. 104. 135. 138
Wasserpflanzen 6. 84f. 103. 110f. 211f.
Wasserrose s. Seerose
Wasserschlauch 110. 111*. 157. 212
Wasserschnecken 106. 107*. 109*
Wasserskorpion 107*. 108
Wasserspinnen 109*. 110
Wasserversorgung der Bäume 88
Wasserwanzen 104*
Weberknecht 15
Wegerich 95. 121. 131
Wegwarte 161
Weichkäfer 75
Weiden 44. 45*. 69. 181. 193
Weidenröschen 181
Weißbuche 10*. 13. 59. 60. 66. 69. 70. 181. 182*
Weißfische 37
Weizen 71*
Wicke, zottige 97
Widderchen s. Blutströpfchen
Wiesenbocksbart 121. 161
Wiesenfeste s. Pippau
Wiesenfuchsschwanz 119. 122
Wiesenkalk 133
Wiesenknöterich s. Knöterich
Wiesenmoor 136
Wiesenplatterbse 116*. 121. 126
Wiesenrispengras 123. 125*
Wiesensalbei 119. 121. 131. 216
Wiesenschaumkraut 45f. 48*. 114
Wiesenscharren 197
Wiesenschwingel 123
Wind 85. 99 100. 202
Windblütler 36. 44. 134. 136
Windbruch 99
Windende Pflanzen 67. 121
Windengewächse 67. 121
Winterblüher 23. 204

Wintergrün 67. 98
Winterkleid der Laubhölzer (Wuchsform, Rinde, Knospe) 11 f.
Winterruhe der Pflanzen 31 f. 201 f.
— der Tiere 29. 30
— der Wasserpflanzen 211 f.
Wirbellose u. Wirbeltiere 26
Wollgras 58*. 86
Wucherblumen 119. 137. 160. 193. 194. 195
Wuchsformen der Bäume 11
Wundklee 116*. 127
Wurmfarn 205
Wurzel (Gestalt u. Funktion) 88. 89. 155. 156. 203
Wurzeldruck 55. 56. 203
Wurzelknöllchen 127. 128*. 129
Wurzelknollen s. Knollen
Wurzelpilze 100. 101*
Wurzelstock 31. 42. 175

X

Xerophyten 97. 98, s. auch Schutzmittel gegen Trockenheit

Z

Zaunwicke 95
Zehengänger 18
Zikaden 45. 119. 151. 157*. 188
Zittergras 123
Zugvögel 197. 198
Zweck und Ursache 8. 14. 202. 203
Zwecklose und zweckwidrige Merkmale 227 f.
Zweckmäßigkeit 115. 157. 225 f.
Zweihäusige Pflanzen 45. 103
Zweikeimblättrige s. System
Zweizahn 160
Zwiebeln 31 f.
Zwischenformen s. Systematik
Zypressenwolfsmilch 137*. 141.